Premiere Pro CS4

从入门到精通

杨少永　刘　芸　等编著

電子工業出版社
Publishing House of Electronics Industry
北京・BEIJING

内 容 简 介

Premiere Pro CS4是Adobe公司在2008年推出的最新版本的视频编辑软件，它的功能比以前版本的Premiere更加强大。Premiere是一款优秀的非线性视频编辑软件，它为高质量的视频处理提供了完整的解决方案，在业内受到了广大视频编辑人员和视频爱好者的一致好评。Premiere以其全新的合理化界面和通用、高端的工具，兼顾了广大视频用户的不同需求，在一个并不昂贵的视频编辑工具箱中，为视频编辑提供了前所未有的生产能力、控制能力和灵活性。Premiere软件目前已被广泛应用于电影、电视、多媒体、网络视频、动画设计以及家庭DV数码等领域的后期制作中。

本书按其功能划分为14章，内容讲解详细，案例丰富、实用；适合初、中级读者阅读和使用，既可作为大、中专院校及培训机构的培训用书，也可作为Premiere爱好者的参考用书。

图书在版编目（CIP）数据

Premiere Pro CS4从入门到精通/杨少永，刘芸等编著.—北京：电子工业出版社，2009.10
ISBN 978-7-121-09559-7

Ⅰ. P… Ⅱ. ①杨… ②刘… Ⅲ. 图形软件，Premiere Pro CS4 Ⅳ. TP391.41

中国版本图书馆CIP数据核字（2009）第168429号

责任编辑：李红玉　　wuyuan@phei.com.cn
文字编辑：易　昆
印　　刷：北京天竺颖华印刷厂
装　　订：三河市鑫金马印装有限公司
出版发行：电子工业出版社
　　　　　北京市海淀区万寿路173信箱　邮编：100036
　　　　　北京市海淀区翠微东里甲2号　邮编：100036
开　　本：787×1092 1/16　印张：22　字数：560千字
印　　次：2009年10月第1次印刷
定　　价：39.00元

凡所购买电子工业出版社图书有缺损问题，请向购买书店调换。若书店售缺，请与本社发行部联系，联系及邮购电话：（010）88254888。
质量投诉请发邮件至zlts@phei.com.cn，盗版侵权举报请发邮件至dbqq@phei.com.cn。
服务热线：（010）88258888。

前　言

Premiere是全球最著名的视频编辑软件之一。使用它可以编辑和制作电影、DV、电视栏目包装、字幕、网络视频、演示、电子相册等；另外使用它还可以编辑音频内容。尤其是随着计算机硬件的不断升级，Premiere强大的功能和易用性，已经博得了全球很多用户的青睐。全球有很多的视频编辑师在使用Premiere进行他们的视频编辑工作，比如在传统的影视剧编辑领域、电视台广告制作、个人DV制作等方面。另外在相关的视频演示方面Premiere也有着广泛的应用，比如电子教案制作。

随着网络的普及和发展，很多网页和在线内容的制作人员也在使用Premiere进行设计，因为它的一些功能是其他软件所不能比拟的，比如大家在网页上常见的GIF动画以及网络视频电影等。Adobe公司非常重视Premiere在网络中的应用，着重增加了Premiere在网页上发布影像的功能。后来还增加了与其他软件的整合功能，比如与After Effects和其他第三方插件的整合。这使得Premiere的功能愈加强大，用户数量也在不断地增加。

在Premiere中，可以很方便地处理视频和音频内容，而且可以很容易地移动、缩放、拼接、裁剪它们。需要的调整或者编辑工具都可以在Premiere中找到。另外，我们还可以在Premiere中处理位图图形，并可以实时地转换它们，也就是说在Premiere中可以把一种图形文件转换为其他格式的。当然，使用它也可以把一种视频文件输出为其他格式的视频文件。因此使用它可以极大地提高我们的工作效率。

使用Premiere的字幕编辑器可以制作各种各样的字幕效果，比如在电影、电视剧中的字幕，也可以制作在个人视频中使用的字幕。

本书共分14章。首先介绍Premiere的基本操作和工具。其次介绍一些基本的应用。接下来介绍稍微高级一些的内容。在内容介绍上，本书从初级读者的角度出发，概念介绍得非常清楚，选择的实例都比较简单、实用，这样可以使读者很容易地进行实践。从而可以更好地帮助读者掌握所学的知识。

本书在内容介绍上由浅入深，结构清晰，配有相应的实用案例介绍，适合初级和中级读者阅读和使用。希望本书能够帮助读者学习并掌握Premiere Pro CS4。如果达到这样的效果，我们将不胜欣慰。

系统要求

下面介绍一下使用Premiere Pro CS4的系统要求。

- 操作系统：需是Windows XP2/XP3或者Windows Vista。
- 处理器：英特尔Pentium 4处理器及以上（HDV编辑需要支持超线程技术的Pentium 4 3GHz处理器。HD编辑需要双Intel双核处理器）。
- 内存：DV编辑需1GB内存；HDV和HD编辑需2GB内存。

· 硬盘：安装需要800MB可用硬盘空间；对于内容，需要6GB可用硬盘空间。DV和HDV编辑需要专用的7200RPM硬盘驱动器；HD编辑需要条带式磁盘阵列存储设备（RAID 0）。
· 声卡：Microsoft DirectX兼容声卡（环绕声支持需要ASIO兼容多轨声卡）。
· 光驱：DVD-ROM驱动器。
· 显卡：1280×1024，32位彩色视频显示适配器。
· 其他附件：DV和HDV编辑需要OHCI兼容，IEEE 1394视频接口（HD编辑需要AJA Xena HS）。

给读者的一点学习建议

根据很多人的经验，学习好Premiere Pro CS4必须要掌握它的基本操作，好比学习开汽车，必须知道方向盘、离合器、刹车和油门的基本作用，然后才能开车。如果基础知识掌握不好，那么就很难制作出非常精美的作品。根据这一体会，本书介绍的基础知识比较多，为的是让读者掌握好这些基本功，为以后的学习打下良好的基础。Premiere Pro CS4涉及的领域比较多，本书的内容介绍比较全面，而且也比较多。希望读者耐心地阅读和学习，多操作、多练习、多尝试，不要怕出错误，更不要因为出现一些解决不了的问题就气馁。一时出现解决不了的问题或者不明白的问题都是很正常的。

本书的书名虽然是《Premiere Pro CS4从入门到精通》，但是，在读者学习完本书后要真正精通Premiere，能够非常熟练地掌握它的功能及应用，还需要进一步学习和练习才行。

本书作者

参加本书编写的基本上都是一线的制作人员或者幕后的技术支持人员，他们对Premiere非常精通。本书由郭圣路策划，除封面署名作者外，参加编写的人员还有张荣圣、仝红新、李娟、张兴贞、王广兴、吴战、苗玉敏、刘国力、白慧双、宋怀营、芮鸿、王德柱、韩德成、张砚辉和尚恒勇等。

由于作者水平有限，加之时间仓促，书中难免会有不妥之处，还望广大读者朋友和同行批评指正。

为方便读者阅读，若需要本书配套资料，请登录“华信教育资源网”（http://www.hxedu.com.cn），在“下载”频道的“图书资料”栏目下载。

目 录

第1章 数字视频和非线性编辑

在学习Premiere之前，需要了解一些与Premiere相关的基础知识。主要包括两方面的内容，一方面是数字视频，另外一方面是非线性编辑。了解这两方面的知识对于学习Premiere是非常有帮助的。

在本章中主要介绍下列内容：

★电视制式

★数字视频

★数字视频及音频的获取

★色彩空间

★线性编辑与非线性编辑

★Premiere常用影视术语简介

1.1 数字视频概述

在这一章中介绍的是数字视频的基础理论知识，包括数字视频中的一些重要概念，读者需要有一个清楚的了解。在学习时可以根据导读提示对内容进行选择阅读和学习，读者也可以跳过本章学习后面章节中的内容。

1.1.1 视频的概念

所谓视频，是由一系列单独的静止图像组成的，其单位用帧或格来表示。每秒钟连续播放25帧（PAL制式）或30帧（NTSC制式）的静止图像，利用人眼的视觉残留现象，在观者眼中就产生了平滑而连续活动的影像，如图1-1所示。

为什么要每秒播放25帧或30帧的图像呢？这是因为播放速度低于15帧/秒时画面在我们眼里就会产生停顿感，从而难以形成流畅的活动影像。25帧/秒或30帧/秒的播放速度是不同国家根据国内行业的实际情况规定的一个视频播放的行业标准。

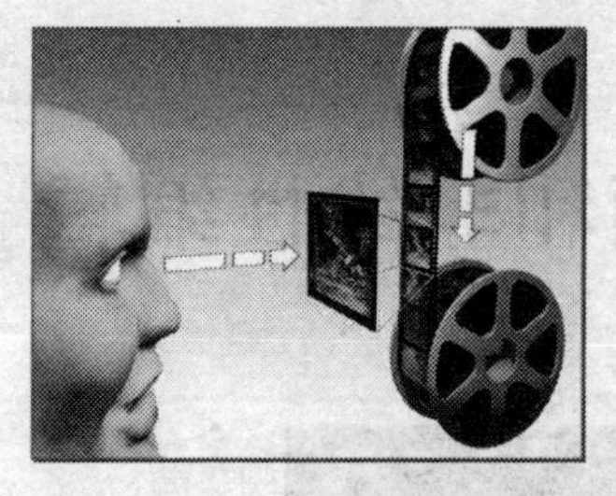

图1-1　帧是视频中的单个图像或者画面

电视系统是采用电子学的方法来传送和显示活动视频或静止图像的设备。在电视系统中，视频信号是联系系统中各部分的纽带，它的标准和要求也就是系统各部分的技术目标和要求。视频分模拟视频和数字视频两类，模拟视频指由连续的模拟信号组成的视频图像，它的存储介质是磁带或录像带，在编辑或转录过程中画面质量会降低。而数字视频是把模拟信号变为数字信号，它描绘的是图像中的单个像素，可以直接存储在电脑硬盘中，因为保存的是数字的像素信息而非模拟的视频信号，因此在编辑过程中可以最大限度地保证画面质量不受损失。

我国电视画面传输率是每秒25帧，50Hz。因为25帧的视频速率能以最少的信号容量来有效地利用人眼的视觉残留特性。50Hz的场频率隔行扫描，把一帧分为奇、偶两场，奇、偶的交错扫描起着相当于遮挡板的作用。这样在其他行还在高速扫描时人眼不易觉察出闪烁，同时解决了信号带宽的问题。

1.1.2　数字视频与电视制式

电视制式就是电视信号的标准。它的区别主要在帧频、分辨率、信号带宽以及载频、色彩空间的转换关系上。不同制式的电视机只能接收和处理相应制式的电视信号。但现在也出现了多制式或全制式的电视机，为处理不同制式的电视信号提供了极大的方便。全制式电视机可以在各个国家的不同地区使用。目前各个国家的电视制式并不统一，全世界目前有三种彩色制式，分别是NTSC制式、PAL制式和SECAM制式。

- NTSC制式

这是美国在1952年研制成功的兼容彩色电视制式。目前，在世界范围内，有美国、日本、加拿大等采用这种制式。这种制式采用的是正交平衡调幅的技术方式，　也就是把两个色差信号（R-Y）和（B-Y）分别对频率相同而相位相差90的两个负载波进行正交。平衡调幅是它的重要特点，因此也被称为平衡调幅制。

- PAL制式

这是德国在1962年制定的彩色电视广播标准制式，它采用的是逐行倒相正交平衡调幅的技术，克服了NTSC制式相位敏感造成的色彩失真的缺陷。目前，在世界范围内，有德国、英国、新加坡和中国等采用这种制式。根据不同的参数细节，PAL制式又可以被划分为G、I、D等制式，我国采用的是PAL-D制式。

- SECAM制式

这是法国在1956年提出，在1966年制定的彩色电视广播标准制式，SECAM制式也克服了NTSC制式相位敏感造成的色彩失真的缺陷。目前法国、东欧和中东一些国家和地区采用这种电视制式。

NTSC制式和PAL制式都属于同时制，其优点是兼容性好、占用频带比较窄、彩色图像的质量较好，但是其设备较为复杂，亮度信号和色度信号之间相互干扰较大，因此色彩不是很稳定。而SECAM制式在亮度信号和色度信号之间相互干扰不大，在正常传输条件下，SECAM制式不如其他两种制式，在传输条件比较差的情况下才能显示出SECAM制式的优点。

NTSC制式、PAL制式和SECAM制式都是彩色电视的制式标准，各有优缺点，它们都与黑白电视相兼容，但是它们之间却不能兼容。如果把一种制式的电视节目使用其他制式的设备来处理，那么需要对设备做较大的改动。否则，就必须使用兼容多制式的设备来处理，那样需要的成本就会高一些。

1.1.3 电视的信号

电视系统是采用上述电子学的原理来实现传送和显示活动或静止图像的设备，是采用动画原理构造而成的。它的基本原理是先按顺序扫描和传输图像信号，然后在接收端同步再现信号。电视图像扫描由隔行扫描组成场，由场组成帧，一帧就是一幅静止的图像；不同的是，黑白电视只传送一个表现景物亮度的电信号，而彩色电视除传送亮度信号外还传送色度信号。下面介绍两个重要的概念。

1. 分辨率

电视图像是由一些细微的图像元素构成的，它们反映了图像的颜色和亮度信息。一个图像单位面积中的图像元素越多，即通常所说的分辨率越高，图像的质量就越好，我们看到的图像就越清晰细腻。电视的清晰度一般用垂直方向和水平方向的分辨率来表示。垂直分辨率与扫描行数有关，扫描行数越多，分辨率越高，图像就越清晰。

2. 伴音（声音）

音频信号的频率一般在20Hz～20kHz范围之间，其频率带宽比视频信号要窄，而电视的伴音要求必须与视频图像同步，并且不能够混叠。所以通常把伴音信号置于图像频带之外，放置的频率点称为声音载频，我国电视信号的声音载频为6.5MHz，伴音质量为单声道调频广播。

1.1.4 电视的输入与输出信号

通常，电视信号主要由亮度信号、色度信号、色同步信号、复合同步信号和伴音信号几种构成。这几种信号可通过频率或时间域相互分离出来。电视机实际上是能够用来将接收到的高频电视信号还原成视频信号和低频伴音信号的电子接收设备；它能够在监视设备的屏幕上显示图像，同时在扬声器等放音设备上重现伴音。根据不同的信号源，电视机的输入、输出会有所不同，表现为下面三种类型。

1. 高频或射频信号

当电磁波在空中传播时，低频部分会有严重耗损，而高频部分可以传播很远；为了能够较远地传播信号，同时为了避免在传输过程中相互干扰而产生影响出现混叠，必须把视频信号调制成高频或射频信号，这样每个信号占用一个频道，才能在空间中同时传播多路电视节目信号而不会导致混乱。

2. 复合视频信号

这种信号包括亮度和色度的单路模拟信号，即从全电视信号中分离出伴音后的视频信号。现在的电视一般都备有符合视频输入和输出的端子，可以直接输入和输出解调后的视频信号。这种视频信号已不包含高频分量，处理起来要简单一些，因此计算机的视频卡一般都采用视频输入端获取视频信号。

3. S-Video信号

S-Video信号是将亮度和色度信号分为两路独立的模拟信号，用两路导线分别传输，并可以分别记录在模拟磁带的两路磁迹上。这种信号不仅亮度和色度都具有较宽的带宽，而且亮度和色度分开传送，减少了相互干扰，其水平分辨率达到了420线。

1.1.5 数字视频的采样格式及标准

模拟视频数字化一般采用分量数字化方式，先把复合视频信号中的亮度和色度分离开，就会得到YUV或YIQ分量，然后用三个模拟/数字转换器对三个分量分别进行数字化转换，再将所得到的数字信号转入到RGB空间。电视图像是隔行扫描的，其采样方式较复杂；根据电视信号的特征，亮度信号的带宽是色度信号带宽的两倍。在数字化时经常采用幅色采样法（即对信号的色差分量的采样率低于对亮度分量的采样率）。如果用Y：U：V来表示YUV三分量的采样比例，则数字视频的样本点格式分别为4：1：1、4：2：2、4：4：4三种。分量采样时采集的是隔行样本点，要把隔行样本点组合成逐行样本，然后进行样本点的量化和色彩空间的转换，最后生成数字视频数据。

1.1.6 视频和音频的质量等级

视频和音频的质量具有不同的等级。通常，根据质量的不同，把视频划分为5种质量等级，把音频划分为4种质量等级。下面分别介绍一下这几种等级的划分。

1. 视频的质量等级

视频的质量等级，没有明确的划分标准，一般来说可分为如下5个等级。

（1）VCR质量等级

VCR指具有VHS（Video Home System）质量的录像机放映广播质量节目时所具有的质量，它的分辨率是PAL制式广播质量的一半。

（2）视频会议质量等级

这种质量又称为低速电视会议质量等级。其数据传输率为128Kbit/s；分辨率是广播电视质量等级的1/4，帧速率为每秒5帧～10帧。

（3）演播质量数字电视等级

在20世纪80年代，国际电信联盟（ITU）推荐对广播电视信号进行数字编码而出现了这一项质量等级。它对电视演播技术进行了标准化，为以后数字电视的传输提供了参考，是一系列兼容标准的集合。

（4）广播级质量等级

它是向常规电视演播服务中加入数字技术而形成的视频质量等级。常规电视演播以模拟传输为基础，基于载体的调制而非基于位的传输。数字电视可以用来捕获视频信号从而带来数字视觉效果。但在传输之前，必须转换为模拟形式进行载波调制。目前的电视机能把接收到的模拟信号转换为数字信号，存储在类似于计算机显示器的数字帧缓冲器里来进行扫描显示。这样的视频就是广播质量等级的视频。

（5）高清晰度电视等级

这是现在数字电视正在实现的一个目标，指达到高清晰度电视质量的视频等级。在不同国家采用不同的图像分辨率和帧速率的结合，主要包括下面几种。

- 高分辨率和高的帧速率：分辨率为1920×1080，帧速率为每秒60帧；
- 高分辨率和一般的帧速率：分辨率为1920×1080，帧速率为每秒30帧或者24帧；
- 增强分辨率和一般的帧速率：分辨率为1280×720，帧速率为每秒30帧或者24帧。

高清晰度电视采用的长宽比为16：9。

2. 音频的质量等级

衡量声音质量有两种基本方法：一种是度量声音客观质量，另一种是度量声音主观质量。度量声音客观质量使用的主要标准是信号/噪声比；度量声音主观质量采用的是主观判分法。在数字声音系统中，常用声音信号的带宽来衡量声音的质量。常见的声音质量分为以下几种等级。

（1）AM（调幅—Amplitude Modulation）质量：幅度调制质量。

（2）FM（调频—Frequency Modulation）质量：频率调制质量。

（3）数字电话质量：这种声音质量的频带较窄，效果较差。

（4）CD质量：就是常说的超级高保真质量。

1.1.7 数字视频的获取

在视频编辑工作中，数字视频的采集和非线性编辑系统是息息相关的；视频质量的好坏会影响到输出作品的质量，但获取的视频素材的质量又跟视频采集卡有关。

1. 数字视频的来源

视频的来源主要有以下几种。

（1）利用计算机生成的动画。例如：把GIF动画格式转换成AVI视频格式，或利用Flash、3ds Max等多媒体软件或三维动画制作软件生成的视频文件或文件序列。

（2）静态图形文件序列组合而成的视频文件序列。

（3）利用视频采集卡将模拟视频进行转换而得到的数字视频。

2. 使用视频采集卡采集

视频采集卡又被称为视频卡。根据不同的应用环境和不同的技术指标，目前可供选择的视频采集卡有很多种不同的规格，一般的视频卡都能满足我们的需求。使用视频卡采集有实时采集和非实时采集之分。非实时采集每次只能采集一帧或几帧视频图像，需要反复采集才能完成，目前这种方式几乎已经淘汰不用了。现在利用视频采集卡可以进行实时而连续的视频采集，并同时把采集到的视频图像存储在计算机硬盘当中。

在DV摄像机快速进入家庭的今天，采集视频素材是工作生活中经常会需要的。视频的采集是通过IEEE1394来实现的。IEEE1394是一种新型外部串行总线界面标准，第一代的传输速率最高可达400Mbit/s，主要用于摄像机、高级照相机领域。而创造这一接口技术的苹果公司称之为“火线”（Firewire），这也是我们经常会听到的术语。1394接口伴随着可记录数字视频信号的MINIDV，比家用的模拟视频信号更加清晰，使整体成本得以下降，也使采集工作更简单、有效，更加适合一般家庭用户使用。

数字视频信号的整个采集工作在硬件方面主要由一台数字式摄像机和一块1394卡完成。1394卡有很多种类，并且档次不同，市面上卖的基本上都能满足一般用户的要求。在Premiere中进行采集时，需要在计算机上安装采集卡，装上驱动程序，连接上摄像机、DVD机或者录像机之后，执行“File（文件）→Capture（采集）”命令，打开“Capture”对话框即可进行采集。

提示：使用计算机采集素材的过程，实际上就是有人所说的数字化过程，就是把素材数字化后存储到计算机中。

下面介绍使用Premiere进行采集的操作步骤。

（1）在Premiere菜单栏中选择“File→Capture”命令，打开“Capture”对话框，如图1-2所示。

图1-2 “Capture（采集）”对话框

注意：把设备、采集卡连接到计算机上之后，该对话框中的控制选项才可以使用。

（2）在“Capture”对话框的右上角单击小三角形按钮，将打开一个下拉菜单，如图1-3所示。在该菜单中列出了一些控制选项，在其中选择不同的命令则可执行不同的操作。

（3）在上面的菜单中选择“Capture Settings”命令则打开“Capture Settings（采集设置）”对话框，如图1-4所示。在“Capture Settings”对话框中可以设置一些采集的选项。

（4）如果在下拉菜单中选择“Collapse Window（折叠窗口）”命令则会使“Capture”对话框折叠，隐藏起右侧的选项，如图1-5所示。

（5）根据需要在“Capture”对话框右侧的“Logging（记录）”面板中设置选项，“Logging”面板如图1-6所示。

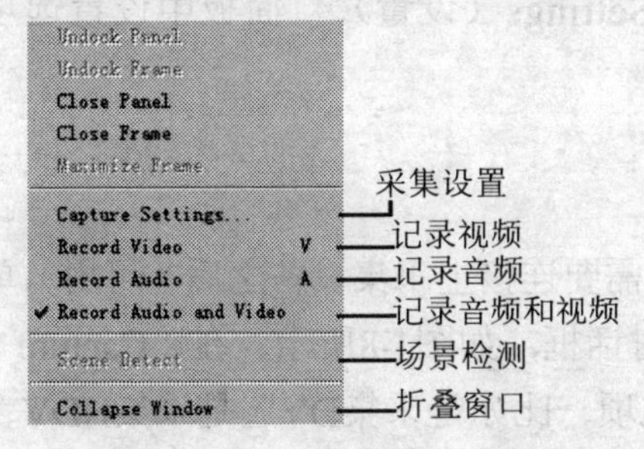

图1-3　下拉菜单

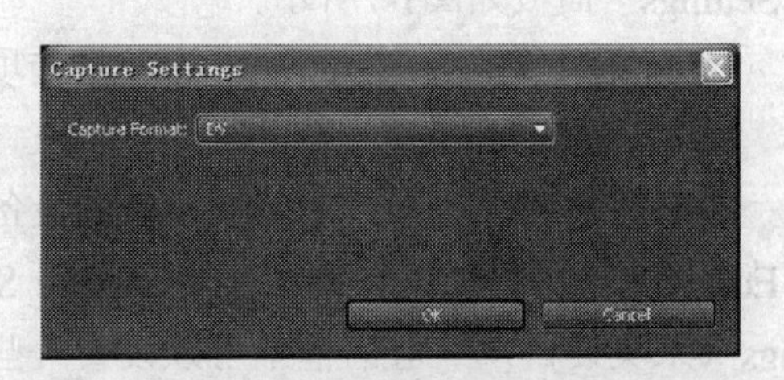

图1-4　“Capture Settings”对话框

图1-5　折叠起来的“Capture”对话框

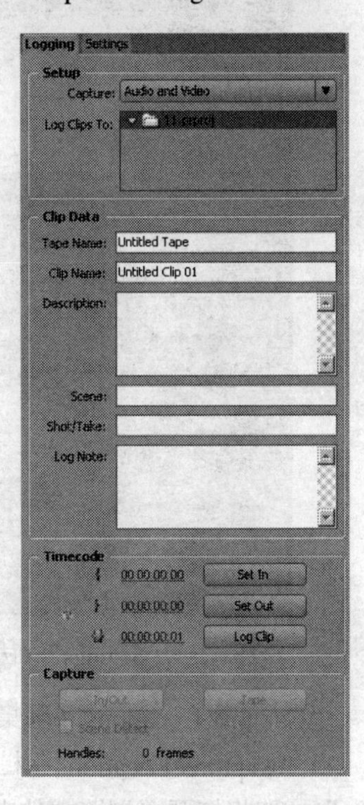

图1-6　“Logging”面板

下面介绍“Logging”面板中的一些选项。

在“Setup（设置）”栏中有两个选项。

· Capture（采集）：用于设置是采集音频或视频，还是同时采集音频和视频。

· Log Clips To（记录到）：用于设置采集素材的项目路径。

在“Clip Data（剪辑数据）”栏中有下列选项。

· Tape Name（磁带名称）：设置磁带（录像带）的名称。

· Clip Name（剪辑名称）：设置剪辑（素材）的名称。

· Description（描述）：用于设置描述性文字。

· Scene（场景）：用于设置场景的名称。

· Shot/Take（抓取/嵌入）：用于设置抓取和嵌入的视频。

在“Timecode（时间码/时基码）”栏中的选项用于设置入点（Set In）、出点（Set Out）和记录的剪辑（Log Clip）。在“Capture（采集）”栏中的选项用于设置入点、出点、磁带，以及是否探测场景。

（6）根据需要在“Capture”对话框右侧的“Settings（设置）”面板中设置选项，“Settings”面板如图1-7所示。

下面介绍“Setting”面板中的一些选项。

“Capture Settings（采集设置）”栏

在该栏中可以设置或者选择采集的设备。注意，需要连接上采集设备之后才可用。单击“Edit（编辑）”按钮后将打开“Capture Settings”对话框，如图1-8所示。在“Capture Settings（采集设置）”对话框中可以设置一些采集的选项。比如是采集DV还是采集HDV。

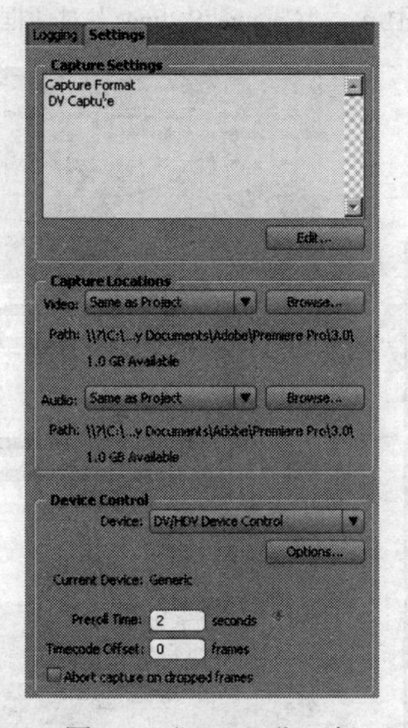

图1-7 “Settings”面板

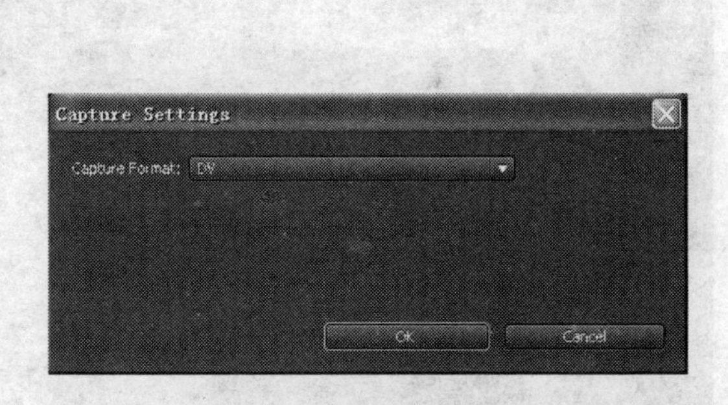

图1-8 “Capture Settings”对话框

“Capture Locations（采集位置）”栏

在“Capture Locations”栏中可以设置音频和视频的采集存储路径。单击“Browse（浏览）”按钮将打开“浏览文件夹”对话框，如图1-9所示。在该对话框中可以设置采集素材的保存路径。

“Device Control（设备控制）”栏

在“Device Control（设备控制）”栏中可以设置采集的控制方式。比如单击“Options（选项）”按钮后将打开“DV/HDV Device Control Settings（DV/HDV设备控制设置）”对话框，如图1-10所示。在该对话框中可以设置视频的格式、设备的类型和时间码的格式等。

图1-9 “浏览文件夹”对话框

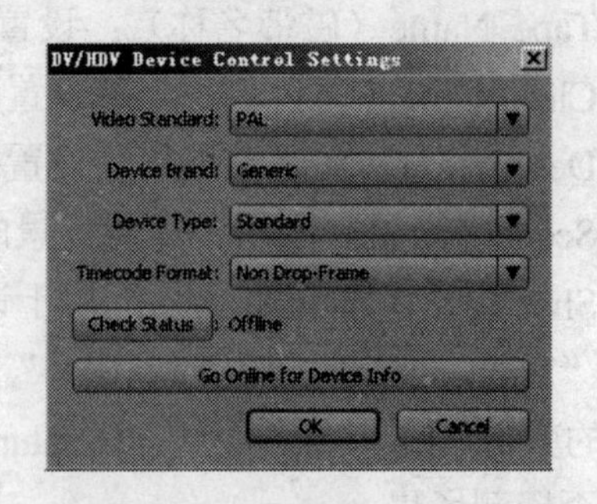

图1-10 “DV/HDV Device Control Settings”对话框

另外，在“Settings（设置）”面板底部的“Current Device（当前设备）”栏中还有3个选项，下面介绍一下这几个选项。

- Preroll Time（预卷时间）：用于调节预卷的时间，可以控制录像机在模拟素材被数字化前的预定时间，一般2秒比较合适。
- Timecode Offset（时间码偏移）：用于调节所采集的视频素材的帧率。
- Abort capture on dropped frames（丢帧时采集中断）：选中该项后，在采集过程中如果出现丢帧问题，则采集过程将被中断。

（7）根据采集的需要设置好选项之后，就可以使用“Capture”对话框中的采集控制工具栏中的工具进行采集了。采集控制工具栏如图1-11所示。

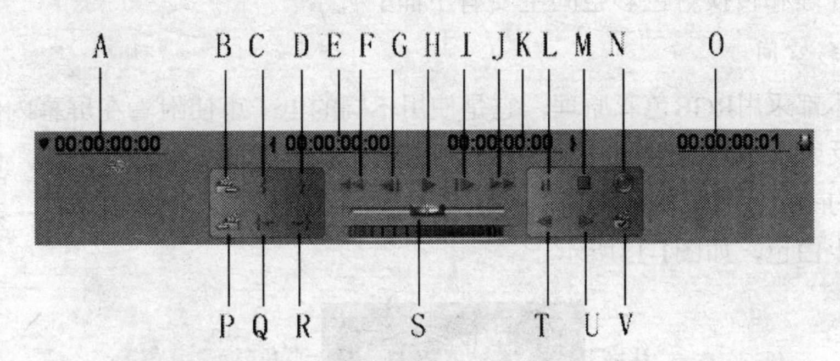

A. 开始采集的入点和出点位置　B. 下一场景　C. 设置入点　D. 设置出点
E. 采集素材的入点　F. 重绕　G. 倒退　H. 播放按钮　I. 前进　J. 快进
L. 暂停　M. 停止　N. 记录　O. 采集素材的持续时间　P. 前一场景
Q. 到入点　R. 到出点　S. 滑块（用于快速地浏览素材）　T. 缓慢倒退
U. 快速播放　V. 场景探测

图1-11　采集控制工具栏

通过单击采集控制工具栏中的“记录”按钮可进行采集。通过单击“停止”按钮可停止采集。

使用Premiere进行音频采集的过程和视频的采集过程基本相同，读者可以参考前面讲述的视频的采集过程。不同的是要在“Capture（采集）”对话框中的“Capture”下拉菜单中选择“Audio（音频）”项，如图1-12所示。如果只想采集视频，那么选中“Video（视频）”项。如果想同步采集视频和音频，那么选中“Audio and Video（音频和视频）”项。

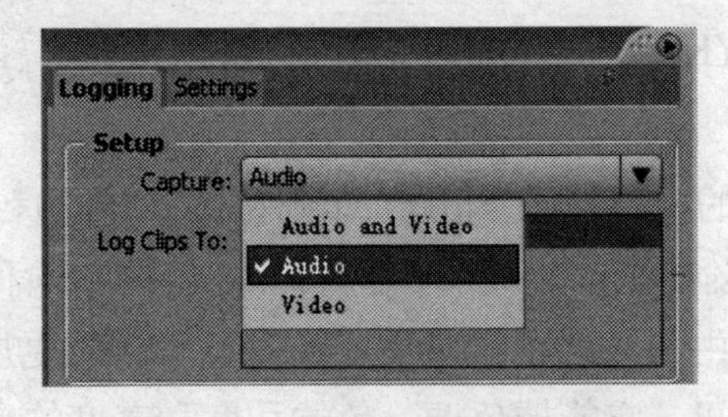

图1-12　选择采集类型选项

1.2 理解视频的色彩空间和色彩深度

和我们经常看到的平面图像一样，视频也有颜色的深浅、浓淡之分。用专业术语解释就是不同的视频也具有不同的色彩空间和色彩深度。下面就解释一下这两个概念。

1.2.1 视频的色彩空间

视频的色彩空间是关于色彩的概念，这些概念是为了在不同的应用场合中方便地描述色彩，以对应不同的场合和应用。数字图像的生成、存储、处理和显示对应着不同的色彩空间，需要做不同的处理和转换。色彩空间主要有下面4种。

1. RGB色彩空间

显示器基本都采用RGB色彩原理，它是使用不同的电子束使附着在屏幕内侧的红、绿、蓝色荧光材料反射出不同的色彩。根据电子束强度的不同使色彩中的红、绿、蓝分量不同，从而形成不同的颜色。我们把这种色彩的表示方法称为RGB色彩空间表示法。红、绿、蓝三色叠加即可产生白色，如图1-13所示。

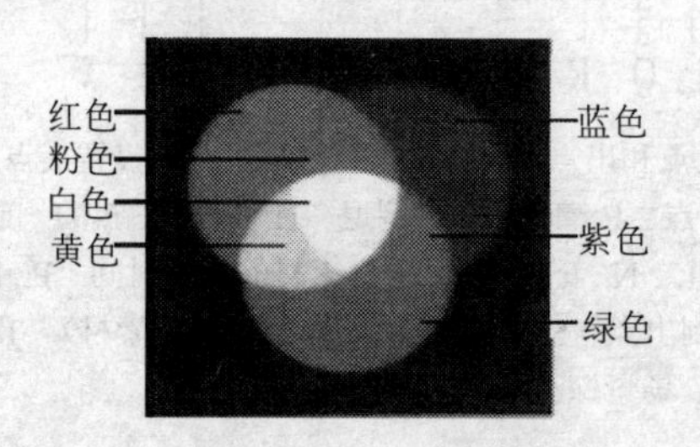

图1-13 红、绿、蓝三基色叠加的效果

2. CMYK色彩空间

我们知道CMYK是一种色彩印刷模式，即一种打印输出的色彩空间。在进行彩色印刷或打印时，彩色印刷或打印的纸张不能发射光线，所以印刷机或打印机只能使用其他介质完成工作。它们使用的是一些能够吸收特定光波而反射其他光波的具有特定颜色的油墨或颜料。这种油墨或颜料的三基色是青（Cyan）、品红（Magenta）和黄（Yellow），简称CMY。青色对应蓝绿色，品红对应紫红色，黄色对应红绿色。从理论上看，任何一种颜料对应的色彩都可以用三基色按不同比例混合得到，这种色彩表示方法称为CMY色彩空间表示法。在实际应用中，由于色彩墨水和颜料的化学性质特殊，用等量的CMY混合得不到纯正的黑色，所以在印刷中常常将黑色单独列出来，使用一种真正的黑色，故CMY又称为CMYK。彩色打印机和彩色印刷系统都采用CMYK色彩空间。注意K表示的是黑色。

3. HSI色彩空间

HSI色彩空间是根据人的视觉特点，用色调（Hue）、色饱和度（Saturation或Chroma）和亮度（Intensity或Brightness）来表达色彩。我们常把色调和饱和度统称为色度，用它来表示颜色的类别与深浅程度。由于人的视觉对亮度比对色彩浓淡更加敏感，为了便于色彩处理和识别，常采用HSL色彩空间。它能把色调、色饱和度和亮度的变化情况表现得很清楚，它比RGB空间更加适合人的视觉特点。

4. YUV（Lab）色彩空间

在彩色电视系统中，通常采用三管彩色摄像机或彩色CCD摄像机，它是把得到的彩色图像信号经过分色分别放大校正得到RGB，再经过变换得到亮度信号Y和两个色差信号R-Y和B-Y，最后发送端将亮度和色差三个信号分别进行编码并用同一信道发送出去，这就是我们常说的YUV色彩空间。

1.2.2 视频的色彩深度

色彩深度是指存储每个像素所需要的位数。它决定了图像色彩和灰度的丰富程度，即决定了每个像素可能具有的染色数或灰度级数。常见的色彩深度有以下几种。

1. 真彩色

在组成一幅彩色图像的每个像素中，有R、G、B三个基色分量，每个基色分量直接决定其基色的强度。这样合成所产生的色彩就是真实的、原始图像的色彩。所谓32位彩色，就是在24位之外还有一个8位的Alpha通道，表示每个像素的256种透明度等级。

2. 增强色

用16位来表示一种颜色，它能包含的色彩远多于人眼所能分辨的数量，共能表示65 536种不同的颜色。因此大多数操作系统都采用16位增强色选项。这种色彩空间的建立考虑到人眼对绿色最敏感的特性，所以其中红色分量占4位，蓝色分量占4位，绿色分量占8位。

3. 索引色

即用8位来表示一种颜色。一些较老的计算机硬件或文档只能处理8位像素，8位的显示设备通常会使用索引色来表现色彩。其图像的每个像素值不分R、G、B分量，而是把它作为索引进行色彩变幻，系统会根据每个像素的8位数值去查找颜色。8位索引色能表示256种颜色。

4. 调配色

即用每个像素值的RGB分量作为单独的索引值分别进行变换，并通过相应的彩色变换表查找出基色强度，用这种变换后得到的RGB强度值所产生的色彩就叫做调配色。

1.3 线性编辑与非线性编辑

现在，视频编辑已经从早期的模拟视频的线性编辑跨越到数字视频的非线性编辑，这对于编辑工作而言是质的飞跃。

1.3.1 线性编辑

在先前的传统电视节目制作中，是在编辑机上进行电视编辑的。所谓线性编辑，实际上就是让录像机通过机械运动使磁头模拟视频信号的顺序记录在磁带上，编辑人员通过放像机选择一段合适的素材，并把它记录到录像机中的磁带上，再寻找下一个镜头，接着进行记录工作，通过一对一或者二对一的台式编辑机（放像机和录像机）将母带上的素材剪接成第二版的完成带，其特点是在编辑时也必须按顺序找寻所需要的视频画面。用这种编辑方法插入与原画面时间不等的画面或者是删除视频中某些不需要的片段时，由于磁带记录画面是有顺序的，无法在已有的画面之间插入一个镜头，也无法删除一个镜头，除非要把这之后的画面全部重新刻录一遍；这中间完成的诸如出入点设置、转场等都是模拟信号到模拟信号的转换，转换的过程就是把信号以轨迹的形式记录到磁带上，所以无法随意修改；当需要在中间插入新的素材或改变某个镜头的长度等时，后面的所有内容就需要进行重新制作。从某种意义上说，传统的线性编辑是低效率的，常常为了一个小细节而前功尽弃，或以牺牲节目质量作为代价省去重新编辑的麻烦。所以传统的线性编辑存在很多缺陷，现在已逐渐不再使用了。

1.3.2 非线性编辑

非线性编辑是相对于线性编辑而言的。所谓非线性编辑，就是应用计算机图像技术，在计算机中对各种原始素材进行各种反复的编辑操作而不影响质量，并将最终结果输出到计算机硬盘、磁带、录像机等记录设备上的这一系列完整的工艺过程。现在的非线性编辑实际上就是非线性的数字视频编辑。它利用以计算机为载体的数字技术设备完成传统制作工艺中需要十几套机器才能完成的影视后期编辑合成以及其他特技的制作，由于原始素材被数字化地存储在计算机硬盘上，信息存储的位置是并列平行的，与原始素材输入到计算机时的先后顺序无关。这样，便可以对存储在硬盘上的数字化音频素材随意地进行排列组合，并可以在完成编辑后方便快捷地随意进行修改而不损害图像质量；非线性编辑的优势即体现在这里，它实质上就是把胶片或磁带的模拟信号转换成数字信号存储在计算机硬盘上，继而通过非线性编辑软件反复编辑后再一次性输出。下面是一幅非线性编辑的图示，可以在不同的视频轨道上添加或者插入其他的视频剪辑，如图1-14所示。

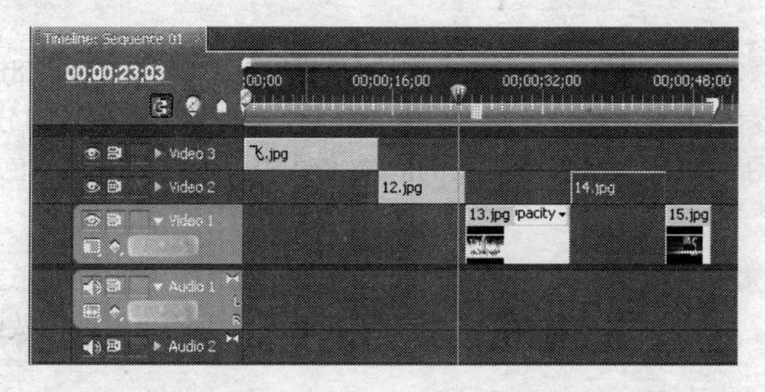

图1-14 在Premiere的“Timeline”面板中可以随意插入剪辑片段

非线性编辑的原理是利用系统把输入的各种视频和音频信号进行从模拟到数字（A/D）的转换，并采用数字压缩技术把转换后的数字信息存入计算机的硬盘而不是录入磁带。这样，非线性编辑不用磁带而是利用硬盘作为存储媒介来记录视频和音频信号。由于计算机硬盘能满足任意一张画面的随机读取和存储，并能保证画面信息不受损失，这样就实现了视频、音频编辑的非线性。我们现在所要关心的就是如何去创作自己的作品，而再也不用受线性编辑的限制了。

非线性编辑系统的进步还在于它的硬件高度集成和小型化，它将传统线性编辑在电视节目后期制作系统中必备的字幕机、录像机、录音机、编辑机、切换机和调音台等外部设备集成于一台计算机内，用一台计算机就能完成这些编辑工作，并能将编辑好的视音频信号输出。能够编辑数字视频数据的软件称为非线性编辑软件，如Adobe公司的最新版本的视频软件Premiere，便是一款理想的非线性编辑软件。

1.3.3　非线性编辑的优点

非线性视频编辑是对数字视频文件进行编辑和处理，与用计算机处理其他文件大致相同。在计算机的软件编辑环境中可以随时随地、多次反复地进行编辑处理而不影响质量。非线性编辑系统在编辑过程中只是对编辑点和特技效果进行记录，因而编辑过程中任意修剪、复制或调动画面前后顺序都不会引起画面质量的下降，这样便克服了传统线性编辑的弱点。

目前，非线性编辑软件还可以对采集的文件素材进行实时编辑预览，在剪辑时可以通过监视器实时监看，实现所见即所得。另外，非线性编辑系统功能集成度高，设备小型化，可以和其他非线性编辑系统甚至个人电脑实现网络资源共享，大大提高了工作效率。随着计算机软硬件技术的快速发展，非线性编辑系统的价格正在不断下降。原本需要用昂贵的专用设备进行的视频编辑制作，现在只需要一台计算机和一套Premiere软件即可完成，视频编辑真正步入了大众家庭。

1.3.4　非线性编辑的应用

随着非线性编辑的普及，线性编辑将被淘汰。一个影片节目的完成是编导的艺术概念加上剪辑工具来实现的，非线性编辑就是节目制作的必用工具，它是把编导的想法变为现实的途径。所以全面理解和灵活掌握它，对从事编辑工作具有重要意义。

非线性编辑系统一般可以分为三类。

（1）娱乐类：主要面向家庭和个人爱好者。

（2）准专业类：主要面向小型电视台、专业院校、中小型广告公司和商业用户等。

（3）专业级配置：主要面向大中型电视台和广告公司等。

其软、硬件组成一般有下面几种。

（1）视频板卡。

（2）接口：可以通过1394接口、USB、复合视频或S端子等进行采集，视频输出也多采用复合视频或S端子。

（3）格式：可将视频直接采集成MPEG-2文件或用于刻录CD、VCD、SVCD或DVD。

（4）软件：系统自带的视频软件功能简单，非常实用，信号质量不错，但后期处理能力较差。专业类软件，功能齐全，而且处理能力比较强大。

在专业的非线性编辑当中，还可以分为单机非线性编辑、网络非线性编辑、移动非线性编辑和流媒体非线性编辑等。可见非线性编辑的种类在逐渐增多，因此有越来越多的专业人士和非专业人士开始学习Premiere，因为它是一款非常好的非线性编辑软件，该软件的应用也非常广泛。

1.4　常用视频术语简介

每一个行业都有自己的专用术语，在Premiere中制作视频或者影片时也会使用一些专业的术语。对于刚接触视频编辑的读者而言需要了解一些专业术语，这样才能更好地阅读和理解本书。下面就介绍一些比较常见的术语。

1. 剪辑

所谓剪辑就是一部电影或者视频项目中的原始素材。它们可以是一段电影、一幅静止图像或者一段声音文件。对于视频文件而言，可以把它们称为视频剪辑。对于声音文件而言，可以把它们称为音频剪辑。也有人把剪辑称为片段或者素材。

2. 剪辑序列

剪辑序列是由多个剪辑组合而成的复合剪辑，一个剪辑序列可以是一整部视频内容，也可以是其中的一部分。可以由多个剪辑序列组合成一个更大的剪辑序列。也有人把构成剪辑序列的剪辑称为子剪辑。

3. 帧

帧是电视、影像和数字电影中的基本信息单元。也有人把一个帧称为视频或者影片中的一幅画面。在北美，标准剪辑以每秒30帧的速度进行播放。欧洲国家则以每秒29.97帧的速度进行播放。

我们在物理课上学习过“视觉暂留”的原理，通过把多幅连续的图片进行快速播放就会形成一段视频动画。电影就是根据这一原理制作的，如图1-15所示。

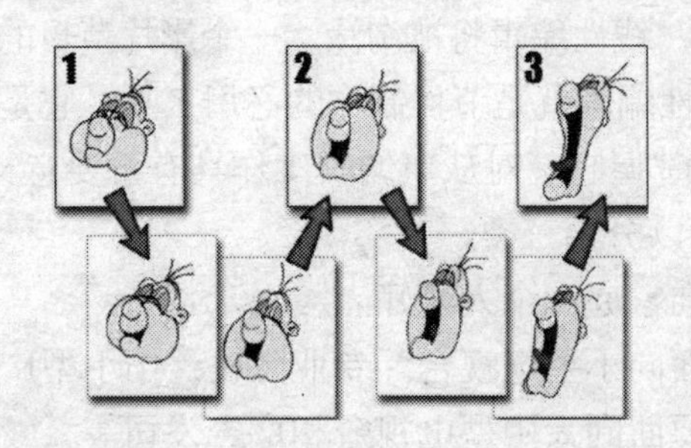

图1-15　帧是视频中的单个图像，连续播放即可产生动画效果

4. 时基和帧速率

可以通过指定项目时基来确定怎样调节项目内的时间。例如，一个30的时基表示每一秒被分成30单元。出现在视频编辑上的准确时间取决于指定的时基，因为一个编辑点仅仅只能出现在时间分割处；使用不同的时基可以把时间分割点放在不同的位置。

一个源片段的时间增量由源帧速率来确定。例如，当使用一个帧速率为30帧/秒的视频摄影机来拍摄源片段时，摄影机通过记录每1秒的1/30的那一帧来显示动作。注意无论在1秒的1/30时间间隔之间发生了什么，都不会被记录下来。因此，一个较低的帧速率（例如15fps）只能记录下来连续动作的极少信息，而一个较高的帧速率（例如30fps）则可以记录下较多的信息。

目前，在国际上一般采用下列时基和帧速率，如表1-1所示。

5. 交织和非交织视频

电视上或者计算机显示器上的图像是由水平线组成的，并且有多种方法来显示这些线条。大部分的个人计算机使用渐进的扫描（非交织）显示，也就是在下一个帧出现之前所有这一帧上的线都会从上端移动到末端。电视制式例如NTSC、PAL和SECAM都是交织的，其中每一帧被分割成两个场，一个是上场，另外一个是下场。每一个场都包括该帧中的隔行水平线。

电视显示整个屏幕交替线的第一个场，再显示第二场来填充由第一个场留下的缝隙。NTSC制式视频帧显示大约每秒的1/30，也包括两个交织场。PAL和SECAM制式视频帧以秒的1/25来显示，也包括两个交织场。当播放或者输出交织视频时，需要明确场的次序以使用户适应所接受的视频系统，否则动作看起来会显得迟钝，并且帧内物体的边缘可能会出现断裂的现象。

表1-1　国际上一般采用的时基和帧速率

视频类型	帧/秒
电影	24fps
PAL和SECAM视频	25fps
NTSC视频	29.97fps
Web或CD-ROM	15fps
其他视频类型，非丢帧视频，E-D动画	30fps

6. 逐行扫描

也就是扫描构成图像的所有水平线，使用的计算机显示器一般都采用逐行扫描，因此在计算机显示器上观看的图片效果要清晰一些。

7. 隔行扫描

也就是扫描构成图像中的奇数水平线或者偶数水平线，使用的电视机一般都采用隔行扫描，因此在电视机上观看的图片效果相对计算机显示器没有那么清晰。

8. 行频/场频/帧频

这是三个在电视行业比较常用的术语。行频是指每秒扫描多少行；场频是指每秒扫描多少场；帧频是指每秒扫描多少帧。

9. 帧长宽比

也叫帧纵横比，一个帧的长宽比介绍了在帧尺寸上它的宽度与高度的比。例如，NTSC视频的帧长宽比是4：3，但是一些动作图像的大小使用延长的长宽比为16：9。

一些视频格式为由像素组成的帧使用一个不同的长宽比。当由非正方形像素（像素的高度较高一些或者其宽度较宽一些）组成的一个视频被以一个正方形像素系统显示出来，或者反之显示，形状和动作看起来会有些拉长。例如，圆形被扭曲为椭圆形。

10. 帧大小

在Premiere中，用户需要在“Timeline”面板内为播放视频指定一个帧的大小，如有必要，可以为输出视频设置一个文件。帧的大小单位用像素来表示，例如，640×480像素。在数字视频编辑中，帧大小也涉及到了分辨率。

一般来说，较高的分辨率可以保持图像的细节并要求用更多的内存（RAM）和硬盘空间来编辑。当增加帧尺寸时，增加的像素数量，Premiere会处理和储存在每一个帧内，所以了解最后的视频格式需要多大的分辨率是很重要的。例如，一个像素为720×480（DV制）的NTSC帧包括345 600个像素，而一个720×576 PAL制图像包括414 720个像素。如果用户确定的分辨率太低，图像看起来会粗糙并失真；确定太高的分辨率时，将使用较多的内存。当改变帧大小时，必须与原视频片段保持相当的尺寸比例。

11. 位深

在计算机中，位（bit）是信息存储的最基本的单位。用于介绍物质的位使用得越多，其介绍的细节就越多。位深表示的是像素色彩的bit数量，其作用是用来描述一个像素的色彩。位深越高，图像包括的色彩就越多，这可以产生更精确的色彩和质量较高的图像。例如，一幅存储8位/像素（8位色）的图像可以显示256色，一幅24位色的图像可以显示大约1.6千万色。

12. 数字视频压缩

编辑数字视频包括存储、移动和计算大量的数据和其他类型计算机文件的数据。许多个人计算机，特别是比较旧的型号的计算机便不能够处理高速率的数据（1秒钟内处理的视频信息的数值）和没有压缩数字视频的较大尺寸的文件。可使用压缩来使数字视频的数据速率降低到一个计算机系统可以处理的范围。当捕捉源视频，预览编辑，播放Timeline和输出Timeline时，压缩设置是很有帮助的。在多数情况下，一种设置并不一定适合于所有的情况。

13. 压缩

用于重组或删除数据以减小剪辑文件尺寸的特殊方法。如需要压缩影像，可在第一次获取到影像时进行或者在Premiere中编译时再压缩。压缩分为暂时压缩、无损压缩和有损压缩。

14. 视频采集

在可以编辑视频节目之前，所有的源片段必须立即被存储到一个硬盘上，而不是视频磁带上。从源视频磁带上引入源片段到计算机上来的步骤被称为视频捕捉。因此，计算机硬盘上必须有充分的空间以便用来保存想要编辑的所有剪辑，为了保存空间，可以只捕捉需要使用的片段。

15. DV采集

当拍摄DV时，图像被直接转换为数字（DV）格式，正确地放置在DV可携式摄像机上，也就是其素材被保存在DV磁带上。图像将被数字化处理和压缩，因为它们将被用于数字视频编辑。DV素材可以直接被转换到一个硬盘上。

对于初学者而言，不要为上面这些术语所吓倒或者迷惑。在掌握了Premiere的基本操作之后，返回来再看一下这些内容就会感觉它们很简单了。建议读者多阅读一些有关于影视和DV制作方面的书籍，以便了解更多专业的知识。

第2章　初识Premiere

Premiere作为一款专业非线性视频编辑软件在业内受到了广大视频编辑专业人员和视频爱好者的好评。Adobe公司于2008年底又推出了Premiere的最新版本——Premiere Pro CS4版本，也可以称为Pro版的4.0版本。Premiere是目前主流的DV编辑工具，它为制作高质量的视频提供了完整的解决方案。

在本章中主要介绍下列内容：

★Premiere概述

★Premiere常用图像文件格式介绍

★Premiere的应用领域

★安装与卸载Premiere

2.1　Premiere简介

Premiere是一款非常优秀的视频编辑软件，能对视频、DV、声音、动画、静态图片、文本进行编辑加工，并最终生成电影文件或者视频文件。Premiere软件以其优异的性能和广阔的发展前景，能够满足各种用户的不同需求，成为了一把打开视频创作之门的钥匙。用户可以使用它随心所欲地对各种视频图像、动画进行编辑，对音频进行进一步处理，还可以轻而易举地创建网页上的各种视频动画，并对视频格式进行各种转换。

Premiere在多媒体制作领域扮演着举足轻重的脚色。它能使用多个轨道的影像与声音来合成与剪辑avi、mov等动态影像格式，Premiere兼顾了广大视频用户的不同需求，提供了一个低成本的视频编辑方案，Premiere这一版本的特性包括。

（1）使用非线性编辑功能进行即时修改。以幻灯片风格播放剪辑，具有可变的焦距和单帧播放能力。

（2）良好的项目管理功能。在项目管理中，使用具有类似文件夹的寻找器界面来组织素材。按名称、图标或注释对素材进行排序、查看或搜索。

（3）应用多种特效。使用运动控制使任何静止或移动的图像沿某个路径飞翔，并具有扭转、变焦、旋转和变形效果。可从众多的过渡（包括溶解、涂抹、旋转等）中进行选择，也可自己创建过渡。具有更加丰富的生产和创作选择，支持插件滤镜，包括那些与 Photoshop 兼容的插件滤镜。

（4）具有最流畅的操作性能和可反映所有效果的选项，支持多个单独的声道。

（5）更有效地节省时间，使用预置来简化对输出、压缩和其他任务的关键选项的设置。在初始编辑之后，通过以低分辨率版本取代高分辨率版本，实现磁盘空间的高效使用。接受利用可扩充体系结构添加功能的插件模块。使用内置的和第三方音频处理滤镜强化和改变声频特点。

（6）随着多媒体技术在Internet领域的发展，在Web上出现了很多新的多媒体技术。Adobe公司开发了一个插件RealNetworks，由于运用了“流媒体”技术，从而可以在网上实时观看由Premiere制作的视频，Adobe还开发了制作Gif动画的插件，使Premiere可直接生成Gif动画。

（7）可以将在3ds Max、Maya、LightWave等三维软件中制作的原始动态影像导入到Premiere中，并在其中加以剪辑合成，让非线性的剪辑作业在计算机平台上得以实现，弥补3D软件动画合成能力的不足。

（8）支持多种音频格式，包括Mid、Wav、MP3等，可使用户很容易地找到自己需要的音乐素材，并将其应用到自己制作的电影里面去。

2.2　Premiere的应用领域

Premiere的功能非常强大，因此它被应用于很多领域，包括影视制作、商业广告、DV编辑和网络动画等，在图2-1～图2-5中就展示了Premiere在部分领域中的实际应用。

图2-1　影视制作

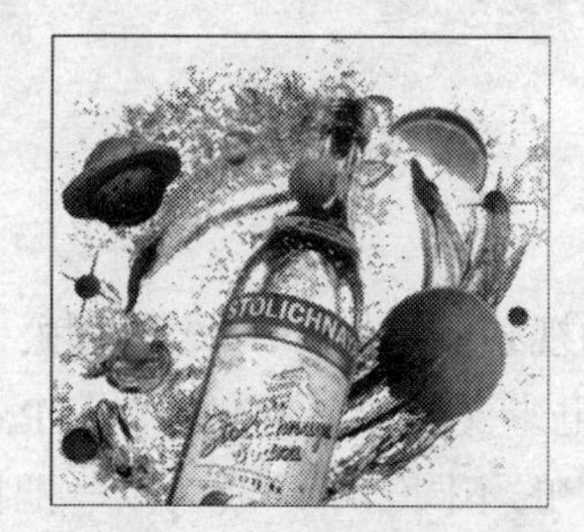

图2-2　广告制作

图2-3　片头包装

图2-4　字幕制作

图2-5　DV编辑

另外，Premiere在其他领域中也有应用，比如合成影像与声音等、编辑音乐等，在此不再一一介绍。

2.3　Premiere Pro CS4的新增功能

Premiere作为高效的视频生产全程解决方案，除了继承了上一版本Premiere的所有特性之外，还有了更进一步的改进，性能更加卓越，功能更加强大。下面简单地介绍一下。

（1）增加了OMF输出。

（2）可以支持Audition，Audition是一款很常用的音频处理软件，在上一版本中是不被支持的。

（3）增加了的场序处理功能。

（4）增加了很多和苹果视频处理软件Final Cut Pro的兼容性。

（5）支持更多格式，从DV和HD（高清）到4K（分辨率更高的电影格式）等。Premiere中的业界标准支持与其他业界标准工具轻松交换。这些新的改进可使我们操作起来更加顺手，并能极大地提高工作效率。

虽然这一版本的Premiere相比上一版本有了很多的改进，但是基本框架没有改动，因此，读者可以参阅本书学习以前版本的Premiere。

2.4　Premiere的安装及卸载

2.4.1　安装Premiere

同Word应用程序一样，在使用Premiere之前，需要把它安装到自己的计算机上，不进行安装，是不能使用它的。对于初学者而言，Premiere的安装与卸载过程需要介绍一下，下面介绍安装过程。

（1）把安装光盘放进计算机的光驱中，打开Premiere的安装程序文件，找到安装执行文件，如图2-6所示。

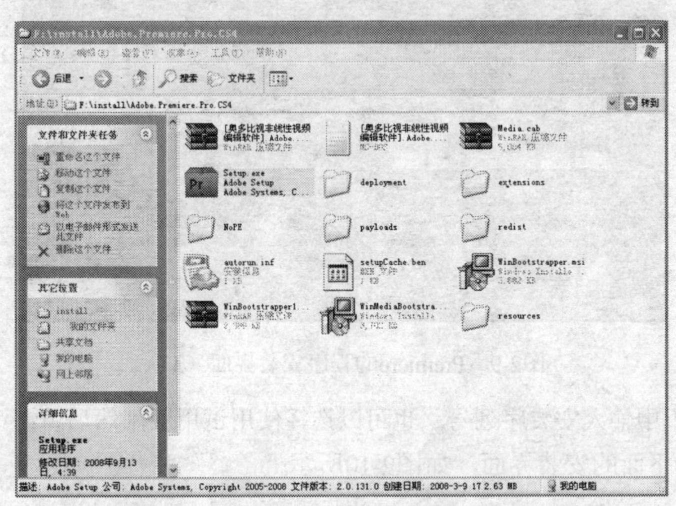

图2-6　安装程序图标

（2）在程序安装窗口中双击Setup.exe图标，打开Premiere的程序安装界面，如图2-7所示。

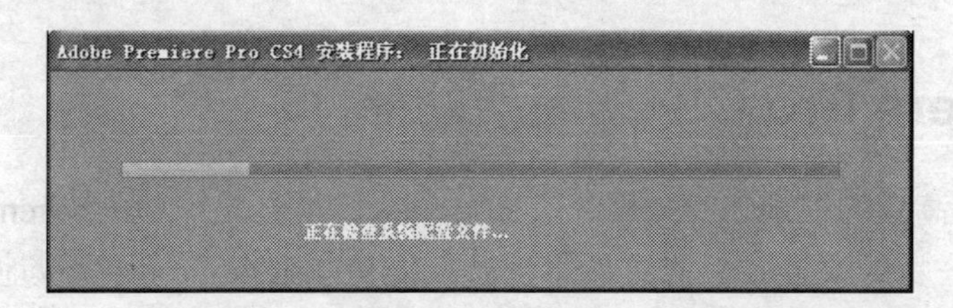

图2-7　Premiere的程序安装界面（1）

（3）这需要等候几分钟的时间，直到打开下面的程序安装界面，如图2-8所示。根据计算机运算速度的不同，等候的时间也不一样。

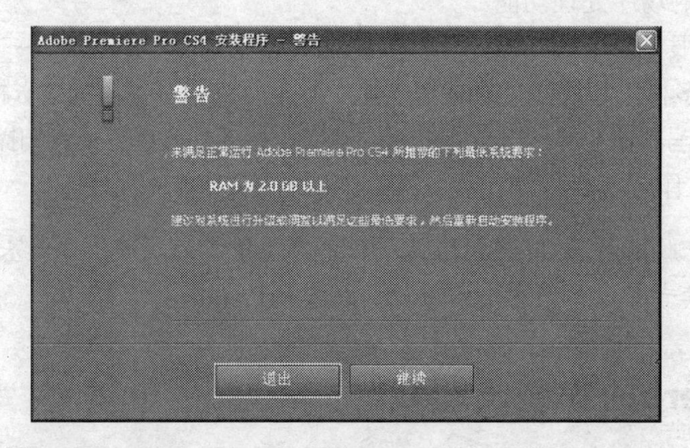

图2-8　Premiere的程序安装界面（2）

（4）最好确定自己的计算机上至少有2GB的内存，如果是1GB的，也可以继续安装。单击“继续”按钮，继续安装，将打开下面的安装界面，如图2-9所示。

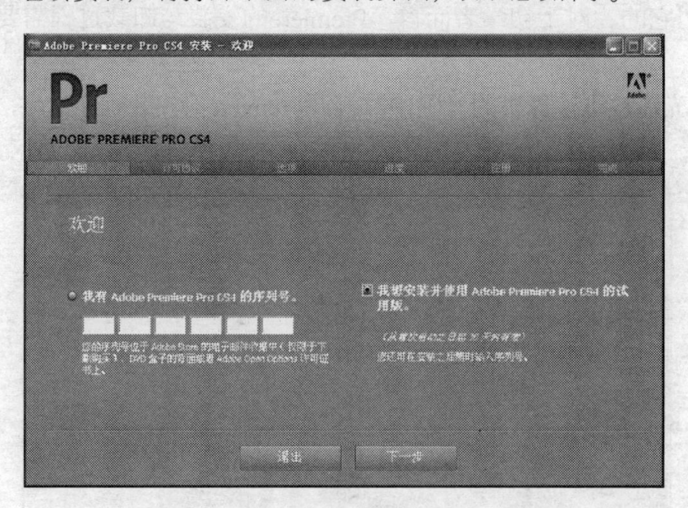

图2-9　Premiere的程序安装界面（3）

（5）在输入框中输入安装序列号，也可以选择使用试用版，然后单击“下一步”按钮，继续安装，将打开下面的安装界面，如图2-10所示。

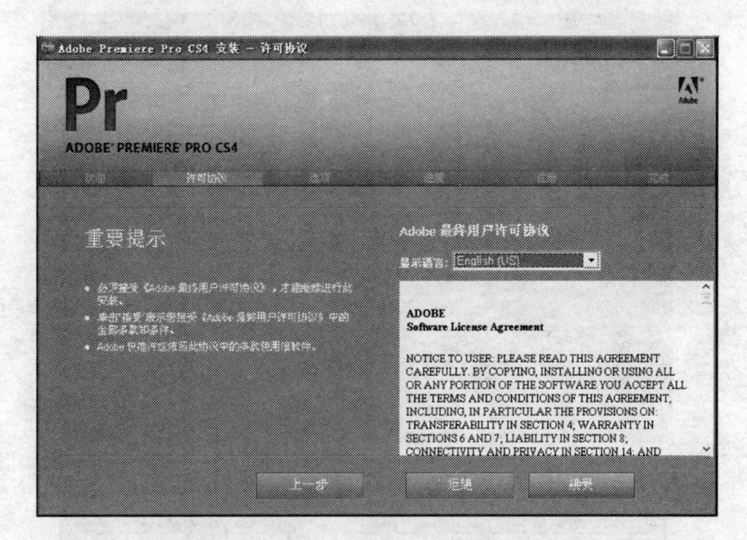

图2-10 Premiere的程序安装界面（4）

（6）单击“下一步”按钮，继续安装，打开下面的安装界面，如图2-11所示。

图2-11 Premiere的程序安装界面（5）

（7）上面的安装界面中可设置Premiere的安装路径，也就是安装在计算机的哪个磁盘中。在默认设置下，安装路径是C盘，单击“安装位置”项右侧的更改...按钮，则可以在打开的“选择位置”对话框中指定新的安装路径。设置好安装路径后，单击“安装”按钮，打开下面的安装界面，如图2-12所示。

（8）继续安装直到打开下面的安装进度界面，如图2-13所示。

（9）需要等候一段时间，等候安装，直到打开安装完成的提示界面，如图2-14所示。

这样，就把Premiere安装在自己的计算机上了，然后启动程序就可以使用它了。

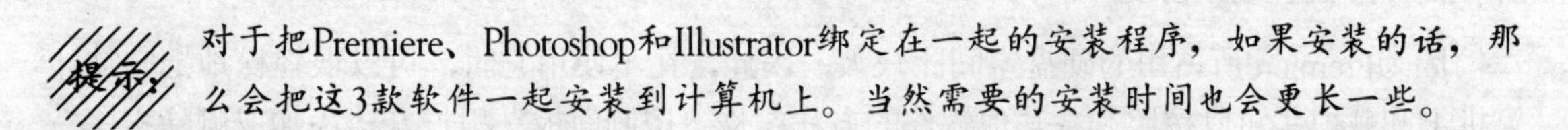

提示：对于把Premiere、Photoshop和Illustrator绑定在一起的安装程序，如果安装的话，那么会把这3款软件一起安装到计算机上。当然需要的安装时间也会更长一些。

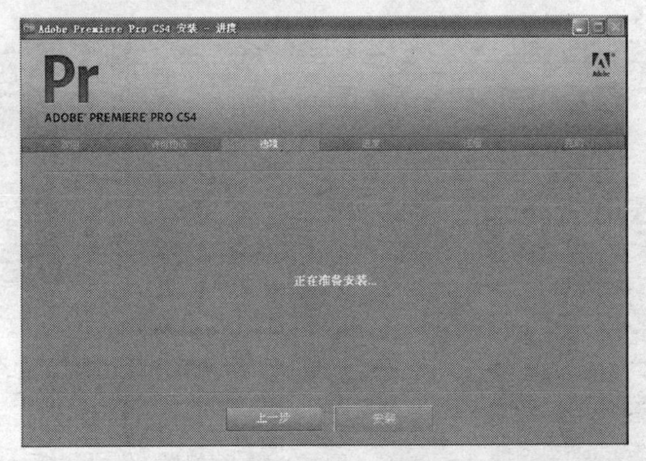

图2-12 Premiere的程序安装界面（6）

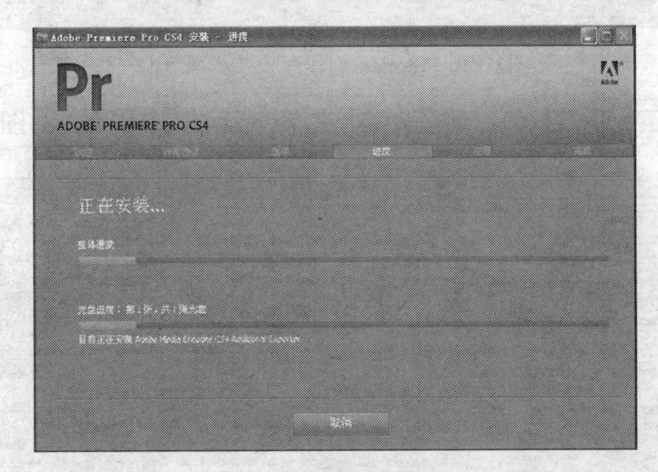

图2-13 安装进度界面

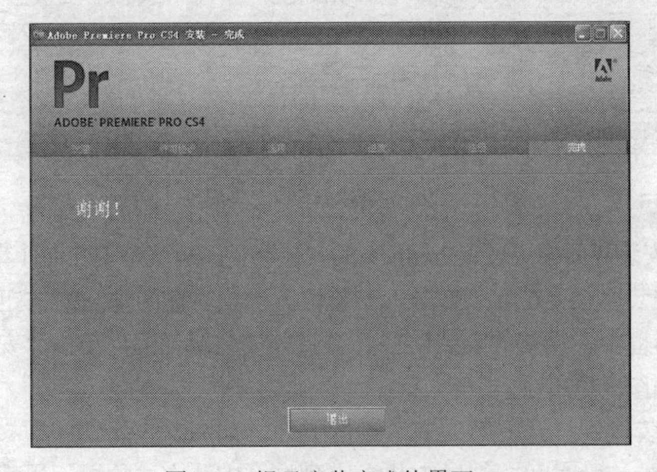

图2-14 提示安装完成的界面

2.4.2 卸载Premiere

因为Premiere所占用的硬盘空间比较大，因此，在不使用它时，可以很轻松地把它从计算机上卸载掉。可以按照卸载其他软件的方法，从“控制面板”里打开“添加或删除程序”

对话框，选中“Adobe Premiere Pro CS4”，如图2-15所示。单击“更改/删除”按钮即可把Premiere卸载掉。

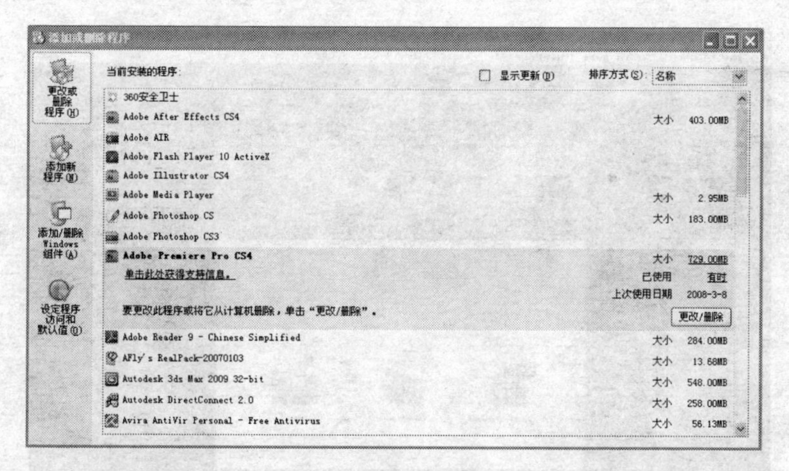

图2-15　“添加或删除程序”对话框

2.5　Premiere的启动与关闭

如果要启动Premiere，那么只需用鼠标单击Windows界面左下方的“开始”按钮，选择“开始→程序→Adobe Premiere Pro CS4”命令即可，如图2-16所示。

也可以在桌面上创建一个快捷图标，通过双击该快捷图标也可以打开Premiere，其图标如图2-17所示。

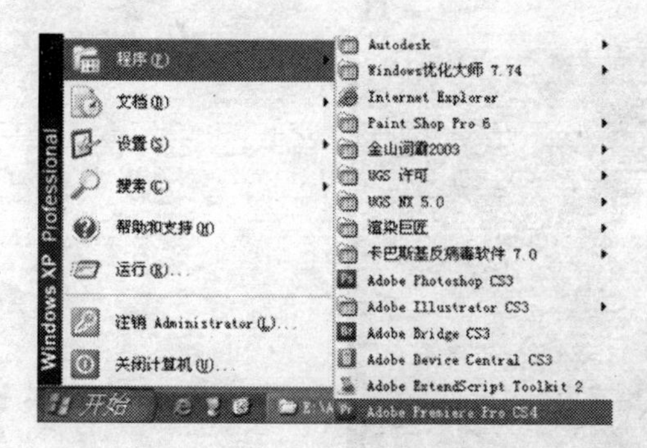

图2-16　启动Premiere Pro CS4

图2-17　Premiere的快捷图标

下面是Premiere开始启动时的界面，如图2-18所示。

图2-18　启动界面

启动Premiere后，即可打开Premiere的工作界面，如图2-19所示。但是还不能进入到其工作界面中。

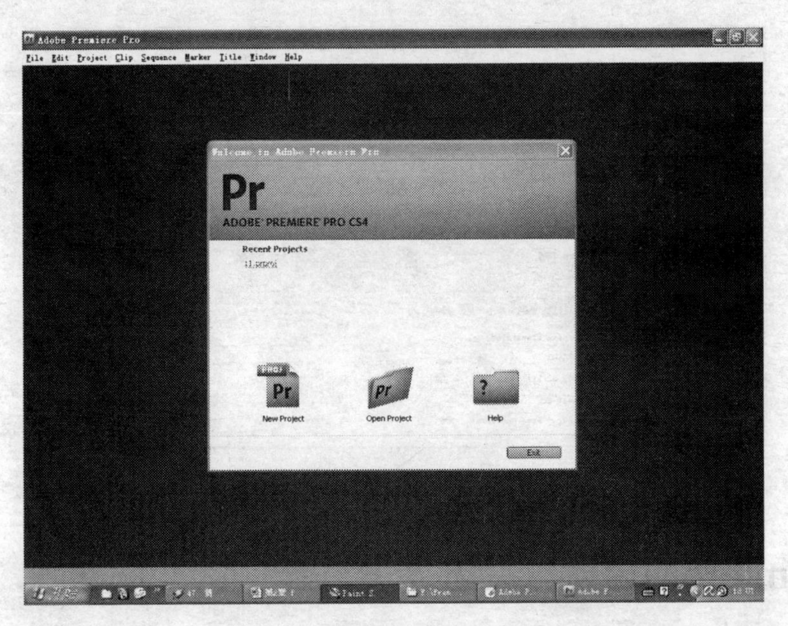

图2-19 Premiere的工作界面

可以看到，打开的工作界面中间有一个小对话框，可以选择新建项目，还是打开上次编辑过的项目。比如单击“New Project（新建项目）”按钮后，即可新建一个项目，打开如图2-20所示的“New Project”对话框。

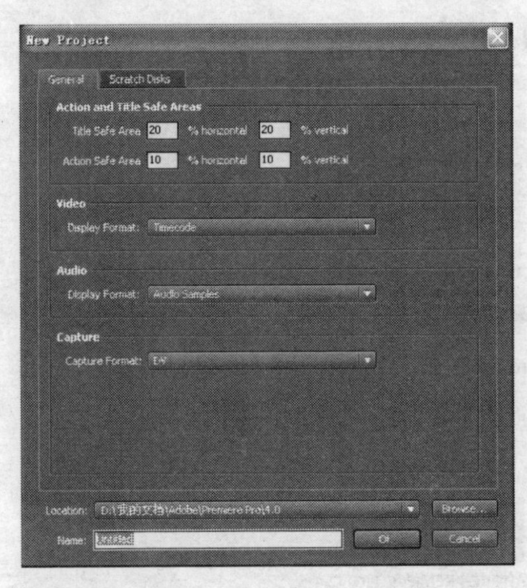

图2-20 “New Project”对话框

在对话框的底部设置好文件位置和名称后，单击“OK”按钮，将打开一个“New Sequence（新建序列）”对话框，如图2-21所示。

在该对话框中可以选择或者设置项目的类型，比如项目的制式，DV-PAL，HDV还是DV-NTSC等，单击“OK”按钮，即可进入到Premiere的工作界面中，如图2-22所示。

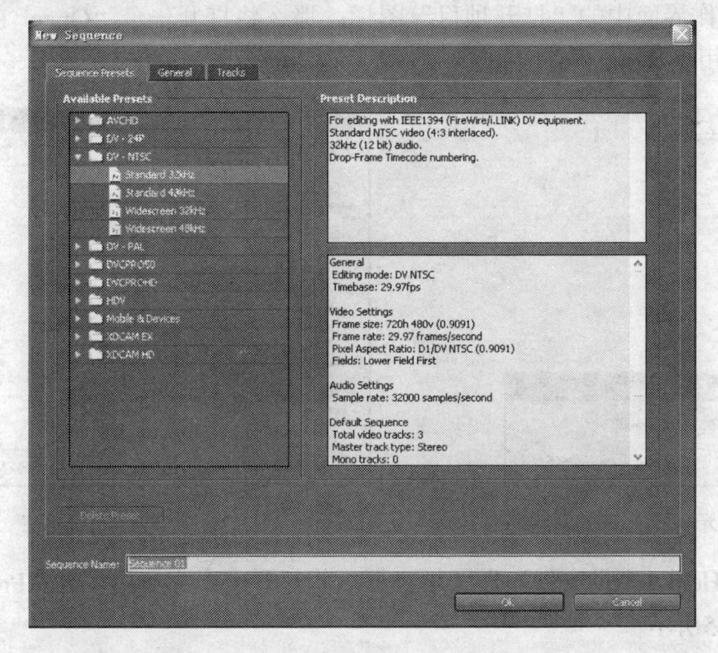

图2-21　“新建序列”对话框

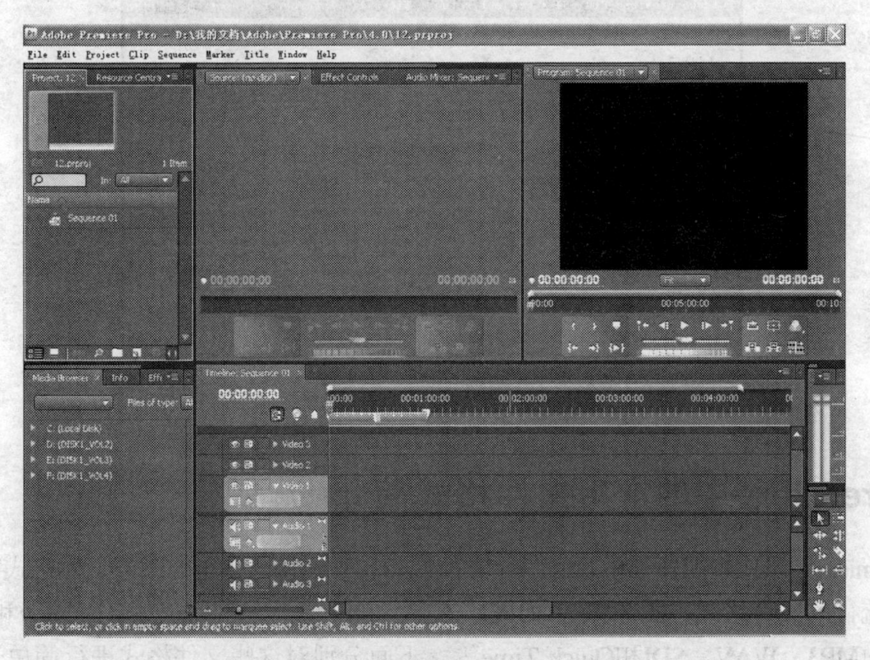

图2-22　进入到Premiere的工作界面

如果想退出Premiere，只需要单击工作界面右上角的关闭图标☒即可。在创建完一个文件后要退出Premiere，一定要先保存文件，快捷方式是使用Ctrl+S组合键，然后单击关闭图标☒即可退出Premiere。

创建或者编辑一个项目文件后，单击☒按钮，将打开一个提示对话框，询问是否要保存所创建的项目，单击“Yes”按钮进行保存，单击“No”按钮则不保存，单击“Cancel”按钮则取消保存，如图2-23所示。

如果单击工作界面中的“打开项目”图标，那么将打开一个“Open Project（打开项目）”对话框，用于选择需要打开的文件，如图2-24所示。

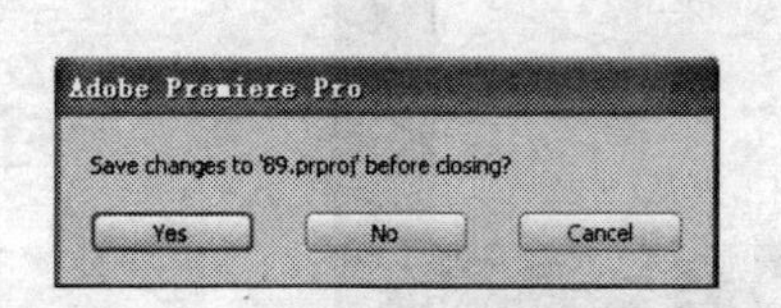

图2-23 提示保存信息的对话框

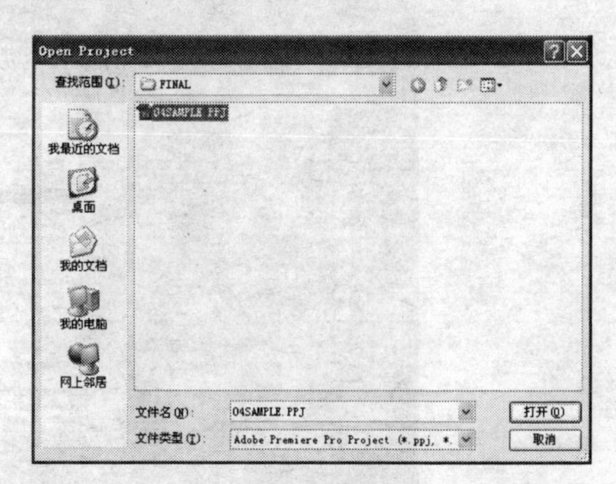

图2-24 “Open Project”对话框

如果单击“Help（帮助文件）”图标，那么将打开一个窗口用于浏览Premiere的“帮助文件”，如图2-25所示。

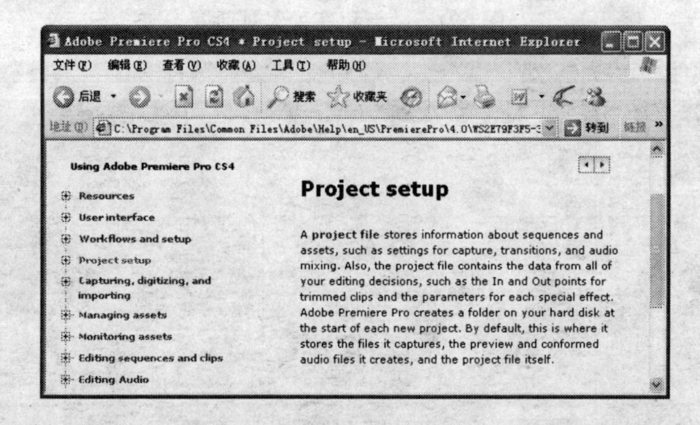

图2-25 “帮助文件”窗口

2.6 Premiere中的常用文件格式简介

在Premiere中可使用很多种格式的图片、视频和音频文件，常用的图像文件格式有很多，都是比较流行的文件格式，图像格式如JPG、GIF、TIFF等，视频格式如avi、mov和DV等，音频格式如MP3、WAV、SDI和Quick Time等。下面分别对这些文件格式进行简单介绍，以便更好地使用Premiere进行工作。

2.6.1 常用的图像格式

1. JPG格式

JPG是JPEG的缩写，JPEG几乎不同于当前使用的任何一种数字压缩方法，它无法重建原始图像。JPG利用RGB到YUV色彩的变换来存储颜色变化的信息，特别是亮度的变化，因为人眼对亮度的变化非常敏感。只要重建后的图像在亮度上有类似原图的变化，对于人眼来说，它看上去将非常类似于原图，因为它只是丢失了那些不会引人注目的部分。

由于JPEG优异的品质和杰出的表现，它的应用也非常广泛，特别是在网络和光盘读物上。目前各类浏览器均支持JPEG这种图像格式，因为JPEG格式的文件尺寸较小，下载速度快，使得Web页有可能以较短的下载时间提供大量美观的图像，JPEG同时也就顺理成章地成为网络上最受欢迎的图像格式。

2. BMP格式

BMP是BITMAP的缩写，也就是位图图片的意思。这种文件格式是微软Windows应用程序所支持的，特别是图像处理软件，基本上都支持BMP格式，BMP格式可简单地分为黑白、16色、256色、真彩色几种格式，其中前3种有彩色映像。在存储时，可以使用RLE无损压缩方案进行数据压缩，既能节省磁盘空间，又不会有损任何图像数据。

3. GIF格式

GIF是英文Graphics Interchange Format（图形交换格式）的缩写。顾名思义，这种格式是用来交换图片的。Gif格式使用灵活，而且支持动态图示，最重要的是它占用资源少（文件比较小），这些是它相比其他格式如JPEG、BMP的优势。相比Flash视频，则显示出它能够更好的被支持，因为如果是Flash的话，没有安装网页Flash插件则会无法显示。

4. PSD格式

PSD格式是Photoshop的一种专用存储格式。PSD格式采用了一些专用的压缩算法，在Photoshop中应用时，存取速度很快。Premiere作为Adobe公司的主流产品，和Photoshop有着密切的联系。在制作字幕、静态背景和自定义的滤镜时，图像存为PSD格式在交换时较为方便。

5. PIC格式

PIC格式是PICT的缩写，是用于Macintosh Quick Draw图片的格式，全称为QuickDraw Picture Format。

6. PCX格式

PCX格式最早是Zsoft公司的PC Paintbrush图像软件所支持的图像格式，它的历史较长，是一种基于PC绘图程序的专用格式。它得到广泛的支持，在PC上相当流行，几乎所有的图像类处理软件都支持它。Zsoft由一个专门的图像处理软件PhotoFinish来管理。它的最新版本支持24位彩色，图像大小最多达64K像素，数据通过行程长度编码压缩。对存储绘图类型的图像（例如大面积非连续色调的图像），合理而有效；而对于扫描图像和视频图像，其压缩方法可能是低效率的。

7. FLM格式

FLM格式是Premiere的一种输出格式。Premiere将视频片断输出成一个长的竖条，竖条由独立方格组成，每一格即为一帧。每帧的左下角为时间编码，以SMPTE时间编码标准显示，右下角为帧的编号。可以在Photoshop中对其进行处理，但是千万不可改变FLM文件的尺寸大小，否则这幅图片就不能再存放回FLM格式，也就不能返回Premiere中打开了。

8. EPS格式

EPS是英文Encapsulated PostScript的缩写，是跨平台的标准格式，扩展名在PC平台上是.eps，在Macintosh平台上是.epsf，主要用于矢量图像和光栅图像的存储。EPS格式采用PostScript语言进行描述，并且可以保存其他一些类型信息，例如多色调曲线、Alpha通道、分色、剪辑路径、挂网信息和色调曲线等，因此EPS格式常用于印刷或打印输出。

9. FLC格式

FLC格式是Autodesk公司的动画文件格式，使用过3ds Max的人一定不陌生，FLC格式从早期的FLI格式演变而来，是一个8位动画文件，其尺寸大小可任意设定。实际上，它的每一帧都是一个GIF图像，但所有的图像都共用同一个调色板。

10. WMF格式

WMF格式是一种不常用的文件格式。它具有文件短小，图案造型化的特点，整个图形常由各个独立的组成部分拼接而成，但其图形往往较粗糙。

11. TIFF格式

TIFF（Tag Image File Format）是Mac机中广泛使用的图像格式，它由Aldus和微软联合开发，最初是出于跨平台存储扫描图像的需要而设计的。它的特点是图像格式复杂、存贮信息多。正因为它存储的图像细微层次的信息非常多，图像的质量也得以提高，故而非常有利于原稿的复制。 该格式有压缩和非压缩两种形式，其中压缩可采用LZW无损压缩方案存储。不过，由于TIFF格式结构较为复杂，兼容性较差，因此有时你的软件可能不能正确识别TIFF文件（现在绝大部分软件都已解决了这个问题）。目前在Mac机和PC上移植TIFF文件也十分便捷，因而TIFF现在也是微机系统上使用最广泛的图像文件格式之一。

12. TGA格式

Truevision公司的TGA文件格式已广泛地被国际上的图形、图像制作工业所接受，它最早由AT&T引入，用于支持Targa和ATVISTA图像采集卡。现已成为数字化图像以及光线跟踪和其他应用程序所产生的高质量的图像的常用格式。美国Truvision公司是一家国际知名的视频产品厂商，它所生产的许多产品，如国内有名的Targa1000、Targa2000、PRO、RTX系列视频采集卡，已被用于不少的桌面系统。其硬件产品还被如AVID等著名的视频领域巨头所采用，TGA的结构比较简单，是一种通用的图形数据格式。

13. SVG格式

SVG是目前比较火热的图像文件格式之一，它的英文全称为Scalable Vector Graphics，意思为可缩放的矢量图形。它是基于EML（Extensible Markup Language），是由World Wide Web Consortium（W3C）联盟进行开发的。严格来说它是一种开放标准的矢量图形语言，可让我们设计出高分辨率的Web图形页面。而且可以直接用代码来描绘图像，也可以用任何文字处理工具打开SVG图像，通过改变部分代码来使图像具有互交功能，并可以随时插入到HTML中通过浏览器来观看。

14. PNG格式

PNG是目前最不失真的文件格式，它汲取了GIF和JPG二者的优点，存贮形式丰富，兼有GIF和JPG的色彩模式。它的另一个特点是能把图像文件压缩到极限以利于网络传输，但又能保留所有与图像品质有关的信息，因为PNG是采用无损压缩方式来减少文件的大小，这一点与牺牲图像品质以换取高压缩率的JPG有所不同。它的第三个特点是显示速度很快，只需下载1/64的图像信息就可以显示出低分辨率的预览图像。第四，PNG同样支持透明图像的制作，透明图像在制作网页图像时很有用，可以把图象背景设为透明，用网页本身的颜色信息来代替设为透明的色彩，这样，就可以让图像和网页背景很和谐地融合在一起。

15. AI格式

AI格式是由Adobe Illustrator生成的矢量图形文件，Adobe Illustrator和Premiere都是Adobe公司开发的软件，因此Premiere能够支持AI格式的文件。

2.6.2　常用的视频格式

Premiere能够支持的视频文件格式包括：AVI文件格式、MOV文件格式、DV文件格式和Windows Media Player文件格式。

2.6.3　常用的音频格式

Premiere能够支持的音频文件格式包括：MP3格式、MAV格式、WMA格式、AIF文件格式、SDI文件格式和Quick Time文件格式。

2.7 工作流程及影片的编辑方式

在这里简要地介绍一下影片后期制作的常识，以便给影视及DV爱好者有一个初步的印象，以方便使用Premiere制作节目工作的展开，这些内容在以后的章节还要进行进一步介绍。大家都知道，Premiere的主要技术应用就是进行影片及DV的后期制作。总的来说，电视节目和电影一样，人们都要强调后期制作的重要性，因为传统手法制作的很多好影片都是通过剪辑师傅对胶片的剪辑“创建”出来的。为了取得制作上的成功，一个好的影视编辑必须掌握有关节目编排的基础知识和基本技巧。

2.7.1　影视制作的流程

通常，通过计算机进行的后期制作，包括把原始素材编织成影视节目所必需的全部工作。它包括了以下几个步骤，如图2-26所示。

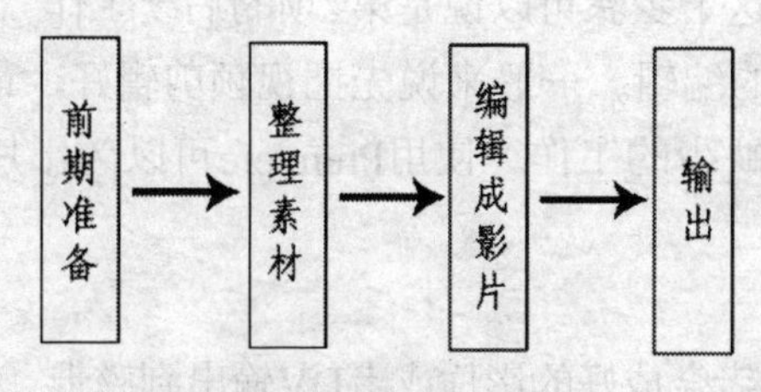

图2-26　制作流程

提示：读者也可以参考更详细的制作流程图，如图2-27所示。

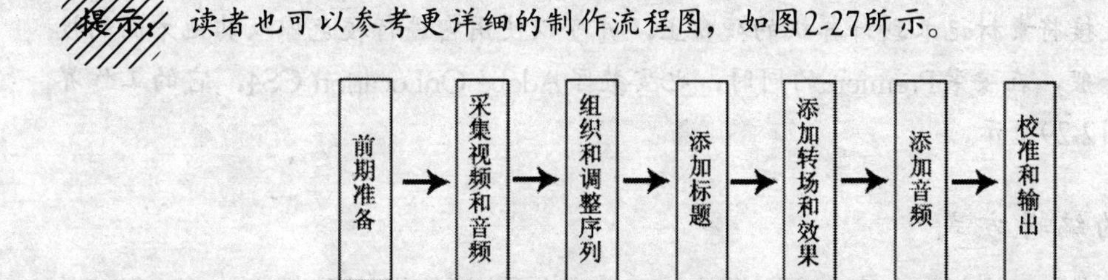

图2-27　更详细的制作流程图

（1）前期准备或预制作

在该过程中，包括编写剧本、绘制故事板及为影片制作拍摄计划等。

故事板是故事发展进程的简略图和规划图。如图2-28所示。

图2-28　故事板

（2）整理素材

所谓素材指的是通过各种手段得到的未经过编辑或者剪接的视频和音频文件，它们都是数字化的文件。制作影片时，要将拍摄到的胶片（包含声音和画面的图像）输入计算机，转换成数字化文件后再进行加工处理。

（3）把素材编辑成节目

将实拍到的分镜头按照导演和影片的剧情需要组接剪辑，要选准编辑点，才能使影片在播放时不出现闪烁。在Premiere的时间标尺面板中，可按照指定的播放次序将不同的素材组接成整个片断。素材精准的衔接，可以通过在Premiere中精确到帧的操作来实现。

另外还需要在节目中叠加标题字幕和图形，Premiere的字幕窗口工具为制作者提供了展示自己艺术创作与想象能力的空间。利用这些工具，能为自己的影片创建和增加各种有特色的文字标题（仅限于二维）或几何图像，并对它实现各种效果，如滚动、产生阴影和产生渐变等。而以往的传统字幕制作或图形效果的制作必须先拍摄实物，再制作成为所谓的插片，由剪辑师将插片添加到胶片中才能实现。

还需要添加声音效果，这个步骤可以说是第2项的后续工作。在第2项工作中，不仅进行视频的编辑，也要进行音频的编辑。一般来说先把视频剪辑好，最后才进行音频的剪辑。添加声音效果是影视制作不可缺少的工作。使用Premiere可以为影片增加更多的音乐效果，而且能同时编辑视频音频。

（4）输出

最后根据需要把编辑或者合成好的影片或者DV输出到磁带、光盘或者其他存储设备中。

还可以使用与Premiere绑定在一起的Adobe OnLocation来拍摄素材，使用OnLocation可以直接将素材记录到计算机的硬盘上，并可以使用它进行校色以及其他方面的校准。一般，在安装Premiere的同时，也安装了Adobe OnLocation CS4，它的工作界面如图2-29所示。

2.7.2　影片的编辑方式

不同影片或者节目的制作在声音和图像的处理方式上要用到不同的编辑方法，一般分为联机方式和脱机方式，还有一种就是替代编辑和联合编辑。

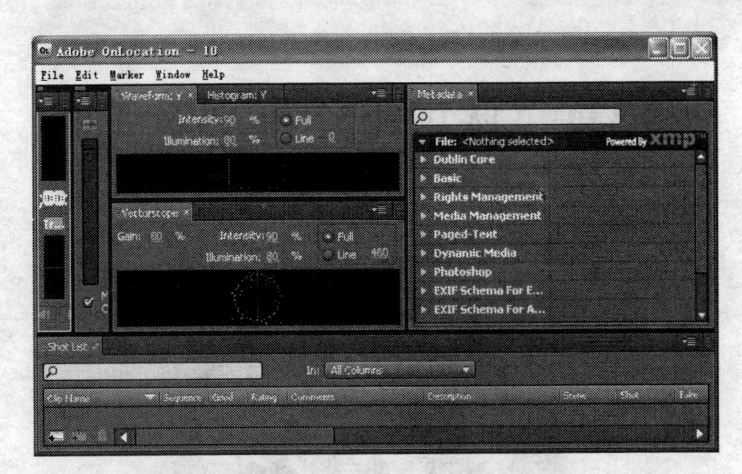

图2-29　图Adobe OnLocation CS4的工作界面

下面，简要地将这三种编辑方式介绍一下。

1. 联机方式

联机方式指的是在同一个计算机上从对素材的粗糙编辑到生成最后的影片所需要的所有工作。一般来说就是对硬盘上的素材进行直接编辑。以前联机工作方式主要运用于那些需要高质量画面和高质量数字信息处理的广播视频中。它需要拥有贵重的工作设备，编辑者常常付不起这种费用。而如今计算机的处理速度愈来愈快，联机编辑的方式已经适用于编辑很多要求各异的影片了。拥有高级计算机终端的用户可以使用联机方式进行广播电视或动画片的制作。值得注意的是，使用这种方法编辑数字化文件时，所有的编辑都要保证计算机正常运行，才能实现真正的联机。

2. 脱机方式

在脱机方式编辑中所使用的都是原始影片的拷贝副本，最后使用高级的终端设备输出它们最终制成的节目。脱机方式主要为了用低价格的设备制作影片。这种方式简单得就像用录像机播放影片时随时可写入编辑点一样，所以是编辑时采用的重要方式，而主要需要使用这种方式的是个人计算机和Premiere软件。Premiere一旦完成了脱机编辑，就创建了一系列的EDL，EDL就是上面提到的编辑点记录表，然后把EDL移入一个有高级终端的编辑器中。该编辑器将Premiere编辑过的影片按照EDL对编辑过程的描述，再次将节目处理成高质量的影片。这实际上就是用高级的终端设备生产最后的产品。在Premiere的时间标尺面板中使用脱机编辑时，仅需要看到素材的第一帧和最后一帧的缩图就够了，缩图包括素材的一部分帧画面，之所以如此，是因为脱机编辑强调的只是编辑速度而不是影片画面质量，影片的画面质量和原始的素材质量，及最后的高级终端编辑器有关。

3. 替代编辑和联合编辑

替代编辑是在原有的胶片节目上改变其中的内容，即将新编好的内容换掉原来的内容。联合编辑是将视频的画面和音频的声音对应进行组接，即合成音频视频。它们是编辑时最为常用的方式。

采用哪种编辑方式取决于编辑设备的质量与软硬件的兼容性。另外采集视频和音频时所进行的采集设置，同所采用的编辑形式有很大关系。

第3章　认识工作界面及工具

要想进一步了解和使用Premiere，必须要熟悉它的工作界面和工具，只有对它的工作界面、命令和工具熟悉了，才能开始进行视频编辑工作。

在本章中主要介绍下列内容：

★Premiere界面简介

★Premiere菜单命令

★面板简介

3.1　认识工作区

首先应该了解Premiere的工作界面，以便知道在哪里导入文件、编辑影片，该使用哪些工具。只有各窗口的作用，才能知道从哪里及怎样制作或者编辑影片。

3.1.1　基本项目设置

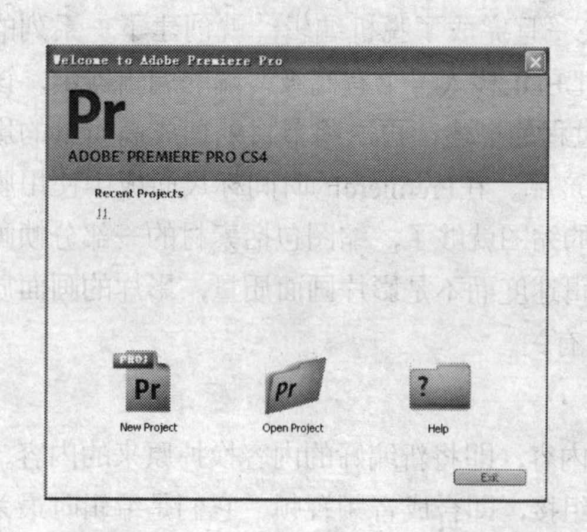

图3-1　“项目设置”对话框

当第一次打开Premiere时，首先会打开一个“Welcome to Adobe Premiere Pro（项目设置）”对话框，在这个对话框中可以选择打开一个新的项目，还是打开一个已存在的项目，如图3-1所示。

单击“New Project（新建项目）”图标即可打开一个“New Project（新建项目）”对话框，如图3-2所示。

如果以前使用Premiere做过什么项目，它还会显示一些最近的项目，如图3-3所示。

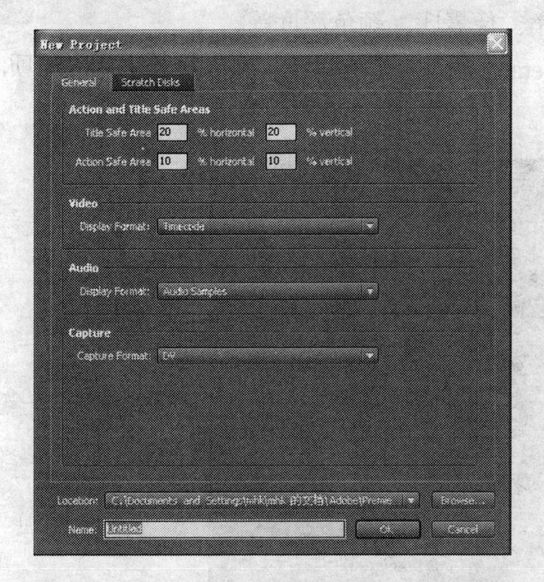

图3-2 “New Project（新建项目）”对话框

图3-3 显示的最近处理的一些项目

在“New Project（新建项目）”对话框底部单击“Location（位置）”右侧的“Browse（浏览）”按钮，从打开的对话框中可以设置文件保存的位置。在“Name（名称）”右侧的输入栏中设置项目的名称。另外，还可以设置“Capture Format（采集格式）”项，设置画面的“Action and Title Safe Areas（安全区域以及安全框）”，一般使用默认设置即可。单击“OK”按钮打开“New Sequence（新建序列）”对话框，如图3-4所示。如果单击“Cancel（取消）”按钮则取消操作。

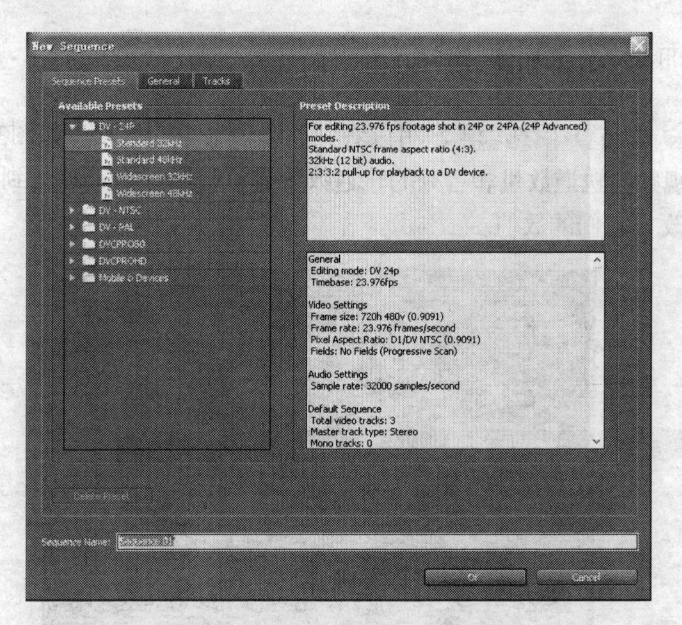

图3-4 “New Sequence”对话框

在“New Sequence”对话框中，可以根据自己的制作需要选择制作DV或者影片的制式，是NTSC（全称为National Television Systems Committee，即国家电视系统委员会）制式还是PAL（全称为Phase Alternation by Lin，即逐行倒向制式）制式（注意，我们国家使用的是PAL制式）并可以选择使用标准视频还是宽屏视频。另外还有相关的描述，比如编辑方式、音频频率，丢帧时间码编号，帧大小、帧速率、像素比、颜色深度等。

在“New Sequence”对话框中单击“General（通用）”选项卡，可以打开更多的选项，如图3-5所示。

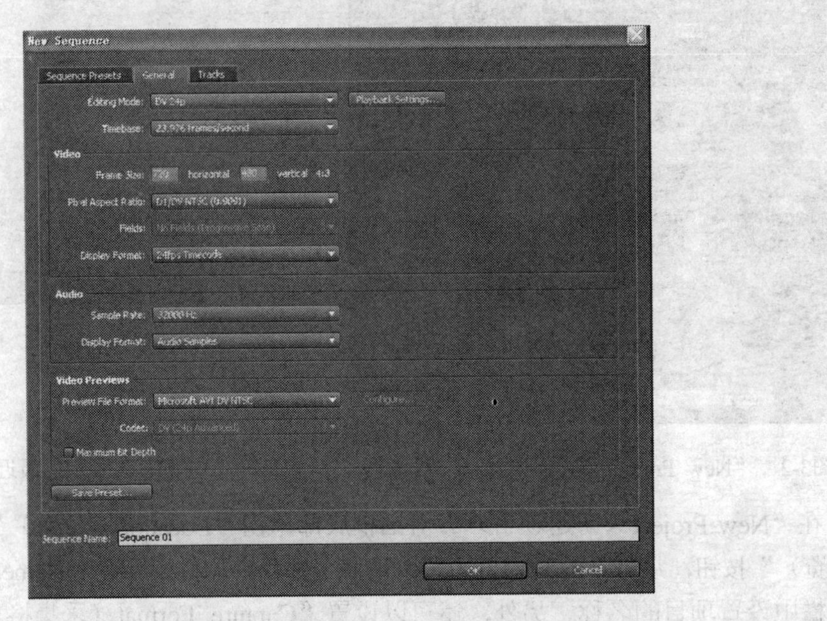

图3-5 “General选项卡”中的选项

在“General（通用）”选项卡中，可以根据自己的需要设置总体设置，比如编辑方式、时间码、视频的帧大小、场、显示方式等。

提示：一般使用默认设置即可。

单击“Tracks（轨道）”选项卡，可以看到该选项卡中的选项，如图3-6所示。这里的选项主要用于设置视频的轨道数量和音频的轨道数量等。把鼠标指针移动到轨道数值上，按住鼠标键拖动即可改变它们的数值。

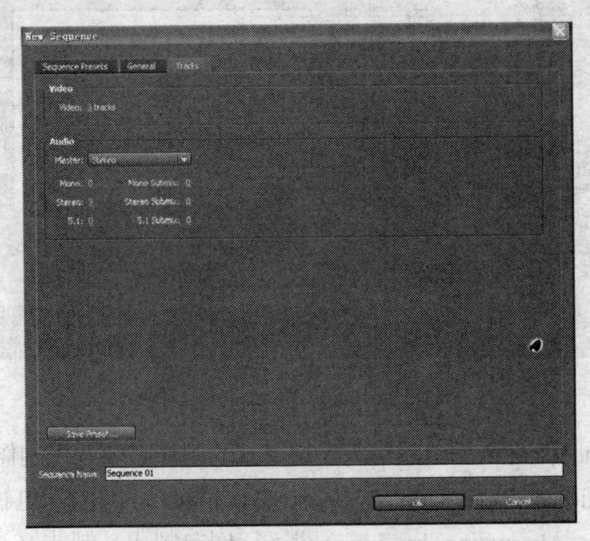

图3-6 “Tracks”选项卡

3.1.2 认识工作区域

Premiere把编辑功能都组织到了一个专门的窗口中，这给我们排列窗口布局以满足编辑风格带来了很大的灵活性，浮动面板给出了很多信息并可以快速读取视频节目的任一部分。可以任意排列窗口和面板，以便充分使用显示器的有限空间。在认识各个窗口之前，需要首先根据自己的需要认识和设置工作区，以便设置自己的编辑风格。

在打开或者新建一个项目后，Premiere的工作区域就会显示出来。可以重新排列窗口和面板，使它们不相互叠加，如图3-7所示的是一个默认的工作界面。

A. 标题栏 B. 命令栏 C. Project（项目）窗口
D. Info/History/Effects（信息/历史/效果）面板
E. Source（源素材）窗口 F. Program（节目）窗口
G. Timeline（时间标尺）面板 H. Tools（工具箱）面板

图3-7 Premiere的工作界面布局

另外，“Effect Controls（效果控制）”面板和“Audio Mixer（音频混合器）”面板位于源素材窗口中。

在下面的内容中将简单地介绍一下各个窗口的组成部分及基本功能。

“Project（项目）”窗口：该面板可以输入、组织和存贮参考素材，它列出输入到项目中的所有源素材。

注意：也有人将“Project”窗口称为“Project”面板或者“Project”调板，读者要注意这几个概念。

“Source（源素材）”窗口和“Program（节目）”窗口：很多专业人士把这两个窗口称为“监视器”窗口。“Source”窗口用来观看一个单独的视频素材，“Program”窗口用来观看“Timeline”面板中正在编辑的视频节目的当前状态。在“Source”窗口中含有“Effect Controls ”面板选项，它们用于改变效果设置，并在效果被应用于素材上时它就会显示。

“Timeline（时间标尺）”面板：该面板提供了一个节目的示意图，包括所有的视频、音频和叠加视频轨道，在其中所做的变动将在“Program”窗口中显示。

“Tools（工具箱）”面板：该面板在以前的版本中位于“Timeline”面板中，它提供了在“Timeline”面板中选择和编辑素材的所有工具。可以把它移动到窗口中的任何位置。

"Info（信息）"面板：该面板提供了在"Timeline"面板中选择素材、过渡和所选区域的有关信息，或者正在执行的操作信息。

"History（历史）"面板：该面板可以让我们返回到当前一段工作时间内所创建项目的状态中去，和Photoshop中的历史面板功能类似。所做的每一项变动，在"历史"面板中都会相应增加一个新状态，在选择了一种状态之后可以删除所有的编辑，也可以返回到当前状态或还原取消的状态。

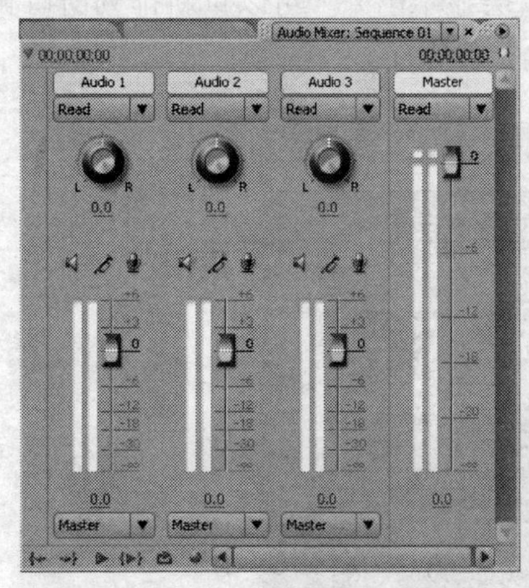

图3-8 "音频混合器"窗口

"Effects（效果）"面板：在该面板中含有Audio Effects（音频效果）、Audio Transitions（音频过渡）、Video Effects（视频效果）和Video Transitions（视频过渡）面板选项。Audio Effects允许对Timeline面板中的所有音频素材应用一个音频效果。Audio Transitions则用于设置音频素材之间的过渡。Video Effects用于对轨道中的视频素材应用视频效果。Video Transitions则用于设置视频素材之间的过渡。

另外，还有"Audio Mixer（音频混合器）"窗口，如图3-8所示。它主要用于编辑声音和增添各种音频效果等。

当在窗口中处理素材或素材集时，主要用到前面提到的四种窗口："Project"窗口、"Source"窗口、"Program"窗口和"Timeline"面板。Premiere也为采集视频和创建标题等任务提供了专门的窗口，这些窗口和它们的用途在本书后面章节中介绍。另外，工作区命令栏中的命令是非常重要的，在本章后面的内容中将对其进行介绍。

3.1.3 使用Project窗口

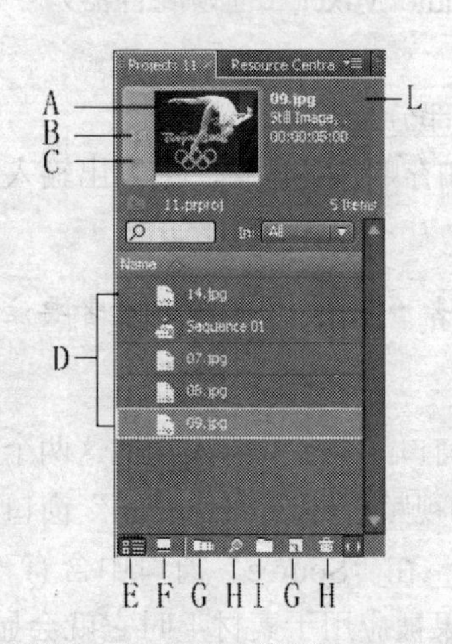

A. 缩略图窗口 B. 标志帧按钮 C. 播放/停止按钮
D. 素材 E. 列表按钮 F. 图标按钮
G. 自动到序列按钮 H. 搜索按钮 I. Bin按钮
J. 新项目按钮 K. 清除按钮 L. 素材信息列表

图3-9 "Project"窗口

在Premiere中，"Project"窗口是输入、组织和存贮参考素材的地方，它列出了输入到项目中的所有源素材，即使在项目中用不到的素材也一样。"Project"窗口的大小可以调整，如图3-9所示。

"Project"窗口中的文件名用于标识输入到项目中的文件，每一个文件名后面的图标表明了文件的类型。视频和音频文件通常很大，所以把每一个素材都拷贝到项目中将浪费很大的磁盘空间。相反，Premiere项目只存贮输入素材的参考素材，而不是素材本身。这意味着对于一个5MB的素材来说，不管在一个项目中使用还是在十个项目中使用，它只占用5MB的磁盘空间。当编辑视频节目时，Premiere会在所需的源文件中检索画面。

“Project”窗口还具有故事板的功能。在“Project”窗口中可通过拖动使不同的素材按一定的顺序排列成一个故事。使用Project窗口左上角的窗口菜单可以设置“Project”窗口中的项目以列表方式还是以图标方式排列，如图3-10所示。

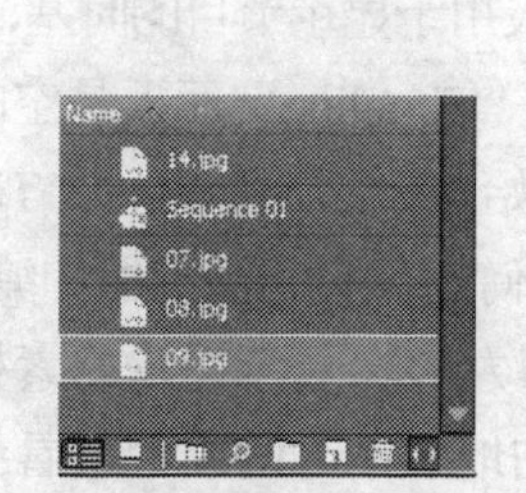

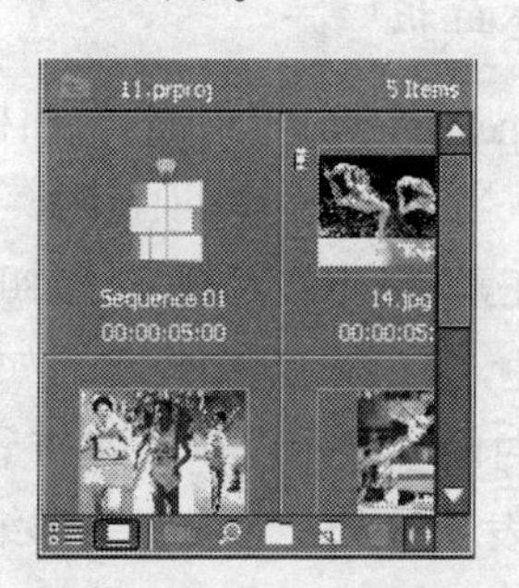

图3-10 以列表方式排列（左），以图标方式排列（右）

提示：单击窗口底部的“列表按钮”即可改变导入的素材的排列方式。

在项目中用Bin来组织素材。Bin类似于硬盘上的文件夹，它用于组织包含很多素材的项目。甚至可以把Bin再组织到一个的Bin中，也可以保存Bin，将来用于其他的项目中。Bin被放在“Project”窗口左边的Bin区域里，当输入素材时，它们就被添加到当前选择的Bin中。

在“Project”窗口或者在Bin区域上方有一个缩略图，可以用它来预览单独的素材。当在“Project”窗口中选中一个素材后，缩略图就会显示与素材相关的标志帧，也就是用于表示素材的图标视图，并以该帧的一个简单画面来做标题。默认设置下，标志帧是素材的第一帧，但是，也可以变换素材的其他任意帧来做标志帧。缩略图窗口也显示素材的名称、媒体类型、视频信息、持续时间和数据率。

注意：在缩略图旁边显示的是所有视频素材的平均数据率；这些信息对模拟视频是非常有用的，因为维持项目中所有素材保持一致的数据率，可以使它们在Timeline面板中平滑播放。

3.1.4 使用Bin

在Premiere的“Project”窗口中包括一个Bin区域，它用来显示加到项目中的Bin，Bin区域在“Project”窗口的左边，可以调整它的大小和隐藏。当Bin区域的Bin包括其他Bin时，就会显示分层结构，就像Windows操作系统中文件夹和子文件夹的图解示意图一样。也可以通过使用“File（文件）→New（新建）→Bin（文件夹）”命令或者单击“Project”窗口下面的Bin按钮即可创建一个新的Bin。如图3-11所示就是建立了7个Bin的“Project”窗口。

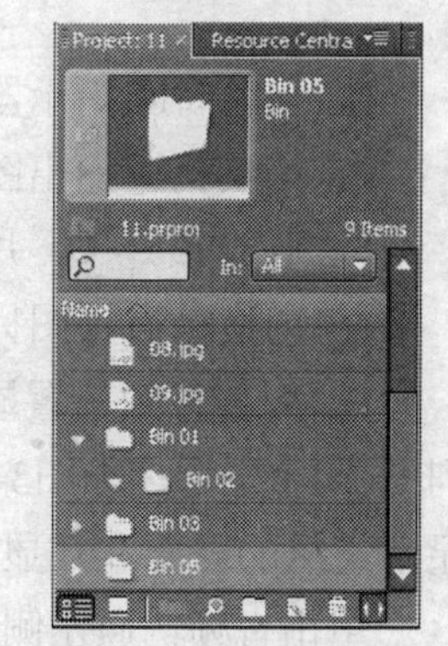

图3-11 含有多个Bin的“Project”窗口

注意：有人把Bin翻译成箱，也有人把Bin翻译成文件夹，要注意这两种名称。在单击Bin按钮后，再单击鼠标右键，从打开的关联菜单中选择“Rename（重命名）”可对Bin进行重命名。

另外，单击“Project”窗口中的素材或者Bin后，再单击“Project”窗口底部的“Clear（清除）”按钮即可将其删除掉。

3.1.5 使用Timeline面板

在Premiere中，“Timeline（时间标尺）”面板用于显示节目的时基，在“Timeline”面板中可汇集和编辑视频素材。当启动一个新项目时，“Timeline”面板是空的。在本章的项目中，“Time-line”面板中存在素材是因为我们已经初始化了这个项目。“Timeline”面板中包括一个包含编辑工具的工具框，在这一节中将学习如何定位时间浏览器和编辑控件。“Timeline”面板水平显示时间，在时间上显示得早的素材靠左边，显示得晚的素材靠右边，时间通过面板顶部附近的时间标尺表示出来。当希望更详细地观察时间或希望看到节目的更多部分时，可以改变时间刻度的大小，如图3-12所示的就是“Timeline”面板。

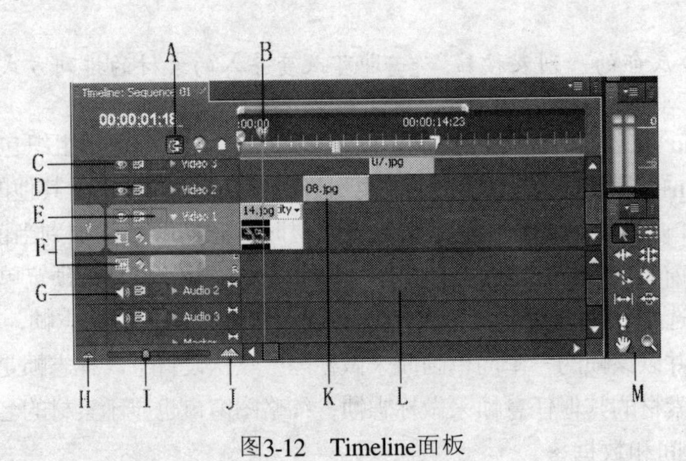

图3-12 Timeline面板

下面介绍“Timeline”面板各个部分的名称以及相关的功能，并分别介绍隐藏按钮的名称及功能，最后介绍它们的使用。

A. 吸附按钮，用于对齐素材边缘。

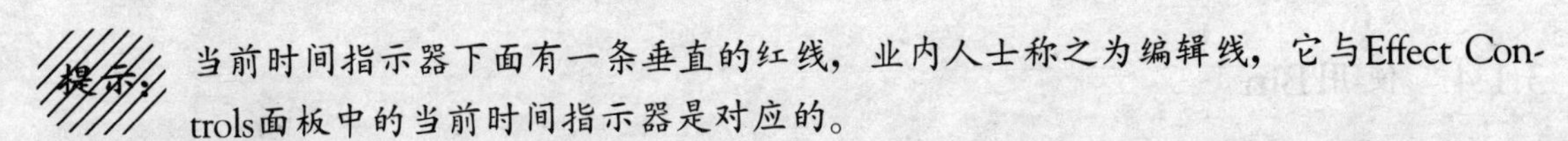

提示： 当前时间指示器下面有一条垂直的红线，业内人士称之为编辑线，它与Effect Controls面板中的当前时间指示器是对应的。

B. 当前时间指示器，用于提示工作区域的位置。

C. 切换轨道输出图标，眼睛图标消失时，该轨道上的剪辑内容就不能进行预览了。

D. 同步锁开关，用于设置视频的同步。

E. 切换轨道锁图标，单击该图标将显示一把小锁的图标，表示该轨道被锁定。

F. 视频/音频设置显示样式按钮，单击视频轨道左侧的按钮可以弹出一个菜单栏，其中列出了4个选项，如图3-13所示。可以选择只显示素材的前端和后端、只显示素材的前端、只显示素材的画面和只显示素材的名称。

单击音频轨道左侧的按钮可以弹出一个菜单栏，其中列出了2个选项，如图3-14所示。可以选择显示音频素材的波形和只显示素材的名称。

G. 切换轨道输出图标，喇叭图标消失时，该音频轨道上的剪辑内容就不能听了。

Show Head and Tail	只显示素材的前端和后端
✔ Show Head Only	只显示素材的前端
Show Frames	只显示素材的画面
Show Name Only	只显示素材的名称

图3-13 打开的菜单栏（右图为对应的中文菜单解释）

Show Waveform	显示波形
Show Name Only	只显示名称

图3-14 打开的音频相关的菜单栏（右图为对应的中文菜单解释）

H. 缩小图标，单击该图标可以缩小轨道中的内容。

I. 缩放滑块，通过拖动该滑块可以缩小或者放大轨道中的内容。

J. 放大图标，单击该图标可以放大轨道中的内容。

K. 视频轨道区域。在该轨道中放置视频素材，包括视频文件、DV文件或者静止图片。视频轨道包括90多个。

L. 音频轨道区域。在该轨道中放置音频素材，音频轨道也包括90多个。

M. 时间标尺工具箱，使用该工具箱中的工具可以对视频和音频轨道中的文件进行编辑，比如选择素材、选择轨道、切割素材等。完整的工具箱如图3-15所示。关于工具箱中的工具可以参见本章后面内容的介绍。

1. 轨道简介

在Premiere中，“Timeline”面板包含的是在其中布置素材的轨道，包括视频素材和音频素材。所有轨道被垂直叠放，当一个素材在另一个素材上面时，两个素材将同时播放。

在Timeline中，轨道分为三部分：

- Timeline的中部是主要的视频编辑轨道，如Video 1轨道，Video 2轨道和Video 3轨道，默认是3个视频轨道，如图3-16所示。其中的Video就是视频的意思。

图3-15 时间标尺面板中的工具箱

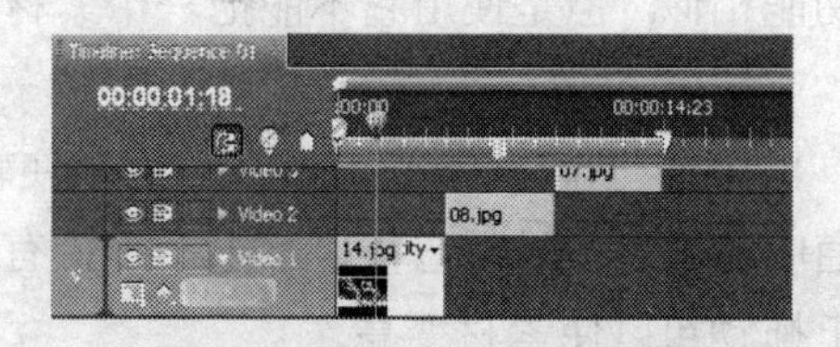

图3-16 默认的3个视频轨道

- 在Video 1轨道上方的所有轨道用于在Video 1轨道上方叠加素材，还可以添加更多的视频轨道。
- 在Video 1轨道下方的是音频轨道，默认是3个音频轨道，如图3-17所示。其中的Audio就是音频的意思，也可以添加更多的音频轨道。

图3-17 默认的3个音频轨道

在编辑影片时，只要将需要的素材从“Project”窗口中拖动到“Timeline”面板中的轨道中即可，但是一定要将视频、图片等素材放置到Video轨道中，将音频素材放置到Audio轨道中，如图3-18所示。

2. 工具箱

在Premiere中，时间标尺的右侧是工具箱，使用这里面的工具可以编辑视频和音频文件。下面介绍工具箱中各个工具的功能，如图3-19所示。

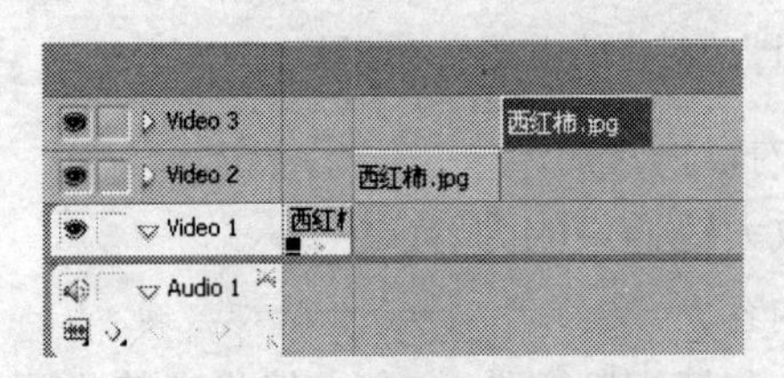

图3-18 将多个素材放置到不同的轨道中

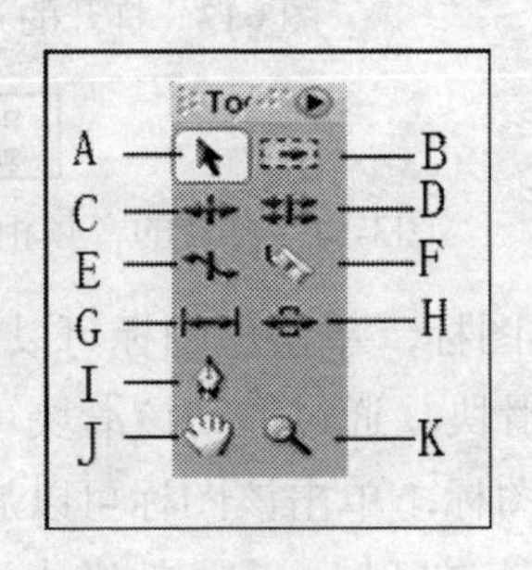

图3-19 工具箱中的工具

A. Selection Tool（选择工具），用于选择一个或多个剪辑素材，包括视频素材和音频素材。

B. Track Select Tool（轨道选择工具），可以选择一个轨道上的所有剪辑。

C. Ripple Edit Tool（波浪编辑工具），用来拖动剪辑出点，改变剪辑长度。

D. Rolling Edit Tool（滚动编辑工具），用来增加剪辑的帧数，但节目总持续时间不变。

E. Rate Stretch Tool（速率拉伸工具），用来改变剪辑的时间长度，调整剪辑的速率，以适应新的时间长度。

F. Razor Tool（剃刀工具），用来将一个剪辑分割成2个或者2个以上的剪辑。

G. Slip Edit Tool（滑动编辑工具），用来改变前后剪辑的入、出点，剪辑时间和总持续时间不变。

H. Slide Edit Tool（滑行编辑工具），用来在轨道中移动素材的位置，它与选择工具的功能相似，但是使用它不能把一个素材从一个轨道移动到另外一个轨道，而选择工作则可以。

I. Pen Tool（钢笔工具），用来使轨道中的素材变暗或者变亮，当把光标放置到视频轨道中的素材上时，它将显示出一个带有上下箭头指向的光标，向下拖动可以使素材变暗，向上拖动可以使素材变亮。

J. Hand Tool（徒手工具），类似于淡化工具，用来移动Timeline中整个素材的位置，让节目在不同位置中显示。

K. Zoom Tool（缩放工具），用来放大或者缩小窗口的时间单位，改变轨道上的显示状态，选中该工具后在轨道上的剪辑上单击则可放大该剪辑，假如单击的同时按下Alt键，则是缩小该剪辑的显示状态。

3.1.6 使用监视器窗口

在Premiere中，除了“Timeline”面板外，还可以在“监视器”窗口中调集或者整理素材，“监视器”窗口包括“源素材”窗口和“素材序列”窗口。这取决于我们所选择的工作方式和指定的工作任务，可以在众多不同的监视器窗口选项中做出选择。

“监视器”窗口共有两种模式，一种是默认的双视图模式，另一种是单视图模式。在双视图模式下，“监视器”窗口中并列显示“no clip（无剪辑）”窗口和“Sequence（素材序列）”窗口。导入素材后，“no clip”窗口改变为“Source（源素材）”窗口。一般，可以把“no clip”窗口当做“Project”窗口的一个浏览器，把“Sequence”窗口当做Timeline面板的一个浏览器，如图3-20所示。

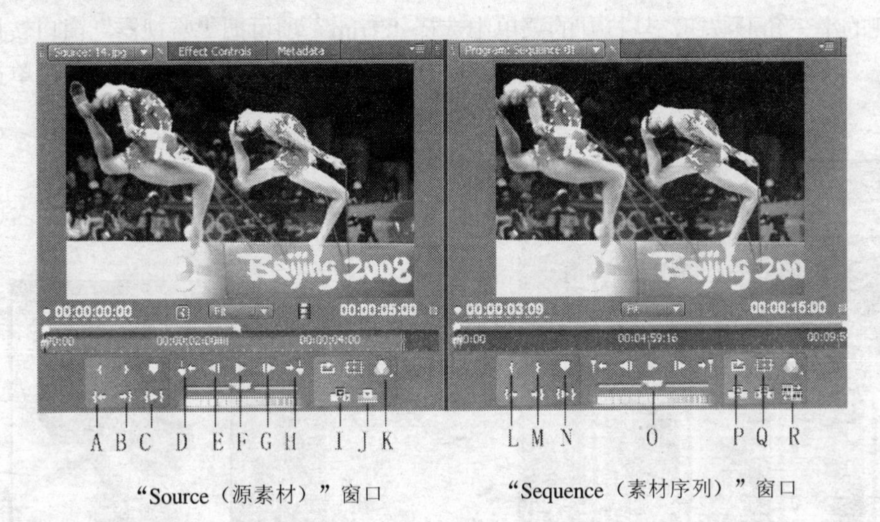

“Source（源素材）”窗口　　“Sequence（素材序列）”窗口

A. 到入点　B. 到出点　C. 播放入点和出点之间的素材　D. 到前一个标记
E. 前进一帧　F. 播放　G.后退一帧　H. 到下一个标记　I. 插入　J. 叠加　K.输出
L. 设置入点　M. 设置出点　N. 设置未编号的标记　O. 滑块　P. 循环
Q. 安全框　R. 修剪监视器

图3-20　监视器窗口

在“Source（源素材）”窗口中还有一个嵌入的“Effect Controls（效果控制）”面板和“元数据”窗口，而在“Sequence”窗口中没有嵌入任何面板。在“Source”窗口中单击“Effect Controls”选项卡或者“Metadata”选项卡即可打开它们，如图3-21所示。

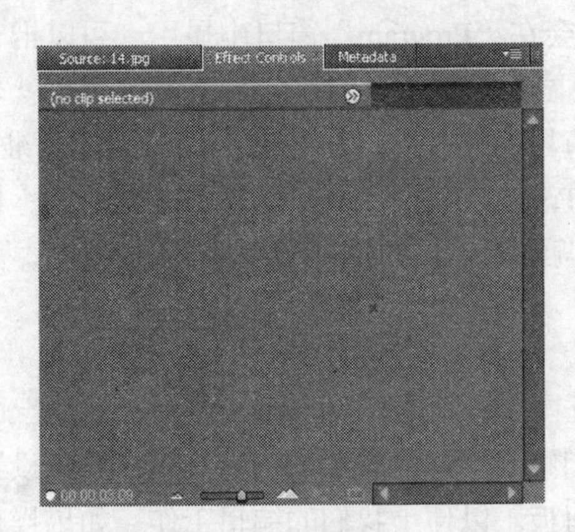

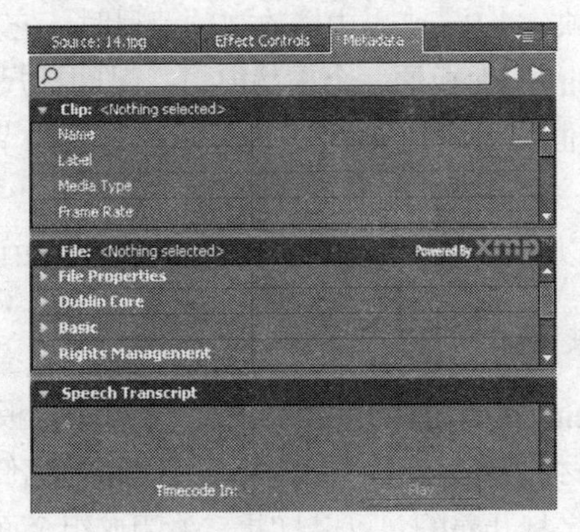

图3-21　“Effect Controls”面板（左图）和“元数据”窗口（右图）

提示： 默认设置下，在“Effect Control”面板中没有可用的选项，只有在对视频或者音频应用了效果之后，才能显示相关的控制选项。

如果选择菜单栏中的“Window（窗口）→Audio Mixer（音频混合器）”命令，还可以打开“Audio Mixer”窗口，如图3-22所示。

在“监视器”窗口中的“Source”窗口或者“Sequence”窗口的顶部有一个小三角形按钮，单击这个按钮将打开一个菜单选项，如图3-23所示。从中选择“Close（关闭）”项即可关闭该窗口。在该模式下，只能看到“Sequence”窗口。为了精确控制剪裁，单击“Sequence”窗口右上侧的小三角形按钮，从打开的菜单中选择“Trim”项可把“监视器”窗口转换成Trim View模式。不管在哪一种模式下，我们都可以使用“监视器”窗口顶部的这个菜单选项进行切换。

图3-22 “音频混合器”窗口

图3-23 下拉菜单

“Source”窗口显示当前正在编辑的源素材。当第一次打开或者新建一个项目时，因为还没有在任何源素材上工作，所以“Source”窗口是黑色的。在“Project”窗口中双击一个素材即可使其显示在“Source”窗口中，也可以把素材拖动到“Source”窗口中。在“Source”窗口中可以为视频节目的内容准备一个素材，或者编辑已经打开的视频项目中的一个素材。

在“Sequence”窗口中显示正在编辑的视频节目的当前状态，当第一次打开一个项目时，如果在“Timeline”面板中至少放置了一个素材的话，在“Sequence”窗口中将显示该素材的第一帧。当Premiere中播放视频节目时，它会在“Program”窗口中显示。可以把它看成是“Timeline”面板的一个交替窗口，时间标尺显示的是视频节目的时基窗口，也就是说以时间为基准，“Sequence”窗口显示的是视频节目的帧基窗口，也就是说以帧为基准。

另外，通过按键盘上的T键，则可以打开“Trim（修剪）”窗口，如图3-24所示。使用该窗口也可以对源素材进行剪辑或者编辑，比如调整编辑点的位置和裁剪剪辑等。

3.1.7 使用面板

在Premiere中提供了几个面板，不同的面板具有不同的作用，比如使用“信息”面板可以显示素材的相关信息，有的面板可以帮助我们修改素材或者添加特效等。在默认设置下，多数面板是打开着的，可以打开、关闭或组合面板，以便于我们的编辑工作。如果操作系统支持多监视器桌面并有不只一个的监视器连接到你的系统上，那么可以把面板拖动到任意的监视器中。注意Premiere的面板和Photoshop、Illustrator中的面板工作原理是一样的，如果读者使用过Photoshop和Illustrator的话，那么对于学习Premiere也有很大的帮助。

A. 画面 B. 离开出点 C. 调整出点 D. 播放编辑 E. 循环播放 F. 向后修剪5帧
G. 向前修剪1帧 H. 调整入点和出点 I. 编辑点位置 J. 向前修剪1帧 K. 向前修剪5帧
L. 到前一编辑点 M. 到下一编辑点 N. 调整入点 O. 进入入点

图3-24 “Trim”窗口

1. 使用Info面板

在Premiere中，“Info（信息）”面板被作为一个独立面板列了出来，默认设置下是空白的，它位于“Project”窗口的下方。如果在Timeline面板中放入一个素材并选择它，那么它将显示所选素材的信息，如果有过渡，那么也会显示过渡的信息。如果选择的是一段视频素材，那么“Info”面板将显示该素材的名称、类型、持续时间、帧速率、入点、出点及光标的位置。如果是静止图片，那么“Info”面板将显示素材的类型、持续时间、帧速率、开始点、结束点及光标的位置。信息可能会因媒体类型和当前的窗口不同而有所不同。“信息”面板有助于鉴别可以包含到项目中的内容的多种类型和该内容的属性。下面是在“Info”面板中显示的一个静止图片和一段音频的信息，如图3-25所示。

当“Info”面板处于选择状态时，单击右上角的小三角形按钮，将打开一个菜单栏，使用菜单中的命令可以执行不同的操作任务，如图3-26所示。

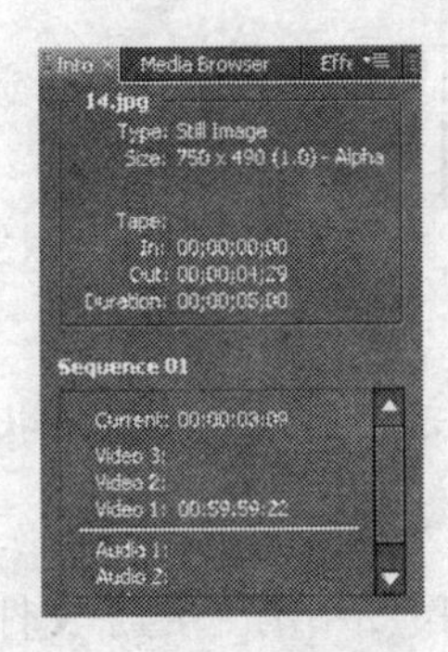

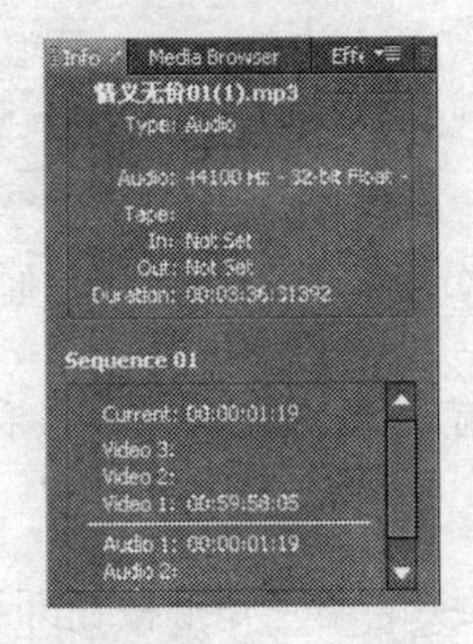

图3-25 “Info”面板

Undock Panel
Undock Frame
Close Panel
Close Frame
Maximize Frame

图3-26 菜单项目

Undock Panel：用于释放该面板，使它成为一个独立显示的面板。

Undock Frame：用于使该面板组独立显示。

Close Panel：用于使该面板关闭。

Close Frame：用于使该面板组关闭。

Maximize Frame：用于使该面板组或者面板最大化显示。

2. 使用“Effects”面板

在这一版本的Premiere中，默认设置下，“Effects（效果）”面板位于“Project”窗口的下方。单击“Effects”标签，即可显示出“Effects”面板。在该面板中含有音频效果、音频过渡、视频效果和视频过渡的设置。它们用于为音频和视频添加各种效果。“Effects”面板及应用的一种视频效果如图3-27所示。在这一面板中的选项分别用于设置视频效果、音频效果和过渡效果，有关这些效果的详细介绍，将在后面的内容中具体介绍，在这里就不赘述了。

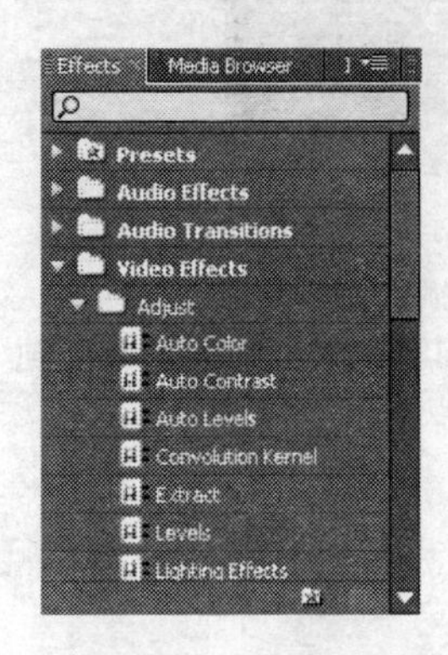

图3-27 “Effects”面板和应用的一种扭曲效果

在Premiere工作窗口中，通过拖动“Effects”标签把“Effects”面板从面板组中分离出来。另外也可以通过单击面板组右上角的小三角形按钮，从打开的菜单中选择“Undock Panel”命令把“Effects”面板分离出来，如图3-28所示。注意在分离之前需要使该面板处于选中状态。

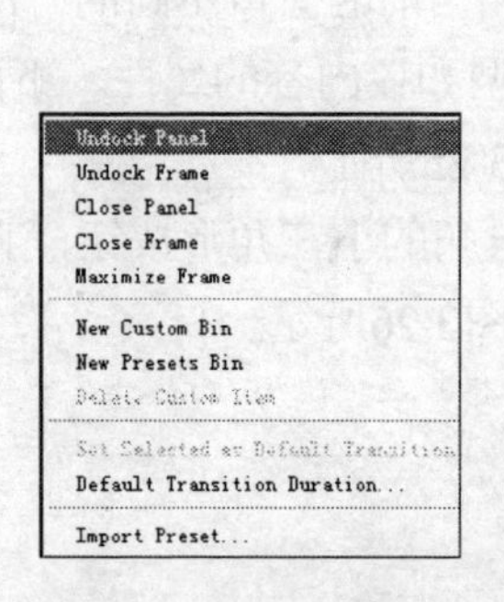

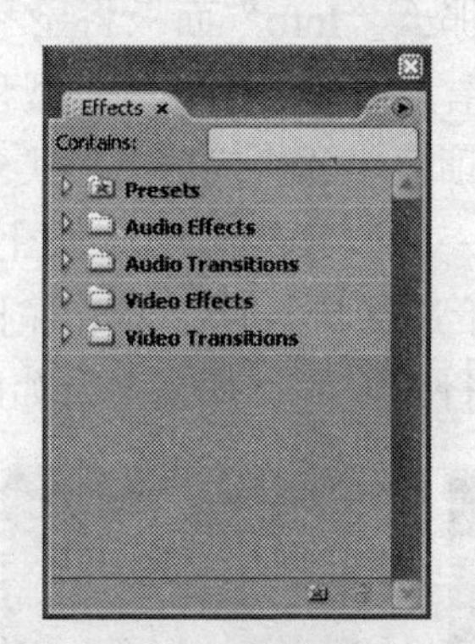

图3-28 选择的命令和分离出来的“Effects”面板

提示：在Premiere中，如果面板周围显示有黄色的边框，那么表示该面板处于激活状态或者可用状态。

另外通过单击“Effects”面板中各个文件夹的小三角形按钮即可显示出所有的子文件夹，分离出来的“Effects”面板如图3-29所示。

注意：如果恢复原来的位置，那么通过拖动“Effects”的标签到“监视器”窗口中的顶部即可把“Effects”面板放置到“Project”窗口中。

当“Effects”面板处于选择状态时，单击右上角的小三角形按钮，将打开一个菜单栏，使用菜单中的命令可以执行完成不同的操作任务，如图3-30所示。

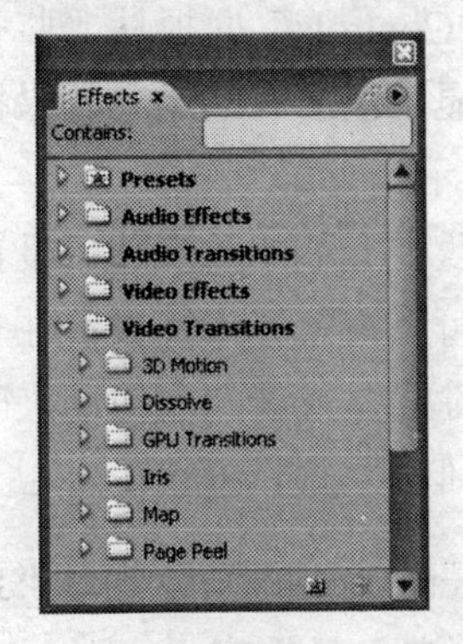

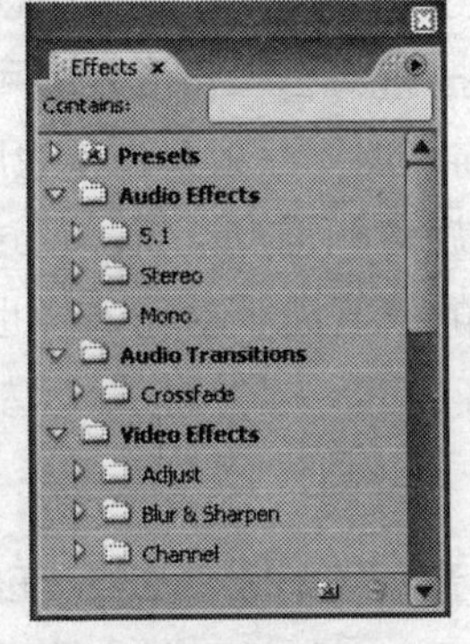

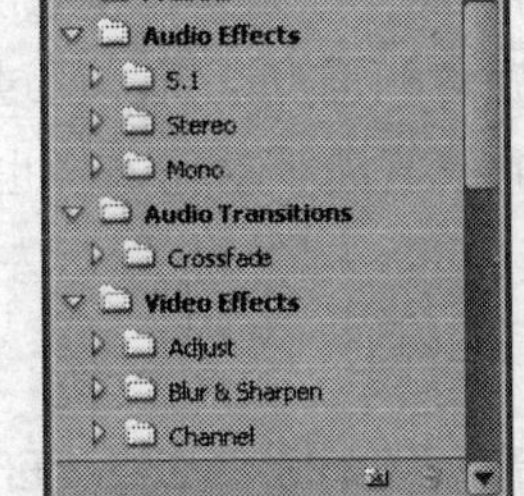

图3-29 展开子文件夹后的“Effects”面板

Undock Panel
Undock Frame
Close Panel
Close Frame
Maximize Frame
New Custom Bin Ctrl+/
New Presets Bin
Delete Custom Item Backspace
Set Selected as Default Transition
Default Transition Duration...
Import Preset...
Export Preset...
Preset Properties...

图3-30 菜单项目

New Custom Bin：用于新建文件箱。

New Presets Bin：用于新建预置文件箱。

Delete Custom Item：用于删除自定义项目。

Set Selected as Default Transition：用于把选择的过渡类型作为默认过渡效果。

Default Transition Duration：用于设置默认的过渡持续时间。

Import Preset：用于导入预置。

Export Preset：用于导出预置。

Preset Properties：用于设置预置属性。

前面的几个命令可以参阅“Info”面板菜单命令的介绍，这里不再赘述。

3. 使用“Effect Controls”面板

在这一版本的Premiere中，默认设置下，“Effect Controls（效果控制）”面板位于“监视器”窗口中。单击“Effect Controls”选项卡，即可显示出“Effect Controls”面板。该面板用来对一些效果进行多种控制，比如对运动效果和透明效果等进行控制。下面是“Effect Controls”面板和使用它调整的两幅图片的对比效果。如图3-31所示。

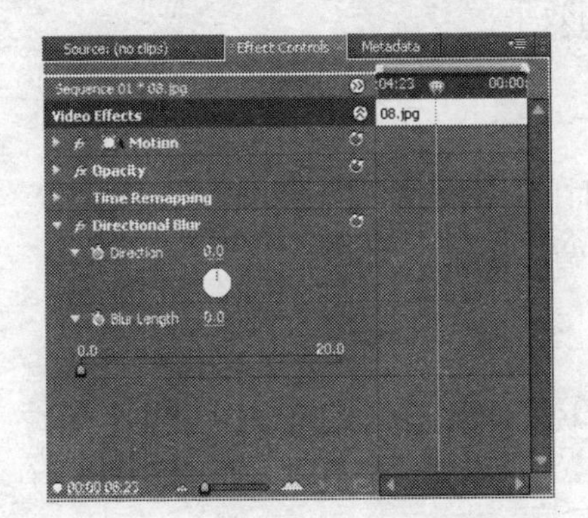

图3-31 “Effect Controls”面板和不同的模糊效果

在“Effects”面板中，直接按住鼠标左键将选择的视频效果拖动到“Timeline”面板中的视频片段上即可应用该效果，然后就可以在“Effect Controls”面板中看到该视频效果的各种控制选项。

在Premiere中，通过拖动“Effect Controls”标签可把“Effect Controls”面板从“监视器”窗口中分离出来。单击该面板中的旋转按钮（小三角形）即可显示出所有的运动效果控制和透明效果控制，分离出来的“Effect Controls”面板如图3-32所示。

在运动效果控制部分含有位置、大小、旋转和锚点设置，通过改变它们的数值即可设置它们。在改变它们的数值时，可以单击它们的数值后手动输入，也可以将鼠标指针放置在它们的数值上，等鼠标指针改变成带有左右指向的箭头时按住鼠标左键向左或者向右拖动来改变它们的数值。单击其中的时钟图标即可打开动画设置。这一点类似于After Effects。

注意：如果要把这个面板恢复到原来的位置，那么通过拖动“Effect Controls”标签到“监视器”窗口的顶部即可把“Effect Controls”面板放置到“监视器”窗口中。

当“Effects”面板处于选择状态时，单击右上角的小三角形按钮，将打开一个菜单栏，使用菜单中的命令可以执行不同的操作任务，如图3-33所示。

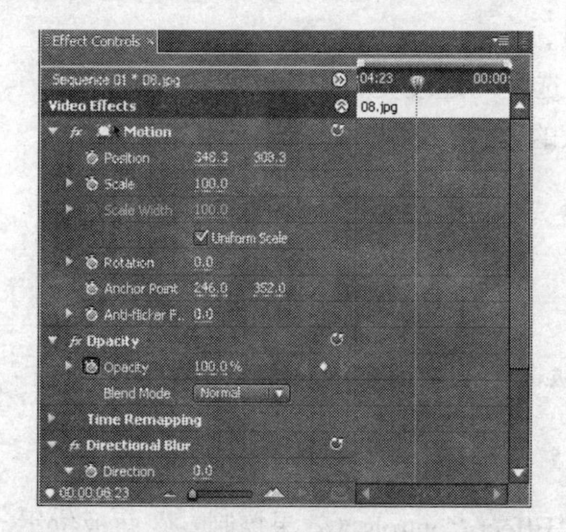

图3-32 分离并展开的“Effect Controls”面板

Undock Panel
Undock Frame
Close Panel
Close Frame
Maximize Frame
Save Preset...
Effect Enabled
Remove Selected Effect Backspace
Remove Effects...
Snap
Snap To
Show Audio Time Units
Loop During Audio-Only Playback
Pin to Clip

图3-33 菜单项目

Save Preset：用于保存预置。

Effect Enabled：用于启用效果。

Remove Selected Effect：用于删除选择的效果。

Snap：用于对齐片段。

Snap To：用于对齐到指定的片段。

Show Audio Time Units：用于显示音频时间单位。

Loop During Audio-Only Playback：用于循环播放音频。

Pin to Clip：用于钳制剪辑。

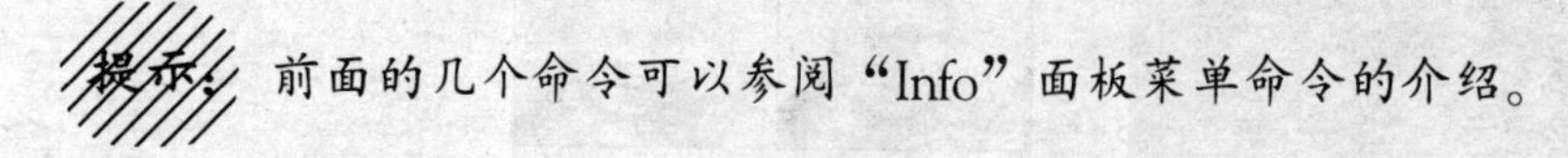

提示：前面的几个命令可以参阅“Info”面板菜单命令的介绍。

4. 使用“History”面板

在Premiere中，使用“History（历史）”面板可以跳转到当前一段工作时期内所创建的项目的任意状态。对项目每做一次变动，项目的新状态就会被添加到历史面板中，它的功能和Photoshop中的“History”面板的功能相同，如果想返回到前面的某一操作步骤中，那么在“History”面板中单击显示的某一操作步骤即可。“History”面板如图3-34所示。

例如，在“Timeline”面板中添加多个素材，对它进行编辑，拷贝，再粘贴到另一个轨道中，这些状态在历史面板都被分别列了出来。通过选择这些状态中的任何一种状态，可使这个项目还原到被改变时的样子，从项目以前的状态中对它进行修改。如果“历史”面板还没有打开，可以选择“Window（窗口）→ History（历史）”命令把它打开。在“History”面板中单击想要得到的操作或变化，来显示项目的当前状态。拖动面板的滑块或卷展栏按钮可来回移动面板。

单击历史面板右上角的小三角形按钮，可以使用菜单中的命令，如图3-35所示。

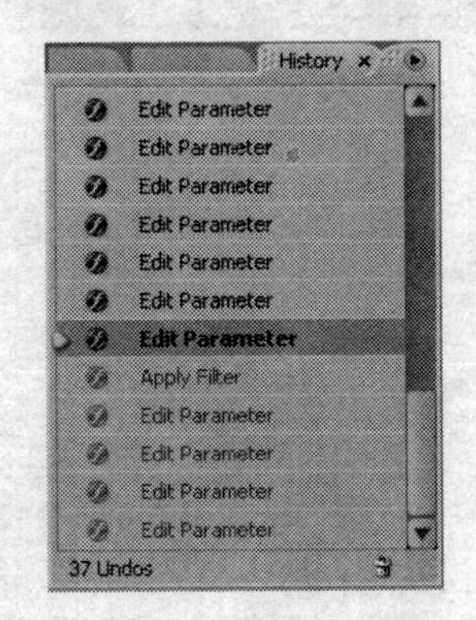

图3-34 “History”面板

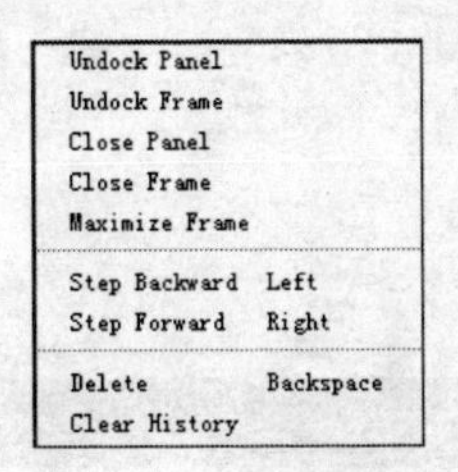

图3-35 菜单项目

Step Backward Left（单步向后）：允许单步向后移动面板中列出的项目状态。

Step Forward（单步向前）：允许单步向前移动面板中列出的项目状态。

Delete（删除）：删除历史面板菜单中的一种项目状态。

Clear History（删除历史记录）：用于清除面板菜单中全部的状态。

提示：前面的几个命令可以参阅“Info”面板菜单命令的介绍。

注意：通过拖动“History”面板的“History”标签到“Info”面板中的标签上可把它们组合在一起，反之亦然。组合以后，也可以通过拖动它们的标签分离它们。

5. 使用“Audio Mixer”控制面板

在Premiere中的“Audio Mixer（音频混合器）”窗口是一个专业、完善的音频混合工具，它看起来就像演播室中使用的声音控制台。使用该工具可以混合多个音频轨道，调整增益以及进行声音的左右摇移。同时“Audio Mixer”又是和“监视器”窗口相联系的，当使用该工具调试声音时，对应的视频画面将同时在“监视器”窗口中演播，这样就可以直接获得合成后的效果。

在“Audio Mixer”窗口中，能在收听音频和观看视频的同时调整多条音频轨道的音量等级以及摇摆/均衡度。Premiere使用自动化过程来记录这些调整，在播放剪辑时再应用它们。“Audio Mixer”窗口就像一个音频合成控制台，为每一条音轨都提供了一套控制选项。每条音轨也根据“Timeline”面板中的相应音频轨道进行编号。使用鼠标拖动每条轨道的音量淡化器可调整其音量。在使用“Audio Mixer”窗口进行调整时，Premiere同时在“Timeline”

面板中音频剪辑的音量线上创建句柄，并且应用所做的改变。轨道上的音量等级设置（以分贝dB为单位）显示在其音量淡化工具下面，也可以通过在文本框中输入一个从+6~-95之间的值，按Enter键来设置音量。音量淡化工具左边的分段VU表以图形方式显示了音频的音量等级。当音量等级高到将引起扭曲时，VU表顶端的小指示器将变成红色，如图3-36所示。

在“音频混合器”窗口中，单击▶按钮后，将把“音频混合器”窗口展开，显示出更多的选项控制，如图3-37所示。

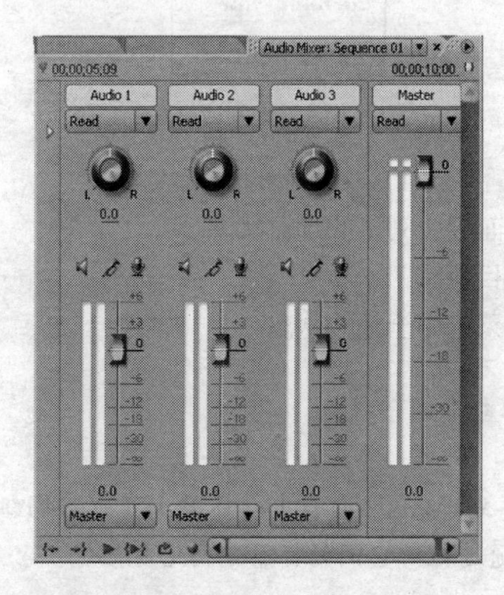

图3-36　“音频混合器”窗口

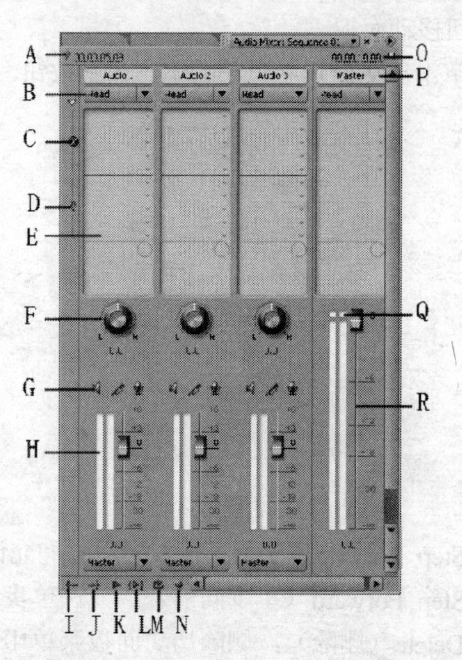

A. 时码　B. 自动化选项　C. 效果　D. 发送
E. 效果或者发送选项　F. 摇移/平衡控制
G. 静音/单声道轨道　H. VU表　I. 进入到入点
J. 进入到出点　K. 播放按钮
L. 播放入点到出点之间的部分　M. 循环播放
N. 序列记录开关　O. 入点/出点节目持续时间
P. 轨道名称　Q. 剪辑指示器　R. 主片段UV表

图3-37　“Audio Mixer”窗口

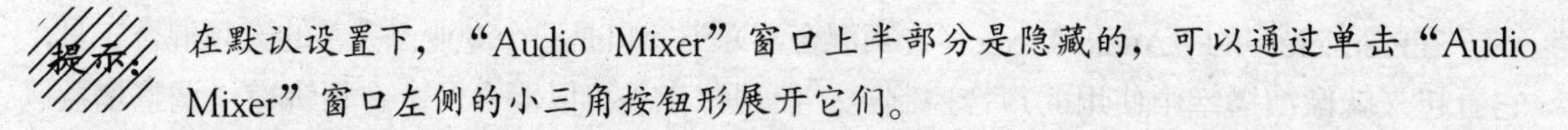

提示：在默认设置下，“Audio Mixer”窗口上半部分是隐藏的，可以通过单击“Audio Mixer”窗口左侧的小三角按钮形展开它们。

每条轨道中也包括了一个摇摆/均衡控制，使用它能从左到右摇摆一个单声道剪辑，或均衡一个立体声剪辑。通过顺时针或逆时针拖动可改变该控制的设置，或者在控制下面的文本框中输入一个从-100到+100之间的值，再按Enter键。

使用“Audio Mixer”窗口中的播放控制组按钮，能在音频轨道的任何点处开始或停止录制自动化过程。有关“Audio Mixer”窗口的具体使用，将在后面的内容中具体介绍。

6. 改变控制面板的显示方式

可以根据自己的喜好来改变控制面板和控制面板组的排列和显示方式，以充分地使用显示器的视觉空间。

（1）如果要显示或隐藏一个控制面板，从“Window”菜单中选择该控制面板的名字。

（2）如果要隐藏或显示所有打开的控制面板，按键盘上的Tab键即可。

可以把一个控制面板移到另一个组和别的控制面板组合在一起，用鼠标选中该控制面板顶部的标签，再将其拖放到目标组中，如图3-38所示。

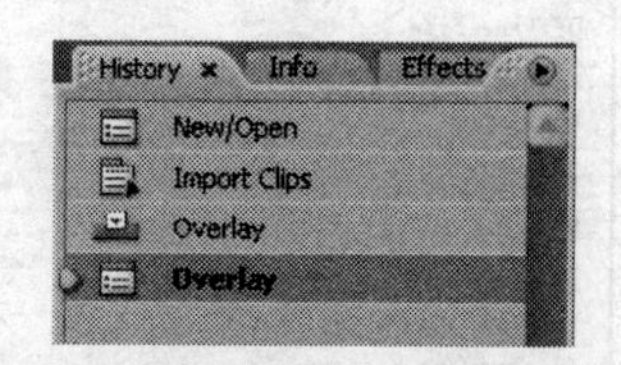

图3-38 将“Info”控制面板拖放到“History”控制面板上组合在一起

假如要分离一个控制面板，将面板标签拖放到另一个位置即可。要将控制面板停靠在另一个控制面板组旁，将面板标签拖到另一个控制面板标签的一侧，释放鼠标。

如果有不止一个显示器连接到系统上，并且操作系统支持多显示器的桌面，那么就能将控制面板拖放到其他显示器上。

3.2 Premier Pro CS4菜单命令简介

在Premiere的命令栏中，共有9个下拉式菜单命令，它们分别是“File（文件）”命令，“Edit（编辑）”命令，“Project（项目）”命令，“Clip（剪辑）”命令，“Sequence（序列）”命令，“Marker（标记）”命令，“Title（字幕）”命令，“Window（窗口）”命令和“Help（帮助）”命令，如图3-39所示。下面就分别详细介绍这些命令。

Adobe Premiere Pro - D:\My Documents\Adobe\Premiere
File Edit Project Clip Sequence Marker Title Window Help

图3-39 Premiere命令栏

3.2.1 File（文件）菜单

在Premiere中，文件菜单栏中的命令主要用于新建、保存、输入、输出文件等方面的操作。File下拉菜单如图3-40所示。

下面分别介绍“文件”下拉菜单的各种命令。

New（新建）：用于建立一个新的项目，其中包括Project（项目），Sequence（序列），Bin（文件包）、Offline File（脱机文件）、Title（标题字幕）、Photoshop File（Photoshop文件）、Bars and Tone（节线和音调）、Black Video（黑视频）、Color Matte（颜色遮罩）、Universal Counting Leader（普遍计算前导）和Transparent Video（透明视频），如图3-41所示。

Open Project（打开项目）：用来打开一个已有的文件。在Premiere中可以打开各种格式的文件，比如项目文件、批处理文件、库文件、序列文件和各种格式的剪辑文件等；该命令将根据所打开文件的类型自动打开相应的窗

File
New
Open Project... Ctrl+O
Open Recent Project
Browse in Bridge... Ctrl+Alt+O
Close Project Ctrl+Shift+W
Close Ctrl+W
Save Ctrl+S
Save As... Ctrl+Shift+S
Save a Copy... Ctrl+Alt+S
Revert
Capture... F5
Batch Capture... F6
Adobe Dynamic Link
Import from Browser Ctrl+Alt+I
Import... Ctrl+I
Import Recent File
Import Clip Notes Comments...
Export
Get Properties for
Reveal in Bridge...
Interpret Footage...
Timecode...
Exit Ctrl+Q

图3-40 “File”菜单

Project...	Ctrl+Alt+N
Sequence...	Ctrl+N
Bin	Ctrl+/
Offline File...	
Title...	Ctrl+T
Photoshop File...	
Bars and Tone	
Black Video	
Color Matte...	
Universal Counting Leader...	
Transparent Video	

图3-41　新建命令

口。比如剪辑文件置于剪辑窗口中，序列文件置于序列窗口中，快捷键为Ctrl+O。

Open Recent Project（打开最近的项目）：打开最近一次被打开的项目。

Browse in Bridge（浏览）：用于浏览需要的项目文件，快捷键为Ctrl+Alt+O。

Close Project（关闭项目）：用于关闭当前打开的项目。

Close（关闭）：用于关闭当前打开的文件或者窗口，快捷键为Ctrl+W。

Save（保存）：用于保存当前编辑的窗口中的内容为相应的文件，快捷键为Ctrl+S。

Save As（另存为）：用于将当前编辑的窗口保存为另外的文件，快捷键为Ctrl+Shift+S。

Save a Copy（保存为副本）：用于将当前的项目或者文件保存为一个副本，快捷键为Ctrl+Alt+S。

Revert（恢复）：将最近一次编辑的文件或者项目恢复原状。

Capture（采集）：用于采集在项目中所需要的单个素材，包括电影和音频素材等，快捷键为F5。

Batch Capture（批采集）：用于成批地采集在项目中所需要的素材，包括电影和音频素材等，快捷键为F6。

Adobe Dynamic Link（Adobe动态链接）：动态链接意味着如果不得不导入一个After Effects项目到Premiere中的话，它可以无需在After Effects中渲染合成项目即能完成这个任务。

Import from Browser（从浏览器中导入）：用于从浏览器中导入素材。

Import（导入）：用于导入一个文件到Bin文件包中去，快捷键为Ctrl+I。

Import Recent File（导入最近的文件）：用于把最近使用的文件导入到Bin文件包里去。

Export（导出）：用于输出当前制作的电影剪辑，可以输出为电影、帧、DVD等。

Get Properties for（为获取属性）：用于获取文件的属性或者选择内容的属性。

Reveal In Bridge（在"Bridge管理器"窗口中显示）：选择后可以使影片在"Bridge管理器"窗口中显示。

Interpret Footage（编译素材）：用于编译素材。

Timecode（时间码）：用于设置素材的时间码。

Exit（退出）：用于退出Premiere系统界面。

3.2.2　Edit（编辑）菜单

Edit菜单栏中主要包括了一些常用的编辑命令及在Premiere 中特有的影视编辑功能，比如，剪切、复制、粘贴、清除和查找等命令。其下拉菜单如图3-42所示。

下面分别介绍"编辑"下拉菜单中的各种命令。

Undo（取消操作）：用于取消上一步操作，快捷键为Ctrl+Z。

Redo（重复操作）：用于重复上一步操作，快捷键为Ctrl+Shift+Z。

Cut（剪切）：用于剪切选中的内容，将其粘贴到其他地方去，快捷键为Ctrl+X。

Copy（拷贝）：用于拷贝选中的内容，将其粘贴到其他地方去，快捷键为Ctrl+C。提示，有人把它翻译成复制，意思是相同的。

Paste（粘贴）：用于把刚刚复制或者剪切的内容粘贴到相应的地方，快捷键为Ctrl+V。

Paste Insert（粘贴插入）：用于把刚刚复制或者剪切的内容粘贴并插入到合适的位置，快捷键为Ctrl+Shift+V。

Paste Attributes（粘贴属性）：用于显示出所要粘贴的内容的属性，快捷键为Ctrl+Alt+V。

Clear（清除）：用于清除所选中的内容，快捷键为空格键。

Ripple Delete（涟漪删除）：用于涟漪式删除不需要的内容，快捷键为Shift+Delete键。

Edit	
Undo	Ctrl+Z
Redo	Ctrl+Shift+Z
Cut	Ctrl+X
Copy	Ctrl+C
Paste	Ctrl+V
Paste Insert	Ctrl+Shift+V
Paste Attributes	Ctrl+Alt+V
Clear	Backspace
Ripple Delete	Shift+Delete
Duplicate	Ctrl+Shift+/
Select All	Ctrl+A
Deselect All	Ctrl+Shift+A
Find...	Ctrl+F
Label	
Edit Original	Ctrl+E
Edit in Adobe Soundbooth	
Edit in Adobe Photoshop	
Keyboard Customization...	
Preferences	

图3-42 “Edit”菜单命令

Duplicate（复制）：用于复制剪辑，快捷键为Ctrl+Shift+/。

Select All（全部选定）：用于全部选定当前窗口中的内容，快捷键为Ctrl+A。

Deselect All（取消全部选定）：用于取消刚刚全部选定的内容，快捷键为Ctrl+Shift+A。

Find（查找）：用于在“项目”窗口中查找定位剪辑，也可以在“构造”窗口中定位编辑线位置，快捷键为Ctrl+F。

Label（设置标记）：用于为素材设置标记，比如设置为绿色、红色等。

Edit Original（编辑初始化）：用于将素材初始化，快捷键为Ctrl+E。

Edit in Adobe Soundbooth（在Soundbooth中编辑）：用于在Soundbooth中编辑素材。

Edit in Adobe Photoshop（在Adobe Photoshop中编辑）：用于在Adobe Photoshop中编辑素材。

Keyboard Customization（自定义快捷键）：用于自定义键盘上的快捷键。

Preferences（预置）：用于设置各种相关的选项，包括总体设置、音频设置、自动保存、采集、设备控制、标签颜色、交换区盘、静止图像、标题和修整设置等。选择每一项都会打开一个相关的窗口，在这些窗口中可以根据自己的需要进行设置。

3.2.3 Project（项目）菜单

“项目”下拉式菜单的主要作用是管理项目以及项目窗口中的剪辑，还包括预览制作的影视作品以及查找功能，如图3-43所示。

下面分别介绍项目下拉菜单中的各种命令。

Project Settings（项目设置）：在这里面又包含两个子命令：General（一般）和Scratch Disks（交换区），选择“General”子命令后将打开一个用于设置项目的对话框，用于设置音频和视频的显示格式，采集格式和安全框区域等。选择Scratch Disks子命令后将打开一个用于设置项目交换磁盘的“Project Settings”对话框，如图3-44所示，一般在进行采集时用于设置将采集的文件保存在计算机磁盘的什么位置。

Link Media（链接媒体）：用于设置与媒体的链接。

Project

Project Settings

Link Media...

Make Offline...

Automate to Sequence...

Import Batch List...

Export Batch List...

Project Manager...

Remove Unused

General...

Scratch Disks...

图3-43 “项目”下拉式菜单和“Project Settings”的子菜单

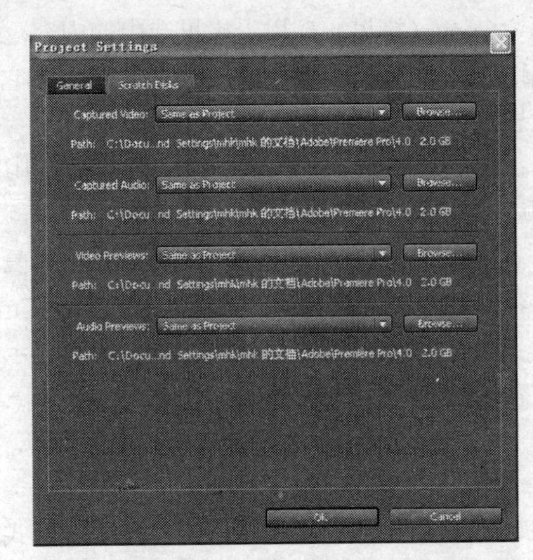

图3-44 “Project Settings（项目设置）”对话框

Make Offline（创建脱机编辑）：用于取消与媒体的链接。

Automate to Sequence（使序列自动化）：用于使序列中的剪辑自动排列。

Import Batch List（导入批文件列表）：用于成批地输入列表中的文件。

Export Batch List（导出批文件列表）：用于成批地输出列表中的文件。

Project Manager（项目管理器）：用于打开项目管理器。

Remove Unused（去除未使用的素材）：用于删除在整个项目中未被使用的素材，这样可以减小文件的尺寸。

3.2.4 Clip（剪辑）菜单

Clip

Rename...

Make Subclip...

Edit Subclip...

Edit Offline...

Capture Settings

Insert

Overlay

Replace Footage...

Replace With Clip

✔ Enable

Link

Group Ctrl+G

Ungroup Ctrl+Shift+G

Synchronize

Nest

Multi-Camera

Video Options

Audio Options

Speed/Duration... Ctrl+R

Remove Effects...

图3-45 “剪辑”下拉式菜单

“剪辑”下拉菜单的主要功能是对时间标尺面板中的各种剪辑进行编辑处理，如图3-45所示。

下面分别介绍剪辑下拉菜单中的各种命令。

Rename（重新命名）：用于对剪辑进行重新命名，快捷键为Ctrl+H。

Make Subclip（创建子剪辑）：用于创建子剪辑，也就是下一级的剪辑。

Edit Subclip（编辑子剪辑）：用于编辑子剪辑。

Edit Offline（离线编辑）：用于进行离线编辑。

Capture Settings（采集设置）：用于设置各种采集的选项。

Insert（插入）：用于将剪辑插入到当前的编辑线上去。

Overlay（叠加）：用于将剪辑叠加当前的编辑线上的剪辑。

Replace Footage（替换素材）：用于替换序列中的剪辑。

Replace With Clip（使用剪辑替换）：用于使用剪辑替换序列中的其他剪辑或者素材。

Enable（激活）：用于将时间标尺上的剪辑激活，继而进行下一步的操作。

Link（链接）：用于链接音频和视频。

Group（群组）：用于对素材进行群组。

Ungroup（取消群组）：用于取消对素材的群组。

Nest（嵌套）：用于嵌套剪辑。

Multi-Camera（多相机）：用于设置多相机。

Video Options（视频选项）：用于设置剪辑的各种参数以及运动参数。在该菜单中有4个子菜单命令，这些命令用于设置场、帧混合和帧的缩放。

Audio Options（音频选项）：用于设置剪辑的音频的各种参数。

Speed/Duration（播放速度/持续时间）：用于显示或者修改剪辑的播放速度或者持续时间，快捷键为Ctrl+R。

3.2.5　Sequence（剪辑序列）菜单

在该菜单中的选项用于对剪辑进行编辑，并最终生成电影，如图3-46所示。下面分别介绍该菜单中的各种命令。

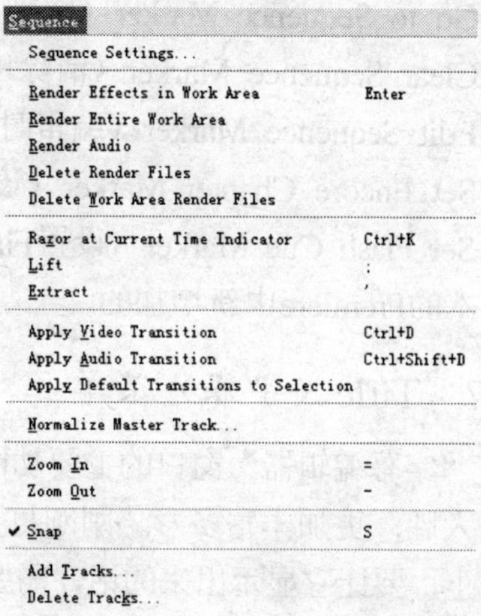

Sequence Settings（序列设置）：用于设置序列的各种属性，如编辑模式、时基和帧大小等。

Render Effects in Work Area（渲染工作区中的效果）：用于对工作区内的剪辑效果进行渲染，生成电影，快捷键为Enter键。

Render Entire Work Area（渲染整个工作区）：用于对整个工作区内的剪辑进行渲染，生成电影。

Render Audio（渲染音频）：用于渲染音频。

Delete Render Files（删除渲染文件）：用于删除渲染的文件。

Razor at Current Time Indicator（当前时间指示器上的裁剪）：用于对时间标尺上的剪辑进行剪切编辑，快捷键为Ctrl+K。

图3-46　“Sequence”下拉菜单

Lift（提升）：用于提升剪辑。

Extract（提取）：用于提取剪辑。

Apply Video Transition（应用视频过渡）：用于在当前编辑的剪辑上使用视频过渡，快捷键为Ctrl+D。

Apply Audio Transition（应用音频过渡）：用于在当前编辑的剪辑上使用音频过渡，快捷键为Ctrl+Shift+D。

Apply Default Transition to Selection（应用默认过渡）：用于在当前选择的剪辑上使用默认过渡效果。

Normalize Master Track（标准化主轨道）：用于将序列中的主轨道进行标准化处理。

Zoom In（放大）：用于对当前时间标尺上的剪辑进行放大处理，快捷键为=。

Zoom Out（缩小）：用于对当前时间标尺上的剪辑进行缩小处理，快捷键为－。

Snap（吸附）：用于使编辑线和剪辑的边缘吸附在一起，快捷键为S。

Add Tracks（添加轨道）：用于在时间标尺面板中添加视频和音频轨道。

Delete Tracks（删除轨道）：用于删除在时间标尺面板中的轨道。

3.2.6 Marker（标记）菜单

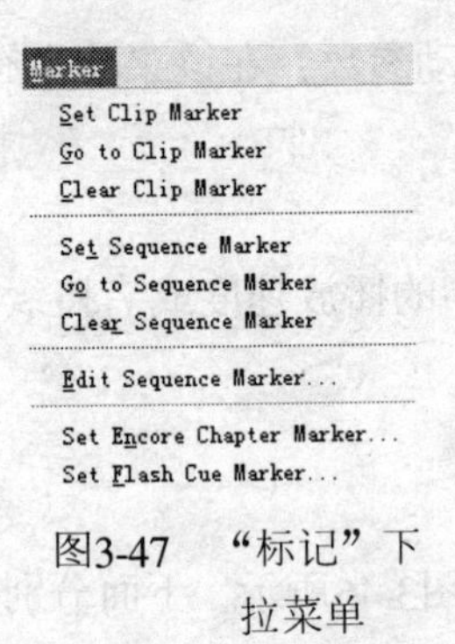

图3-47 “标记”下拉菜单

在该菜单中的命令主要用于为剪辑和序列设置、查找和编辑标记点，还可以清除标记点等，该菜单命令如图3-47所示。

Set Clip Marker（设置剪辑标记）：用于为剪辑设置标记。

Go to Clip Marker（转到剪辑标记）：用于指向剪辑标记。

Clear Clip Marker（清除剪辑标记）：用于清除已经设置的剪辑标记。

Set Sequence Marker（设置序列标记）：用于为序列设置标记。

Go to Sequence Marker（转到序列标记）：用于指向序列标记。

Clear Sequence Marker（清除序列标记）：用于清除已经设置的序列标记。

Edit Sequence Marker（编辑时间标尺标记）：用于编辑序列的标记。

Set Encore Chapter Marker（设置重复部分标记）：用于设置重复部分标记。

Set Flash Cue Marker（设置Flash提示标记）：用于设置Flash提示标记，该命令是在这一版本的Premiere中新增加的。

3.2.7 Title（字幕）菜单

“字幕编辑器”窗口的主要功能是在Premiere中进行字幕的制作，使得Premiere电影更加引人入胜，更加丰富多彩。刚刚打开Premiere软件时，“字幕编辑器”窗口并没有出现在菜单栏上，要让它显示出来的话，需要执行“File→New（新建）→Title（字幕）”命令或者按下F9快捷键，打开“字幕编辑器”窗口才可以。“字幕”菜单如图3-48所示。

下面分别介绍“字幕”下拉菜单中的各种命令。

New Title（新建字幕）：用于创建新的字幕，有5种类型，分别是默认静止类型、默认滚动类型、默认爬行类型、基于当前字幕类型和基于模板类型，如图3-48右图所示。

Font（字体）：用于设置当前字幕编辑窗口中的字体样式、字的大小和语系等，并附有一个区域可以看到设置后的字例。

Size（大小）：用于设置当前“字幕编辑器”窗口中的字的大小。

Text Alignment（文本对齐）：用于设置当前“字幕编辑器”窗口中的字的对齐方式。系统提供的对齐方式有3种：Left（左对齐）、Right（右对齐）和Center（中间对齐）。

Orientation（方向）：用于设置当前“字幕编辑器”窗口中的字的排列方向，系统提供了两种排列方向：Horizontal（水平方向）和Vertical（垂直方向）。

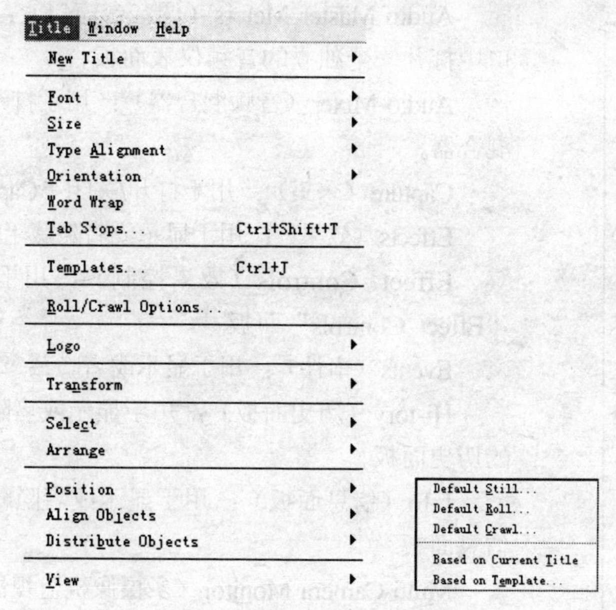

图3-48 字幕菜单命令

Word Worp（文本缠绕）：用于使字幕文本进行变形。

Tab Stops（标签停止）：用于使标签的运动停止。

Templates（模板）：用于调用标题的模板。

Rolling/Crawl Options（滚动/爬行选项）：用于设置当前“字幕编辑器”窗口中的滚动/爬行字幕的相关选项，在选定的滚动字幕上右击，从弹出的菜单中选择相应的选项，可在打开的对话框中设置滚动方向及速度。

Logo（标识）：用于设置标识。

Transform（变换）：用于设置当前“字幕编辑器”窗口中的字的变换，包括位置、大小、透明度的变换。

Select（选择）：用于在当前的“字幕编辑器”窗口中选择不同的内容。

Arange（排列）：用于在当前“字幕编辑器”窗口中排列文本内容，包括前排列和后排列。

Position（位置）：用于设置当前“字幕编辑器”窗口中的字幕或者图形的位置，包括水平居中、垂直居中和位于下方三分之一处。

Align Objects（对齐对象）：用于使“字幕编辑器”窗口中的内容对齐。

Distribute Objects（分布对象）：用于在“字幕编辑器”窗口中分布对象。

View（视图）：用于查看“字幕编辑器”窗口中的内容。

3.2.8 Window（窗口）菜单

“窗口”下拉菜单的主要功能是对各种编辑工具进行管理，可以通过它里面的命令打开或隐藏编辑工具，如图3-49所示。

下面分别介绍“窗口”下拉菜单中的各种命令。

Workspace（工作区）：用于对工作区域进行管理，包括视频、音频、颜色校正和保存工作区的选项等，可以使窗口改变成具有不同侧重点的窗口布局。

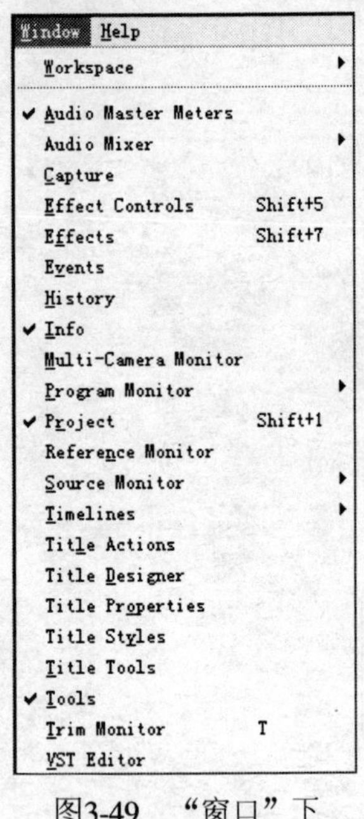

图3-49 “窗口”下拉菜单

Audio Master Meters（调音台窗口）：用于在当前窗口中打开一个独立的音频仪表面板。

Audio Mixer（音频混合器）：用于打开或者关闭音频混合器。

Capture（采集）：用于打开/关闭“Capture”对话框。

Effects（效果）：用于显示或者隐藏“Effects”面板。

Effect Controls（效果控制）：用于显示或者隐藏“Effect Controls”面板。

Events（事件）：用于显示或者隐藏“Events”面板。

History（历史面板）：用于显示或者隐藏当前窗口中的历史面板。

Info（信息面板）：用于显示或者隐藏当前窗口中的信息面板。

Multi-Camera Monitor（多摄像机监视器）：用于显示或者隐藏多摄像机监视器。

Tools（工具面板）：用于显示或者隐藏当前“字幕编辑器”窗口中的工具面板。

Title Tools（字幕工具）：用于显示或者隐藏当前“字幕编辑器”窗口中的字幕工具。

Title Styles（字幕样式）：用于显示或者隐藏当前“字幕编辑器”窗口中的字幕样式。

Title Action（字幕运动方式）：用于显示或者隐藏当前“字幕编辑器”窗口中的字幕运动方式。

Title Properties（字幕属性）：用于显示或者隐藏当前“字幕编辑器”窗口中的字幕属性。

DVD Layout（DVD布局）：用于在当前窗口中打开DVD布局窗口。

Program Monitor（节目监视器窗口）：用于显示或者隐藏当前窗口中的“节目”监视器窗口。

Reference Monitor（参考监视器）：用于显示或者隐藏参考监视器。

Project（项目窗口）：用于显示或者隐藏当前窗口中的“项目”窗口。

提示：有人把“项目”窗口称为“剧本”窗口。

Source Monitor（源素材监视器）：用于显示或者隐藏当前窗口中的“源剪辑”监视器窗口。

Timelines（时间标尺面板）：用于显示或者隐藏当前窗口中的时间标尺面板。

Titler Designer（字幕制作窗口）：用于显示或者隐藏当前窗口中的“字幕编辑器”窗口。

Trim Monitor（修剪监视器）：用于显示或者隐藏修剪监视器。

VST Monitor（VST 监视器）：用于显示或者隐藏VST监视器。

3.2.9　Help（帮助）菜单

帮助下拉菜单的主要功能是在使用Premiere时，遇到困难的话，可以通过它来查找相应的内容，用户最好有一定的英语基础，否则阅读起来比较麻烦一些，如图3-50所示。

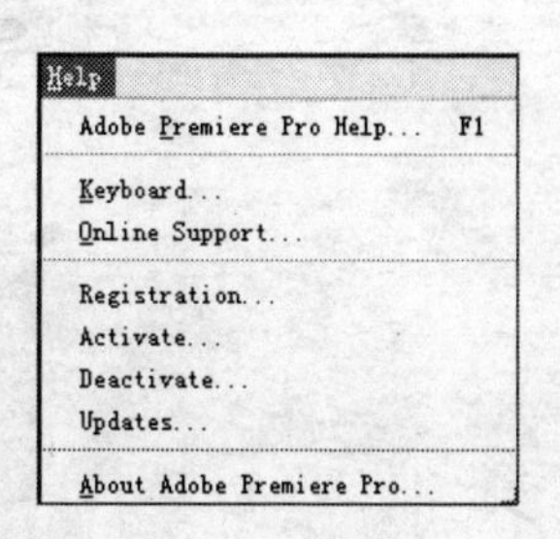

图3-50　“帮助”下拉菜单

下面分别介绍帮助下拉菜单中的各种命令。

Adobe Premiere Pro Help（Premiere Pro帮助文件）：用于打开Premiere帮助文件。

Keyboard（键盘快捷键）：用于对Premiere中用到的快捷键进行介绍。

Online Support（在线支持）：用于打开Premiere的在线联机帮助。

Registration（注册）：用于对该产品进行注册。

Activate（激活）：用于激活该产品。

Dactivate（取消激活）：用于取消激活该产品。

Updates（更新）：用于更新Premiere软件。

About Premiere Pro CS4（关于Premiere Pro CS4）：用于显示当前使用的Premiere Pro CS4的版本等方面的信息。

第4章　基 本 操 作

在认识了Premiere的界面之后，再学习一些在Premiere中的基本操作，像文件的处理，比如新建文件、打开现有文件；对象的操作，比如导入素材、移动素材、删除素材、对齐素材等，这些基本操作对于以后的进一步学习是非常重要的。

在本章中主要介绍下列内容：

★基本文件操作

★对象操作

★基本工具的使用

★预览

4.1　文件操作

启动Premiere后，在开始制作工作之前，必须首先建立新项目文件或打开已存在的项目文件，这也是Premiere最基本的操作之一。

4.1.1　新建文件

读者在启动Premiere时，将在Premiere的窗口中出现一个“项目设置”对话框，如图4-1所示。

此时只要单击“New Project（新建项目）”图标，即可打开“New Project”对话框，如图4-2所示。

在“Location（位置）”栏右侧有一个“Browse（浏览）”按钮，单击该按钮后，将打开“浏览文件夹” 对话框，如图4-3所示。该对话框用于设置新建项目的保存位置。在“新建项目”对话框的“Name（命令）”栏中输入新建项目的名称。单击“OK”按钮即可进入工作界面。

如果已经在Premiere窗口中完成了一次编辑，想再建立一个新文件，只要选择“File（文件）→New（新建）→Project（项目）”菜单命令，即可在窗口中创建一个新的项目文件。

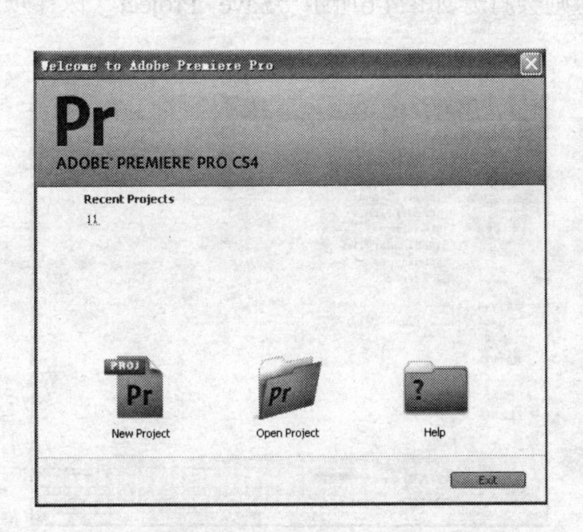

图4-1 启动后的“项目设置”对话框

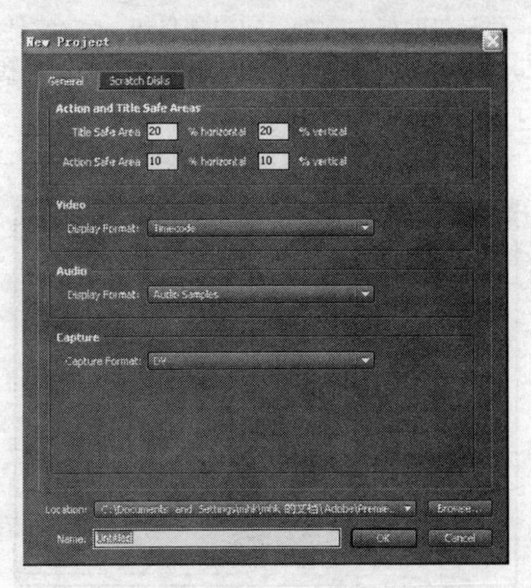

图4-2 “New Project”对话框

使用这种方法还可以创建新的字幕（Title）、序列（Sequence）、文件库（Bin）、Photoshop文件和颜色蒙版、透明视频等，如图4-4所示。

图4-3 “浏览文件夹”对话框

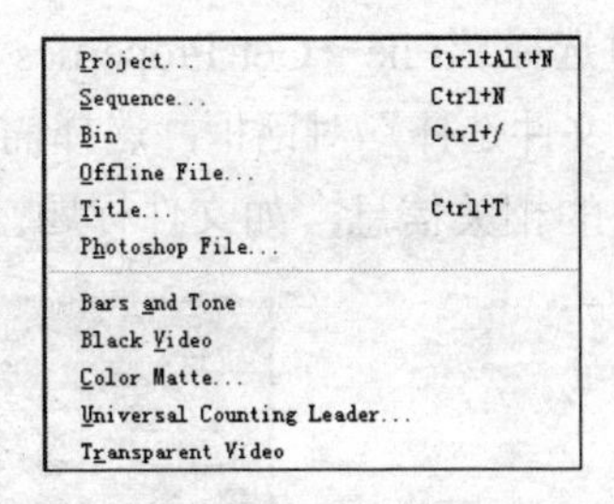

图4-4 可以新建的内容

4.1.2 打开已有文件

如果要打开一幅已经存在的项目文件来进行修改或编辑，可使用如下3种方法。

- 选择“File（文件）→Open Project（打开项目）”菜单命令。
- 选择“File→Open Recent Project（打开最近项目）→”菜单命令。
- 在显示欢迎屏幕的情况下单击“New Project”对话框中的“Open Project”图标。

使用第一种和第三种方式，系统会打开如图4-5所示的“Open Project（打开项目）”对话框，只需选择需要的项目文件，单击“打开”按钮即可。此外，需要说明的是，使用打开功能只能打开Premiere文件，如要打开其他非Premiere文件，则必须使用“Import（导入）”命令。

4.1.3 保存文件

文件的保存是文件编辑的重要环节，在Premiere中，以何种方式保存文件，对图形的以后使用有直接的关系。

如果要保存文件，可以选择“File（文件）→Save（保存）”菜单命令，或者选择“File→Save As（保存为）”菜单命令。使用后者则会打开如图4-6所示“Save Project（保存项目）”对话框。

图4-5 “Open Project”对话框

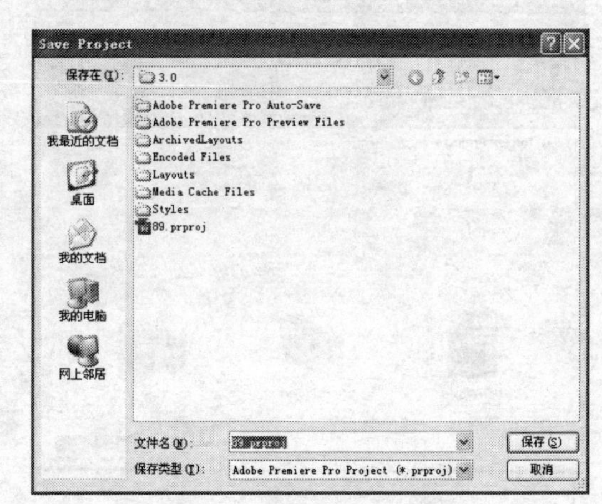

图4-6 “Save Project”窗口

读者可在“保存项目”对话框中选择或导入保存文件的文件名称和保存类型等。另外还可以选择“File→Save a Copy（保存为副本）”命令把文件保存为一个副本文件。

4.1.4 查看文件信息

通过选择“File→Get Properties for（获得属性）→Selection（选择）”菜单命令，将打开一个“文件选择”对话框，选择需要的文件后，将打开如图4-7所示的窗口。读者可在其中查看文件的相关信息，如文件标题、类型、大小、像素深度及像素宽高比等。

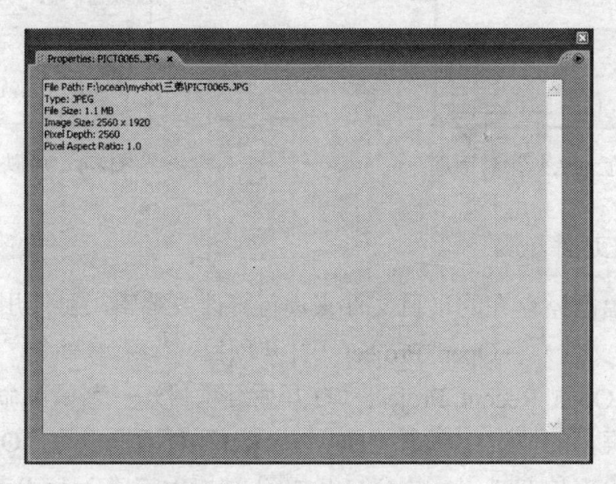

图4-7 显示相关文件的信息

一般我们不常使用它来了解文件的相关信息，而是经常使用“信息”面板来获得相关的信息，不过使用“信息”面板获得的素材信息不如使用上述命令获得的信息丰富，图4-8就是一幅图片用“信息”面板显示的信息。

在“信息”面板中可以获得文件的类型、持续时间、频率、开始时间及结束时间等。

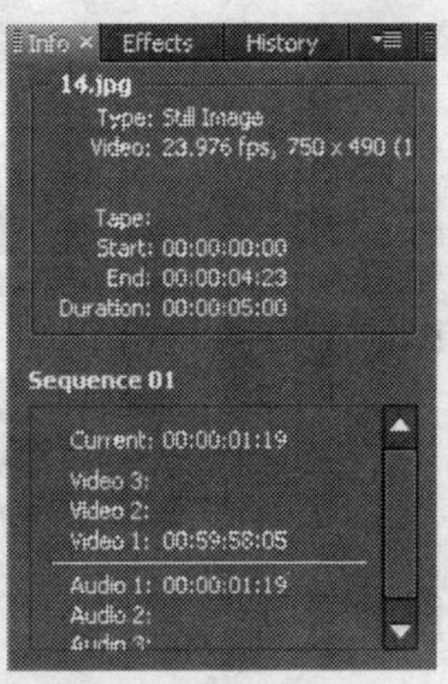

图4-8　在“信息”面板中显示的相关信息

4.1.5　关闭文件

要关闭当前绘图文件，可以选择“File（文件）→Close（关闭）”菜单命令。其中，如果对当前文件做了修改却尚未保存，系统将显示如图4-9所示的对话框，询问读者是否要保存对该文件所做的修改。选择“是”保存文件，选择“否”则不保存文件。

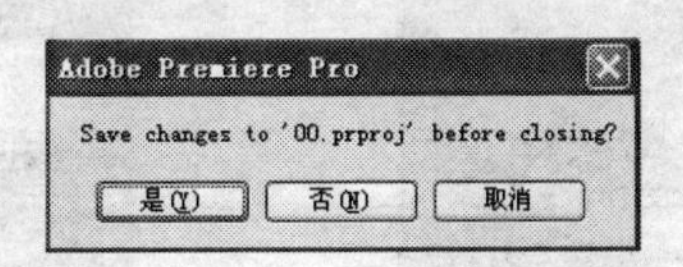

图4-9　保存文件

当完成所有的操作，需要退出Premiere时，可以选择“File→Exit（退出）”菜单命令或按Alt+Q组合键。

4.2　导入文件

在Premiere中，可以导入音频文件、视频文件、DV文件和图片文件等，也可以导入单个文件、多个文件及整个文件夹中的文件。注意导入的文件画面尺寸不能超过4096×4096像素。

4.2.1　导入静止图片文件

在Premiere中选择“File（文件）→Import（导入）”命令，或者按Ctrl+I组合键，打开“Import”对话框，如图4-10所示。

选择需要的图片文件，单击“打开”按钮，将打开“Import Files（导入文件）”对话框来显示文件打开的进度。然后就会在Premiere的“Project”窗口中打开该图片，如图4-11所示。

可将鼠标指针移动到“Project”窗口中的图片上，按下鼠标左键将其拖动至“Source（源素材）”窗口中，也可以通过双击的方式把图片拖入到“Source”窗口中显示出来，如图4-12所示。

可以按照上述方法把“Source”窗口或者“Project”窗口中的图片直接拖动到“Timeline”面板中的“Video（视频）”轨道上，如图4-13所示。注意，不要把视频文件拖放在“Audio（音频）”轨道上。

图4-10 “Import”对话框

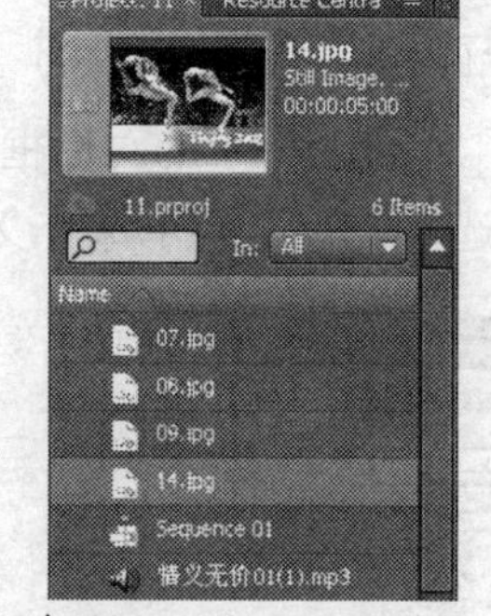

图4-11 在“Project”窗口中打开的图片

图4-12 “Source”窗口

把图片拖动到“Timeline”面板中后，可以通过拖动左下角的小三角滑块来调整图片的显示大小，如图4-14所示。

图4-13 “Timeline”面板

图4-14 改变图片的显示大小

此时也会在“Program”窗口中显示出“Timeline”面板中的图片内容，图片显示的效果如图4-15所示。

另外，也可以把多幅图片拖放到“Timeline”面板中的不同视频轨道上，效果如图4-16所示。

通过拖动“Timeline”面板中的滑块可以在“Program”窗口中浏览拖放到“Timeline”面板中的图片素材，如图4-17所示。使用这种方法就可以在“Timeline”面板中组织要制作的影片或者DV。

图4-15 显示的图片效果

图4-16 在不同的轨道上放置图片

图4-17 在“Program”窗口中浏览图片

4.2.2 导入编号的静止图片

（1）确定每一幅静止图片的文件名都包含一个数字编号，并且有正确的文件扩展名，比如鹦鹉01.bmp，鹦鹉02.bmp，鹦鹉03.bmp等。

（2）选择“File（文件）→Import（导入）”命令，在打开的“Import”对话框中找到并选择序列中的第一个编号文件，选择“Numbered Stills（编号的静止图片）”项，单击“打开”按钮，如图4-18所示。选择“Numbered Stills”项后，Premiere将编译每一幅编号文件作为剪辑中的一帧。

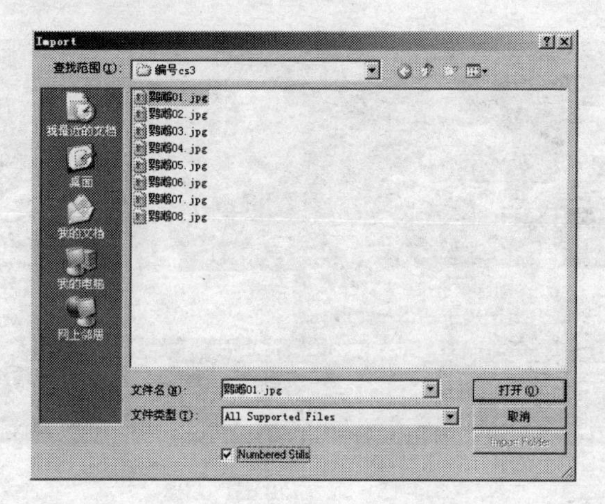

图4-18 “Import”对话框

在“Preferences（预置）”对话框中改变静止图片的默认持续时间不会影响导入到Premiere中后的持续时间。

4.2.3 导入视频文件或者动画文件

在Premiere中，可以导入视频文件或者动画文件，比如avi动画。其导入方法与静止图片的导入方法相同。另外也可以导入一列具有编号的静止图片文件，并自动把它们合并到一个视频文件中。每一个编号文件将成为视频文件中的一帧。注意导入的文件中不能包含有图层，如果包含有图层，那么在导入时会打开“Import Layered File（导入分层文件）”对话框，如图4-19所示。这是一个在Photoshop中制作的带有3个图层的文件。

单击“Merge All Layers（合并所有图层）”右侧的下拉按钮，则打开一个下拉列表，从中可以选择需要导入的层，或者合并指定的层，如图4-20所示。

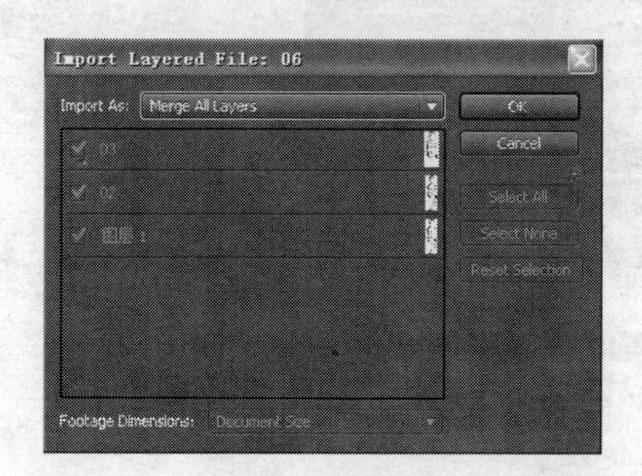

图4-19 “Import Layered File”对话框

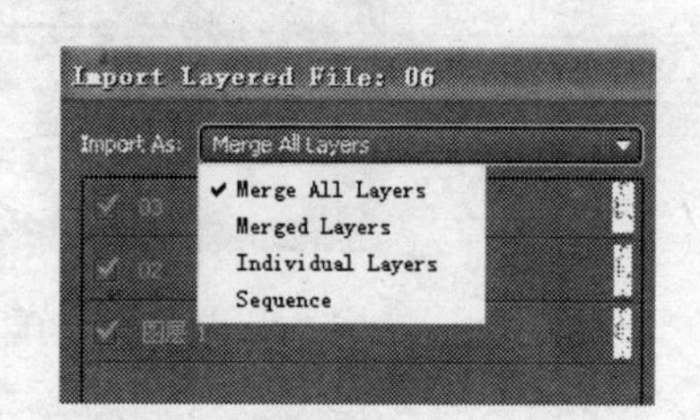

图4-20 打开的菜单命令

如果选中“Merge All Layers（合并所有图层）”项，则会合并分层文件的图层。如果选中“Individual Layers（单层）”项，那么会导入选择的图层。选择合适的选项后，单击“OK”按钮即可，导入图层效果如图4-21所示。

当创建在Premiere中或者其他应用程序中编辑的图片或者动画时，需要考虑下列因素。

- 使用广播级安全色滤镜。
- 使用在Premiere中为项目设置的像素比和帧大小。

图4-21 导入选择的图层1

- 使用与项目相匹配的场设置。
- 如果使用Adobe应用程序创建图像序列，那么需要选中“Embed Project Link（嵌套项目链接）”项。

4.2.4 导入音频

导入音频的方法与导入图片素材的方法基本相同，也是选择“File（文件）→Import（导入）”命令，或者按Ctrl+I组合键，打开“Import”对话框，在该对话框中选择需要的音频文件，比如MP3文件或者WMA文件。单击“打开”按钮，即可在“Project”窗口中显示出音频文件，如图4-22所示。

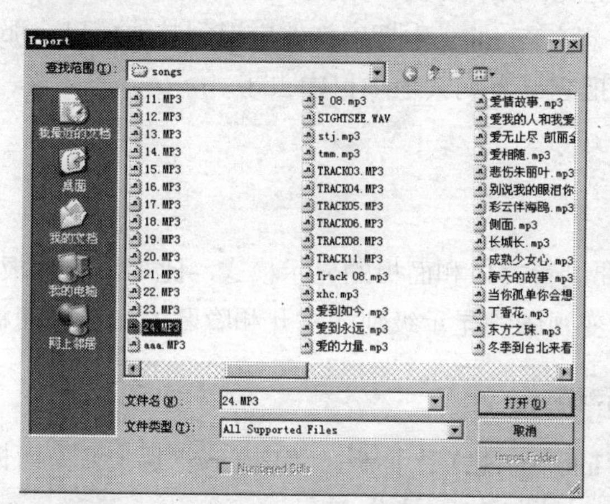

图4-22 “Project”窗口

然后将文件拖放到“Timeline”面板中的Audio轨道上即可，如图4-23所示。通过拖动“Timeline”面板中的滑块可以播放声音，如果计算机上安装有音箱，即可听到播放的声音。

图4-23 导入“音频”文件

也可以在项目中选择使用CD音频格式，不过在使用前需要把它们转换成Premiere支持的音频格式，比如MP3或者WMV，可以使用Adobe Audition或者其他音频转换软件进行转换。

4.2.5 导入以前的项目

可以把以前版本，比如Premiere 6.0或者Premiere 6.5项目中的内容添加到Premiere Pro CS4的项目中。在导入到Premiere Pro CS4的Bin中时，层级和顺序不会发生改变，而且为项目添加的特效也包含在内。把一个项目导入到另外一个项目中时要注意时基和音频采集速率，否则会影响编辑的位置和音频质量。

在早期版本的Premiere中，故事板被保存在单独的项目文件中。在Premiere Pro CS4中，"Project"窗口包含所有的故事板功能，但是可以选择"File（文件）→Import（导入）"命令把在以前版本中创建的故事板文件导入到Premiere Pro CS4中。

4.2.6 导入库

在Premiere 6.5中包含有名称为库的容器，它与项目文件不同，包含有多个项目文件。尽管CS4版本中不直接支持库，但是它允许导入库文件。在把库文件导入到这一版本的Premiere中时，它会被转换成一个Bin。如果想在Premiere中把库文件应用到其他项目，那么把包含该素材的项目进行简单保存，就可以把它导入到其他项目中去了。

4.3 显示控制

在Premiere中，读者可根据需要设置窗口和面板的显示模式，比如调整面板或者窗口的显示顺序、显示位置，在窗口中改变视图的显示级别，打开和隐藏窗口或者面板等。

4.3.1 设置Info面板组的显示模式

在Premiere中，默认设置下，"Info（信息）"面板、"History（历史）"面板和"Effects（效果）"面板位于一个面板组中，如图4-24所示。

通过单击某个面板的名称，即可使它处于当前显示状态，比如单击"Info"，那么就会显示"Info"面板，如图4-25所示。其他面板中的内容则被隐藏起来。

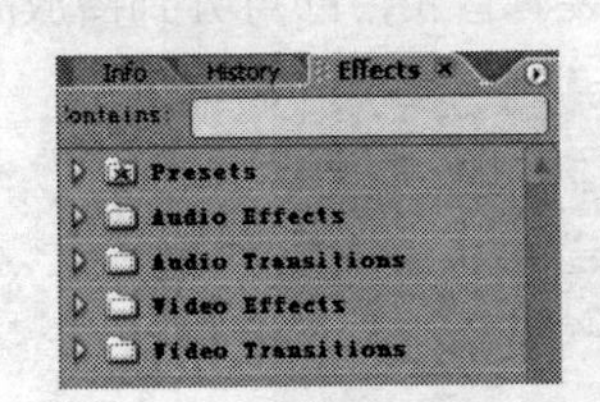

图4-24 三个面板在一个面板组中

图4-25 调整显示顺序

在一个面板的名称上按住鼠标左键并拖动可以改变它们的显示顺序，比如拖动"History"面板到"Effects"面板的后面的效果，如图4-26所示。

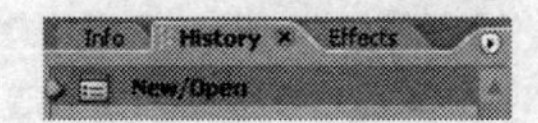

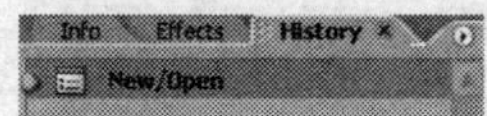

图4-26 调整面板的位置

还可以把一个面板拖动到工作窗口的其他位置，选中一个面板的名称拖动即可。比如把“Effects”面板拖动到中间位置后的效果，如图4-27所示。

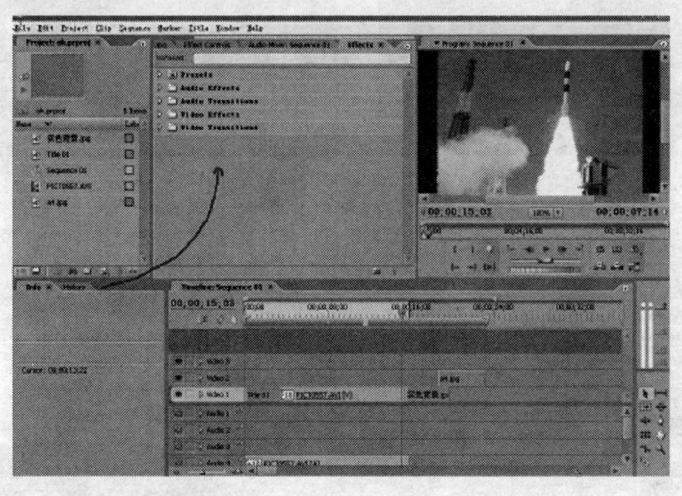

图4-27 调整面板的位置

如果想把面板恢复到原来的位置，那么用同样的方式使用鼠标拖动到原来的位置即可。

4.3.2 设置Source窗口组的显示模式

在默认设置下，“Source（源素材）”窗口、“Effect Controls（效果控制）”面板和“Audio Mixer（音频编辑器）”窗口位于一个窗口组中，如图4-28所示。

图4-28 窗口组

和面板组一样，通过单击每个窗口或者面板的名称，就可以使之处于当前显示状态。通过拖动可以改变它们的位置，如图4-29所示。

4.3.3 设置Program窗口的显示模式

在默认设置下，“Program（节目）”窗口是一个单独的窗口，但是与它关联的还有几个窗口。单击“Program”窗口右上角的小三角形按钮，将打开一个菜单，如图4-30所示，从中选择合适的命令即可打开相应的窗口。比如选择“Vectorscope（矢量示波器）”命令后即可打开“Vectorscope”窗口，如图4-31所示。

在其他的窗口中有很多的控制部件，使用它们可以帮助我们更加精确地编辑剪辑序列，从而获得自己需要的视频效果。

另外，还可以设置“Program”窗口的显示级别，在图4-31的菜单命令中，有下列3个命令，如图4-32所示。

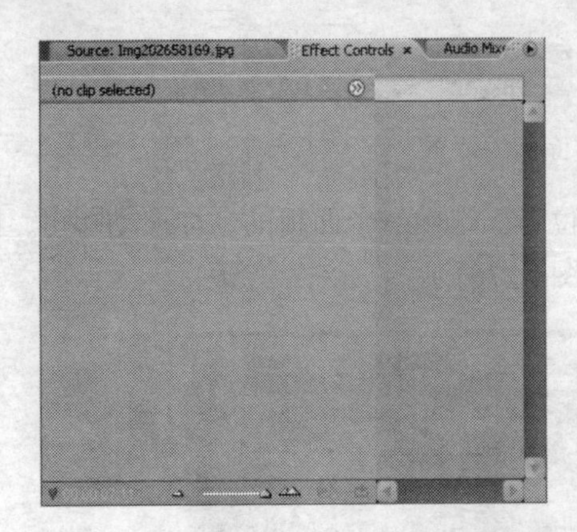

图4-29 改变位置

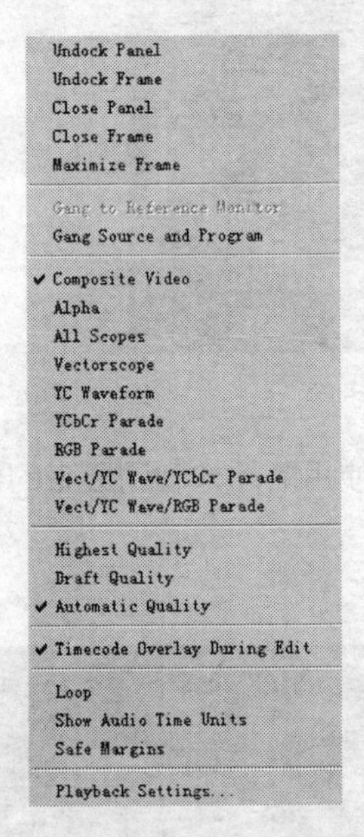

图4-30 菜单命令

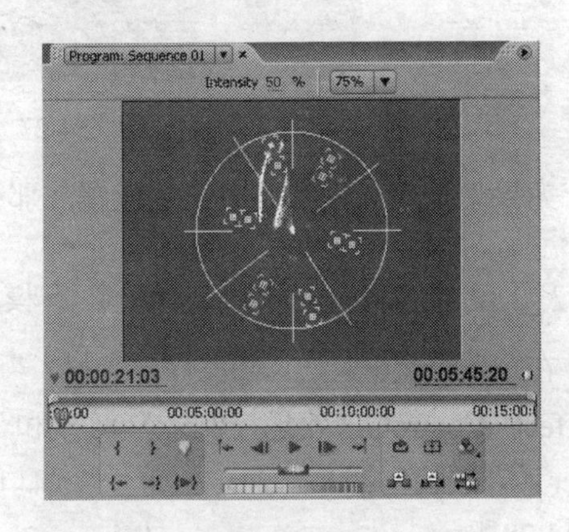

图4-31 “Vectorscope”窗口

它们分别是Highest Quality（最高质量）、Draft Quality（草图质量）和Automatic Quality（自动设置质量）。默认设置是Automatic Quality。如果从该菜单命令中选择“Draft Quality”项，那么窗口画面将以草图质量显示，这是最低的显示质量；如果选择“Highest Quality”项，那么窗口画面将以最高质量显示，这是最高的显示质量。下面是最高质量显示模式和草图质量显示模式的对比效果，如图4-33所示。

图4-32 显示级别菜单命令

图4-33 最高质量（左），草图质量（右）

提示：在“Source”窗口中，也可以按这种方法设置窗口中画面的显示质量。另外，本书是黑白印刷的，可能在图上看不清楚，读者可以在Premiere中看清楚。

在“Program（节目）”窗口中还可以调整图像的显示位置。这需要先在“Timeline”面板中选中它，在“Program”窗口中单击选中它，在图像的中间位置将显示一个圆的标记，使用鼠标拖动即可调整图像在“Program”窗口中的显示位置，如图4-34所示。

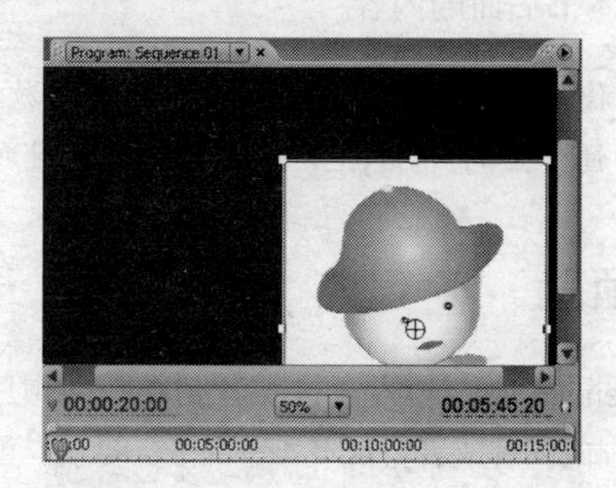

图4-34 改变图像的显示位置

4.3.4 设置Timeline面板的显示模式

默认设置下，“Timeline”面板中的轨道不是展开的，包括视频轨道和音频轨道，也有人把它称为“Timeline”窗口，如图4-35所示。

图4-35 “Timeline”面板

通过单击轨道左侧的一个白色三角形按钮可以将其展开，这类似于一个缩略图，效果如图4-36所示。

图4-36 展开的轨道效果

单击“Timeline”面板右侧工具箱中的移动工具，可以在“Timeline”面板的轨道中选择并移动素材文件，可以把素材文件移动到任意轨道中的任意位置。使用轨道选择工具可以选择一个轨道中所有的素材。使用放大镜工具可以把轨道中的素材放大显示。当“Timeline”面板中的素材太多时，将隐藏起Timeline面板的部分区域，可以使用徒手工具拖动来查看被隐藏起来的部分。关于轨道的各种操作，在后面的内容中，还要详细介绍，读者可参阅本书后面的内容。

使用放大镜工具把轨道中的素材放大显示后，如果要使素材缩小显示，那么按住键盘上的Alt键，单击轨道中的素材即可。

4.4 预览

在Premiere中，导入素材或者制作好剪辑序列之后，可以对它们进行预览。通过预览可以确定素材的内容或者剪辑序列是否符合要求。可以分别在面板、“监视器”窗口和“Timeline”面板进行预览。

4.4.1 在Project窗口中预览

当把素材导入到“Project”窗口中之后，就可以直接在“Project”窗口中预览素材的内容。在“Project”窗口的上方预览图左侧有一个小三角形，这个三角形就是播放按钮，如图4-37所示。单击该按钮即可在“Project”窗口中播放并预览素材了。

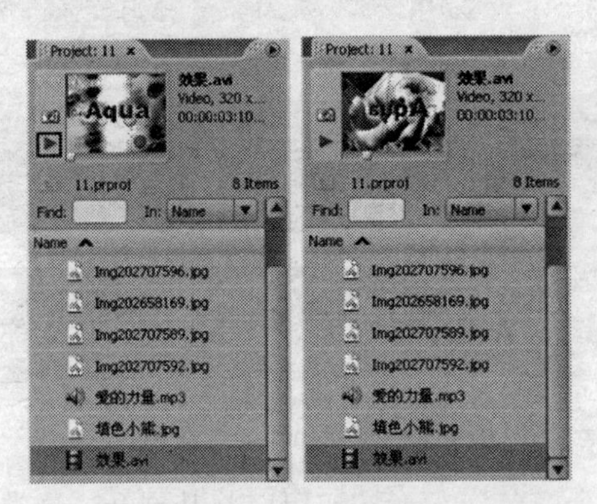

图4-37 通过单击“播放”按钮进行播放

提示：对于静止图像而言，“播放”按钮不起作用，选中图像后，即可在预览窗口中看到它。

4.4.2 在监视器窗口中预览

在“监视器”窗口的底部有3个可以控制预览素材的部件，它们分别是“播放”按钮、预览滑块和慢移控制，如图4-38所示。

通过单击“播放”按钮，拖动预览滑块和慢移控制都可以在“监视器”窗口中预览素材或者剪辑序列。

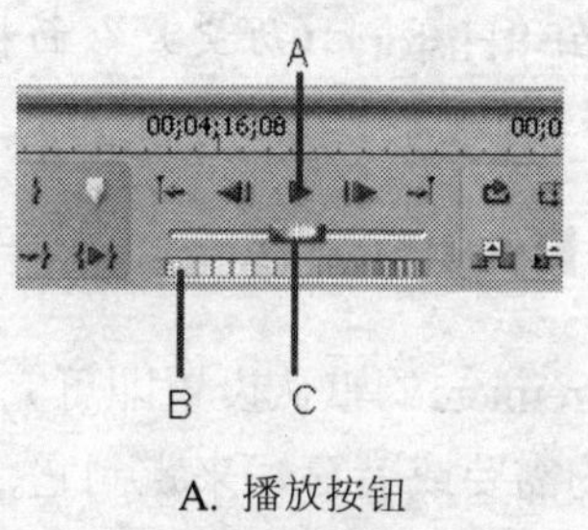

A. 播放按钮
B. 预览滑块
C. 慢移控制

图4-38 “播放”按钮

4.4.3 在Timeline面板中预览

在“Timeline”面板的顶部有一个三角形的滑块，称为当前时间指示器，如图4-39所示。通过拖动当前时间指示器就可以预览轨道中的剪辑序列。注意，拖动时，同时要在“Program”窗口进行预览。

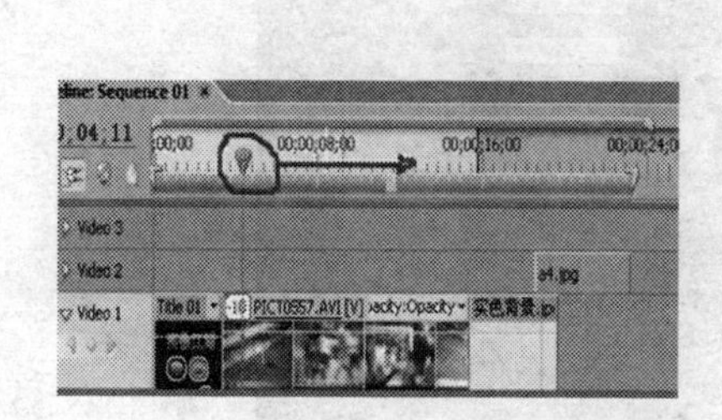

图4-39 当前时间指示器

如果要预览音频，需要连接上音箱，当然也可以连接上耳麦进行监听。

4.5 撤销与恢复操作

一般情况下，如果要制作一个完整的项目需要经过反复的调整、修改与比较方能完成。因此，Premiere为读者提供了撤销与恢复命令，下面介绍一下这两个命令的使用。

在编辑视频或者音频时，如果读者的上一步操作是一种误操作，或对操作得到的效果不满意，可以选择“Edit（编辑）→Undo（撤销）”菜单命令撤销该操作。如果连续选择“撤销”命令，则可连续撤销前面的多步操作，也可以使用其键盘快捷键Ctrl+Z。

此外，可以选择“Edit→Redo（恢复）”菜单命令来取消撤销操作。比如，删除一个素材后，选择“Edit→Undo”菜单命令即可撤销删除操作，如果还是想把该素材删除掉，那么可以使用“Edit→Redo”菜单命令，其键盘快捷键为Ctrl+Shift+Z。

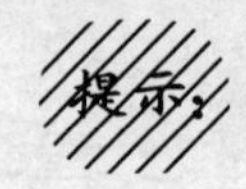

也可以在“History（历史）”面板中执行恢复和撤销操作。

4.6 自定制Premiere

通常，使用Premiere的默认设置即可完成需要的工作，但是，也可以对它进行自定制，也就是根据自己的需要或者喜好来定制它。

4.6.1 设置自动保存

在默认设置下，Premiere会自动保存编辑的工作，每20分钟保存一次。自动保存会占用一定的系统资源，因此可以根据所做项目的不同及计算机硬盘空间的大小来设置自动保存的间隔时间。

如果要改变默认的设置，那么选择“Edit（编辑）→Preferences（预置）→Auto Save（自动保存）”菜单命令，打开“Preferences”对话框，如图4-40所示。确定选中“Automatically Save Projects（自动保存项目）”项，并根据需要改变“Automatically Save Every（每隔……自动保存）”的数值即可，比如可以把它改成8分钟或者50分钟。

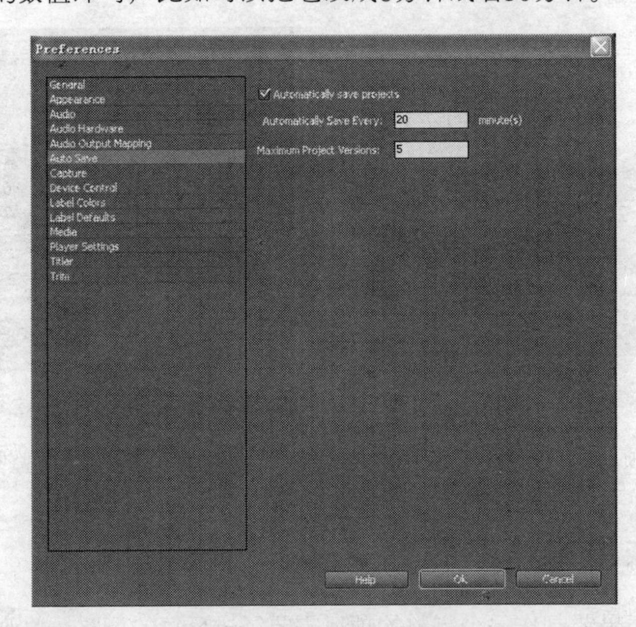

图4-40 “Preferences”对话框

4.6.2 设置交换区

在采集视频和音频，制作项目时，将消耗很大的系统资源。比如在采集时，Premiere系统会使用一个磁盘空间，并把采集的数据都存放在这个磁盘空间中。当这个磁盘空间被占满时，系统处理采集的操作能力就会降低或者终止。不过可以通过设置交换区来改变这种情况，也有人把交换区称为交换盘。一般，在默认设置下是C盘，也可以把它设置为其他的磁盘。下面介绍如何设置交换区。

（1）选择“Project（项目）→Project Settings（项目设置）→ Scratch Disks（交换区）”命令，打开“Project Settings”对话框，如图4-41所示。

（2）从图中可以看出，采集的视频、音频和预览都是在一个文件夹中。通过单击相关项目右侧的“Browse（浏览）”按钮，打开“浏览文件夹”对话框，如图4-42所示。

图4-41　“Project Settings”对话框

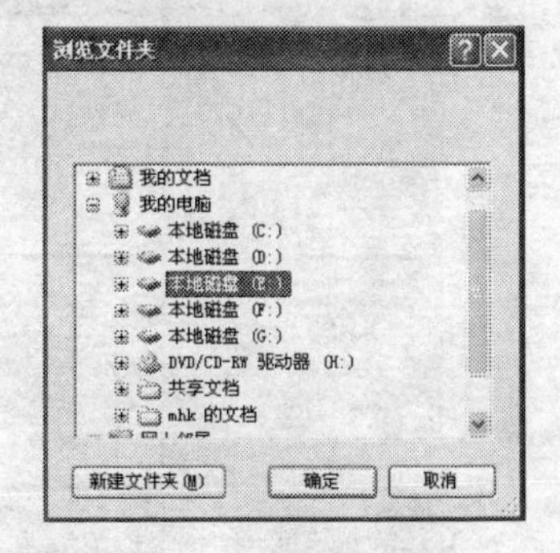

图4-42　“浏览文件夹”对话框

（3）找一个空间比较大的磁盘，并单击“新建文件夹”按钮新建一个文件夹，单击“确定”按钮关闭“浏览文件夹”对话框。

（4）最后单击“Project Settings”对话框中的“OK”按钮关闭“Project Settings”对话框即可。

4.6.3　设置Premiere的界面亮度

使用过以前版本的Premiere的读者一定有这样的感觉，这一版本的Premiere界面的颜色要明显比以前版本的界面颜色暗。不过这是大多数人比较喜欢的一种色调，也就是很多人所说的比较经典。但是也有人不喜欢这种色调，而喜欢更浅一些的色调。下面就介绍一下怎样将Premiere的界面调整得亮一些。

（1）选择“Edit（编辑）→Preferences（预置）→Appearance（外观）”菜单命令，打开“Preferences”对话框，如图4-43所示。

（2）在“Preferences（预置）”对话框中，向右调整“Brightness（亮度）”滑块，单击“OK”按钮即可将Premiere的界面调亮，调亮之后的效果，如图4-44所示。

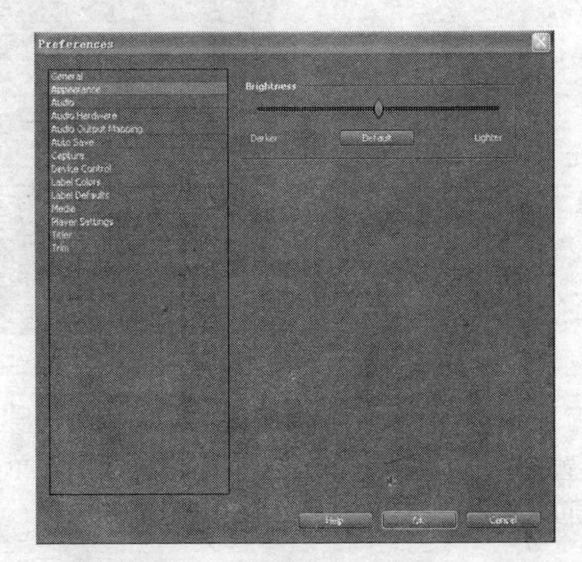

图4-43　“Preferences”对话框

4.6.4　设置Premiere的键盘快捷键

使用过Premiere的读者一定有这样的感觉，使用键盘快捷键可以很大程度地提高工作效率。虽然在这一版本的Premiere中已经内置了很多默认的键盘快捷键，但是还可以根据自己的需要来设置更多的快捷键。

图4-44　界面调亮之后的效果

下面就介绍一下怎样在Premiere中设置快捷键。

（1）选择“Edit（编辑）→Keyboard Customization（自定制键盘快捷键）”菜单命令，打开“Keyboard Customization”对话框，如图4-45所示。

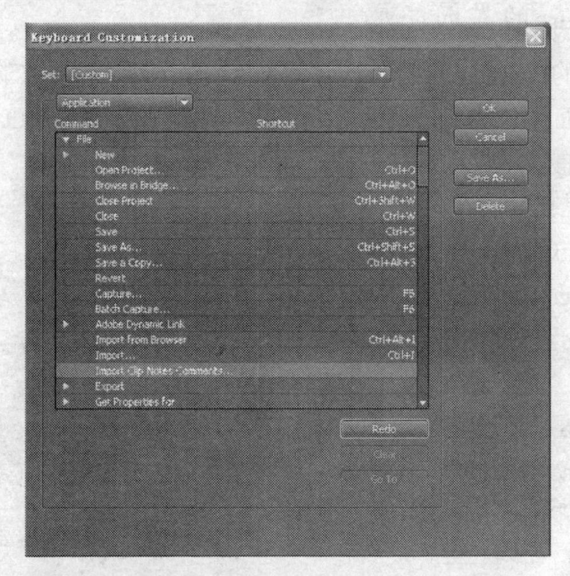

图4-45　“Keyboard Customization”对话框

（2）在“Keyboard Customization”对话框中，展开需要设置快捷键的选项单击，并设置需要的键盘字母即可。如果设置错了，那么单击“Clear（清除）”按钮将其清除即可，也可以单击“Undo（取消）”按钮取消。

第5章　管理和浏览素材

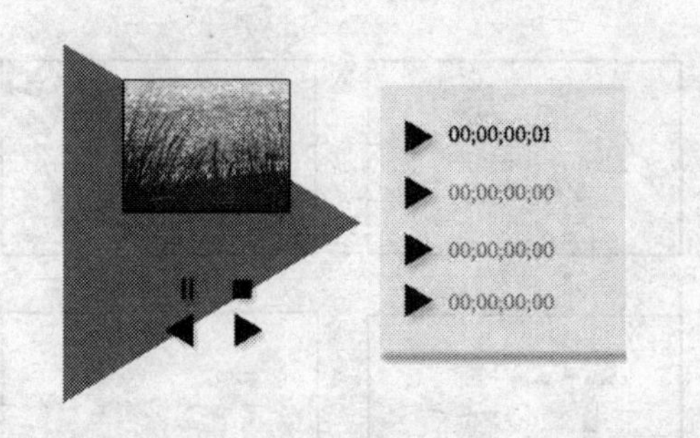

在制作电影或者编辑DV之前，首先需要确定主题，并根据主题收集各种需要的素材，包括录像、照片、声音等，并加工成计算机可以接收的文件。再根据确定的主题、手头的素材，以及现有的硬件条件，策划一个简单的“剧本”。这就需要管理收集的素材，在制作过程中还需要检查和浏览这些素材。

在本章中主要介绍下列内容：

★自定义“Project”窗口

★准备素材

★使用素材

★“Source”窗口和“Program”窗口

5.1　制作前的准备工作

在开展一项工作之前，需要有一个计划。在制作影视节目和DV时也需要做一些前期的准备工作。比如，想为自己或者朋友、客户制作一个婚庆光盘，就需要把主题确定为结婚纪念，这个主题应该突出喜庆的气氛，同时要把一些最具有纪念意义的内容保存在婚庆光盘中。然后根据该主题收集素材，包括录像、照片、声音等，并加工成计算机可以接收的形式。

一般情况下，前期的准备工作包括策划剧本和准备素材两部分。下面介绍这两项准备工作。

5.1.1　策划剧本

在启动Premiere之前，需做如下准备：

（1）确定作品的主题，即需要制作什么内容。比如在制作一个DV短片时，确定是以旅游为主题还是以小孩的成长作为主题。

（2）根据主题收集和制作素材，包括录像、照片、声音、文本文件等。

（3）根据确定的主题、手头的素材，以及现有的硬件条件，策划一个简单的“剧本”。

（4）使用Premiere开始具体的制作工作。

通常，在制作一个影视节目之前，应先写一个有关剧本中镜头排列及活动顺序的简要说明，或建立一系列的草图，称之为故事板。在故事板的上面先标出影片的开始、应用的过渡、特技效果、加入的声音及影片的结尾等，再决定要放进剧本的素材是一个影片剪辑、一个录音样品还是一幅Adobe Photoshop图像或位图图像？下面是一幅简单的故事板图片，如图5-1所示。

图5-1 故事板

由于“普通系统”和“桌面系统”对影片的质量要求有较大的差异。“桌面系统”一般将影片录成录像带供电视播出，“普通系统”一般合成avi.或Quick Time影片供计算机软件使用。

对于“桌面系统”而言，由于非线性编辑系统一般都能遥控放像机，采样可以批量进行，所以建立一个编辑拟订表就能进行在线编辑。确定影片的播放方式将有助于选择适当的压缩设置和预定选项。

5.1.2 准备素材

在进行一个剧本制作之前，首先要对工作的材料进行搜集、转换和检查，这就是素材的准备工作。现在，就介绍一下关于素材方面的知识。

1. 素材

使用Premiere可通过组合素材的方法来制作影片。所谓“素材”，指的是未经剪辑的视频、音频和图片等，将视频图像采集到计算机中形成的视频文件，基本上都需要2次加工。由于动画文件在制作时已经过精心策划，基本上不需要2次加工。所谓“影片”，指的是Premiere对素材加工后的成品，一般是较完整的剪辑，甚至是一个包含特技、字幕、音频的完整影片文件，一般先把它们保存在计算机的硬盘上，通过视频回放卡再录制到录像带上。

由于电视机和计算机视频的表现模式有明显的差异，所以Premiere普通系统和桌面系统所最终形成的影片文件，尽管通常都命名为AVI，但却有很大的差别。一般普通系统制作的影片只能在计算机上回放，不需额外的硬件支持。桌面系统制作的影片质量很高，画面质量能达到电视台播出的广播级水平。当然其数据量和普通系统相比要大得多，需配合视频回放卡才能实时在电视上播出。Premiere有格式转换功能，可以方便地将电视格式的AVI文件转换成计算机格式的AVI文件。AVI格式的文件，不能在电视机上直接播放，需要使用Premiere进一步处理。

2. 素材的类型

素材可以是数字化形式的视频剪辑、数字化形式的音频剪辑和数字化形式的图片、合成的音频剪辑等，一般包括以下几种类型。

（1）从摄像机、录像机或磁带机上捕捉的数字化视频和数字化音频。

（2）使用Premiere或其他资源创建的Video for Windows或Quick Time影片。

（3）幻灯片或扫描的图像。

（4）合成的音乐和声音。

（5）Photoshop文件和Illustrator文件。

（6）动画文件。

（7）在Premiere中创建或在Photoshop中编辑的胶片格式的文件。

（8）在After Effects中创建的影片。

（9）标题字幕，可以在Premiere中临时制作。

另外，还可以用各种各样的硬件设备向计算机硬盘中录入原素材以建立视频、音频素材。常见的相关设备有：摄像机、录像机、扫描仪、数码相机、视频卡、声卡、超级VCD、LD、DVD机等，国内非常流行的VCD机由于它本身是根据MPEG-1标准制造的，它的视频信号已经过大幅度的压缩，已经从AVI转成MPG，虽然是纯数字化形式的存储，但压缩过程中已损失了大量的信息，而且此过程是不可逆的，加之其本身画面质量较差，所以一般不使用它。

在制作影视节目时，除了要有明确的目标之外，还需要有足够的原始剪辑或者素材。比如在拍摄电影时，不是使用一台摄像机来拍摄，而由多台摄像机进行拍摄，这样可以获得更多的原始素材以备需要时使用。通常剪辑以数字化文件的形式存在。

5.2 自定义“Project”窗口

首先要运行Premiere应用程序，并确定在编辑模式工作空间中的三个主要的面板或者窗口：“Project（项目）”窗口、“Monitor监视器”窗口和“Timeline（时间标尺）”面板都是打开的，如果没有打开，那么可以选择Window菜单命令打开它们。

在开始制作一个项目之前，一般都是先将文件添加到Project窗口。选择“File （文件）→Import（导入）”命令，或者在“Project”窗口中双击，都可以打开“Import”对话框，如图5-2所示。

选择需要的文件，单击“打开”按钮即可将素材文件导入到“Project”窗口中了，如图5-3所示。

5.2.1 改变“Project”窗口中的素材显示模式

当把文件导入到“Project”窗口中后，可以根据需要调整“Project”窗口中的视图显示模式。可以按列表形式显示，也可以按图标形式显示。这样可便于对素材进行归类和排列。列表模式是系统默认的设置，如图5-4所示（左图）。通过单击“Project”窗口底部的“Icon View（图标视图）”按钮即可把它改变成图标显示模式，如图5-4所示（右图）。如果单击“Project”窗口底部的“List View（列表视图）”按钮即可把它还原成列表显示模式。

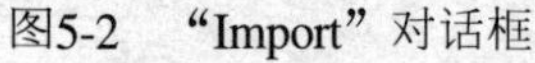

图5-2 “Import”对话框　　　　图5-3 将文件导入到“Project”窗口中

单击“Project”窗口右上角的小三角形按钮，可以打开一个下拉菜单，如图5-5所示。使用该菜单中的命令可以执行更多的操作。

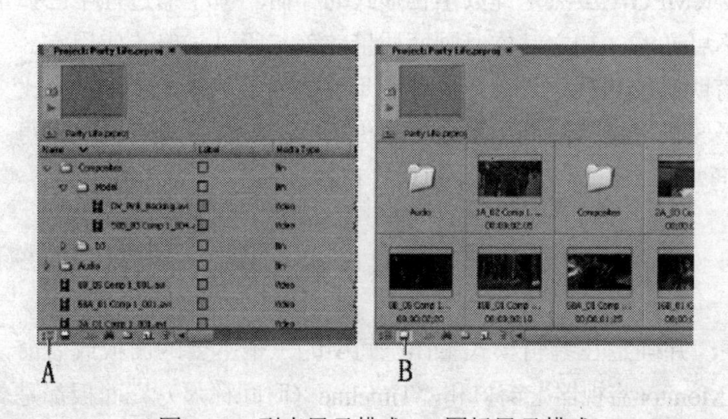

图5-4 A列表显示模式，B图标显示模式

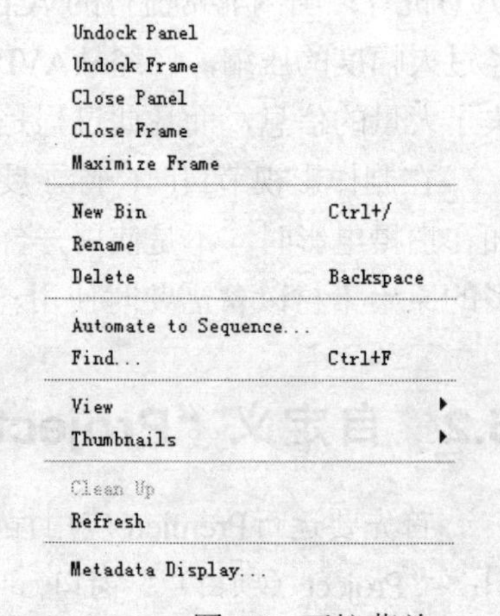

图5-5 下拉菜单

下面介绍该菜单中命令的功能，以便大家能够更好地使用这些命令。注意，这里只介绍“New Bin”命令以下的命令，上面的几个命令可参阅前面内容的介绍。

- New Bin（新建箱）：用于创建新的文件箱。
- Rename（重命名）：用于重命名导入文件的名称。选中一个文件后，选择该命令，然后输入一个新的名称即可。
- Delete（删除）：用于删除那些不需要或者不使用的文件。
- Automate to Sequence（自动序列）：用于把Project中的素材添加到“Timeline”面板中。
- Find（查找）：用于查找素材文件。
- View（视图）：用于设置“Project”窗口中素材的查看模式。比如列表模式和图标模式。
- Thumbnails（缩略图）：用于设置“Project”窗口中文件图标的显示模式，可以设置为大图标、中图标、小图标等，如图5-6所示。

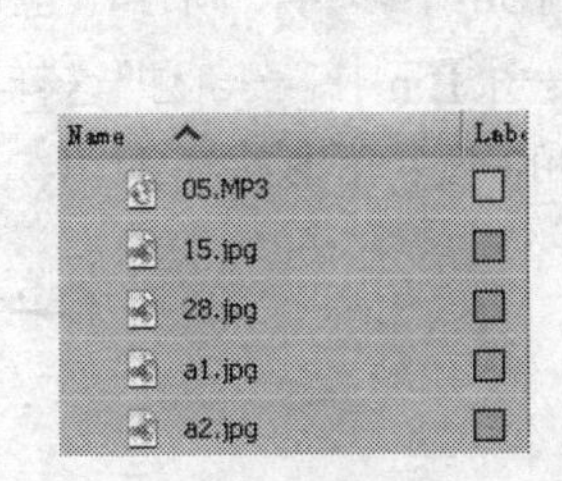

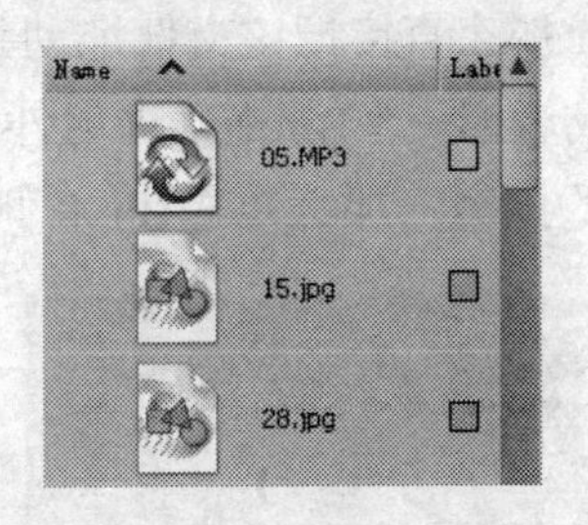

图5-6 显示效果对比

- Clean Up（清除）：用于清除“Project”窗口中空的位置。
- Refresh（刷新）：用于刷新“Project”窗口。
- Metadata Display（元数据显示）：该命令是在这一版本中新增加的，选择该命令后，将打开“Metadata Display”对话框，如图5-7所示。在该对话框中可以添加属性、设置保存设置和删除设置等。

在“Metadata Display”对话框中，单击顶部的“Add Property（添加属性）”项则可以打开“Add Property”对话框，如图5-8所示，用于添加需要的属性。一般，不需要更改设置，高级用户才会需要更改。

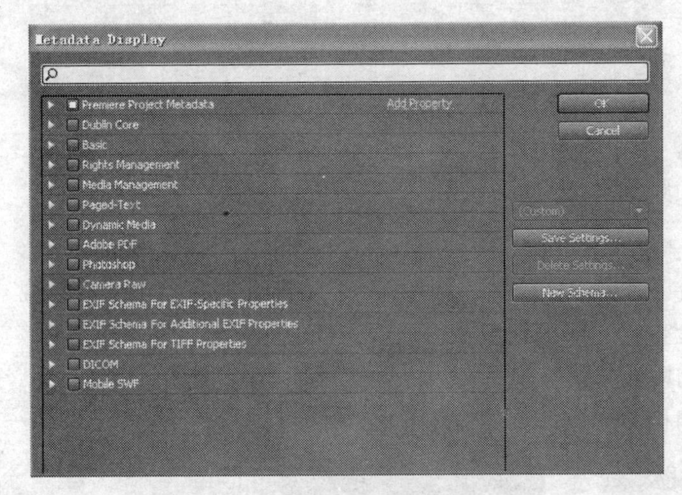

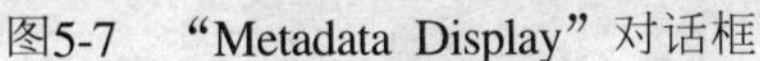
图5-7 “Metadata Display”对话框

图5-8 “Add Property”对话框

5.2.2 在“Project”窗口中组织素材

在“Project”窗口中，一般使用Bin来组织素材，把素材按顺序放在Bin中即可。实际上，Bin就是文件夹，功能和文件夹也相同。在Bin中可以包含原素材文件、剪辑序列或者其他的子Bin，如图5-9所示。

一般，可以按下列三种方式使用Bin。

- 在进行批采集时，可以使用Bin存储脱机文件。
- 可以单独地存储每个剪辑序列和它的原文件。
- 可以按类型组织文件，比如视频文件、静止图片和音频文件等。

如果要在“Project”窗口中添加一个新的Bin，那么在“Project”窗口底部单击按钮即可。如果要删除Bin，先选择Bin，再在“Project”窗口底部单击按钮即可。如果要把一个文件移动进一个Bin中，那么直接把该文件拖动到Bin中即可，同样，也可以使用这种方式把文件拖到Bin的外部。或者把一个Bin拖动进另外一个Bin中，一般把这样的Bin称为嵌套Bin。如果想显示一个Bin中的内容，那么单击Bin右侧的小三角形按钮即可，如图5-10所示。

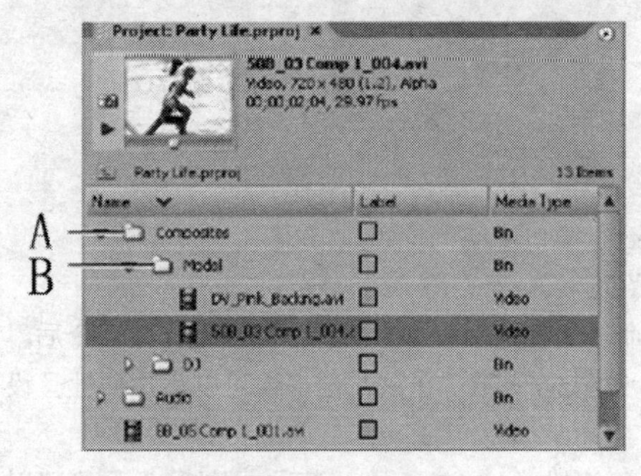

图5-9　A父Bin，B子Bin

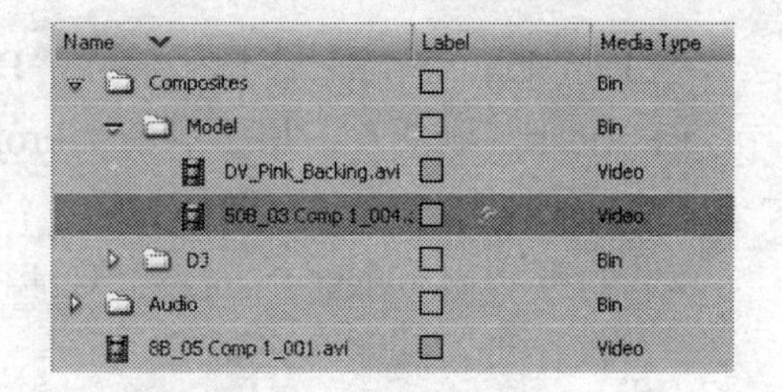

图5-10　显示Bin中的内容

也可以在“Timeline”面板和“Source”窗口中组织素材。读者可以根据自己的习惯对素材进行组织。

5.2.3　使用素材

在Premiere中，对于导入的素材，可以查看它的属性，也可以对素材执行播放、复制、重命名、删除、查找和改变文件的帧频等操作。

1. 查看素材的属性

导入素材后，可以检查素材是否符合要求。比如，在制作一个在Web服务器上播放的视频剪辑后，可以使用剪辑分析工具检查它的数据速度是否适合在Internet上播放。

可以通过两种方式来查看素材的属性。第一种是在“Project”窗口中，选择一个素材，即可在“预览”窗口中显示该素材的相关属性，如图5-11所示。

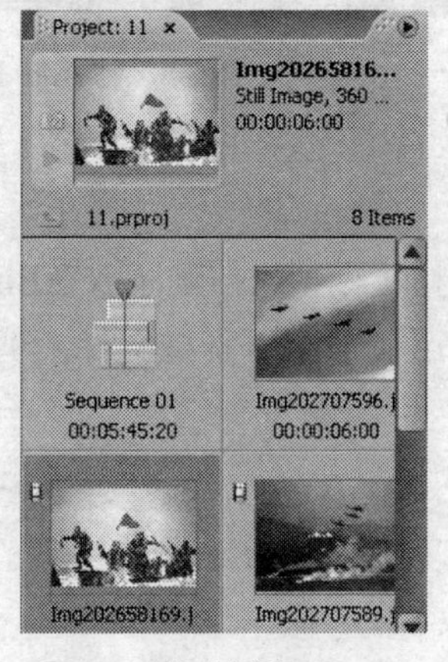

静止图片

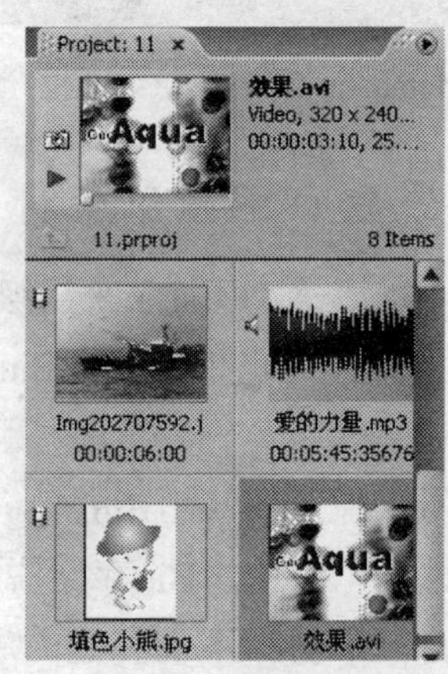

动画文件

图5-11　显示素材的属性

第二种是在“Project”窗口、“Timeline”面板和“Source”窗口中，选择素材，再选择“File（文件）→Get Properties For（获得属性）→Selection（选择的内容）”命令，打开一个窗口，从中显示该素材的相关属性，如图5-12所示。

图5-12 显示素材属性

从显示出的属性中，可以看到文件的路径（File Path）、类型（Type）、文件大小（File Size）、像素深度（Pixel Depth）和像素比（Pixel Aspect）等属性。通过这些属性，就可以判断该素材文件与项目之间的兼容性。

2. 在“Project”窗口中复制素材

有时可能需要重复使用一个素材，就像在电影中看到的很多重复镜头一样。这时就可以复制素材。

（1）在“Project”窗口中选择需要复制的素材文件。

（2）执行“Edit（编辑）→Duplicate（复制）”命令即可获得一个复制素材，如图5-13所示。

（3）确定选择的素材文件处于选择状态，执行“Clip（剪辑）→Rename（重命名）”命令打开“Rename Clip”对话框对剪辑进行重命名，如图5-14所示。

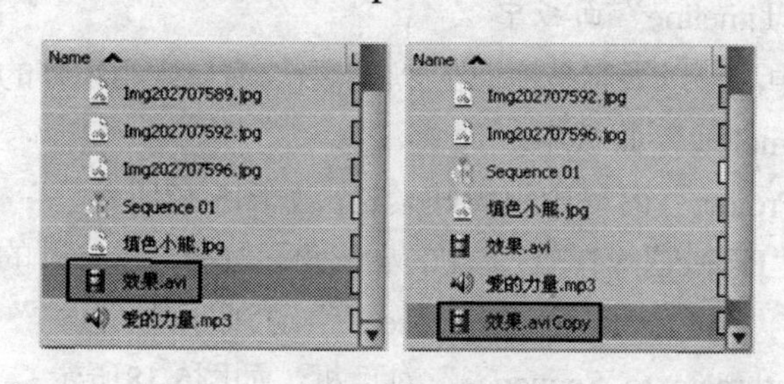

图5-13 复制的素材

图5-14 “Rename Clip”对话框

或者，执行面板菜单中的Rename命令为它设置一个名称，如图5-15所示。

3. 删除未使用的素材

在“Project”窗口中，可以很容易地通过选择一个素材并按Delete键删除一个素材。如果在一个复杂的影视项目中导入了很多素材文件，其中有一些未被使用时，想删除这些素材，只要选择“Project（项目）→Remove Unused（删除未使用的）”命令或者执行面板菜单中的

“Delete”命令即可把所有未被使用的素材删除掉。

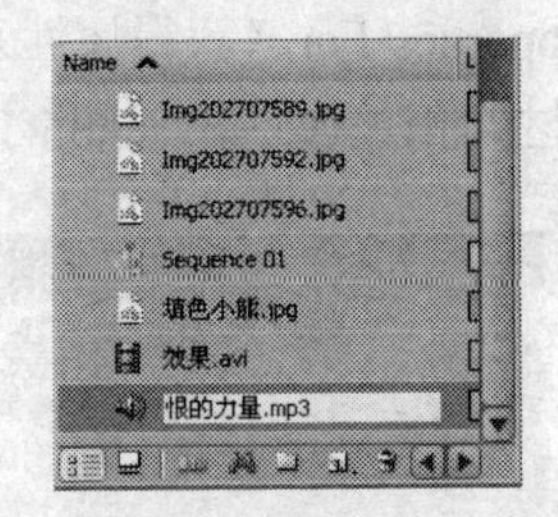

图5-15 重命名复制的素材

4. 改变素材的帧频

在一个项目中，如果有些素材的帧频不匹配或者不合适，那么可以根据需要改变它们的帧频。比如，把一个持续时间为10秒、24fps的素材设置为48fps，那么它的持续时间将改变成5秒。要注意素材的帧频要顺从于整个大项目的帧频。下面介绍如何改变素材的帧频。

（1）在“Project”窗口中选择一个素材。

（2）执行“File（文件）→Interpret Footage（编译素材）”命令，打开“Interpret Footage”对话框，如图5-16所示。设置一个帧频值，比如24，单击“OK”按钮即可。

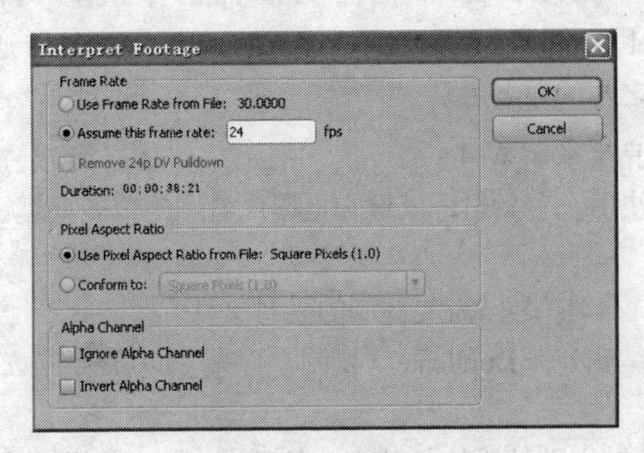

图5-16 设置帧频

5. 把“Project”窗口中的素材移动到“Timeline”面板中

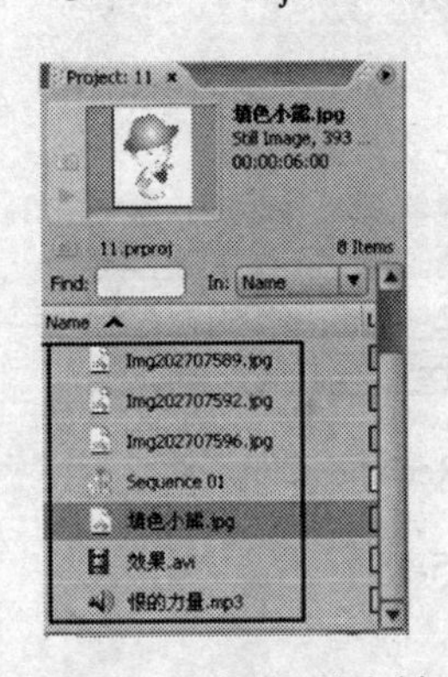

图5-17 组织好的素材

在Premiere中，可以很容易地把在“Project”窗口中组织好的素材移动到“Timeline”面板中。

（1）在“Project”窗口中组织好素材，如图5-17所示。

（2）单击“Project”窗口右上侧的小三角形按钮，从打开的下拉菜单中选择“Automate to Sequence（自动到时间序列）”命令，打开“Automate to Sequence”对话框，如图5-18所示。

（3）单击“OK”按钮，即可把“Project”窗口中的素材按顺序排列到“Timeline”面板的Vedeo1轨道中，如图5-19所示。

（4）从图中可以看到，在剪辑之间会添加上默认的过渡效果。单击“Program”窗口中的“播放”按钮，可以看到素材文件依次播放，如图5-20所示。

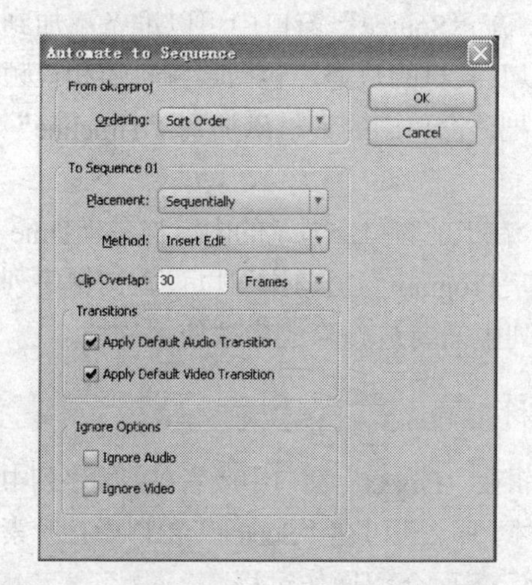

图5-18 “Automate to Sequence”对话框

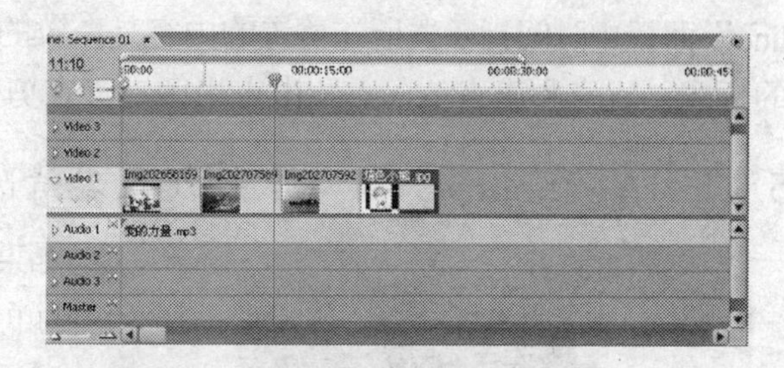

图5-19 “Timeline”面板中的素材

图5-20 素材依次播放

5.3 使用“Source”窗口和“Program”窗口

在Premiere中，还可以使用“Source”窗口和“Program”窗口编辑素材，这两个窗口一般被称为“监视器”窗口。这两个“监视器”窗口都包含有一个时间标尺和一些控制选项，用于播放和指示当前素材或者剪辑序列的帧，如图5-21所示。

图5-21 “监视器”窗口

提示：关于“监视器”窗口底部的这些控制按钮，读者可以参阅第3章内容的介绍。

“Source（源素材）”窗口用于播放单个的素材，在“Source”窗口中可以准备添加到剪辑序列中的素材，一般需要设置素材的入点和出点以及素材的轨道，包括音频轨道和视频轨道。在“Source”窗口中可以插入素材标记，也可以把该窗口中的素材添加到“Timeline”面板中。

“Program（节目）”窗口用于组合好的剪辑序列。在当前窗口中显示的内容与在“Timeline”面板中时间指示器所在位置的内容是一致的。在“Program”窗口中可以设置剪辑序列的标志、入点和出点。入点和出点用于定义在剪辑序列中需要被删除或者被使用的帧。

5.3.1 在“Source”窗口中打开或者清除素材

如果要编辑在“Project”窗口中或者在剪辑序列中列出的单个素材，那么可以在“Source”窗口中打开素材并进行编辑。下面介绍操作过程。

（1）从“Project”窗口中把需要的素材拖动到“Source”窗口中，或者也可以从“Timeline”面板中把素材拖动到“Source”窗口中，即可在“Source”窗口中打开该素材。在“Source”窗口的菜单中会列出素材的名称，如图5-22所示。如果是剪辑序列，那么会显示剪辑序列的名称和开始时间。

图5-22 素材名称

（2）如果要从“Source”窗口中清除素材，那么从窗口菜单中选择“Close（关闭）”命令，如果选择“Close All（关闭全部）”命令，那么会从“Source”窗口中清除所有的素材。

5.3.2 在“Source”窗口和“Program”窗口中的时间控制

在“Source”窗口和“Program”窗口中都有一些时间控制部件，如图5-23所示。使用它们可以更准确地设置素材的时间。

A. 时间标尺 B. 当前时间指示器 C. 可视区域条 D. 显示的当前时间 E. 持续时间

图5-23 时间控制部件

- 时间标尺：用于显示素材的持续时间。可以通过在时间标尺中拖动时间、标记和出入点的图标来调整它们。
- 当前时间指示器：用于显示当前帧的位置。
- 显示的当前时间：显示的是当前帧的时间码。
- 持续时间：显示的是当前打开素材或者剪辑序列的持续时间。

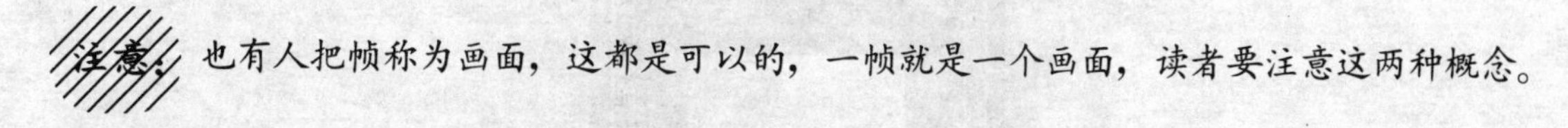

注意：也有人把帧称为画面，这都是可以的，一帧就是一个画面，读者要注意这两种概念。

5.3.3 在“Source”窗口中裁减素材

可以在“Source”窗口中粗略地裁剪素材，把需要的部分保留下来，发送到“Timeline”面板中。下面介绍如何裁剪素材。

（1）把“Project”窗口中的素材拖到“Source”窗口中，如图5-24所示。

（2）单击“Set In Point（设置入点）”按钮，在需要的位置单击即可添加一个入点，如图5-25所示。

图5-24 “Source”窗口中的素材

图5-25 设置入点

（3）单击“Set Out Point（设置出点）”按钮，在需要的位置单击即可添加一个出点，在入点和出点之间的区域会显示出一条浅蓝色的条，如图5-26所示。

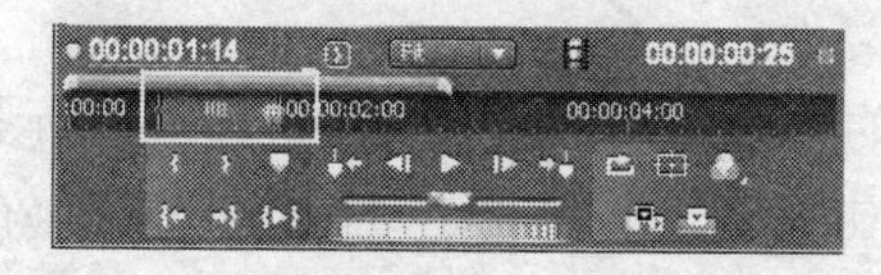

图5-26 设置入点和出点

提示：如果要删除入点和出点，那么执行“Marker（标记）→Clear Clip Marker（清除剪辑标记）→In and Out（入点和出点）”命令即可将所有的入点和出点删除掉。

（4）现在，如果把“Source”窗口中的素材拖到“Timeline”面板中，那么只有入点和出点之间的部分被拖到“Timeline”面板中。入点和出点之外的部分就被裁剪掉了。

5.3.4 在“监视器”窗口显示和关闭视频安全区

在“Source”窗口和“Program”窗口也可以显示视频安全区，如图5-27所示。在预览或者输出节目时，使用安全区可以帮助确定画面的哪些部分被保留，哪些部分被去掉。

A. 动作安全区 B. 标题安全区

图5-27 安全区

如果要显示这些安全区，那么单击“监视器”窗口下方的“Safe Margins（安全框）”按钮即可。再次单击安全框按钮即可将安全框隐藏起来，如图5-28所示。

图5-28 显示安全框（左图）与隐藏安全框（右图）

5.3.5 设置显示模式

我们不仅可以设置画面的显示质量，还可以设置它们的显示模式。在“Source”窗口或者“Program”窗口的底部单击按钮或者单击“监视器”窗口右上的小三角形按钮打开它的下拉菜单，也可以使用“Source”窗口或者“Program”窗口中的菜单命令，如图5-29所示。

下面简单地介绍一下这些显示模式。

- Composite Video：这是默认设置，以正常模式显示视频内容。
- Alpha：选择该命令后，只显示画面的透明区域。
- All Scopes：选择该命令后，将显示波形监视器、矢量域监视器、YCbCr监视器和RGB监视器，如图5-30所示。

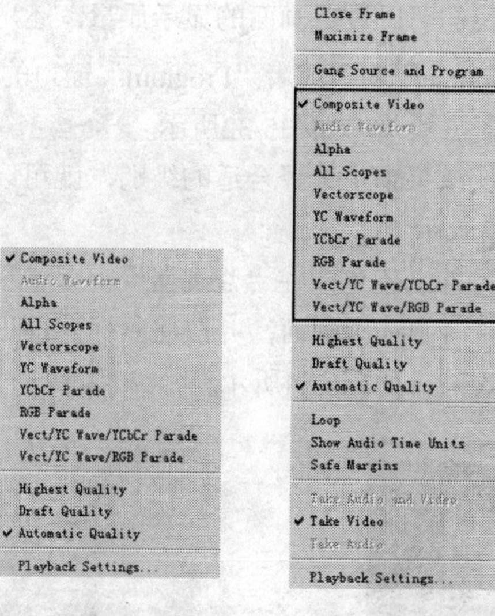

图5-29 下拉菜单

提示：在“Source”窗口或者“Program”窗口菜单中选择“Composite Video（合成视频）”命令后即可恢复到原来的显示内容。

- Vectorscope：选择该命令后，将显示矢量域监视器。
- YC Waveform：选择该命令后，将显示YC波形监视器，如图5-31所示。

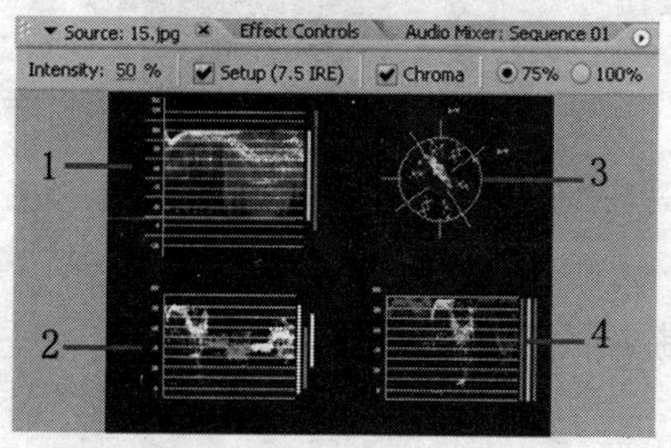

1. 波形监视器 2. YCbCr监视器
3. 矢量域监视器 4. RGB监视器

图5-30 监视器

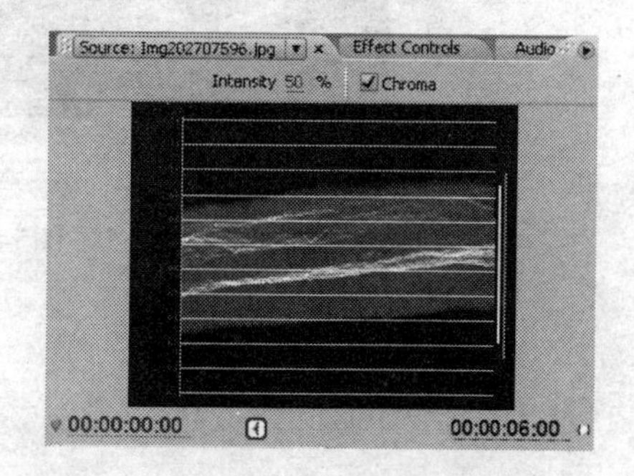

图5-31 YC监视器

- YCbCr Parade：选择该命令后，将显示YCbCr监视器。
- RGB Parade：选择该命令后，将显示RGB监视器。
- Vect/YC Wave/YCbCr Parade：选择该命令后，将显示矢量域监视器、YC波形监视器和YCbCr监视器。
- Vect/YC Wave/RGB Parade：选择该命令后，将显示矢量域监视器、YC波形监视器和RGB监视器。

5.3.6 设置视图的大小

我们可以设置画面的显示质量，还可以设置它们的显示大小。在“Source”窗口或者“Program”窗口的底部单击Fit按钮打开它的下拉菜单，如图5-32所示。

图5-32 下拉菜单

从该菜单中选择合适的级别，就可以改变窗口视图的大小，如图5-33所示。

另外，还可以在“监视器”窗口中移动画面的位置。在“监视器”窗口中选中画面，并按住鼠标左键进行拖动即可。下面是移动后的效果，如图5-34所示。

Fit　　100%

图5-33 设置视图的大小

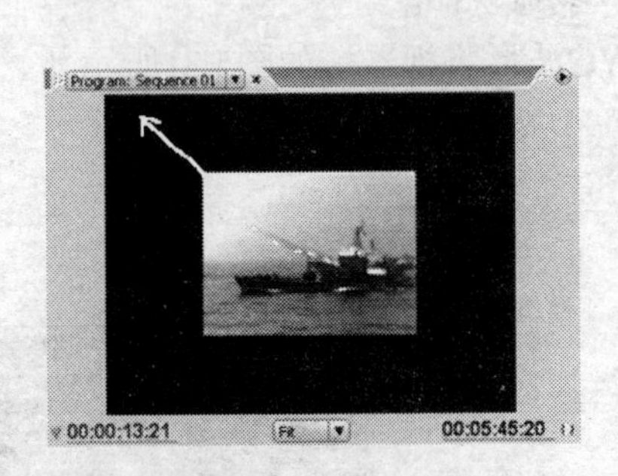

图5-34 移动画面的位置

第6章　初 级 编 辑

Premiere软件的主要应用就是编辑视频节目。使用Premiere可以方便地剪辑视频素材或者其他源文件，并可以合成视频素材，以便在各种多媒体上播放这些编辑完美的节目。在本章中，将学习如何使用Premiere编辑视频节目。

在本章中主要介绍下列内容：

★使用Monitor窗口编辑素材

★使用Timeline面板编辑素材

★使用入点、出点

★设置剪辑属性

6.1　编辑概述

Premiere软件的主要作用是编辑视频节目，包括DV、电影或者其他方面的视频内容。在本章中，将介绍基本的编辑技术，在下一章的内容中，还将介绍一些高级的编辑技术。

就像做其他工作一样，都是按照一定的计划和顺序来进行的。使用Premiere编辑视频节目也是如此。一般都是把各种素材按一定的顺序组合成一个剪辑序列，很多业内人士都使用下列流程来编辑视频节目，如图6-1所示。

制定方案 → 导入素材 → 调整素材的顺序 → 调整素材的属性 → 校准 → 渲染输出

图6-1　视频的基本编辑流程

当然，可以根据实际情况，跳过某个步骤或者按自己的需要来编辑视频节目。下面简要地介绍一下这些编辑过程。

1. 指定方案

根据制作意图或者制作目的，以及搜集好的素材规划好总体的方案，最好制作一个简单的故事板。可以是简单的图画方案，也可以是文字方案。

2. 导入素材

把准备好或者采集好的素材导入到Premiere的“Project”窗口中，最好按规划好的顺序导入素材。

这里的素材也就是常说的剪辑。

3. 调整素材的顺序

一般先在“Project”窗口中预览导入的素材，也可以在“Source”窗口中预览导入的素材。把所有需要的素材都拖到“Timeline”面板中，组成一个有序的剪辑序列，并根据需要把不需要的内容删除掉或者裁剪掉。

4. 在“Timeline”面板中调整剪辑的属性

根据需要调整各素材的属性，比如透明度、添加运动效果等。可以根据需要重新排列各素材的顺序。另外，还能把不需要的素材或者不好的素材裁掉。

5. 校准

对调整好的剪辑序列进行校准，比如校准颜色和时间等，检查是否还有问题。如果有问题，那么继续进行调整，直到满意为止。

6. 渲染输出

把调整好的每个剪辑序列组合成最终的剪辑序列。确定没有问题后，把剪辑序列渲染并输出。

在熟悉了编辑的基本流程后，再来认识几个在编辑视频节目过程中使用的概念，它们分别是源剪辑、剪辑实例、子剪辑和复制剪辑。它们都属于素材范畴，也就是说，它们都是素材，编辑方式也相同，但是为了方便编辑工作的需要，才对它们进行了不同的命名。

- 源剪辑：通常把导入到“Project”窗口中还未进行编辑的剪辑称为源剪辑，也有人把它称为主剪辑。如果从“Project”窗口中删除源剪辑，那么它的所有剪辑实例都将被删除，包括在“Timeline”面板和“Program”窗口中的内容。
- 剪辑实例：它是在剪辑序列中使用的源剪辑的一个单独实例。每当把一个源剪辑拖到“Timeline”面板中时，都会创建一个剪辑实例。剪辑实例不被列在“Project”窗口中。如果从“Timeline”面板中删除剪辑实例，不会影响其他的剪辑实例和“Project”窗口中的源剪辑。
- 子剪辑：子剪辑是源剪辑的一部分。当只需要较长源剪辑的其中一部分内容时，也就是子剪辑时，可以把子剪辑组织成一个新的节目。
- 复制剪辑：它是源剪辑的一个独立副本。使用“Edit（编辑）→Duplicate（复制）”命令即可复制一个源剪辑。复制剪辑和子剪辑、剪辑实例不同，它位于“Project”窗口中，而且当删除源剪辑时，复制剪辑不会被删除。

6.2 使用“Source”窗口进行简单的编辑

一般情况下，可以使用“Source”窗口对素材进行简单的编辑，一般通过设置入点和出点进行编辑，把需要的内容保留起来，把不需要的内容删除掉。注意，如果要对素材进行精确编辑，大多数人还是喜欢使用“Timeline”面板。下面，简单地介绍一下怎样使用“Source”窗口对素材进行编辑。

（1）选择“File（文件）→Import（导入）”命令，打开“Import”对话框，把素材导入到“Project”窗口中。

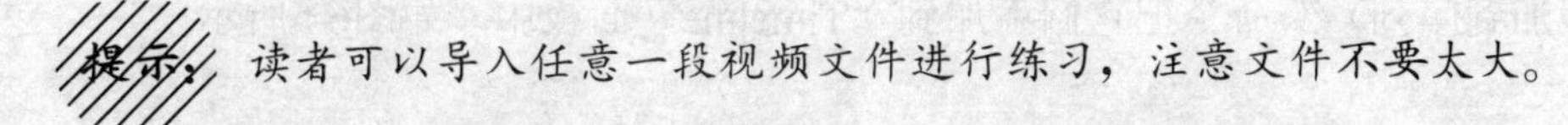

提示：读者可以导入任意一段视频文件进行练习，注意文件不要太大。

（2）以拖动方式，把素材拖动到“Source”窗口中，如图6-2所示。

（3）单击“Source”窗口底部的“Play（播放）”按钮对素材进行浏览，确定需要保留哪些内容。

（4）确定要保留的开始部分，单击“Source”窗口底部的“Set In Point（设置入点）”按钮设置入点。确定要保留的结束部分，单击“Source”窗口底部的“Set Out Point（设置出点）”按钮设置出点，如图6-3所示。

图6-2 拖入素材

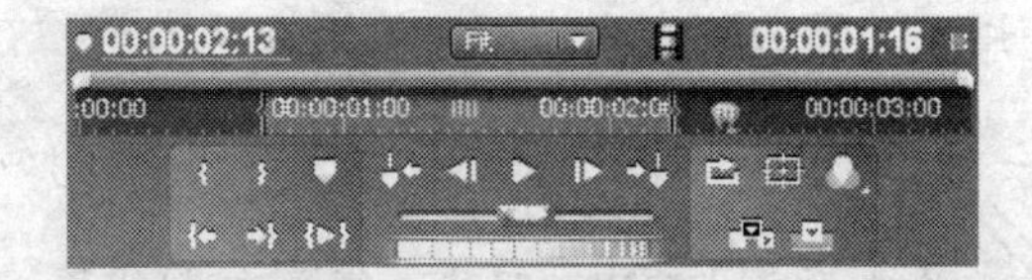

图6-3 设置的入点和出点

（5）单击“Source”窗口底部的“Play In to Out（在入点和出点播放）”按钮对素材进行检查，查看是否正确。

（6）此时，可以直接以拖动的方式，也就是按住鼠标左键从“Source”窗口中直接拖动到“Timeline”面板中，如图6-4所示。

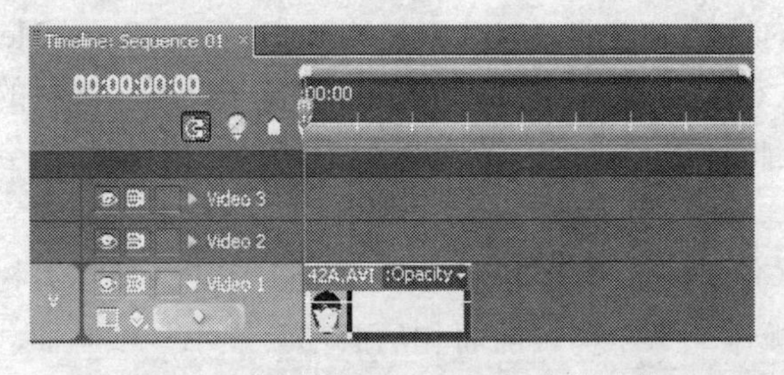

图6-4 拖动到Timeline面板中的效果

（7）另外，也可以单击“Source”窗口底部的“Insert（插入）”按钮或者“Oerlay（叠加）”按钮将设置好入点和出点的素材插入到或者叠加到“Timeline”面板中的轨道中。

6.3 使用“Timeline”面板

“Timeline”面板是编辑视频节目的主要工作平台，大部分编辑工作都是在“Timeline”面板中执行的，因此在开始编辑剪辑之前，需要把Timeline面板介绍一下。

当把素材添加到“Timeline”面板中后，项目中的素材才成为视频节目的一部分。可以直接从“Project”窗口的Bin区域拖动素材到“Timeline”面板中，也可以使用“Automate to Sequence（自动添加到序列）”命令把它们添加到“Timeline”面板中，如图6-5所示。

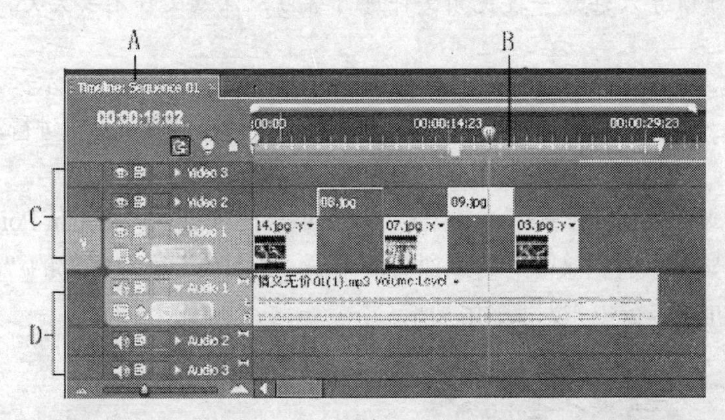

A. 剪辑序列标签　B. 时间标尺　C. 视频轨道　D. 音频轨道

图6-5　“Timeline”面板

时间标尺区域用于显示时间。视频轨道用于放置视频内容，不能放置音频内容。音频轨道用于放置音频内容，不能放置视频内容。在“Timeline”面板中，剪辑序列至少要包含一个视频轨道。

关于Timeline面板其他部分的介绍，请参阅前面第2章内容中的介绍。

6.3.1 设置剪辑的显示方式

为了使剪辑更便于查看，可以稍微改变一下窗口。单击“Timeline”面板的标题栏激活“Timeline”面板，并单击“Timeline”面板左边的“Set Keyframe Mode（设置关键帧模式）”按钮来设置素材的显示模式，共4个显示选项，如图6-6所示。

它们分别是Show Head and Tail（显示素材的头和尾）、Show Head Only（只显示素材的头）、Show Frames（显示帧）和Show Name Only（只显示素材的名称）。默认设置是“Show Head Only”，此时在“Timeline”面板中的每个剪辑前面都会显示一帧画面，效果如图6-7所示。

如果在打开的菜单命令中选择“Show Head and Tail（显示素材的头和尾）”命令，那么在“Timeline”面板中的每个剪辑前面和后面都会显示一帧画面，效果如图6-8所示。

图6-6 设置显示模式

图6-7 默认显示

图6-8 显示素材的头和尾

如果选择“Show Frames”项，那么每段剪辑都以单帧画面模式显示。如果选择“Show Name Only”项，那么每段剪辑都以名称模式显示。

6.3.2 设置剪辑的显示大小

为了使剪辑更易于查看，可以将“Timeline”面板中的剪辑放大或者缩小。在“Timeline”面板的左下方有一个缩放滑块，向右拖动滑块可以使“Timeline”面板中的剪辑放大显示，向左拖动滑块可以使“Timeline”面板中的剪辑缩小显示，如图6-9所示。

图6-9 设置显示大小

也可以单击“Timeline”面板右侧工具箱中的放大镜工具，在“Timeline”面板的轨道上单击来放大剪辑。

6.3.3 浏览剪辑序列

为了快速地浏览剪辑序列中的内容，可以直接来回拖动“Timeline”面板顶部的当前时间指示器（有人称之为滑擦），在“Program”窗口中进行查看。这种方式是以手动方式来播放视频节目的。因此，当要快速地检验所做的修改时它是最好的方式，但不是浏览视频的精确方式。

精确方法是激活“Timeline”面板，在想要开始预览的地方移动时间标尺中的指针。注意，在“Timeline”面板中单击时，编辑线会跳过指针的位置。现在拖动编辑线来进行滑擦。当滑擦过素材时，剪辑画面会出现在“Monitor（监视器）”窗口中的“Program”窗口中，如图6-10所示。

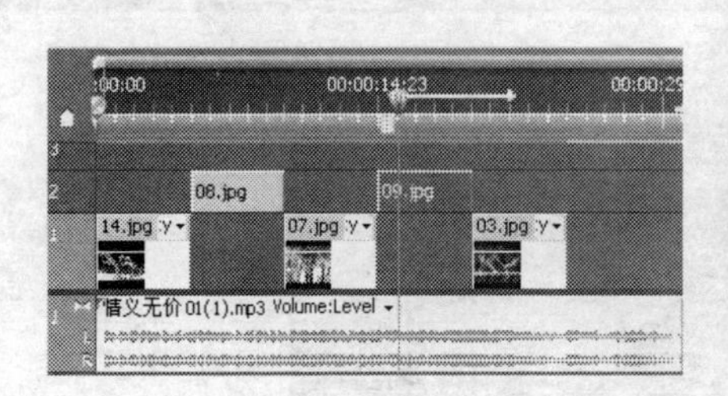

图6-10　在“Timeline”面板滑擦和在“Program”中显示的效果

另外也可以通过单击“Program”窗口下方的播放按钮，播放“Timeline”面板轨道中的视频和音频内容，如图6-11所示。

图6-11　浏览素材

如果想使当前时间指示器位于两个剪辑的边缘，那么按住Shift键拖动当前时间指示器到剪辑的边缘处，此时会出现一条带有箭头的黑色指示线，如图6-12所示。然后松开鼠标左键和Shift键即可。

图6-12　黑色指示线

6.3.4　查看剪辑的属性

对于在“Timeline”面板中的剪辑，很有必要知道它们的各种属性，比如持续时间、入点时间和出点时间等。如果要查看单个剪辑的信息，那么把鼠标指针移动到“Timeline”面板中需要查看信息的剪辑上，包括音频剪辑。此时会显示出一个小面板，如图6-13所示。

从图中可以看出，该面板中显示了剪辑的文件名称、开始时间、结束时间和持续时间等。这些信息对于每个编辑者来说都是非常重要的。

如果要查看更详细的信息，可以打开“Info（信息）”面板。在“Timeline”面板中选择需要查看信息的剪辑，就会在“Info”面板中显示出与该剪辑相关的信息，如图6-14所示。

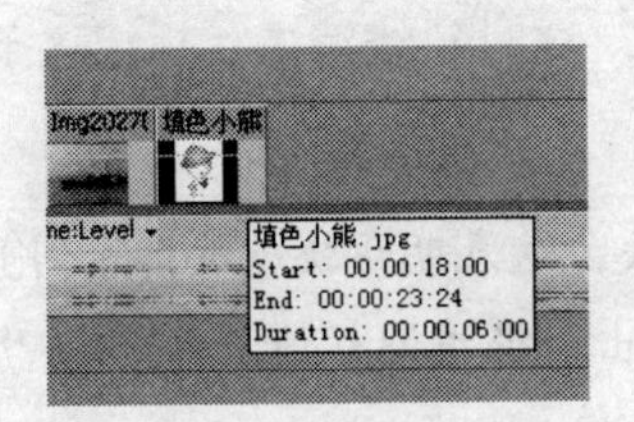

图6-13 信息面板

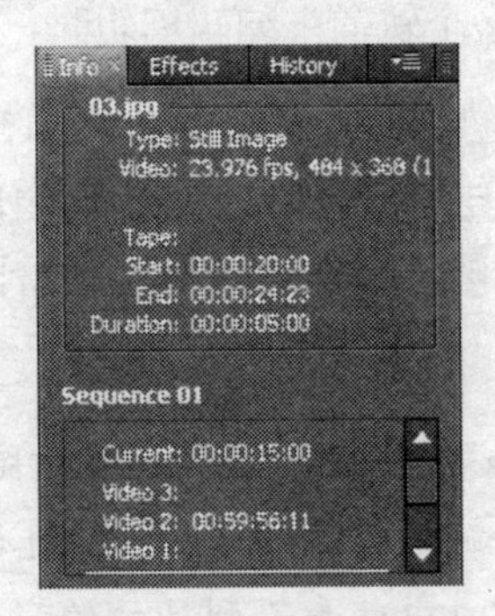

图6-14 “Info”面板

在“Info”面板中还显示出了剪辑的帧频和光标位置等更详细的信息。

6.4 使用Timeline中的轨道

在Premiere中，可以对“Timeline”面板中的轨道，包括视频轨道和音频轨道，进行各种操作，比如缩放轨道、锁定轨道、添加轨道和减少轨道等。

6.4.1 展开和折叠轨道

展开和折叠轨道的方法是：单击左侧的小三角形按钮，可以把该轨道展开，再次单击可以将该轨道折叠起来，如图6-15所示。

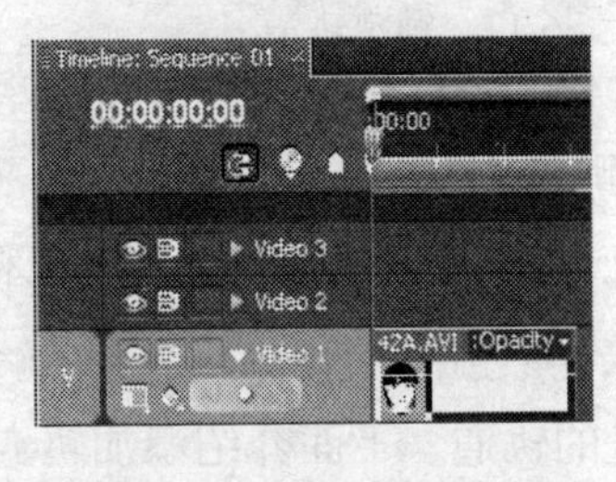

图6-15 展开轨道（右）

另外一种方式是通过拉动的方式，把一个轨道拉大，同时移动相邻的轨道位置。在轨道左侧把鼠标指针移动到轨道之间的间隔线上，鼠标指针改变成≑形状，拖动即可，如图6-16所示。

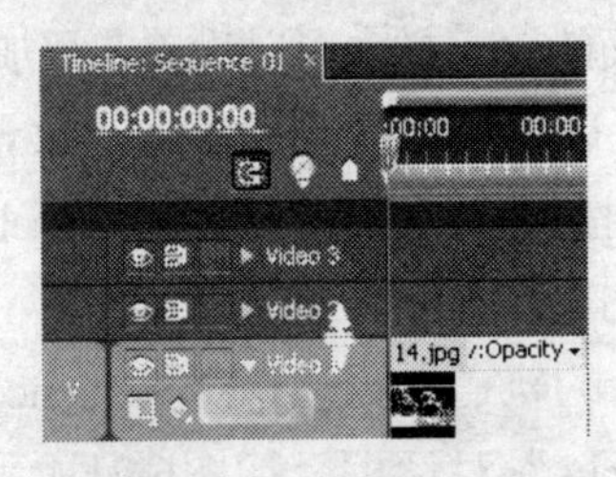

图6-16 拉大轨道

6.4.2 锁定轨道和解开锁定轨道

当在多个轨道上编辑剪辑时，有时为了防止某个轨道被编辑，可以把这个轨道锁起来。在需要锁定轨道时，只要在轨道名称左侧的框中单击，将显示出一个锁状图标，锁定的轨道将显示一些斜线，标记这条轨道已被锁定，如图6-17所示。

如果想解除锁定的轨道，只需再次单击图标即可，这时斜线消失，标记这条轨道已被解除锁定。

如果单击轨道左侧的眼睛图标，眼睛图标消失，这表明该轨道被排除到剪辑序列之外。被排除的轨道不能进行预览，也不能被输出。眼睛图标消失后，在“Program”窗口中就看不到显示的影像了，如图6-18所示。

图6-17 锁定轨道

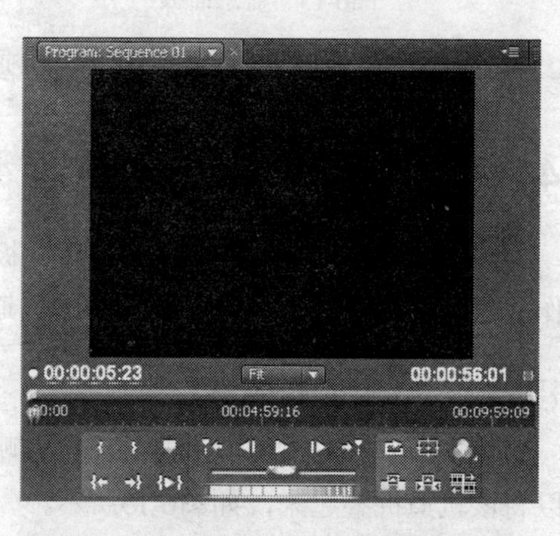

图6-18 影像消失，只显示黑色的背景

6.4.3 增加和删除轨道

默认设置下，在“Timeline”面板中有3个视频轨道和4个音频轨道。在进行合成或者制作复杂视频效果时，只使用3条视频轨道是不够的。可以添加视频轨道，只要系统资源够用，可以添加任意数量的轨道。下面介绍添加轨道的操作步骤。

（1）通过单击激活“Timeline”面板。

在Premiere中，处于激活状态的面板在其周围会显示出黄色的边框。

（2）选择“Sequence（序列）→Add Tracks（添加轨道）”命令，打开“Add Tracks”对话框，如图6-19所示。

（3）在“Video Tracks”下面的“Add”后面的输入栏中可以设置要添加视频轨道的数量。在“Audio Tracks”下面的“Add”栏中也可以设置要添加音频轨道的数量。比如在“Video Tracks”下面的“Add”栏中输入3，单击“OK”按钮。就会看到现在“Timeline”面板中的视频轨道数量增加3个，加上原来的3个就增加到了6个，如图6-20所示。

（4）如果要删除轨道，那么选中需要删除的轨道，再选择“Sequence（序列）→Delete Tracks（删除轨道）”命令，打开“Delete Tracks”对话框，如图6-21所示。

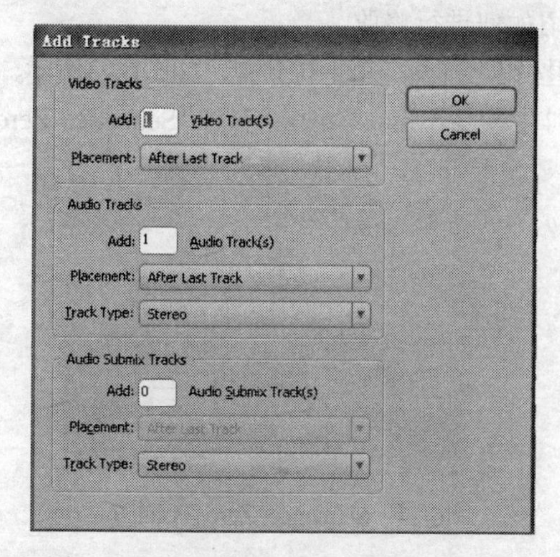

图6-19 “Add Tracks”对话框

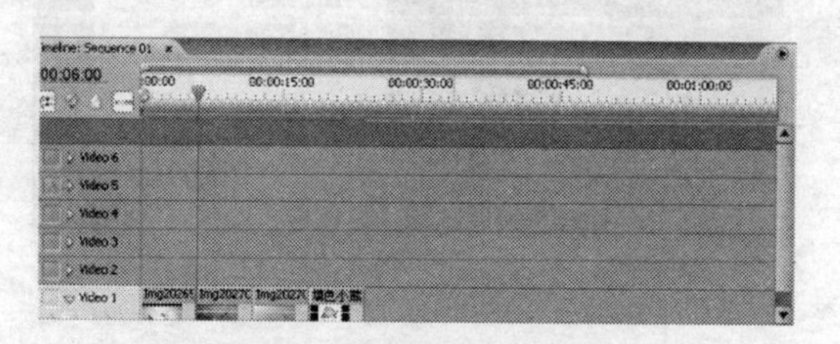

图6-20 视频轨道数量增加

（5）如果要删除视频轨道，那么选中“Delete Video Tracks（删除视频轨道）”框，并从下面的下拉菜单中选择“Target Track（目标轨道）”。如果要删除音频轨道，那么选中“Delete Audeo Tracks”项，并从下面的下拉菜单中选择“Target Track（目标轨道）”。比如选中Video 6或者Video 5，执行以上操作，并单击“OK”按钮。就会看到现在“Timeline”面板中的视频轨道数量已经减少到了3个，如图6-22所示。

图6-21 “Delete Tracks”对话框

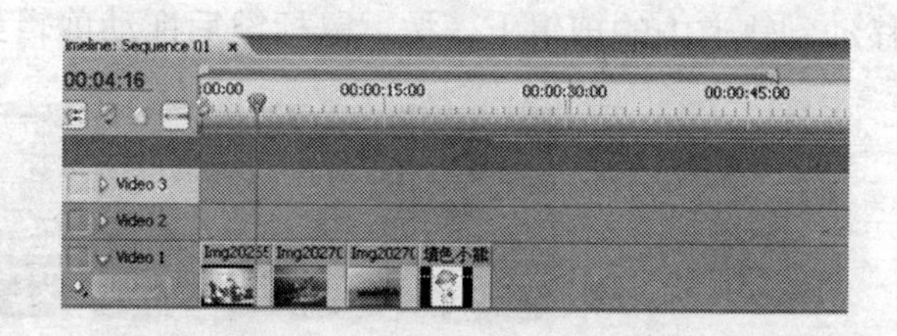

图6-22 视频轨道数量减少

提示：如果要选择轨道，那么单击轨道名称即可，选中后，它会呈灰白色显示。一次只能选择一个轨道。另外，对于音频轨道也可以使用这种方法进行添加或者删除。

注意：删除轨道后，轨道中的所有内容都会被删除掉。但是“Project”窗口中的剪辑不受影响。

6.4.4 设置剪辑序列的开始时间

在默认设置下，剪辑序列都是从时间标尺上的0位置开始的。但是可以修改剪辑序列时间标尺的开始时间。有时修改它的开始时间是非常必要的，我们知道，一般的录像带开始时间一般都是00：58：00：00，如果想使剪辑序列的开始时间和录像带的开始时间相匹配，那么就需要重新设置剪辑序列的开始时间。下面介绍如何进行修改。

（1）单击“Timeline”面板右上角的小三角形按钮，打开一个下拉菜单，如图6-23所示。

（2）从中选择“Sequence Zero Point（使序列在零点开始）”项，打开“Sequence Zero Point”对话框，如图6-24所示。

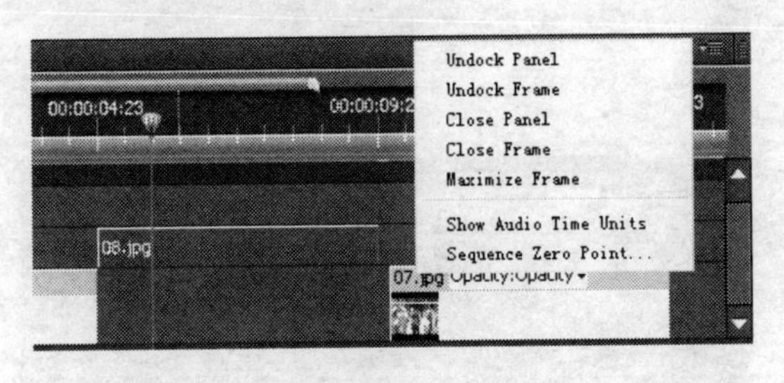

图6-23 下拉菜单

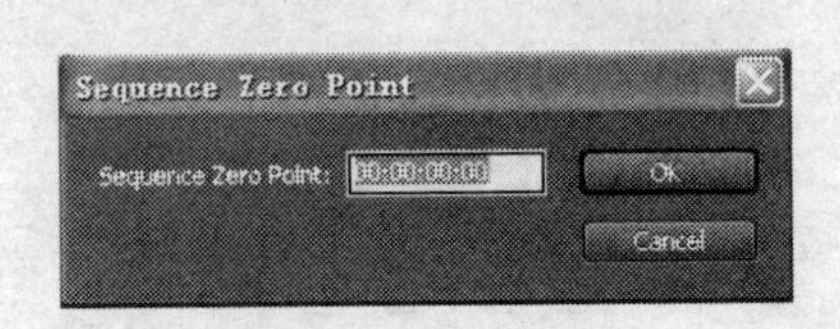

图6-24 Sequence Zero Point对话框

（3）输入一个新的开始时间码，并单击“OK”按钮即可。

6.5 粗略地编辑剪辑序列

在Premiere中，当把剪辑放置到“Timeline”面板的轨道中后，就粗略地形成了一个剪辑序列，可以通过移动剪辑、插入剪辑、叠加剪辑、设置出点和入点等来重新组合和编辑剪辑序列。

6.5.1 移动剪辑

在“Timeline”面板的轨道中，可以通过移动剪辑来调整它们的位置或者排列顺序。在移动剪辑时，确定在“Timeline”面板右侧的工具箱中选择工具处于选中状态，把鼠标指针移动到轨道中的剪辑上。按下鼠标键后拖动剪辑到相应的位置即可，如图6-25所示。

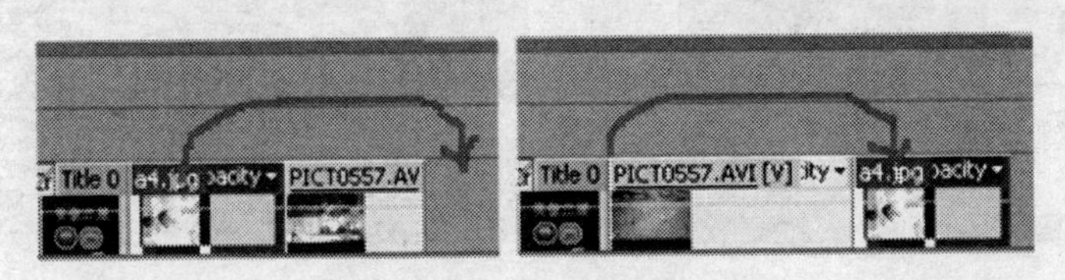

图6-25 移动剪辑

提示：如果想删除某一剪辑，只要选择该剪辑，按键盘上的Delete键即可。

6.5.2 覆盖和插入

有时，需要在剪辑序列中的两段剪辑之间放置其他的剪辑进行补充，包括视频剪辑和音频剪辑，可以将它们直接插入到指定的位置，也可以覆盖其中不需要的素材。

在默认设置下，当把一段剪辑拖放到“Timeline”面板中的两段剪辑之间时，它会覆盖或者替换一部分现有剪辑的帧，如图6-26所示。一般，把这种情况称为覆盖或者覆盖模式。

有时不能覆盖现有的剪辑帧，那么可以在插入模式下插入剪辑。在这种模式下，不会覆盖或者替换现有的帧，它会迫使后面的剪辑向右移动，为插入的剪辑留出合适的空间，如图6-27所示。

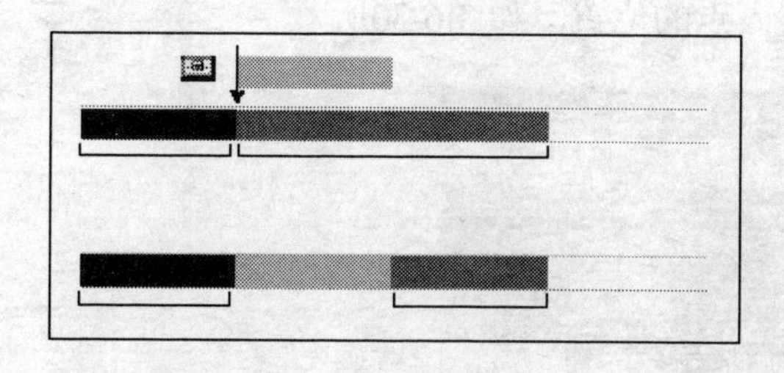

图6-26 覆盖剪辑图示

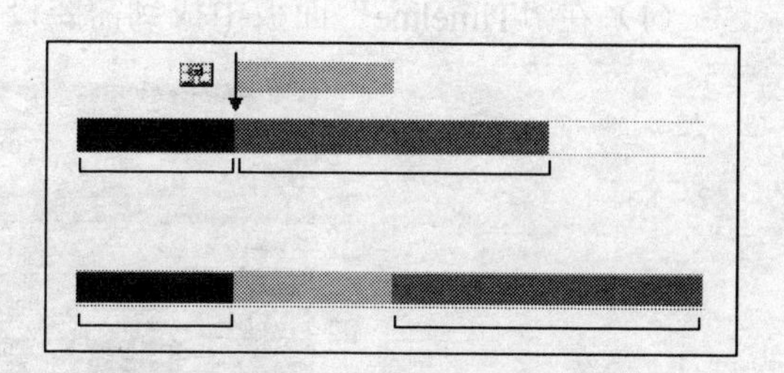

图6-27 插入剪辑图示

6.5.3 使用吸附功能

在“Timeline”面板中的左上侧有一个“Snap（吸附）”按钮。单击激活该按钮后，可以很容易地把一个剪辑的边缘或者标记与另外一个剪辑的边缘或者标记对齐，另外也可以对齐当前时间指示器。下面介绍如何进行操作。

（1）在“Timeline”面板中通过单击激活“Snap”按钮，如图6-28所示。

图6-28 “吸附”按钮

（2）把一个剪辑的边缘向着另一个剪辑的边缘拖动即可对齐，如图6-29所示。如果不激活吸附功能，则很难对齐素材的边缘。

图6-29 对齐剪辑的边缘

注意： 一般情况下，最好将吸附功能激活，否则会在素材之间产生间隙。

6.5.4 设置入点和出点

在Premiere中，不仅可以在“监视器”窗口设置出点和入点，而且还可以在“Timeline”面板中为剪辑序列设置入点和出点，使用入点和出点可以帮助我们放置剪辑和重新排列剪辑。

如果不需要入点和出点，那么也可以把它们删除掉，下面介绍如何进行操作。入点就是一个剪辑开始的位置，出点就是一个剪辑结束的位置。

（1）在“Timeline”面板中找到需要设置入点的位置，如图6-30所示。

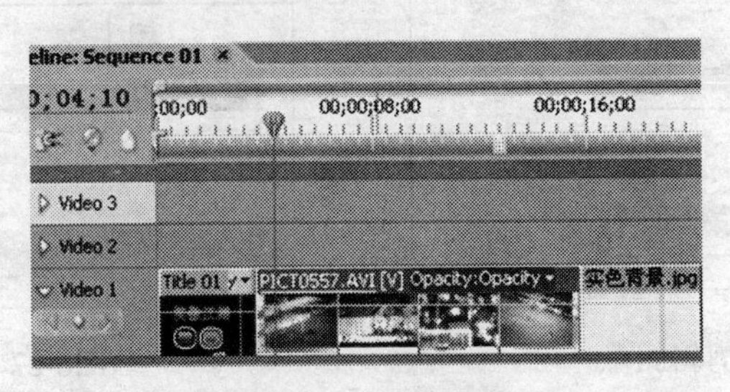

图6-30　确定位置

（2）在“Program”窗口的下方，单击“Set In Point（设置入点）”按钮即可添加一个入点，如图6-31所示。

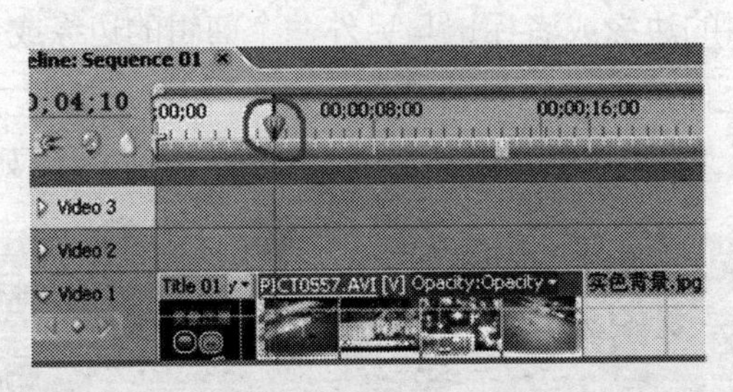

图6-31　设置入点

（3）单击“Set Out Point（设置出点）”按钮，单击即可添加一个出点，在入点和出点之间的区域会显示出一条蓝色条，如图6-32所示。

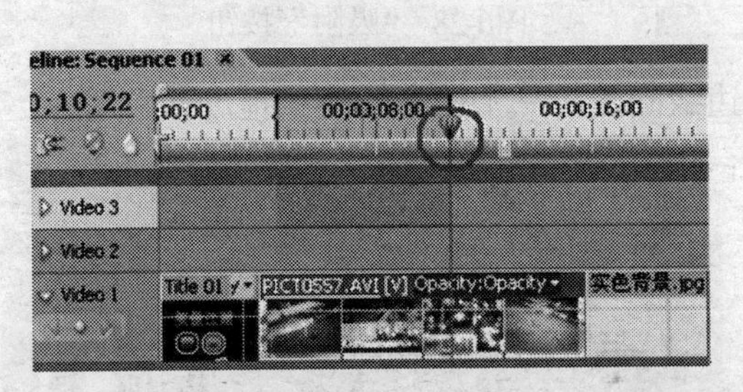

图6-32　设置入点和出点

（4）如果要删除入点和出点，那么执行“Marker（标记）→Clear Sequence Marker（清除剪辑序列标记）→In and Out（入点和出点）”命令即可将所有的入点和出点删除掉。

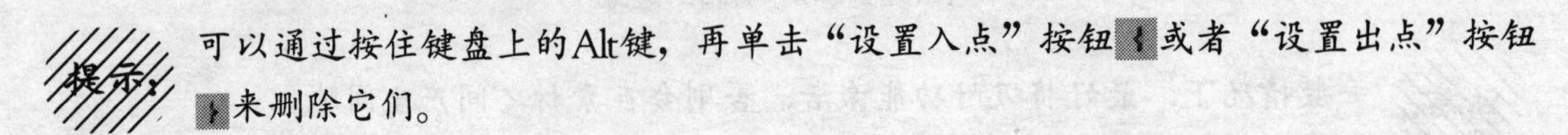
提示：可以通过按住键盘上的Alt键，再单击“设置入点”按钮或者“设置出点”按钮来删除它们。

6.5.5　改变入点和出点

可以使用拖动的方法来调整剪辑的入点和出点。当拖曳剪辑时，当前的入点和出点将显示在“Program”窗口中。同时在鼠标指针的旁边显示出帧数，负值表示朝向剪辑序列的开始部位拖动，正值表示朝向剪辑序列的结尾拖动。下面介绍如何进行操作。

（1）确定“Timeline”面板右侧工具箱中的选择工具处于选中状态。

（2）如果要编辑剪辑的入点，那么把鼠标指针移动到剪辑的左边缘，当鼠标指针改变成形状后，拖动即可。

（3）如果要编辑剪辑的入点，那么把鼠标指针移动到剪辑的左边缘，当鼠标指针改变成形状后，拖动即可，如图6-33所示。

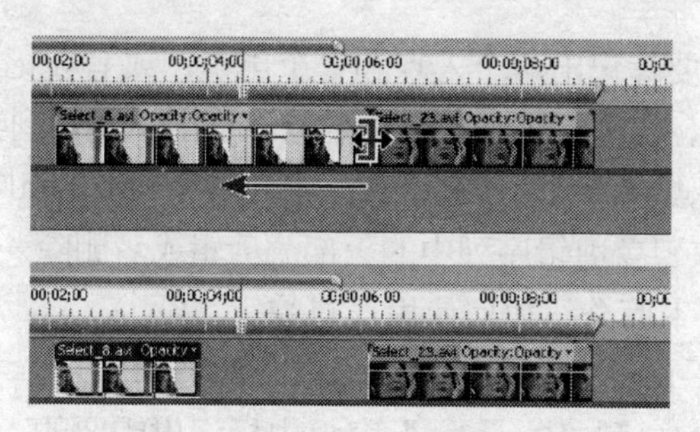

图6-33 改变入点和出点

6.5.6 在“Timeline”面板中裁剪剪辑

在“Timeline”面板中合成素材之后可以使用三种不同的方法来裁剪或者截取它们。

- 在“Timeline”面板中裁剪素材。
- 在“Source”窗口中裁剪素材。
- 在“Program”窗口中裁剪素材。

在这里，只介绍如何在“Timeline”面板裁剪素材。至于其他两种方法，在后面的内容中介绍。

在“Timeline”面板中合成素材后，就可以裁剪素材了。在“Timeline”面板时间标尺内滑擦以便定位编辑线的位置。为了定位更精确一些，可以使用“Program”窗口下的“Step Forward（前进帧）”和“Step Back（后退帧）”按钮来提前或者后退一帧。每单击其中的一个按钮，素材就会后退或者提前一帧。

在确定好裁剪点后，单击“Rasor Tool（剃刀工具）”即可进行切割，再使用选择工具选择它，按Delete键删除掉它就可以了，如图6-34所示。

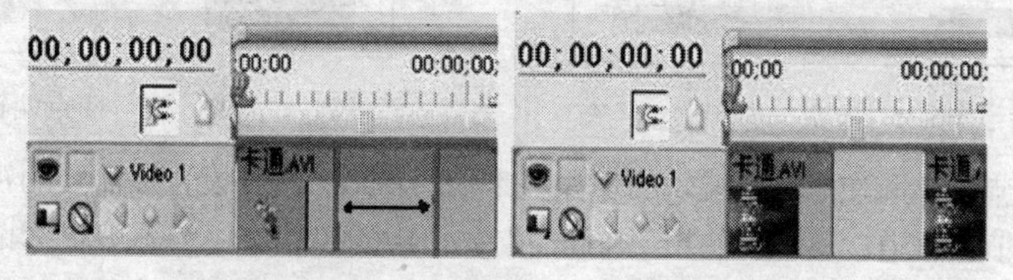

图6-34 （左）切割前，（右）切割后

使用剃刀工具可以把一段剪辑切割成两段，也可以把它切割成多段，然后移除不需要的部分即可。而中间留下的空隙，则可以插入其他的素材或者使用选择工具将同一轨道中后面的素材向前移动。

6.5.7 三点编辑

在有些情况下，需要使用源剪辑中某一范围的帧来替换节目中的一定范围的帧。而在复杂项目的编辑中三点编辑比较常用，而且它们都是视频编辑的标准技术。另外还有一种编辑技术，叫做四点编辑，它与三点编辑是对应的，三点编辑较四点编辑而言更常用一些，将在后面的内容中进行介绍。

在三点编辑中，需要标记出两个入点和一个出点，或者标记出一个入点和两个出点，而不必设置第4个点。比如，当需要从源剪辑的某一点开始插入剪辑到剪辑序列的特定范围中时，只需为源剪辑设置一个入点，为剪辑序列设置一个入点和一个出点即可，如图6-35所示。

可以使用三点编辑来覆盖剪辑序列中的一部分剪辑或者删除一些不需要的剪辑，这样会使用到“Source”窗口。下面介绍如何使用三点编辑。

（1）在“Timeline”面板中确定目标轨道以及源剪辑。

（2）在“Source”窗口和“Program”窗口中标记出需要的入点和出点。

（3）如果要执行插入编辑，那么单击“Source”窗口底部的“Insert（插入）”按钮。

（4）如果要执行插入编辑，并只在目标轨道中替换剪辑，那么按住Alt键单击“Source”窗口底部的“Insert（插入）”按钮。

（5）如果要执行覆盖编辑，那么单击“Source”窗口底部的“Overlay（覆盖）”按钮。

6.5.8 使用四点编辑

当需要用源剪辑中的一定范围内的画面来替换剪辑序列中具有相同持续时间的区域时，就必需用到四点编辑。如果所标记的源剪辑和剪辑序列的持续时间不同，那么Premiere就会给出有差异的警告，并提供另外一种解决方案。之所以称其为四点编辑，是因为总共指定了四个点，也就是说要分别标记出源剪辑以及剪辑序列的入点和出点，如图6-36所示。

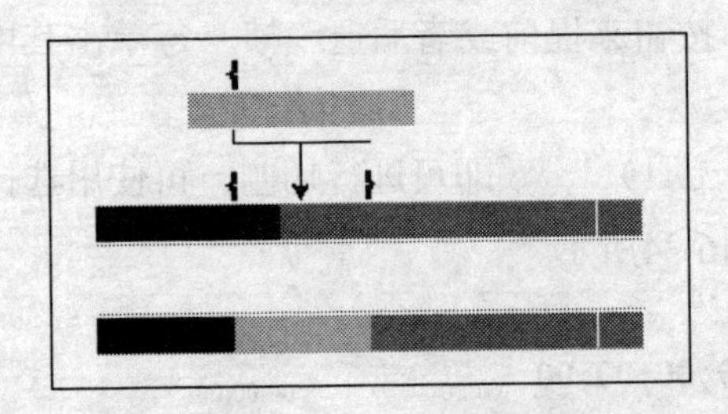

图6-35 三点编辑图示

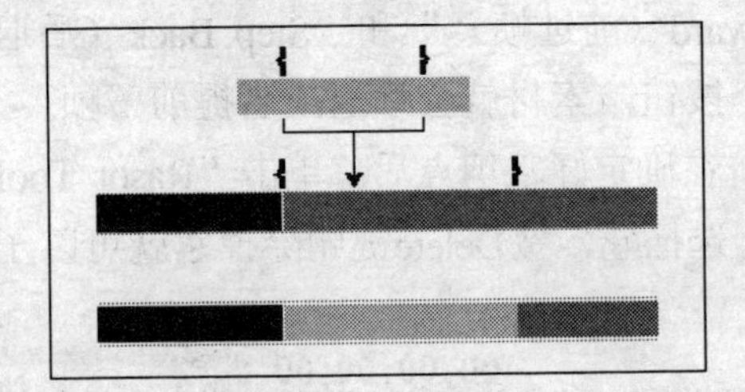

图6-36 四点编辑

使用四点编辑和使用三点编辑的步骤基本相同。第一步要设置好需要的视频剪辑、音频剪辑和目标节目轨道；第二步使用“Source”窗口中的控制按钮为源剪辑标记入点和出点，使用“Program”窗口中的控制按钮为节目标记入点和出点；最后一步单击“插入”按钮或者是“覆盖”按钮进行覆盖或者插入剪辑。如果标记的源剪辑和节目的延时不同，那么可根据下列提示进行操作。

- 在设置的节目入点和出点之间改变速度分布。
- 调整剪辑设置的入点和出点，直到源剪辑的帧和为节目设置的入点和出点之间的帧匹配为止。

• 忽略为剪辑序列设置的入点和出点，执行三点编辑。

6.6 精确地编辑剪辑序列

在“Timeline”面板中放置大量的剪辑之后，通常需要调整剪辑之间的编辑点。调整这个剪辑序列中的任何一部分剪辑都会影响整个视频节目。在“Timeline”面板的工具箱中包含有一些特殊的工具用于编辑剪辑，比如“Rolling Edit Tool（涟漪编辑工具）”和“Ripple Edit Tool（滚动编辑）”工具。在使用这两个工具进行编辑时，受影响的帧将显示在“Program”窗口中，如图6-37所示。

图6-37 编辑剪辑

6.6.1 滚动编辑

在Premiere中，使用滚动编辑会同时调整相邻的入点和出点，可以非常有效地移动剪辑之间的编辑点，会保持其他剪辑的位置，并保持整个剪辑序列的持续时间。也就是说当缩短一个剪辑时，相邻剪辑会自动延长，以保持两个剪辑的整个持续时间。注意，如果在开始执行滚动编辑时按住Alt键可以忽略音频和视频的链接，如图6-38所示。也有人把这种编辑方式称为L-Cut编辑。

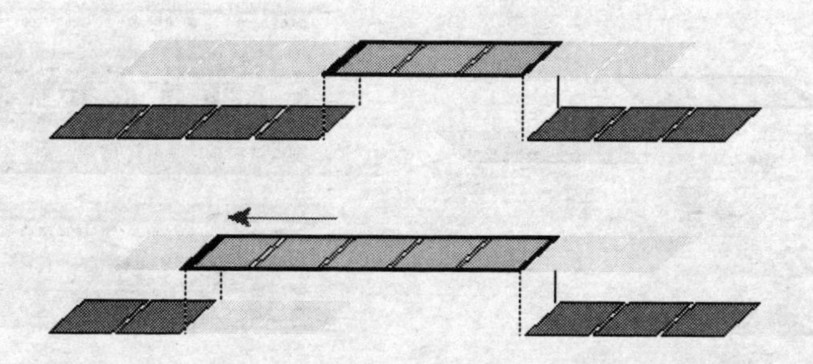

图6-38 滚动编辑是同时改变两个剪辑，但是保持整个项目的持续时间

注意：制作的剪辑长度不能超过捕捉或者导入时的原长度——而且只能从当前项目的剪辑中恢复先前裁剪的帧。

如果需要调整最后两帧，那么使用滚动编辑可以保持原项目的持续时间。下面介绍如何进行滚动编辑。

（1）在“Timeline”面板中确定并选择要编辑的轨道。

（2）从工具箱中选择“Rolling Edit（滚动编辑）”工具，确定编辑点，当指针改变成形状时，按住鼠标左键向右或者向左拖动滚动编辑工具即可，如图6-39所示。

从图中可以看到，轨道左侧的剪辑缩短，同时右侧的剪辑自动延长。

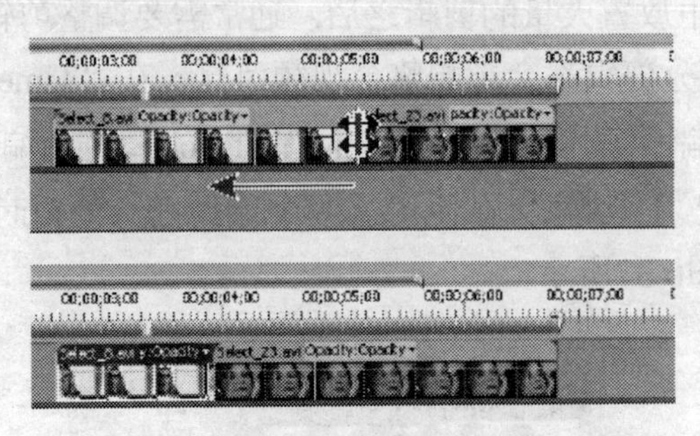

图6-39　执行滚动编辑

6.6.2　涟漪编辑

在Premiere中，使用涟漪编辑会修剪一个剪辑，同时按相同数量移动它后面的剪辑。也就是说，当缩短或者延长一个剪辑时，它后面的剪辑会向前或者向后移动。从而会改变整个剪辑序列的持续时间。如果在开始执行涟漪编辑时按住Alt键可以忽略音频和视频的链接，如图6-40所示。

使用“Program”窗口中的“前进一帧”和“后退一帧”按钮，可以移动编辑线到剪辑的某一帧。而且在“Program”窗口下的时间编码将显示开始的时间。通过将编辑线移动到一个新的位置，并在出点减去一些帧，就可以为剪辑设置一个新的出点。下面介绍如何进行涟漪编辑。

（1）在“Timeline”面板中确定要编辑的轨道。

（2）从工具箱中选择“Ripple Edit（涟漪编辑）”工具，确定编辑点，当指针改变成或者形状时，按住鼠标左键向右或者向左拖动涟漪编辑工具即可，如图6-41所示。

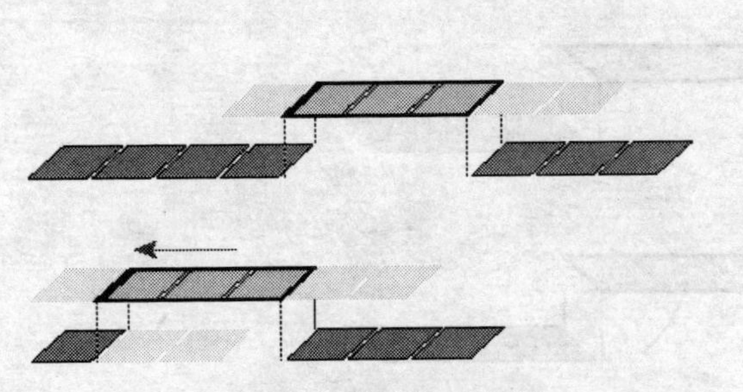

图6-40　涟漪编辑原理图示

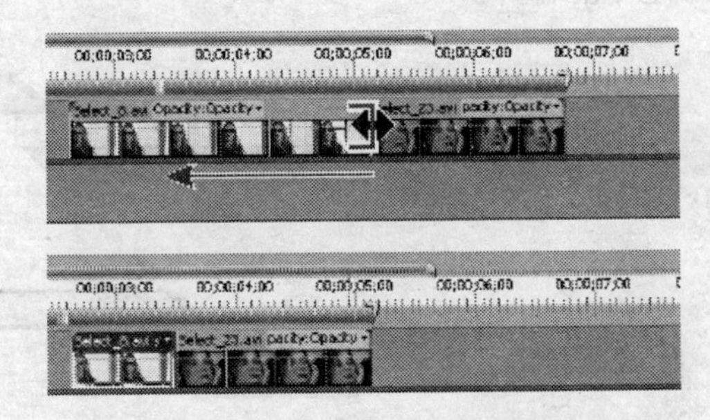

图6-41　进行涟漪编辑

从图中可以看到，轨道左侧的剪辑缩短，同时右侧的剪辑自动跟进，整个剪辑序列被缩短。

6.6.3　滑行编辑

使用涟漪编辑和滚动编辑只能调整两个剪辑之间的入点和出点，那么当需要调整多个剪辑之间的入点和出点时怎么办呢？因为在“Timeline”面板放置大量的剪辑之后，有时也需要调整剪辑之间的编辑点。在“Timeline”面板的工具箱中包含有两个特殊的工具用于编辑多个剪辑，比如“Slip（滑行）”工具和“Slide（滑动）”工具。在使用这两个工具进行编辑时，“Program”窗口中会显示4个相关的画面，如图6-42所示。

提示：实际上帧和画面是同一个含义，一般情况下，在“监视器”窗口中称为画面，在“Timeline”面板中称为帧。读者要注意这两个概念。

使用滑行编辑时，会按相同的数量向前或者向后移动剪辑的入点和出点。使用滑行工具拖动剪辑时，可以改变剪辑的开始帧和结束帧，而不会改变它的持续时间或者影响相邻的剪辑，如图6-43所示。

图6-42 滑行和滑动剪辑

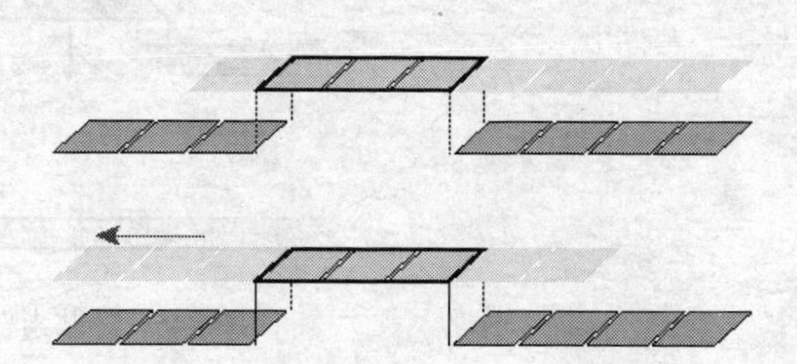

图6-43 滑行编辑是同时改变两个剪辑并保持整个项目的持续时间

（1）在“Timeline”面板中确定要编辑的轨道。

（2）从工具箱中选择“Slip（滑行编辑）”工具，确定要编辑的部分。按住鼠标左键向右或者向左拖动即可。

6.6.4 滑动编辑

使用滑动工具也可以调整多个剪辑之间的入点和出点。“Slip（滑行）”工具和“Slide（滑动）”工具的使用基本相同。使用滑动编辑时，会修剪一个剪辑，同时调整它后面的剪辑来补偿前面的修剪部分。使用滑动工具拖动剪辑时，其前面剪辑的出点和后面剪辑的入点也按相同的数量被调整。而该剪辑的出点和入点保持不变，如图6-44所示。

（1）在“Timeline”面板中确定要编辑的轨道。

（2）从工具箱中选择“Slide（滑动编辑）”工具，确定要编辑的部分。按住鼠标左键向右或者向左拖动即可。

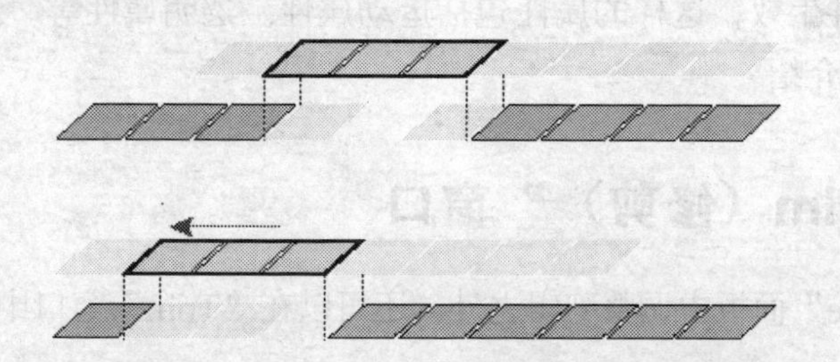

图6-44 滑动编辑是同时改变两个剪辑并保持整个项目的持续时间

6.7 复制和粘贴素材

在Premiere中，也可以在“Timeline”面板中对素材进行复制和粘贴操作，方法和Word中复制和粘贴的操作基本相同，而且操作快捷键也是相同的，复制是Ctrl+C组合键，粘贴是Ctrl+V组合键。不过，这里多了几种粘贴方式，一个是Paste Insert（粘贴插入），另外一个是Paste Attributes（粘贴属性），下面简单地介绍一下这几种粘贴方式。

1. Paste（粘贴）

在“Timeline”面板中复制素材后，执行“Edit（编辑）→Paste（粘贴）”命令粘贴素材后，也可以使用键盘快捷键进行复制和粘贴操作。如果是在两个素材之间进行粘贴，那么粘贴后，将覆盖相应长度的素材，轨道中素材的总长度不变，如图6-45所示。

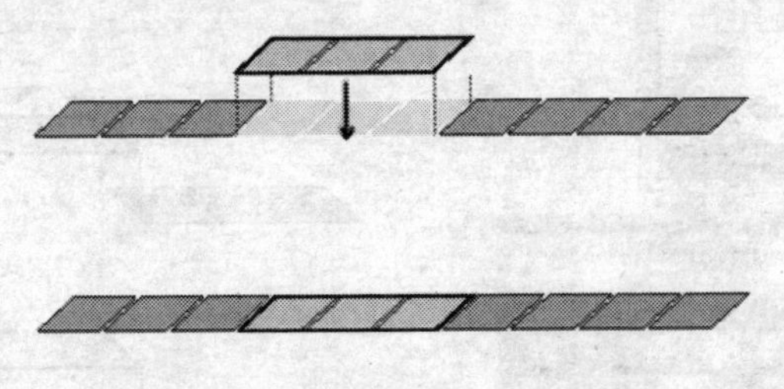

图6-45 粘贴素材后的效果

2. Paste Insert（粘贴插入）

在“Timeline”面板中复制素材后，可执行“Edit（编辑）→Paste Insert（粘贴插入）”命令粘贴素材。如果是在两个素材之间进行粘贴，那么粘贴后，不会覆盖相应长度的素材，轨道中素材的总长度将相应地变长，如图6-46所示。

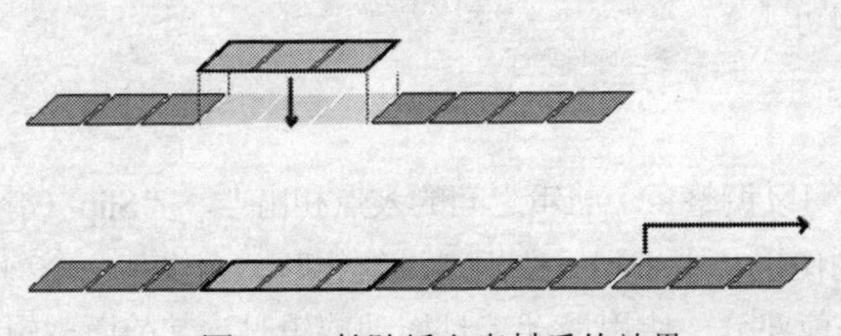

图6-46 粘贴插入素材后的效果

3. Paste Attributes（粘贴属性）

复制属性后，执行“Edit（编辑）→Paste Attributes（粘贴属性）”命令可将属性粘贴到其他素材上。比如把素材1上的某一属性复制并粘贴到素材2上后，那么素材1上的属性就会被应用到素材2上，并生效。这样的属性包括运动属性、透明属性等。这方面的内容将在本书后面的章节中进行介绍。

6.8 使用“Trim（修剪）”窗口

除了在“Timeline”面板中调整剪辑之外，还可以在“Trim”窗口中调整剪辑。“Trim”

窗口也是一种“监视器”窗口，单击“Program”窗口底部的按钮即可打开“Trim”窗口，如图6-47所示。在该窗口中也会显示入点和出点。使用“Trim”窗口可以更精确地修剪剪辑序列中的帧。

图6-47 “Trim”窗口

执行“Window（窗口）→Trim（修剪）”命令，也可以打开“Trim”窗口。

该窗口的使用也非常简单，下面简要地介绍一下该窗口的使用。

- 如果要预览编辑，那么单击“Trim”窗口底部的按钮。要循环预览编辑，单击“Trim”窗口底部的按钮。
- 如果要关闭“Trim”窗口，那么单击右上角的按钮。
- 如果要取消所做的编辑，使用Ctrl+Z组合键。
- 如果要设置修剪帧的数量，单击“Trim”窗口底部的－5、－1、+5和+1按钮。
- 如果要显示修剪的编辑点，那么在“Timeline”面板中选择轨道，单击“Trim”窗口底部的“到前一编辑点”按钮或者“到后一编辑点”按钮。
- 如果要使用“Trim”窗口进行涟漪编辑，那么在“Trim”窗口中显示编辑点，把鼠标指针移动到左侧或者右侧的画面窗口中，当鼠标指针改变成或者形状时，按住鼠标左键向右或者向左拖动编辑工具即可。或者在“Trim”窗口底部的微调区域也可进行编辑，如图6-48所示。

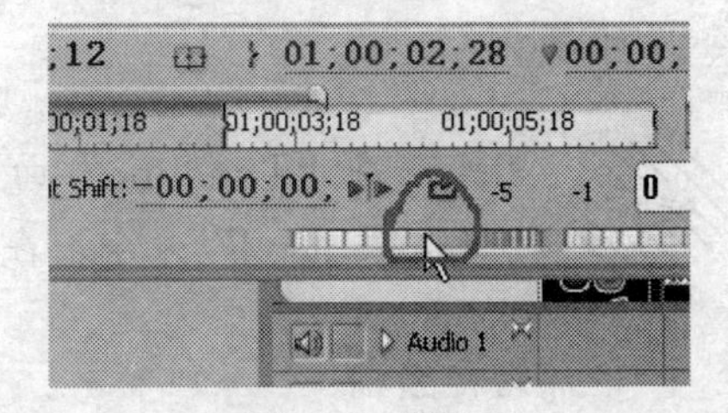

图6-48 微调区

6.9 设置剪辑的属性

对于导入的各种剪辑，可以根据项目需要设置它的各种属性，比如持续时间、播放速度、帧频、运动和透明度等。关于剪辑的运动和透明度设置，将在下一章的内容中介绍，本章只介绍如何设置剪辑的持续时间和速度。

1. 改变剪辑的持续时间和速度

图6-49 "Clip Speed/Duration"对话框

视频和音频的持续时间就是从第1帧到最后一帧的播放时间，或者是从入点到出点之间的时间。通过改变剪辑的入点和出点即可改变剪辑的持续时间。也可以通过裁剪剪辑的末端来调整剪辑的持续时间。下面介绍如何改变剪辑的持续时间。

（1）在"Timeline"面板或者"Project"窗口中选择一个剪辑。

（2）选择"Clip（剪辑）→Speed/Duration（剪辑速度/持续时间）"命令打开"Clip Speed/Duration"对话框，如图6-49所示。

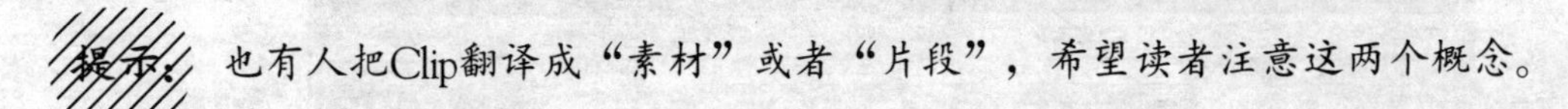

提示：也有人把Clip翻译成"素材"或者"片段"，希望读者注意这两个概念。

（3）单击铁链图标，把它断开，改变成形状。这样是为了断开速度和持续时间的链接。

（4）如果改变速度，那么在"Speed（速度）"栏中输入一个新的数值。如果改变持续时间，那么在"Duration（持续时间）"栏中输入一个新的数值，单击"OK"按钮即可。

提示：也可以在"Timeline"面板中使用选择工具拖曳剪辑的一端，这样可以延长或者缩短剪辑的持续时间。

2. 混合帧

当改变剪辑的速度后，剪辑中的画面在播放时会出现波动的现象，或者在输出时会使用不同的帧频。不过，可以通过调和帧来消除这种现象。

（1）在"Timeline"面板中选择需要调和的剪辑。

（2）选择"Clip（剪辑）→Video Options（视频选项）→Frame Blend（帧混合）"命令即可调和帧。

提示：也可以在"Timeline"面板中的剪辑上单击鼠标右键，并从打开的菜单中选择"Frame Blend"命令。在默认设置下，该选项处于选中状态。

3. 冻结视频帧

有时，可以根据需要冻结剪辑的一帧，只使它显示该剪辑的持续时间，就像这一帧被作为一幅静止图形导入的那样。下面介绍如何冻结视频帧。

（1）在"Timeline"面板中选择需要冻结帧的剪辑。

（2）如果冻结的不是入点和出点位置的帧，那么在"Source"窗口中打开剪辑，并把Marker 0设置为要冻结的帧。

（3）选择"Clip（剪辑）→Video Options（视频选项）→Frame Hold（帧保持）"命令，打开"Frame Hold Options（帧保持选项）"对话框，如图6-50所示。

（4）选中"Hold On（帧保持）"项，从该栏旁边的下拉菜单中选中要冻结的帧。"Hold

On”选项下面还有两个选项，可根据需要进行选择。

· Hold Filters（保持滤镜）：选中后，可保持应用的滤镜效果不被忽略。

· Deinterlace（非交织）：选中后，从交织视频中删除一个场，并增加剩余的场。这样可防止在冻结帧中出现一些琐碎效果。

（5）根据需要设置好选项之后，单击“OK”按钮即可。

4. 创建交织剪辑和非交织剪辑

通俗地讲，对于观众而言，使用非交织场的剪辑画面要比使用交织场的剪辑画面更清晰，当慢放使用交织场的剪辑时，就会看到一些交织线。根据输出需要，有时需要创建使用交织场的剪辑，简称交织剪辑；而有时需要创建使用非交织场的剪辑，简称非交织剪辑。下面介绍如何创建交织剪辑和非交织剪辑。

（1）在“Timeline”面板中选择需要的剪辑。

（2）选择“Clip（剪辑）→Video Options（视频选项）→ Field Options（场选项）”命令，打开“Field Options”对话框，如图6-51所示。

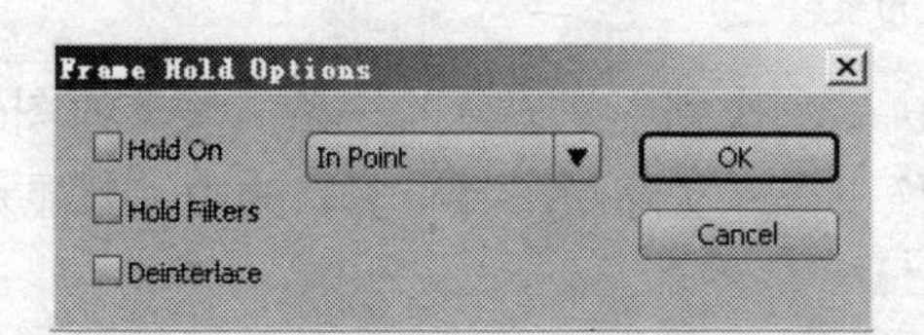

图6-50 “Frame Hold Options”对话框

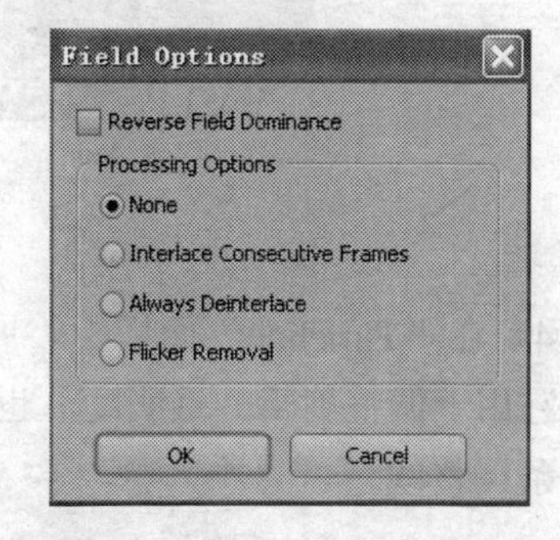

图6-51 “Field Options”对话框

（3）在“Field Options”对话框中有4个选项，可根据需要进行选择。

· None（无）：选中后不处理剪辑的场。

· Interlace Consecutive Frames（交织连续帧）：选中后，将把逐行扫描帧转换成使用交织场的帧。比如可以把60fps的逐行扫描动画转换成30fps的交织视频。

· Always Deinterlace（总是非交织）：选中后，将把使用交织场的帧转换成使用非交织场的帧。

· Flicker Removal（删除抖动）：选中后，会防止在画面中出现一些细线或者其他影响画面质量的效果。

（4）根据需要设置好选项之后，单击“OK”按钮即可。

5. 调整剪辑的透明度

当在“Timeline”面板中的多个轨道中放置了素材之后，还可以通过调整上层轨道中的剪辑透明度来制作一些简单的合成效果，或者剪辑之间的过渡效果。下面简单地介绍怎样调整剪辑的透明度。

（1）导入两个视频素材，读者可以进行练习。

（2）将素材添加到“Timeline”面板的两个轨道中，并调整好它们的位置，使它们首尾交错在一起，如图6-52所示。

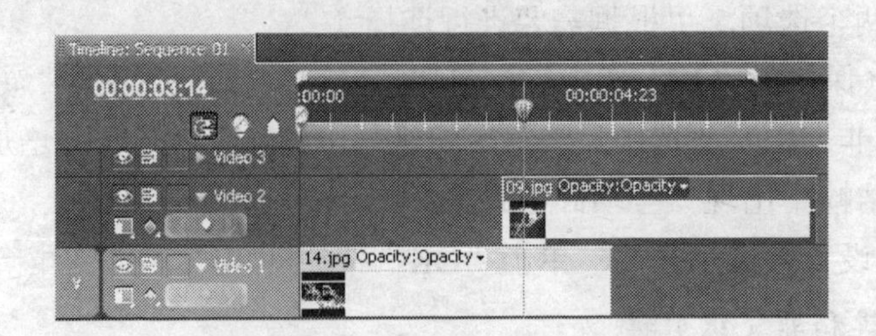

图6-52 添加到“Timeline”中的素材

(3) 在Video 1轨道中添加的素材效果如图6-53（左图）所示。在Video 2轨道中添加的素材效果如图6-53（右图）所示。也可以在“Program”窗口中进行查看。

Video 1

Video 2

图6-53 添加的素材

(4) 在“Timeline”面板中，展开Video 2轨道，找到中间显示的一条黄线，如图6-54所示。它用于调整剪辑的透明度，也有人称之为橡皮条。实际上，每个剪辑的中间都显示了这样一条调整线。

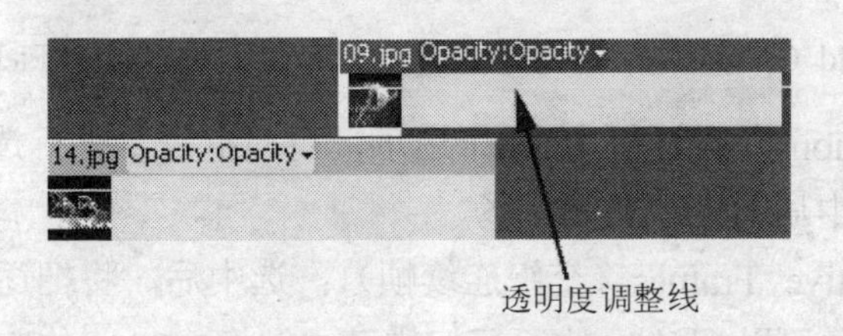

图6-54 黄色的透明度调整线

(5) 在Video 2轨道中，使用鼠标左键选中透明度调整线向下拖动即可调整该剪辑的透明度，这样Video 1轨道中的剪辑将变淡进入，可以在“Program”窗口中看到，如图6-55所示。

图6-55 混合效果

还可以在多个轨道上添加素材，并分别设置它们的透明度来创建非常丰富的混合效果或者合成效果。

另外，还可以为调整线设置关键帧，通过设置关键帧可以制作更加丰富的效果。关于关键帧，读者可以参阅本书后面“视频动画”一章内容的介绍。

在音频轨道的音频剪辑上也有一条调整线，通过向下调整，则可以降低音频的音量。

6.10 其他的一些编辑技术

除了以上介绍的一些编辑剪辑技术外，比如使用剃刀工具把剪辑切割成多个小的剪辑，把不需要的部分删除掉。还有其他的一些编辑技术也需要读者掌握，以便更好地编辑视频剪辑或者DV。

1. 使用“Program”窗口删除帧

在“Program”窗口的下方有这样两个按钮，一个是“Lift（提取）”按钮，另外一个是“Extract（拔出）”按钮。使用这两个按钮可以在“Program”窗口中删除指定范围的帧或者单帧。

如果想在“Program”窗口中删除指定范围的帧，那么需要在“Program”窗口中为剪辑序列设置好入点和出点，根据需要单击“Lift（提取）”按钮或者“Extract（拔出）”按钮即可。使用“提取”按钮会在剪辑序列中留出一段被删除帧时间长度的空隙，而“拔出”按钮则不会在剪辑序列中留有空隙。下面是提取和拔出的图示，如图6-56所示。

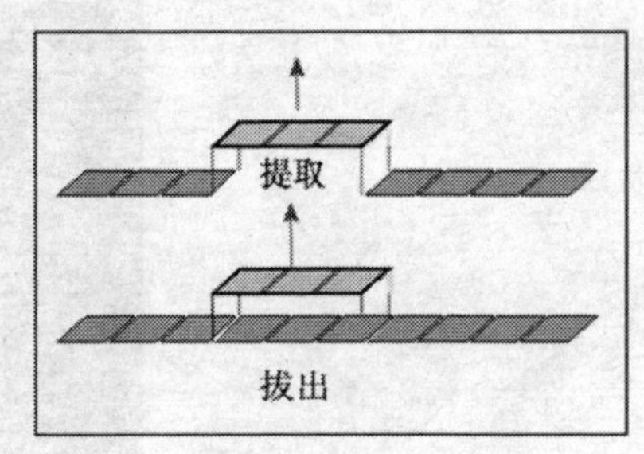

图6-56 对比效果

2. 删除剪辑序列中的空隙

当删除剪辑序列中的帧或者一个剪辑后，有时会在剪辑之间留有一定的间隙。如果想删除这些间隙，可以在间隙处右击，打开一个“Ripple Delete（涟漪删除）”菜单命令，选择该命令后，剪辑之间的空隙将被删除掉，如图6-57所示。

图6-57 剪辑之间的空隙（左图），剪辑之间的空隙被删除（右图）

当把剪辑序列编辑完成后，最好要通过预览检查一下整个剪辑序列是否符合要求，预览时，可以通过在时间标尺中移动当前时间指示器进行快速预览，也可以在“Program”窗口中进行预览。如果不符合或者还有其他方面的问题，那么再根据实际情况对剪辑序列进行编辑。确定无误后，进行输出即可，关于输出方面的内容，请参阅后面的章节。

6.11 实例：小短片——动物世界

在本例中，将学习如何通过设置入点和出点来裁剪素材，如何对齐素材以及如何设置剪辑的显示模式。本例制作的动画中的几帧画面如图6-58所示。

图6-58 动画中的几帧

（1）启动Premiere，新建一个项目。设置项目的名称和保存路径，其他使用默认设置，如图6-59所示。单击两次 OK 按钮，进入到系统默认的工作界面。

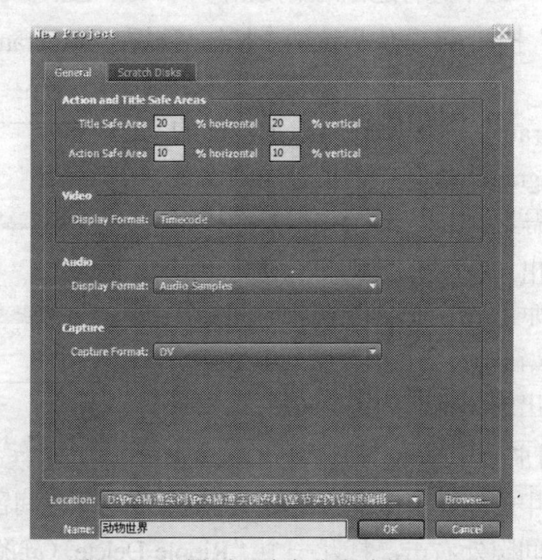

图6-59 设置项目的名称和路径

（2）执行“File（文件）→Import（导入）”命令，打开“Import”对话框。选择视频素材，单击 打开(O) 按钮，将素材导入到“Project”面板中，如图6-60所示。

图6-60 导入素材

读者也可以使用自己准备的素材进行学习。

（3）裁剪剪辑。在“Project”面板中的“视频.avi”剪辑上双击，在“Source”窗口中打开该剪辑。确定当前时间指示器处于0秒位置，在窗口底部单击“Set In Point（设置入点）”按钮，设置剪辑的入点，如图6-61所示。

（4）拖动当前时间指示器到相应的位置，单击“Set Out Point（设置出点）”按钮，设置剪辑的出点，如图6-62所示。

图6-61 设置入点

图6-62 设置出点

（5）设置完入点和出点后，可以在“Source”窗口中将裁剪后的剪辑拖动到“Timeline”面板中的Video 1视频轨道上，也可以在“Project”面板中将“视频.avi”剪辑拖到“Timeline”面板中的Video 1视频轨道上。同时也会在Audio 1音频轨道上显示与视频关联的音频剪辑，如图6-63所示。

图6-63 拖入的素材

可以拖动“Timeline”面板底部的缩放滑块放大剪辑。由于视频剪辑和音频剪辑是同步的，所以当视频剪辑被裁剪的同时，音频剪辑也被裁剪了。

（6）继续在“Source”窗口中拖动当前时间指示器到相应的位置，设置入点和出点，裁剪出第2段剪辑，如图6-64所示。

（7）将裁剪好的第2段剪辑拖到第1段素材的末端，当出现带有白色箭头的黑色竖直线时，表明两段剪辑的边缘已经对齐，如图6-65所示。

（8）继续在“Source”窗口中拖动当前时间指示器到相应的位置，设置入点和出点，裁剪出第3段剪辑，如图6-66所示。

（9）将裁剪好的第3段剪辑拖到“Timeline”面板中的Video 1视频轨道上，并使其与第2段剪辑的边缘对齐，如图6-67所示。

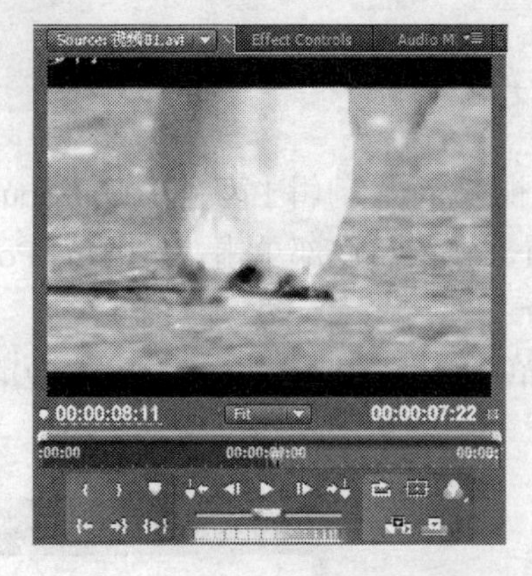

图6-64 设置入点（左）和出点（右）

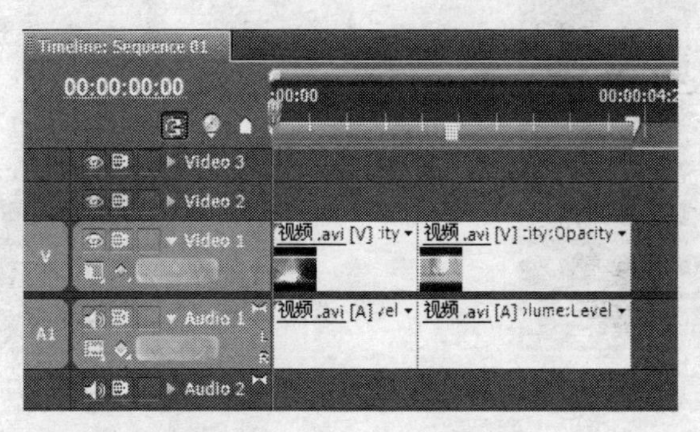

图6-65 拖入的第2段素材

图6-66 设置入点（左）和出点（右）

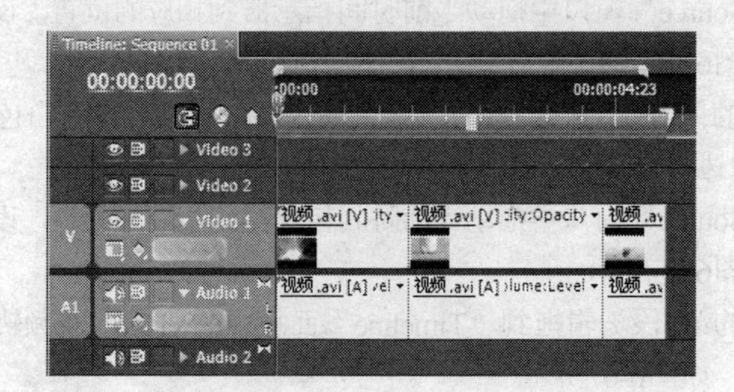

图6-67 拖入的第3段素材

(10) 设置显示模式。在Video 1视频轨道上单击"Set Display Style（设置显示模式）"按钮，在打开的菜单中选择"Show Frames（显示关键帧）"命令。在轨道中的剪辑上会看到显示的关键帧缩略图，如图6-68所示。

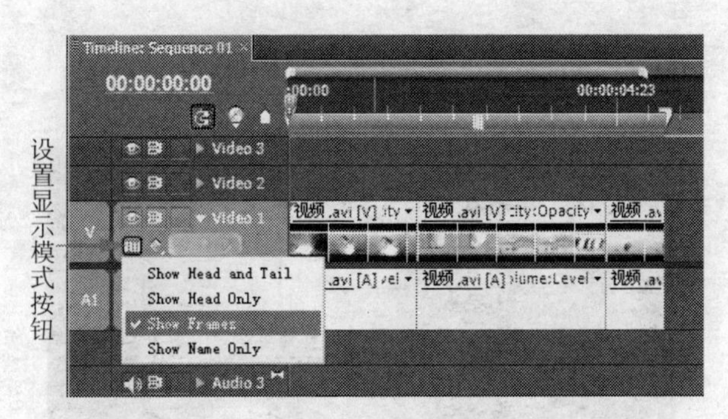

图6-68　选择的命令和显示的关键帧缩略图

(11) 可以在各个剪辑之间添加过渡效果，如图6-69所示。关于过渡效果的添加，将在后面的章节中进行介绍。

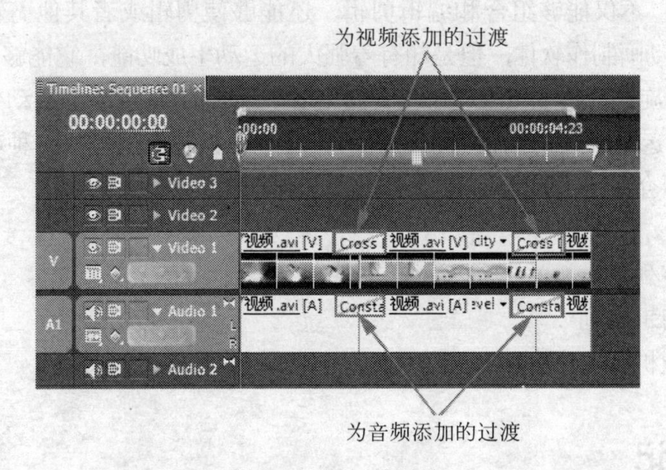

图6-69　添加的过渡

(12) 至此，动画编辑完成。这就将原来的视频文件编辑成了小段视频文件。

(13) 预览动画，对效果满意后渲染输出动画并保存文件。

第7章　高 级 编 辑

在Premiere中，不仅能够组合和编辑剪辑，还能够使剪辑或者其他剪辑产生动画效果。虽然它不是专用的动画制作软件，但是却有着强大的运动生成功能，它能够轻易地将图像（或视频）进行移动、旋转、缩放以及变形等，还可以让静态的图像产生运动效果。因此，静止的图像、图形能够运动并且与视频剪辑有机结合，是影视制作过程中一种非常关键的技巧。

在本章中主要介绍下列内容：

★使用标记

★嵌套剪辑序列

★编辑多个剪辑序列

★编辑多摄像机剪辑序列

7.1　使用标记

在Premiere中，标记（marker）用于指示重要的时间点，可以帮助我们移动剪辑和排列剪辑。也可以用它来标记剪辑序列中的重要动作或者声音。标记仅作为一种参考而不会改变视频的内容。另外还可以使用序列标记来指定DVD或者QuickTime电影的段落，也可以设置URL（指定信息位置的表示方法）。注意，也有人把标记称为标记点。

可以为剪辑序列、源剪辑或者剪辑序列中的剪辑实例添加标记。在每个剪辑序列或者剪辑中都可以包含多达100个编号标记（从0到99），还可以添加很多的非编号标记。在“监视器”窗口的时间标尺中，标记以小图标的形式显示。剪辑标记以图标形式显示在剪辑的内部，剪辑序列标记显示在它的时间标尺中，如图7-1所示。

设置标记时，要确定剪辑的类型。当源剪辑（在“Project”窗口中打开的剪辑）中添加有标记时，如果把该源剪辑添加到剪辑序列中，那么源剪辑中的标记也会显示在“Timeline”面板的剪辑中。改变源剪辑的标记不会影响剪辑序列中的剪辑实例，而当改变剪辑实例的标记时也不会影响源剪辑。

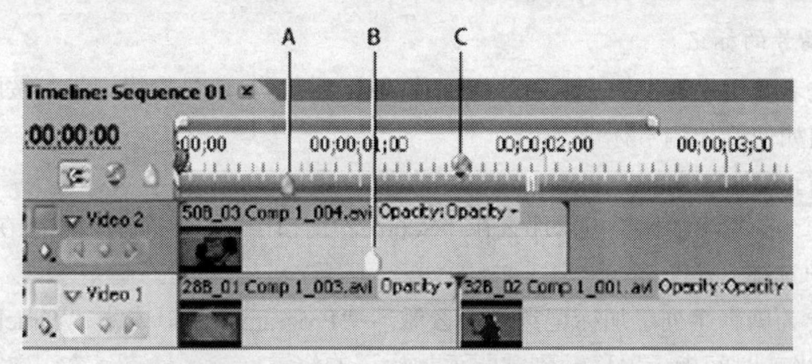

A. 剪辑序列标记　B. 剪辑标记　C. 剪辑序列标记

图7-1　标记图标

7.1.1　添加和删除标记

标记分为两种类型，它们是非编号标记和编号标记。添加的标记可以被移动到另外的位置，而且也很容易删除。

1. 添加非编号的剪辑标记

在单个剪辑中的没有编号的标记称为非编号剪辑标记；相对而言，添加了编号的标记则称为编号剪辑标记。剪辑序列中的没有编号的标记称为非编号剪辑序列标记。

执行下面的操作之一，可添加非编号的剪辑标记：

- 如果要为源剪辑添加标记点，那么在“Project”面板中打开“Source（源素材）”窗口。
- 如果要为剪辑序列中的剪辑添加标记点，那么双击剪辑打开“Source”窗口，如图7-2所示。
- 在“Source”窗口中，找到需要设置标记点的位置，单击窗口底部的“Set Unnumbered Marker（设置未编号标记）”按钮即可。设置标记后，将在时间标尺上显示出标记，效果如图7-3所示。

图7-2　“Source”窗口

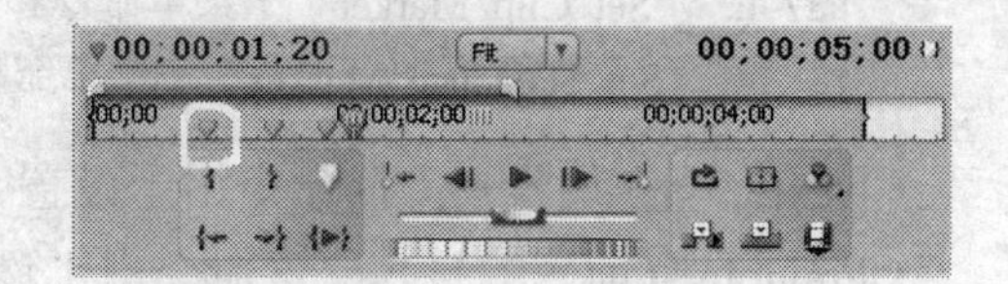

图7-3　添加的标记

注意：如果要为剪辑序列添加非编号标记，那么需要在“Timeline”面板中把时间指示器移动到需要添加标记的位置，单击“Timeline”面板中的“Set Unnumbered Marker（设置未编号标记）”按钮即可。

2. 添加编号的标记

在剪辑或者剪辑序列中的被编号的标记称为编号标记。编号的标记带有按顺序排列的数字。下面介绍如何添加编号标记。

（1）执行下面的操作之一：

- 如果要为剪辑添加标记点，那么在“Source”窗口中打开一个剪辑或者在“Timeline”面板中选择一个剪辑。
- 如果要为剪辑序列添加标记点，那么激活“Program”窗口或者“Timeline”面板。

（2）把当前时间指示器移动到需要添加标记的位置。

（3）选择“Marker（标记）→Set Clip Marker（设置剪辑标记）”菜单命令或者“Marker（标记）→Set Sequence Marker（设置剪辑序列标记）”菜单命令，再从打开的子菜单命令中选择下列命令中的一个命令即可，如图7-4所示。

- In（入点）：该命令设置入点标记。
- Out（出点）：该命令设置出点标记。
- Video In/out：该命令用于设置视频的入点和出点。
- Audio In/out：该命令用于设置音频的入点和出点。
- In and Out Around Selection（选择范围之间的入点和出点）：该命令设置选择范围之间的入点和出点标记。
- Unnumbered（未编号）：该命令设置未编号标记。
- Next Available Numbered（下一可用编号）：该命令使用最小的未使用的数字进行编号。
- Other Numbered（其他编号）：该命令打开“Set Numbered Marker（设置编号标记）”对话框，如图7-5所示。在这个对话框中可以设置任意未使用的编号，范围是从0到99。设置好编号之后，单击“OK”按钮即可。

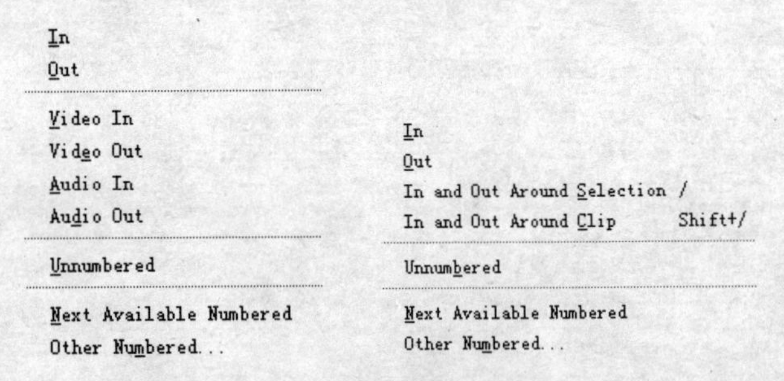

图7-4 “Set Clip Marker”子菜单命令和“Set Sequence Marker”子菜单命令

图7-5 设置编号的对话框

- Next（下一编号）：该命令用于设置下一编号标记。
- Previous（前一编号）：该命令用于设置前一编号标记。
- Numbered（编号）：该命令用于设置编号的标记。

注意：如果要删除标记，那么把当前时间指示器移动到标记上，选择“Marker→Clear Clip Marker（清除剪辑标记）”命令或者“Marker→Clear Sequence Marker（清除序列标记）”命令即可。这里不再详细赘述。

7.1.2 查找标记

当在剪辑或者剪辑序列中有很多的标记时，可能会需要找到某个特定的标记进行编辑，比如移动或者删除它等。可以在"Source"窗口或者"Timeline"面板中查找标记。

1. 在"Source"窗口中查找剪辑的标记

在"Source"窗口中可以查找剪辑的标记，下面介绍如何查找剪辑的标记。

（1）在"Source"窗口中打开需要的剪辑。

（2）如果要查找前一个标记，那么在"Source"窗口的底部单击"Go to Previous Marker（到前一标记）"按钮即可。

（3）如果要查找后一个标记，那么在"Source"窗口的底部单击"Go to Next Marker（到下一标记）"按钮即可。查找标记按钮的位置如图7-6所示。

图7-6 查找标记按钮的位置

2. 在"Timeline"面板中查找剪辑序列的标记

在"Timeline"面板中可以查找剪辑序列的标记，有两种方法，下面介绍如何查找剪辑序列的标记。

（1）把当前时间指示器移动到一个剪辑标记上，从剪辑序列中选择一个剪辑，选择"Marker（标记）→Go To Clip Marker（到剪辑标记）"命令，并从子菜单中选择需要的标记即可。

（2）把当前时间指示器移动到一个剪辑序列标记上，选择"Program"窗口或者"Timeline"面板，并选择"Marker→Go To Sequence Marker（到剪辑序列标记）"命令，再从子菜单中选择需要的标记即可。

7.1.3 移动标记

在添加标记后，如果位置不对或者不适合，那么可以在3个窗口中进行调整。

- 如果要移动剪辑或者剪辑序列中某一个剪辑的标记，那么在"Source"窗口或者"Program"窗口中打开该剪辑，在"Source"窗口底部的时间标尺上把标记拖动到需要的位置即可，如图7-7所示。

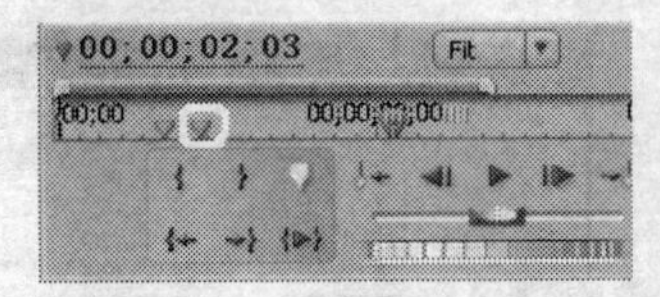

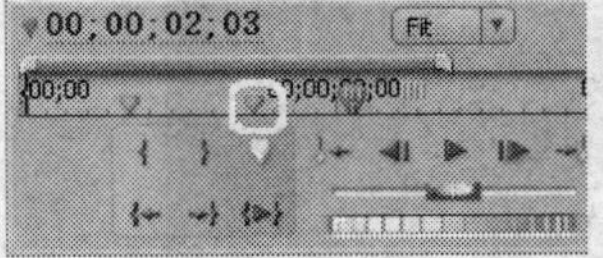

图7-7 调整标记的位置

- 如果要移动剪辑或者剪辑序列的标记，也可以直接在"Timeline"面板中拖动标记到需要的位置，如图7-8所示。

如果在"Source"窗口或者"Program"窗口中移动标记，那么在"Timeline"面板中的相应标记也会移动。

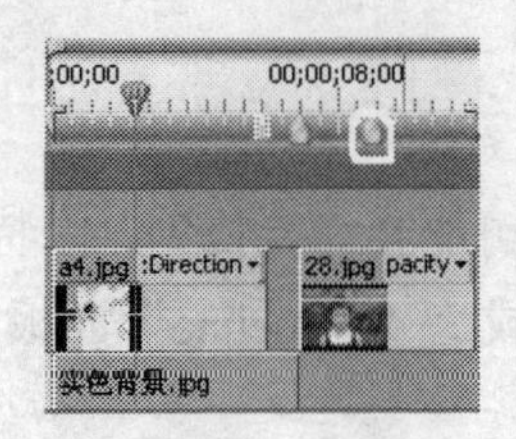

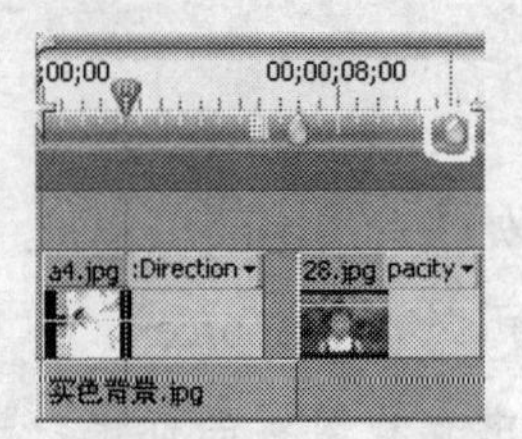

图7-8 调整标记的位置

7.1.4 标记注释、段和链接

在Premiere中为剪辑序列添加标记后，还可以使用“Marker（标记）”对话框为它设置各种选项。在一个标记上双击即可打开“Marker”对话框，如图7-9所示。

下面介绍“Marker（标记）”对话框中的几个选项。

1. Name（名称）

在其右侧的输入栏中可以输入需要的标记名称。

2. Comments（标记注释）

剪辑序列中的标记可以包含有与之相关的注释或者介绍，在Comments栏中就可以设置标记的注释。如果想查看注释，打开“Marker”对话框就可以看到。

3. Duration（持续时间）：

用于设置持续时间。

4. Chapter（分段）

可以在“Marker”对话框中为QuickTime电影或者输出到VCD/DVD制作环境中的剪辑序列设置分段点，也有人称之为章节标记。使用分段点可以把一个影片或者VCD/DVD分割成几段，就像在VCD/DVD光盘中看到的那样，如图7-10所示。而且可以允许观众直接进入到不同的分段中。

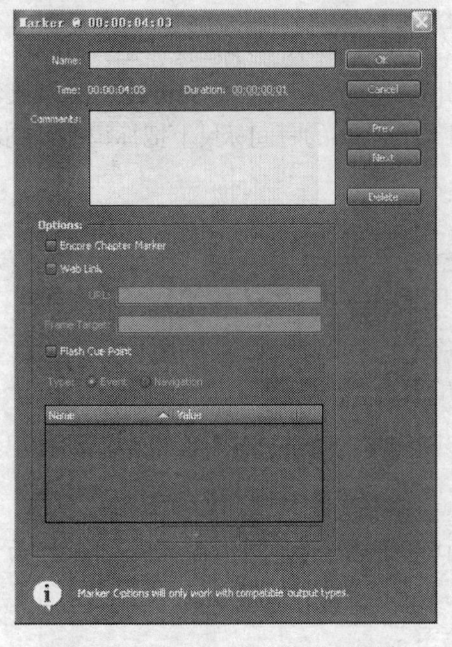

图7-9 “Marker（标记）”对话框

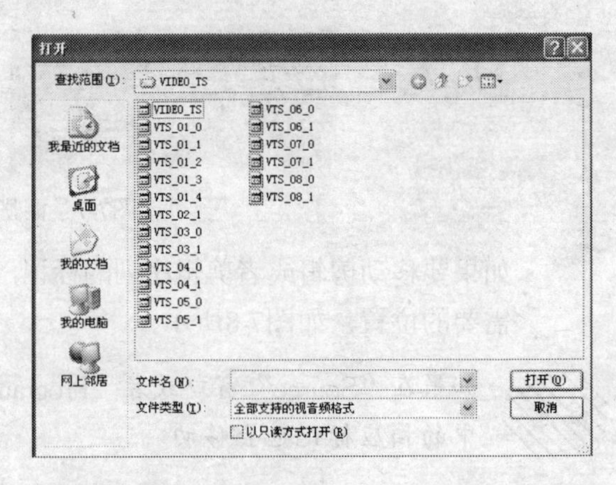

图7-10 DVD中的多个分段效果

当从Premiere中直接把一个剪辑序列输出为VCD/DVD时，使用VCD/DVD标记可以设置菜单和子菜单。

5. Web Links（Web链接）

在剪辑序列的标记中可以包含有Web地址（URL）。当Web中包含有电影，播放到电影中的标记时，Web页面就会打开。Web链接只用于其支持的电影格式，比如QuickTime。

当在URL中使用标记时，可以使剪辑序列标记比一帧的持续时间还要长一些，在“Timeline”面板中，标记的右侧可以延长来指示它的持续时间。

6. 添加标记注释、分段和链接

标记注释、分段和链接都可以被添加到标记中。下面介绍如何添加它们。

（1）在“Timeline”面板中，双击一个标记，打开“Marker”对话框。

（2）根据需要设置下列选项。

· Comments（注释）：在该栏中输入与标记相关的信息。

· Duration（持续时间）：设置持续时间的值，设置好新的数值后，按Enter键。

· Chapter（分段）：设置电影或者DVD分段的名称和编号。

· URL：设置打开影片的网页的地址。

· Frame Target（目标帧）：如果使用的是框式支架，那么为网页输入一个目标帧。

（3）如果要为其他的剪辑序列标记设置注释和选项，那么单击“Previews（前一个）”或者“Next（下一个）”按钮进行设置即可。

（4）设置完成后，单击“OK”按钮关闭“Marker”对话框。

7.2 创建特殊的剪辑

为了校准音频和视频，有时需要在一个项目的前面添加一段特殊的区域，这段区域使用特殊的剪辑进行填充。比如记数前导、黑屏和透明剪辑等。

7.2.1 创建计数前导

如果打算把一个剪辑序列输出为电影，那么可以为它添加一个计数前导（counting leading）。使用计数前导可以帮助放映员确定音频和视频是否同步播放。可以创建或者自定制一个计数前导，并把它添加到一个项目的开始位置，一般情况下，计数前导的长度是11秒。

计数前导的创建方法非常简单，在“Project”窗口中的底部单击“New Project（新项目）”按钮，并从打开的菜单中选择“Universal Counting Leader（通用计数前导）”命令，打开“New Universal Counting Leader（新建通用计数前导）”对话框，如图7-11所示。

在“New Universal Counting Leader Setup”对话框中设置好大小和时基之后，单击“OK”按钮，即可打开“Universal Counting Leader Setup”对话框，如图7-12所示。

在该对话框中根据需要设置选项，设置完成后，单击“OK”按钮即可。下面介绍这些选项的用处。

· Wipe Color（擦除色）：设置擦除区域的颜色。

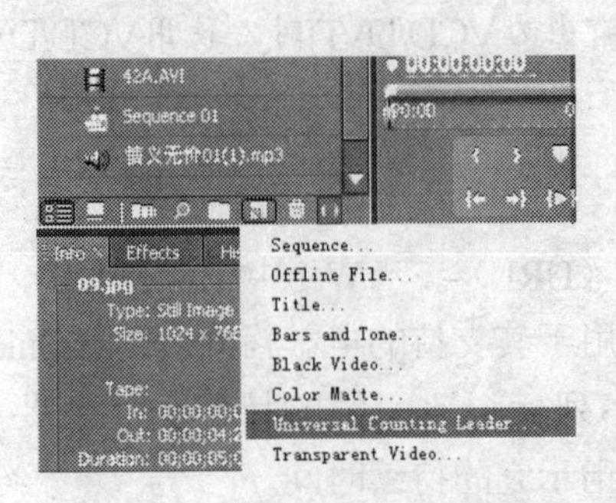

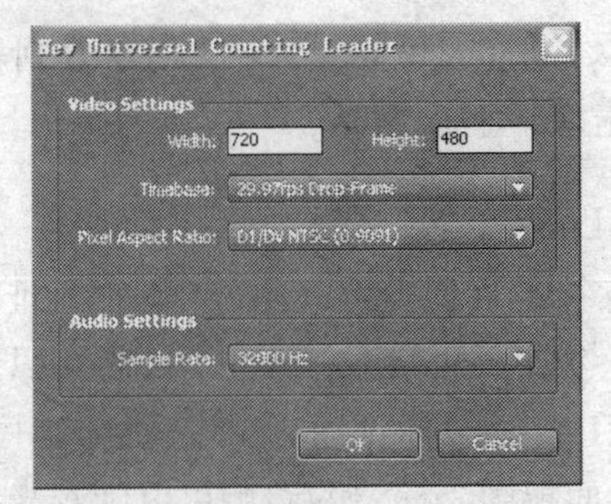

图7-11 “New Universal Counting Leader”对话框（右图）

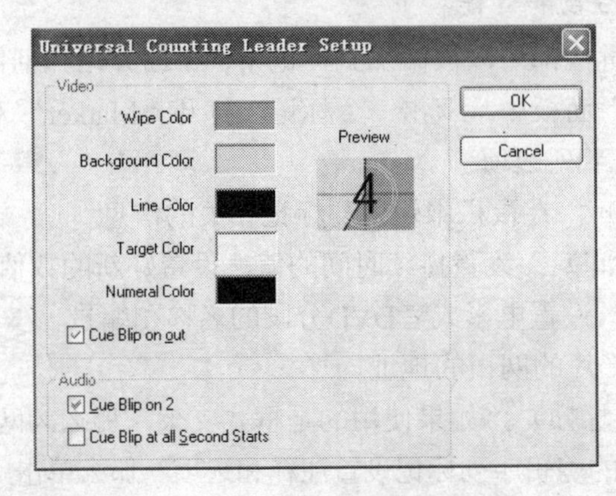

图7-12 “Universal Counting Leader Setup”对话框

- Background Color（背景色）：设置擦除区域颜色后面的颜色。
- Line Color（线颜色）：设置水平线和垂直线的颜色。
- Target Color（目标色）：设置围绕数字的两个圆圈的颜色。
- Numeral Color（数字色）：设置中间数字的颜色。
- Cue Blip On Out（提示圈）：选中该项后，在前导的最后一帧显示一个小的提示圈。
- Cue Blip On 2（两秒提示音）：选中该项后，在两秒标记处发出声音。
- Cue Blip At All Second Starts（每秒提示音）：选中该项后，在记数前导中的每一秒的开始位置发出声音。

7.2.2 创建颜色条和1-kHz定音调

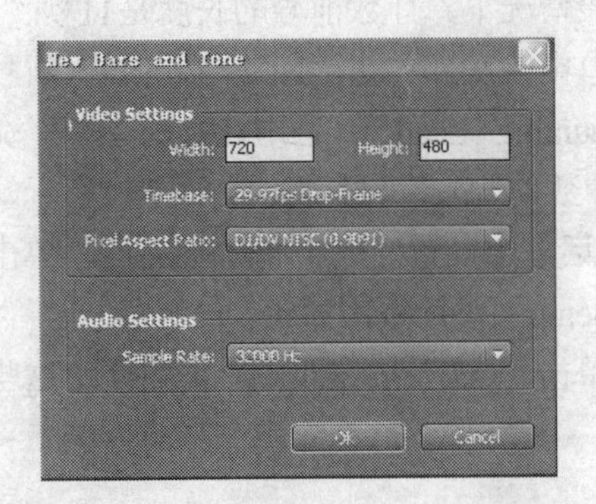

图7-13 “New Bars and Tone”对话框

也可以创建一个包含颜色条的1秒剪辑和1-kHz定音调来校准视频和音频设备。创建的方法非常简单，在“Project”窗口的底部单击“New Project（新项目）”按钮，并从打开的菜单中选择“Bar and Tone（颜色条和音调）”命令，打开“New Bars and Tone（新建颜色条和音调）”对话框，如图7-13所示。

在“New Bars and Tone（新建颜色条和音调）”对话框中设置好宽度、高度、时基和音频设置后，单击“OK”按钮，颜色条和定音调就会在“Project”窗口中显示出来，如图7-14所示。

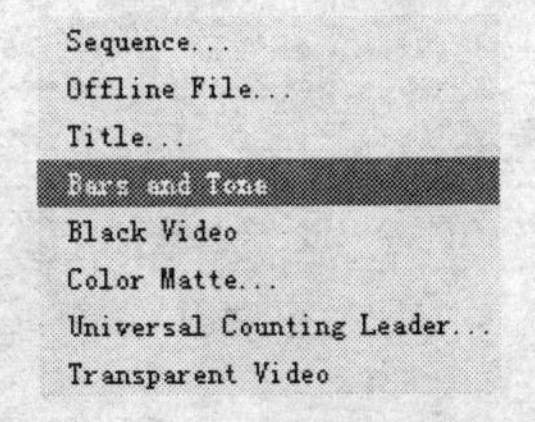

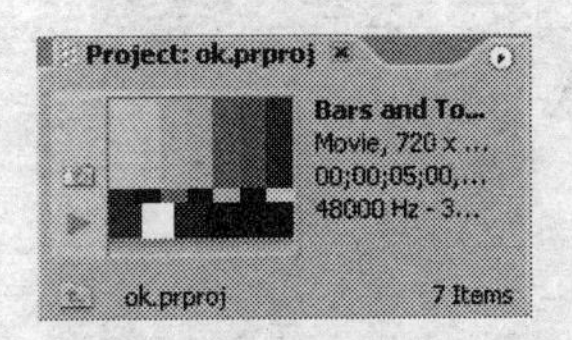

图7-14 创建颜色条和音调（右图）

7.2.3 创建黑色视频

在视频轨道中，如果某一区域没有剪辑，那么它将显示为黑色，一般把它称为黑色视频。如果需要，也可以创建不透明的黑色剪辑用于剪辑序列中。一般可以使用一幅黑色的静止图像，大小和项目中的帧大小相同，持续时间是5秒。黑色视频的显示效果如图7-15所示。

创建黑色视频的方法非常简单，在“Project”窗口的底部单击“New Project（新项目）”按钮，并从打开的菜单中选择“Black Video（黑色视频）”命令即可。选择的命令如图7-16所示。

图7-15 黑色视频的显示效果

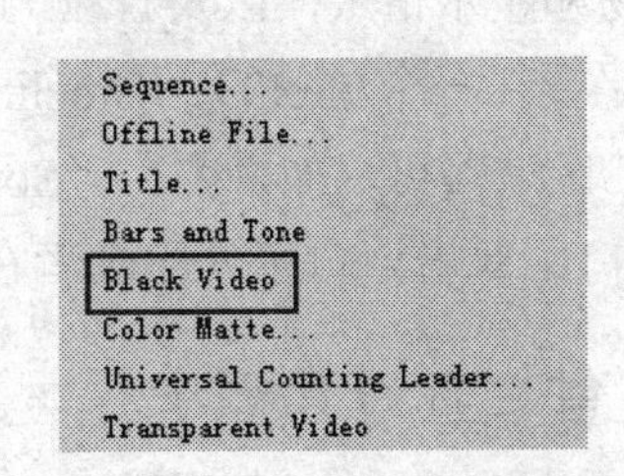

图7-16 选择的“黑色视频”命令

7.2.4 创建透明视频剪辑

在视频轨道中的空白部分应选用透明的视频来为剪辑序列添加效果。创建透明视频的方法非常简单，在“Project”窗口的底部单击“New Project（新项目）”按钮，并从打开的菜单中选择“Transparent Video（透明视频）”命令即可。选择的命令如图7-17所示。

图7-17 选择的“透明视频”命令

7.3 使用多个剪辑序列

在Premiere的一个项目中还可以包含多个剪辑序列。在一个项目中的所有剪辑序列的时基是相同的，它决定Premiere如何计算时间，在创建项目之后，就不能改变时基了。

如果要查看或者编辑剪辑序列的设置，那么选择“Sequence（序列）→Sequence Settings（序列设置）”命令，打开“Sequence Settings”对话框，如图7-18所示。

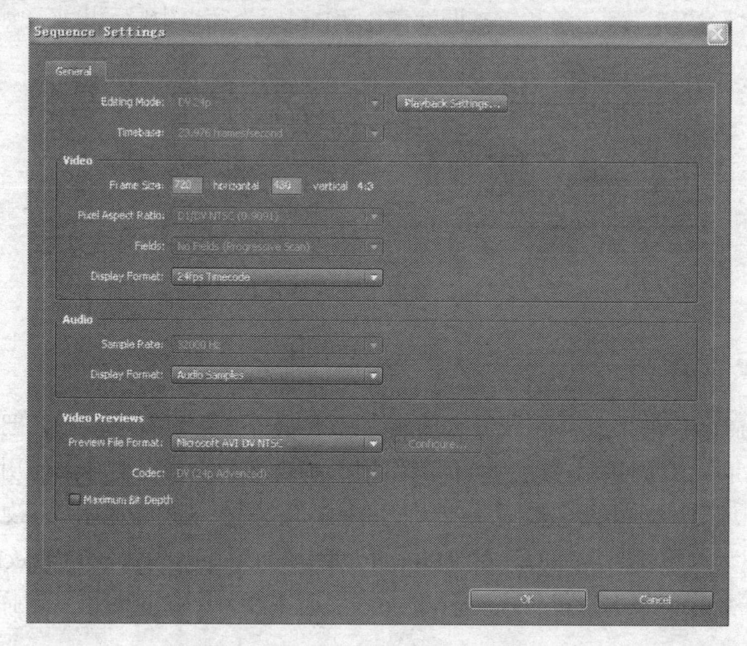

图7-18 “Sequence Settings”对话框

在“Sequence Settings”对话框中，可以设置视频编辑模式、时基、视频的帧大小、像素比、场和显示格式，以及音频的采样速率和显示格式等。设置完成后单击“OK”按钮。

如果要在一个单独的“Timeline”面板中查看一个剪辑序列，那么拖动剪辑序列标签到一个空的区域即可。如果要在“Source”窗口中打开一个剪辑序列，那么按住Ctrl键在“Project”窗口中双击剪辑序列，或者在“Timeline”面板中双击一个嵌套的剪辑序列。

7.3.1 创建新的剪辑序列

下面介绍创建一个新剪辑序列的过程，操作步骤如下。

（1）选择“File（文件）→New（新建）→Sequence（剪辑序列）”命令，打开“New Sequence（新建序列）”对话框，其中有3个选项卡，“General（总体）”选项卡如图7-19所示。在该选项卡中也可以设置视频编辑模式、时基、视频的帧大小、像素比、场和显示格式，以及音频的采样速率和显示格式等。

另外，在“Tracks（轨道）”选项卡中可以设置音频轨道和视频轨道的数量，“Tracks（轨道）”选项卡如图7-20所示。

提示：也可以通过在“Project”窗口底部单击“New Project（新项目）”按钮，并从打开的菜单中选择“Sequence”命令打开“New Sequence（新建序列）”窗口。

（2）根据需要设置完选项之后，单击“OK”按钮即可，新创建的剪辑序列会显示在“Project”面板中，如图7-21所示。

7.3.2 嵌套剪辑序列

在Premiere中，可以在一个剪辑序列中插入或者嵌入多个剪辑序列，像这样的剪辑序列就叫做嵌套剪辑序列。嵌套剪辑序列作为一个剪辑序列使用，它的视频和音频是链接在一起的。

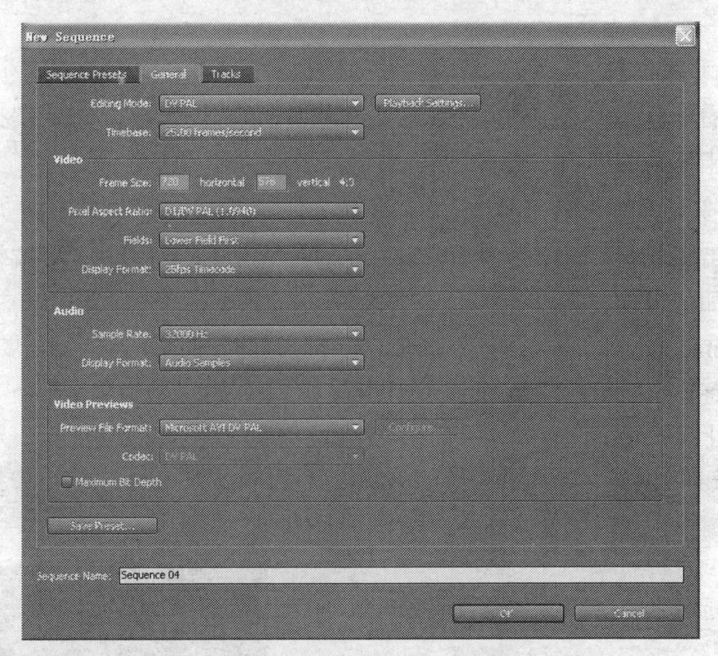

图7-19 “New Sequence”对话框的“General”选项卡

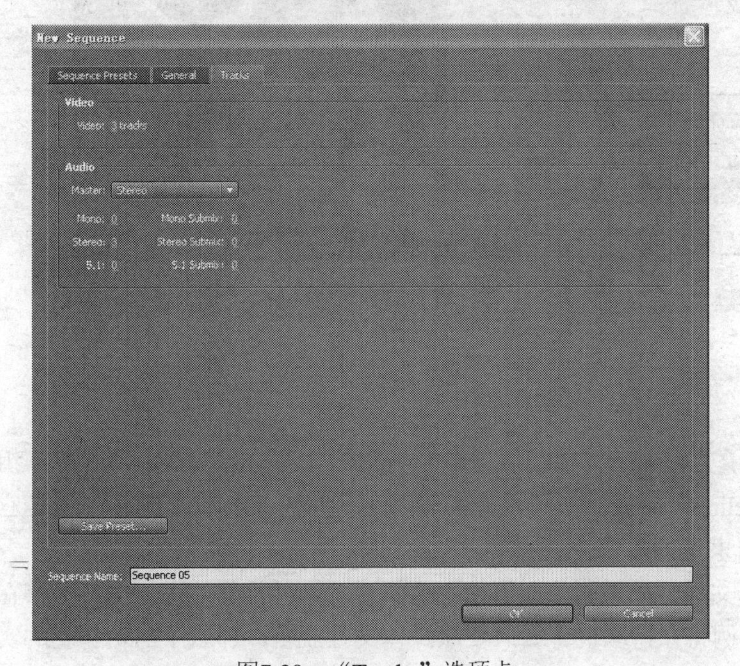

图7-20 “Tracks”选项卡

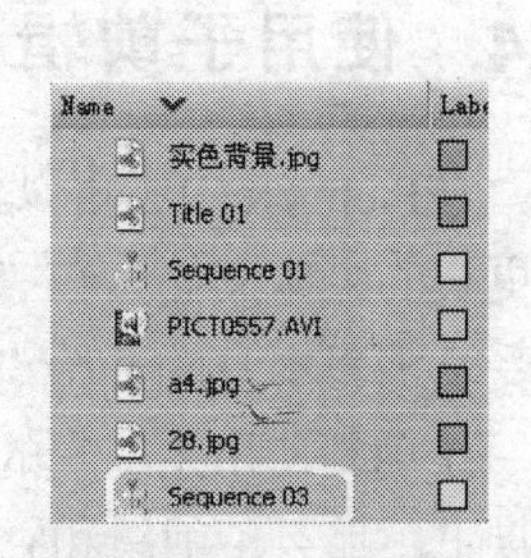

图7-21 新建的剪辑序列

使用嵌套剪辑序列可以使我们对多个剪辑序列同时应用效果或者操作，从而节省很多的时间，还能够创建出比较难以实现的复杂效果。

1. 把一个剪辑序列嵌套在另一个剪辑序列中

如果要把一个剪辑序列嵌套在另一个剪辑序列中，那么从“Project”窗口中或者“Source”窗口中把一个剪辑序列拖到另外一个处于激活状态的轨道中后，确定它处于选择状态，选择“Clip（剪辑）→Nest（嵌套）”命令即可。嵌套的剪辑，在“Timeline”面板中将显示有Nested字样，如图7-22（右侧的剪辑）中所示。另外，在剪辑的右上角将显示一个小的三角形。

2. 打开嵌套剪辑序列

有时需要查看嵌套的剪辑序列，那么需要打开嵌套的剪辑序列。如果要打开一个嵌套剪辑序列，只需双击嵌套的剪辑即可。

3. 显示嵌套剪辑序列中的剪辑

有时，需要编辑嵌套剪辑序列中的剪辑。在这种情况下，可以在需要编辑的位置打开该剪辑。下面介绍如何操作。

（1）在“Timeline（时间标尺）”面板中，把当前时间指示器拖到需要的显示位置。

（2）按Shift+T组合键在“Timeline（时间标尺）”面板中剪辑源序列，当前时间指示器位于适当的画面上。

（3）双击当前时间指示器所在位置的剪辑，就可以在“Source”窗口中打开该剪辑，如图7-23所示。

图7-22　嵌套剪辑的特点

图7-23　在“Source”窗口中打开剪辑

7.4 使用子剪辑

在Premiere中还可以使用子剪辑。子剪辑是主（源）剪辑的一部分，使用子剪辑可以组成更长的媒体文件。在“Timeline”面板中，可以像编辑主剪辑那样来标记子剪辑，但是它要受子剪辑本身的开始点和结束点的限制。

子剪辑使用主剪辑的媒体文件。如果删除或者使主剪辑脱机，并把它的媒体文件保存在硬盘上，那么子剪辑和它的实例将保持联机。如果使原媒体文件脱机，那么子剪辑和它的实例也会脱机。如果重新链接主剪辑，那么它的子剪辑也会与原媒体文件链接。

如果重新采集或者重新链接一个子剪辑，那么它将变成一个主剪辑，所有与原媒体的链接都会断开。

7.4.1 创建子剪辑

可以使用源剪辑或者其他构成单个媒体文件的子剪辑来创建子剪辑，也可以从字幕文件和静止图片中创建子剪辑，但是不能从剪辑序列中创建子剪辑。下面介绍如何创建子剪辑。

（1）在“Source”窗口中打开一个源剪辑。注意不能从剪辑实例中创建子剪辑。

（2）为子剪辑设置入点和出点，如图7-24所示。注意入点和出点不能是剪辑的结束点。

（3）选择“Clip（剪辑）→Make Subclip（创建子剪辑）”命令，打开“Make Subclip”对话框，如图7-25所示。

图7-24　设置入点和出点

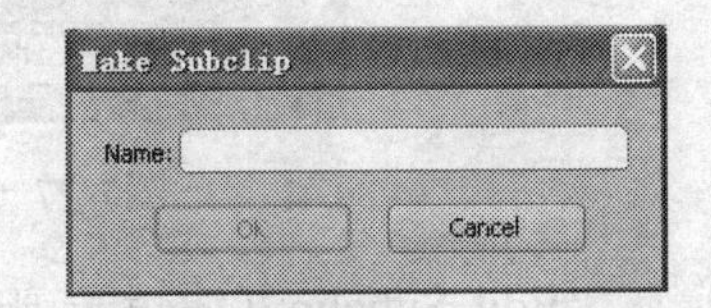

图7-25　“Make Subclip”对话框

（4）在“Make Subclip”对话框中输入一个新的名称，单击“OK”按钮即可。在“Program（节目）”窗口中，子剪辑的图标显示为、、、，图标会根据媒体类型的不同而不同。

7.4.2　调整子剪辑的开始时间和结束时间

在Premiere中，可以根据需要调整子剪辑的开始时间和结束时间。下面介绍如何操作。

（1）在“Program”窗口中选择子剪辑。

（2）选择“Clip（剪辑）→Edit Subclip（编辑子剪辑）”命令，打开“Edit Subclip”对话框，如图7-26所示。

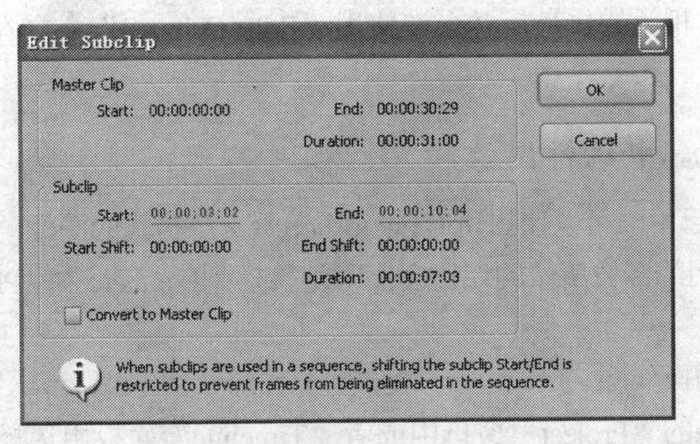

图7-26　“Edit Subclip”对话框

（3）在“Edit Subclip”窗口的“Subclip”区域中设置“Start（开始）”和“End（结束）”的时间，然后单击“OK”按钮即可。

7.4.3　把子剪辑转换为主剪辑

在Premiere中，可以很容易地把一个子剪辑转换一个主剪辑。下面介绍如何操作。

（1）在“Program（节目）”窗口中选择子剪辑。

(2) 选择"Clip（剪辑）→Edit Subclip（编辑子剪辑）"命令，打开"Edit Subclip"对话框，如图7-27所示。

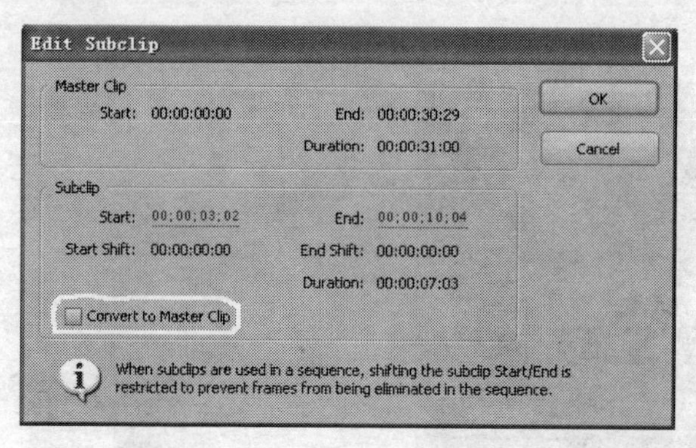

图7-27 "Edit Subclip"对话框

(3) 在"Edit Subclip（编辑子剪辑）"对话框中选中"Convert To Master Clip（转换为子剪辑）"项，单击"OK"按钮即可。

提示：转换的剪辑将使用在"Edit Subclip"对话框中列出的主剪辑的开始时间和结束时间。

7.5 使用其他的应用程序

Premiere的一个优点就是与其他应用程序的有效整合，尤其是和Adobe公司的其他相关软件，比如Photoshop和After Effects。使用"Edit Original（编辑原始）"命令可以在剪辑的原始程序中打开它们，在它们的原始程序中所做的调整会及时地被传递到Premiere中的项目中。导出的电影可包含有相关的信息，并允许使用"Edit Original"命令在其他的程序中打开它们。

7.5.1 在Photoshop中编辑图像

在Premiere的项目中，可以使用所有Photoshop所支持格式的图像，而且在Photoshop中对在Premiere项目中使用的图像所做的编辑会实时地传递到Premiere中。Photoshop的工作界面如图7-28所示。

下面介绍具体的操作。

(1) 在Premiere的"Project"窗口中或者"Timeline"面板中选择一个剪辑。

(2) 选择"Edit（编辑）→Edit In Adobe Photoshop（在Adobe Photoshop中编辑）"命令。就会在Adobe Photoshop中打开图像，如图7-29所示。保存编辑完的图像后，对图像所做的改变就会被应用到Premiere中了。

如果需要也可以在项目中直接创建一个新的Photoshop文件。选择"File（文件）→New（新建）→Photoshop File（Photoshop文件）"命令。打开Photoshop（前提是在计算机上安装有Photoshop），其中带有一个空白的图像文件，其大小和项目中的视频帧大小相同，而且显示有字幕安全框和动作安全框。

图7-28 Photoshop的工作界面

图7-29 在Photoshop中打开图像（右图）

7.5.2 在Premiere和After Effects之间复制和粘贴文件

Premiere与After Effects有着非常强大的整合性，可以在它们之间相互复制和粘贴文件。可以直接把After Effects中的素材或者分层文件复制并粘贴到Premiere中的剪辑序列中，也可以直接把Premiere中的素材复制并粘贴到After Effects中的合成轨道中。另外，也可以在这两个应用程序的“Project”窗口之间相互复制和粘贴素材文件。下面是After Effects的工作界面，风格和Premiere也很接近，如图7-30所示。

A. 标题栏 B.命令栏 C. 工具栏 D. Project（项目）面板 E. Composition（合成）窗口
F. Timeline（时间标尺）面板 G. Info/Audio（信息/音频）面板
H. Time Control（时间控制）面板 I. Effects&Presets（效果&预置）面板

图7-30 After Effects的工作界面

注意：可以把素材文件从Premiere中复制并粘贴到After Effects中，但是不能直接把素材从After Effects中复制并粘贴到Premiere中的剪辑序列中。

如果想在After Effects中使用Premiere项目中的所有剪辑或者剪辑序列，那么可以使用After Effects中的导入命令把这个项目导入到After Effects中。

提示：After Effects的全称是Adobe After Effects。该应用程序是专门为进行合成开发的软件。虽然使用Premiere也可以进行合成，但是它的合成功能没有After Effects强大。有兴趣学习After Effects的读者，可以参阅本套丛书中的《After Effects CS4 从入门到精通》一书。

1. 从After Effects复制到Premiere

可以把After Effects中包含素材的层复制并粘贴到Premiere中的剪辑序列中。Premiere将把复制的素材转换成剪辑序列中的剪辑，而且还会把源素材复制到Premiere的“Project”窗口中。如果复制的层中包含有效果，而且Premiere可用的话，那么Premiere Pro也会转换该效果以及所有的设置和关键帧。在表7-1中列出了被转换的类型。

表7-1 转换类型

After Effects项目	Premiere项目
变换属性值和关键帧	运动或者不透明属性值和关键帧
效果属性和关键帧	效果属性和关键帧
音量属性	声道音量滤镜
立体声混合效果	声道音量滤镜

（续表）

After Effects项目	Premiere项目
遮罩和蒙版	不被转换
时间延伸属性	速度属性
层时间标记	不被转换
混合模式	不被转换

下面介绍如何从After Effects中复制文件并粘贴到Premiere中：

（1）打开After Effects和Premiere。

（2）在After Effects的“Timeline”面板中选择选择一个层。

（3）在After Effects中选择“Edit（编辑）→Copy（复制）”命令。

（4）在Premiere的“Timeline”面板中打开一个剪辑序列。

（5）把当前时间指示器移动到需要放置的位置，如图7-31所示。

（6）在Premiere中选择“Edit（编辑）→Paste（粘贴）”命令或者“Edit→Paste Insert（粘贴插入）”命令即可，如图7-32所示。

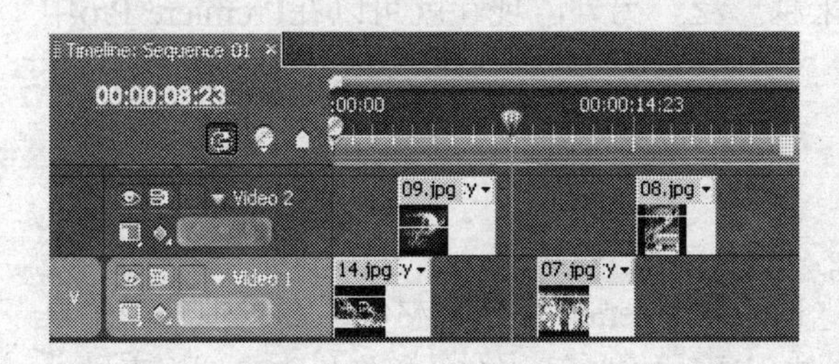

图7-31 “Timeline”面板

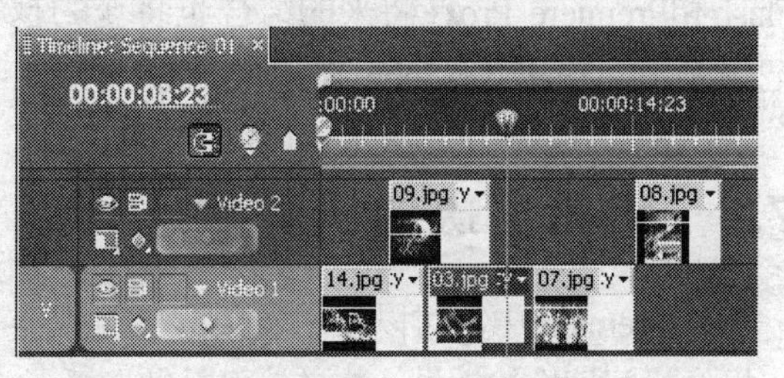

图7-32 粘贴素材

2. 使用Premiere和After Effects

可以把Premiere中素材复制并粘贴到After Effects中合成。After Effects将把复制的素材转换成合成的层，而且还会把源素材复制到After Effects的“Project”窗口中。如果复制的素材中包含有效果，而且After Effects可用的话，那么After Effects也会转换该效果以及所有的设置和关键帧。在表7-2中列出了被转换的类型。

表7-2 转换类型

Premiere项目	After Effects项目
运动或者不透明属性值和关键帧	变换属性值和关键帧
视频滤镜和关键帧	效果属性和关键帧
裁剪滤镜	遮罩层
视频和音频过渡	不透明关键帧（仅交叉溶解）
音量和声道音量音频滤镜	立体声混合效果
速度属性	时间延伸属性
剪辑标记	层－时间标记
音频轨道	音频层

下面介绍如何从Premiere中复制文件并粘贴到After Effects中：

（1）打开After Effects和Premiere。

（2）在Premiere的“Timeline”面板中选择一个素材。

（3）在Premiere中选择“Edit（编辑）→Copy（复制）”命令。

（4）在After Effects的“Timeline”面板中打开一个合成，选择“Edit（编辑）→Paste（粘贴）”命令，素材就会显示在“Timeline”面板中的第一个层中。

3. 使用Premiere和Adobe Flash

Premiere是一款非常专业的视频编辑工具，可以编辑各种视频内容，而且具有较广的兼容性。比如它还可以结合Adobe Flash来编辑在网页和移动设备中使用的视频内容，也就是说在Adobe Flash中制作的内容，也可以使用Premiere来进行编辑。在编辑视频内容方面，使用Premiere可以精确到帧，而且它还包含很多专业的用于优化视频文件的工具和用于进行回放的视频控制工具。

Adobe Flash也是一款功能强大的视频制作软件，尤其是Web动画和移动设备动画设计方面。我们知道带有彩信的手机动画，很多就是使用Flash开发出来的。使用Adobe Flash也可以把各种数据、图形、声音融合在一起，而且也带有很多的交互式控制。也由于此，Adobe Flash和Premiere Pro在将来的结合也将变的越来越广泛。另外，现在就可以在Premiere Pro中把视频节目输出为Adobe Flash格式的文件。

7.6 编辑多摄像机剪辑序列

在Premiere中，可以使用多摄像机监视器（Multi-Camera）编辑素材，可以模拟在多个真实摄像机间切换的效果，这样就可以做导播了。使用这种技术可以在4个摄像机中来编辑素材，为精确编辑提供了可靠保障。

为了使所有摄像机中的素材是同步的，需要确定每个摄像机都是从一个同步点开始记录的，并令每个摄像机保持同步。当在Premiere中采集完素材之后，可以使用下列工作流程来编辑素材。

（1）从多个摄像机中把所有的剪辑添加到一个剪辑序列中。

（2）使剪辑序列中的所有剪辑都是同步的。

（3）创建多摄像机目标剪辑序列。

（4）记录多摄像机编辑。

（5）调整编辑。

7.6.1 使用多摄像机监视器

使用多摄像机监视器可以从每个摄像机中播放剪辑并预览最终标记的剪辑序列。在记录最终的剪辑序列时，可以单击一个摄像机预览使它处于激活状态并从该摄像机中记录素材。被激活的摄像机如果在播放模式下，那么会显示一个黄色边框，如果是在记录模式下，那么会显示一个红色的边框。

如果多摄像机监视器在左右两侧显示的是同一画面，那么当前剪辑不是多摄像机剪辑，或者多摄像机剪辑没有被激活。

如果要显示多摄像机监视器，那么在“Timeline”面板中选择多摄像机目标剪辑序列，从“Source”窗口或者“Program”窗口的菜单中选择“Multi-Camera Monitor（多摄像机监视器）”命令即可打开多摄像机监视器，如图7-33所示。

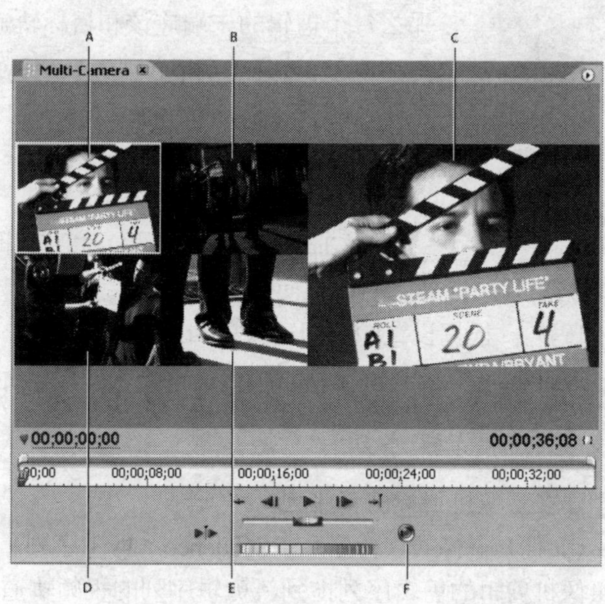

A. 摄像机1　B. 摄像机2　C. 被记录的剪辑预览
D. 摄像机3　E. 摄像机4　F. 记录按钮

图7-33　多摄像机监视器

在多摄像机监视器中包含有标准播放和传送控制，还有键盘快捷键。使用多摄像机监视器底部的“Play Around（播放）”按钮将以摄像机预览方式显示剪辑序列。如果要调整多摄像机监视器的大小，那么拖动监视器的边角即可。

7.6.2　添加剪辑进行多摄像机编辑

在多摄像机编辑中可以使用任意类型的媒体文件，包括用摄像机拍摄的素材或者静止图像。可以把媒体组织到带有4个视频轨道或者4个音频轨道的一个剪辑序列中。组织好剪辑序列之后，需要使它们同步，并创建目标剪辑序列。下面介绍添加剪辑的过程。

（1）选择“File（文件）→New（新建）→Sequence（剪辑序列）”命令。

（2）把剪辑放置在单独的轨道上，可以使用第1个到第4个视频轨道和音频轨道。此时，可以根据需要编辑剪辑。

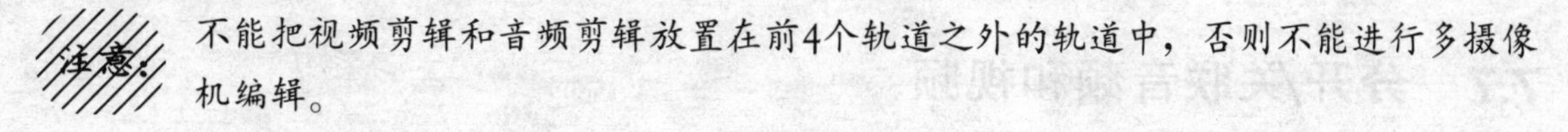

不能把视频剪辑和音频剪辑放置在前4个轨道之外的轨道中，否则不能进行多摄像机编辑。

7.6.3　使剪辑同步

在使剪辑同步之前，确定为每个摄像机素材标记了同步点。可以通过为每个剪辑设置同样的编号标记或者重新设置每个剪辑的时间码来为它们标记同步点。下面介绍如何使剪辑同步。

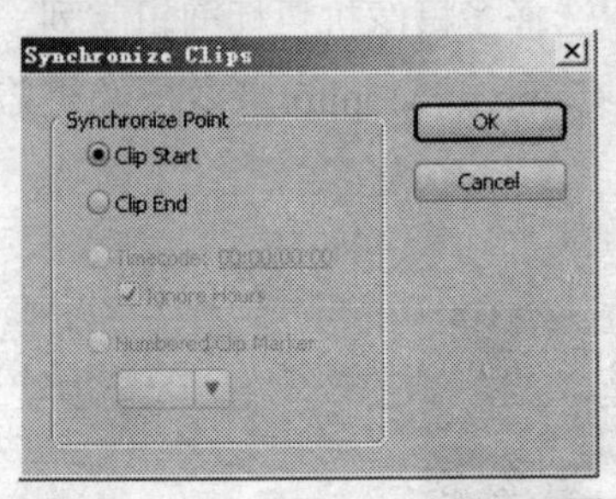

图7-34 “Synchronize Clips（同步剪辑）”对话框

（1）选择需要同步的剪辑。

（2）确定目标轨道，单击轨道的标题，并使之与其他的剪辑对齐。比如，要在剪辑的出点位置使剪辑同步，那么每个剪辑的末端应该和目标轨道的出点位置对齐。

（3）选择“Clip（剪辑）→Synchronize（同步）”命令，打开“Synchronize Clips（同步剪辑）”对话框，如图7-34所示。

根据需要设置下列选项：

- Clip Start（剪辑开始）：在剪辑的入点使剪辑同步。
- Clip End（剪辑结束）：在剪辑的出点使剪辑同步。
- Timecode（时间码）：根据设置的时间码使剪辑同步。
- Numbered Clip Marker（编号剪辑标记）：在设置的编号剪辑标记处使剪辑同步。

7.6.4 创建多摄像机目标剪辑序列

下面介绍如何创建多摄像机目标剪辑序列。

（1）选择“File（文件）→New（新建）→Sequence（剪辑序列）”命令。

（2）把包含多摄像机剪辑的剪辑序列拖到新剪辑序列的视频轨道上。

（3）选择嵌套剪辑序列中的视频和音频轨道，选择“Clip（剪辑）→Multi-Camera（多摄像机）→Enable（启用）”命令。注意，如果不选择视频轨道，该命令不可用。

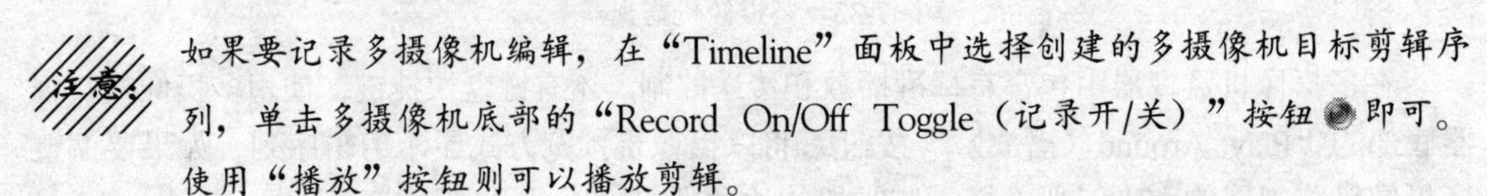

注意：如果要记录多摄像机编辑，在“Timeline”面板中选择创建的多摄像机目标剪辑序列，单击多摄像机底部的“Record On/Off Toggle（记录开/关）”按钮即可。使用“播放”按钮则可以播放剪辑。

7.6.5 在Timeline面板中调整多摄像机剪辑

对于多摄像机剪辑也可以对它们进行编辑，一般也是在“Timeline”面板中进行，使用的工具也是“Timeline”面板右侧工具箱中的工具，比如切割剪辑等，具体操作不再介绍，可以参阅前一章内容的介绍。

如果使用另外一个摄像机中的剪辑替换指定的剪辑，那么在“Timeline”面板中选择需要替换的剪辑，选择“Clip（剪辑）→Multi-Camera（多摄像机）→Camera[1,2,3,4]”命令即可替换。

7.7 分开/关联音频和视频

在Premiere中，如果导入的素材既包括视频又包括音频，在默认设置下，它们是关联在一起的。也就是说，如果在视频轨道中选择视频，那么音频轨道中的音频也同时会被选中，移动视频，则音频也一起被移动，如图7-35所示。

提示：在“Timeline”面板中选中的素材，颜色将变暗。

图7-35　音频和视频会被同时选中

有时，需要将视频和音频分开进行编辑，而且对于分开后的音频和视频也可以再次把它们关联在一起。下面介绍如何分开和关联音频素材和视频素材。

在“Timeline”面板中放置好素材后，如果要分开音频和视频，那么先选择素材，执行“Clip（剪辑）→Unlink（解开链接）”命令即可。下面是解开链接后移动视频轨道中的素材后的效果，如图7-36所示。

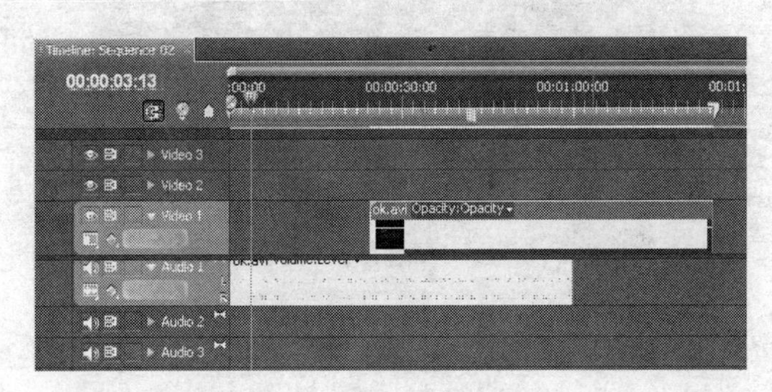

图7-36　移动视频素材后的效果

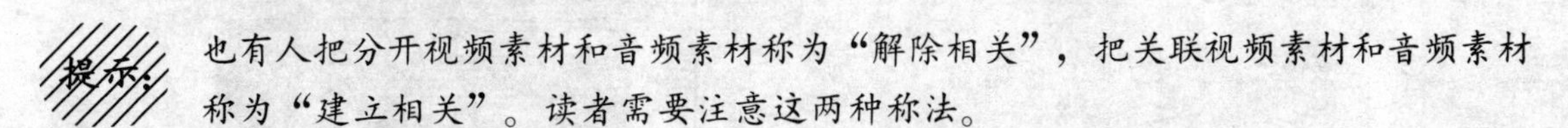

提示：也可以在“Timeline”面板中的素材上单击鼠标右键，从打开的关联菜单中选择“Unlink”命令来断开视频与音频的链接。

如果要把两个相互不关联的视频素材和音频素材关联在一起，那么把它们放置到“Timeline”面板中后，同时选中它们，并执行“Clip（剪辑）→Link（链接）”命令即可。链接后，移动视频轨道中的素材时，被关联在一起的音频素材也会被一起移动。

提示：也有人把分开视频素材和音频素材称为“解除相关”，把关联视频素材和音频素材称为“建立相关”。读者需要注意这两种称法。

7.8　实例：制作带有计数前导的小电影

在本例中，将学习制作一个小电影。包括设置视频和音频、裁剪剪辑、添加序号标记、删除剪辑、对齐剪辑以及创建通用计数前导等。本例制作的小电影中的几帧如图7-37所示。

（1）启动Premiere，新建一个项目。设置项目的名称和保存路径，其他使用默认设置，如图7-38所示。单击两次 OK 按钮，进入到系统默认的工作界面。

图7-37小电影中的几帧

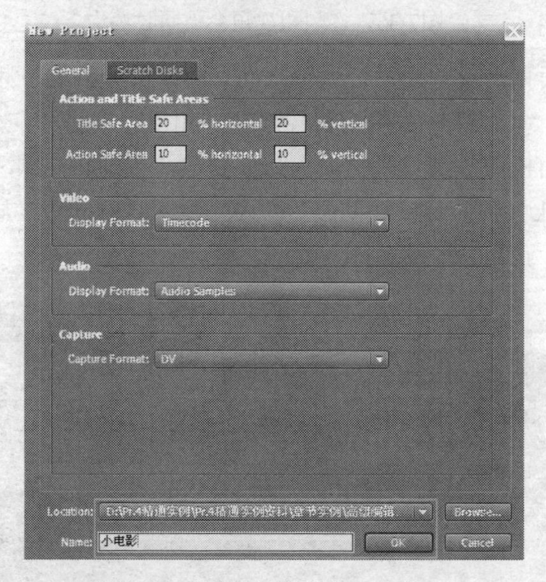

图7-38 设置项目的名称和路径

（2）执行“File（文件）→Import...（导入）”命令，打开“Import”对话框。框选视频素材和配音素材，单击打开(O)按钮，将素材导入到“Project”面板中，如图7-39所示。

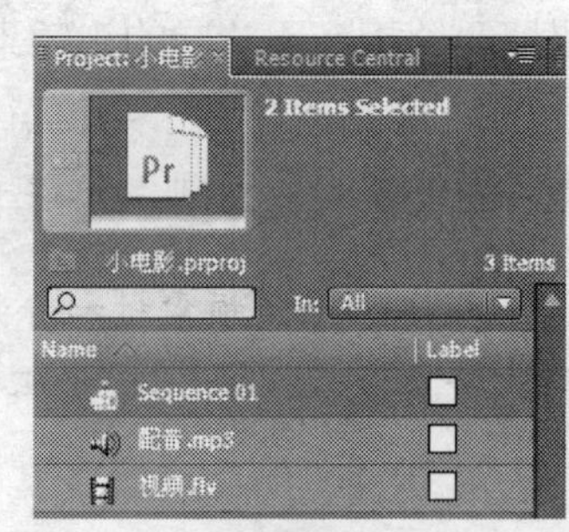

图7-39 导入素材

读者也可以使用自己准备的素材进行练习。

（3）在“Project（项目）”面板中将“视频.flv”剪辑拖到“Timeline（时间标尺）”面板中的Video1视频轨道上。将“配音.mp3”剪辑拖到“Timeline”面板中的Audio 1音频轨道上。这两个剪辑的长度是一样的，如图7-40所示。

（4）链接视频和音频。在“Timeline”面板中框选视频剪辑、音频剪辑，右击，并在打开的菜单中选择“Link（链接）”命令，将视频剪辑、音频剪辑链接在一起，如图7-41所示。这样，在裁剪其中一个剪辑时，另一个也会被同步裁剪。

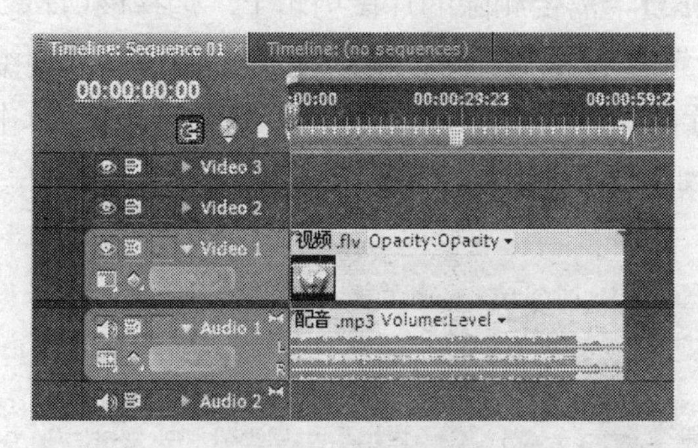

图7-40　拖入的剪辑

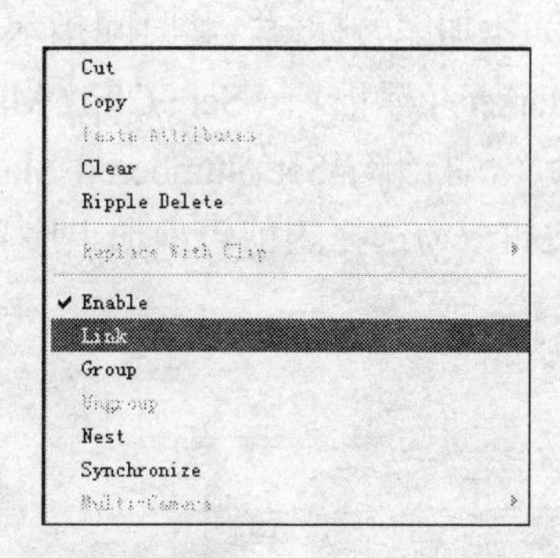

图7-41　选择的命令

（5）裁剪剪辑。因为导入的剪辑素材太长，所以需要删除某些片段。

（6）在“Timeline”面板中拖动时间指示器，在“Program”窗口中预览动画，在“Timeline”面板右侧的工具箱中单击“Razor Tool（剃刀工具）”工具按钮，再在需要裁剪的位置单击，把视频剪辑剪开。音频剪辑也被同步剪开，如图7-42所示。

图7-42　修剪前（左）后（右）的对比

提示： 这里设置的剪辑显示模式为只显示头一个关键帧缩略图，从右图中可以看出有两个关键帧缩略图，说明原先的剪辑已经被分成两个剪辑了。

（7）继续裁剪，裁剪出第1个需要删除的片段，如图7-43所示。

图7-43　裁剪出的第1个需要删除的片段

当裁剪出所有需要删除的片段后，往往需要确认一下是否确实要将这些片段删除。为了便于记忆，最好给这些片段添加上序号标记。

（8）添加序号标记。将时间指示器移动到第1个需要删除的片段剪辑上，选择该剪辑。执行“Marker（标记）→Set Clip Marker（设置剪辑标记）→Other Numbered…（其他编号）”命令，打开“Set Numbered Marker（设置编号标记）”对话框，设置编号为1，单击 OK 按钮，为选择的剪辑添加上序号标记，如图7-44所示。

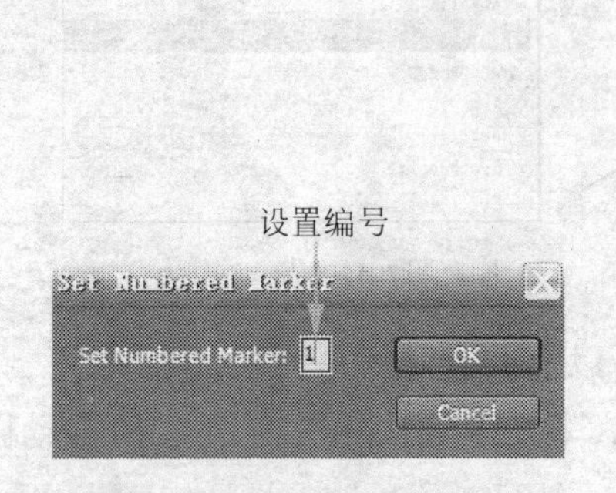

图7-44　设置编号和添加的序号标记

（9）继续裁剪，并为需要删除的其他片段剪辑添加序号标记，如图7-45所示。注意，设置序号标记在进行团队工作尤为有用。

图7-45　添加的其他序号标记

（10）删除片段剪辑。确认添加了序号标记的片段需要删除后，选择片段剪辑，按Delete键或Backspace键将其删除，如图7-46所示。

（11）对齐剪辑。删除某些片段剪辑后，将剩余的各个独立片段剪辑逐次向前移动，与其前面的片段剪辑对齐，如图7-47所示。

图7-46　删除部分片段

图7-47　对齐各个片段后的效果

提示：在对齐片段剪辑的边缘时，将后面的剪辑向前面剪辑的末端移动，当出现一条带有白色箭头的黑色竖直线时，表明这两个剪辑的边缘已经对齐。视频剪辑被对齐的同时，音频剪辑也被对齐了。

（12）如果想将编辑后的剪辑输出为电影文件，可以为其添加一个计数前导。

（13）添加计数前导。在“Project”面板底部单击“New Item（新项目）”按钮，并在打开的菜单中选择“Universal Counting Leader…（通用计数前导）”命令，打开“Universal Counting Leader”对话框，如图7-48所示。

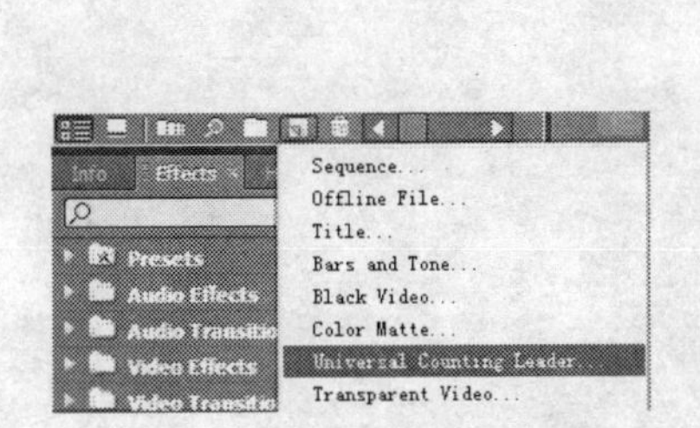

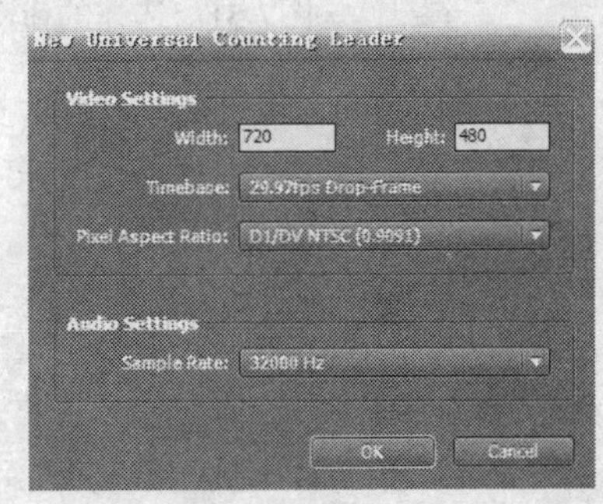

图7-48 “Universal Counting Leader”对话框

（14）使用默认设置，单击OK按钮，打开“Universal Counting Leader Setup（通用计数前导设置）”对话框。根据自己的喜好设置线颜色、目标色及数字色，在预览图中可以看到设置的颜色效果。其他使用默认设置，如图7-49所示。

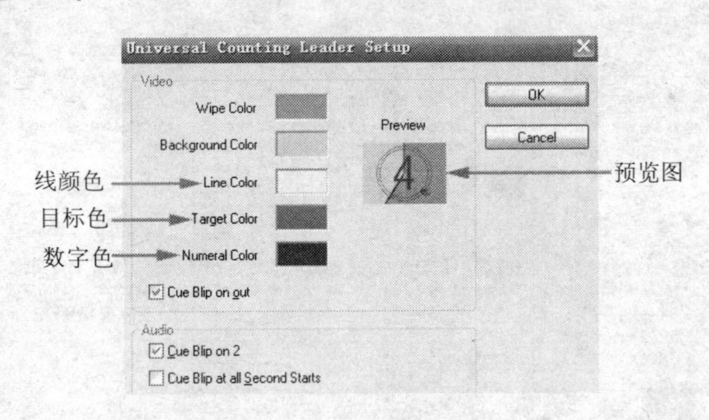

图7-49 设置颜色

（15）单击OK按钮，通用计数前导剪辑被自动保存到“Project”面板中，如图7-50所示。

（16）确定时间指示器处于0秒位置，右击“Project”面板中的“Universal Counting Leader”剪辑的图标，在打开的菜单中选择“Insert（插入）”命令，将其插入到“Timeline”面板中的0秒位置处，如图7-51所示。

（17）小电影制作完成。对效果满意后保存并渲染输成电影文件。

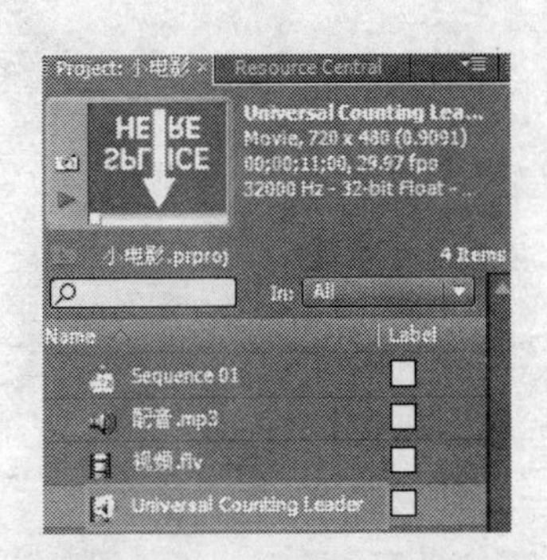

图7-50 “Project”面板中的计数前导剪辑

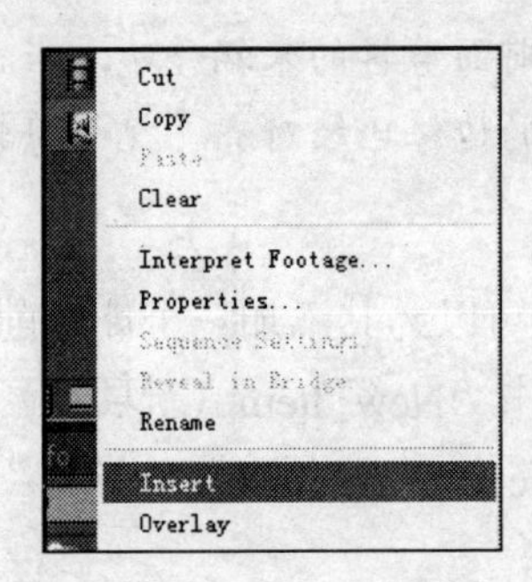

图7-51　选择的命令和插入的剪辑

第8章　视频过渡效果

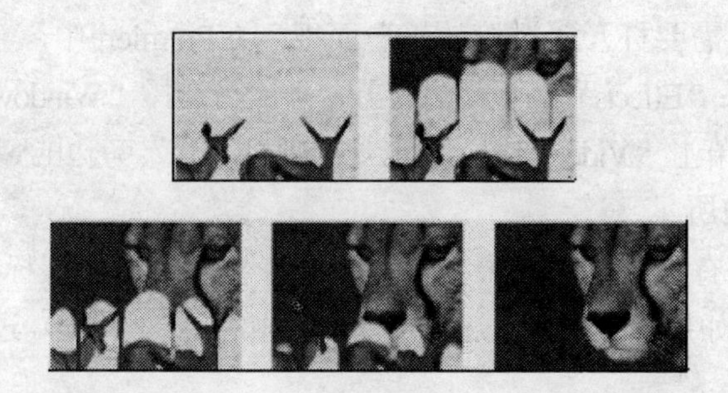

视频过渡效果（Transition）就是当一段视频结束的同时另一段视频紧接着开始的过程间使用的效果，也就是所谓的电影镜头切换，还有人将其称为转场。为了使切换衔接自然或更加有趣，在Premiere中可以使用各种过渡效果工具，制作出一些令人赏心悦目的过渡效果，从而在很大程度上增强影视作品的艺术感染力。

在本章中主要介绍下列内容：

★如何使用过渡效果

★过渡效果的类型

★利用过渡效果制作电影

8.1　过渡简介

过渡效果也称为镜头切换，还有人称之为转场效果，在电影中经常使用。如果能使过渡衔接自然或更加有趣，则制作出的电影或者DV影视作品的艺术感染力会大大增强。

虽然每个过渡效果的切换都是唯一的，但是控制图像过渡效果的方式却有多种。两个素材之间最常用的切换方式就是直接切换，即从一个素材到另一个素材的直接变换，这个术语来自于电影编辑。要在Premiere的两个素材间进行直接切换，只需要在时间标尺面板的同一条轨迹上将两个素材首尾相连，不过，如果想使两个素材的过渡效果更加自然一些，最好能加入一个合理的过渡效果，比如Checker Wipe（棋盘格擦除），Page Peel（画面剥落），Cross Dissolve（交叉渐进）等，如图8-1所示。

图8-1　画面剥落过渡效果

过渡效果分为视频过渡和音频过渡，在这一章的内容中，介绍的是视频过渡的效果，关于音频过渡将在后面的内容中介绍。因此，如果没有特殊说明，在本章中提到的过渡都是视频过渡效果。

8.1.1 过渡效果面板和效果控制面板

要运用过渡效果，需要打开“过渡效果”面板，在Premiere中，“过渡效果”面板位于“Effects”面板中。如果“Effects”面板没有打开，那么可选择“Window（窗口）→Effects（效果）”命令把它打开，单击“Video Transitions（视频过渡）”旁边的▶按钮，就会展开过渡面板隐藏的部分，如图8-2所示。

在面板中，可看到有11种过渡效果文件夹，选择任意一个扩展标志▶，则会显示其中包括的一组过渡效果。比如展开3D Motion（3D运动）和Slide（滑行）过渡效果组，如图8-3所示。

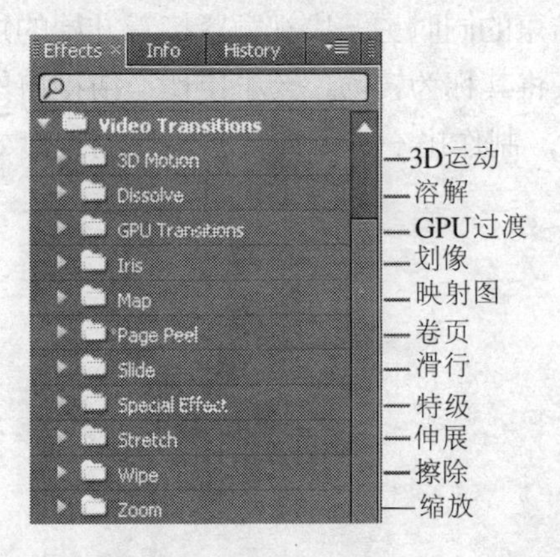

图8-2 “过渡效果”面板

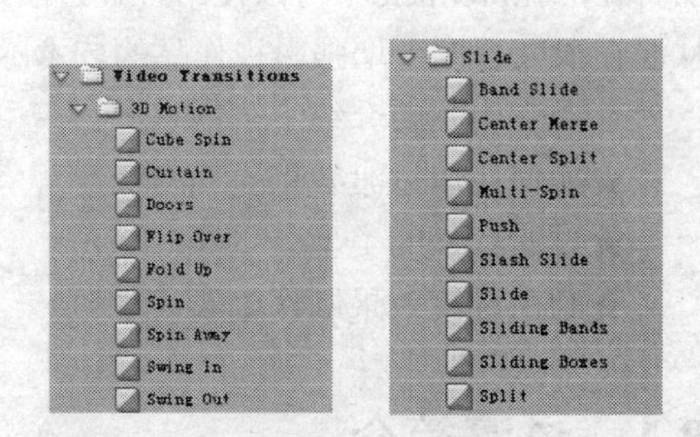

图8-3 展开的效果组

在“时间标尺”面板中，先把至少2段视频素材分别置于Video 1轨道中，在“过渡效果”面板将过渡效果拖到时间标尺中的2个剪辑之间，鼠标变形后松开鼠标键，Premiere会自动确定过渡长度来匹配过渡部分，如图8-4所示。

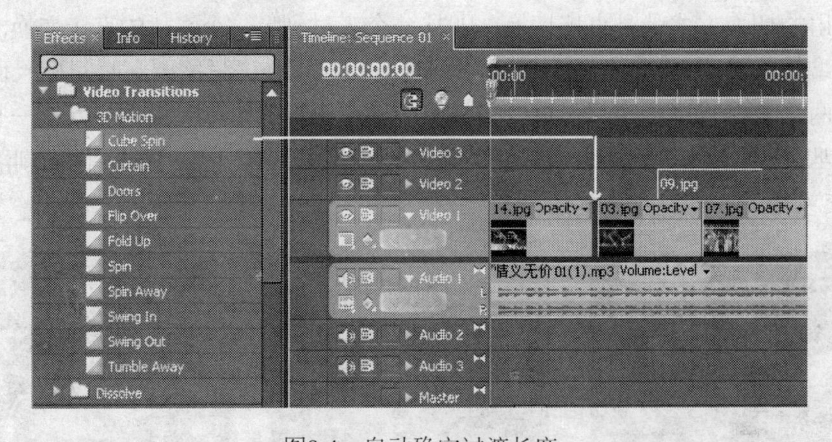

图8-4 自动确定过渡长度

添加过渡效果后，将在两个剪辑之间显示出添加的过渡效果，一般会显示出一个方框标志，如图8-5所示。

如果要对过渡效果进行具体设置的话，在“时间标尺”面板中的过渡效果上双击，即可打开“Effect Controls（效果控制）”面板，如图8-6所示。

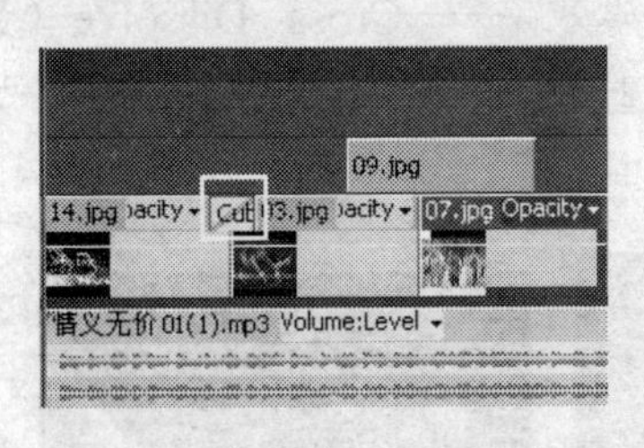

图8-5 添加视频过渡后的标志

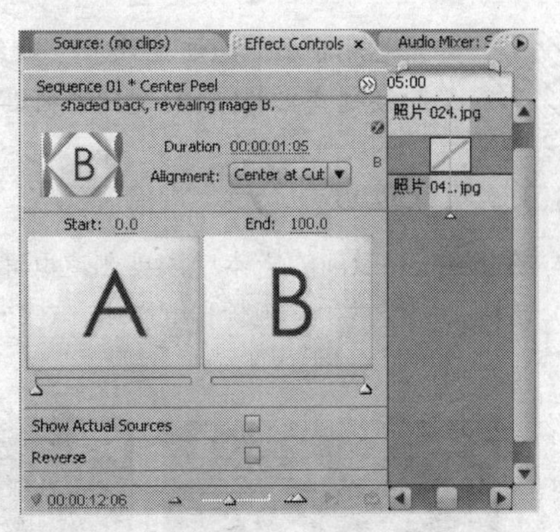

图8-6 “Effect Controls”面板

在“Effect Controls”面板中，可以设置持续时间、对齐方式及过渡方向。在后面的内容中将进行具体介绍。

8.1.2 使用过渡效果的工作流程

使用过渡效果的操作非常简单，一般分为四步，下面以选择Center Peel（中间剥落）效果为例介绍操作流程。

（1）把剪辑拖放到“Timeline”面板中，并编排好顺序。

（2）从“Effects”面板中，按住鼠标左键把过渡效果拖到“Timeline”面板中的两个剪辑之间。

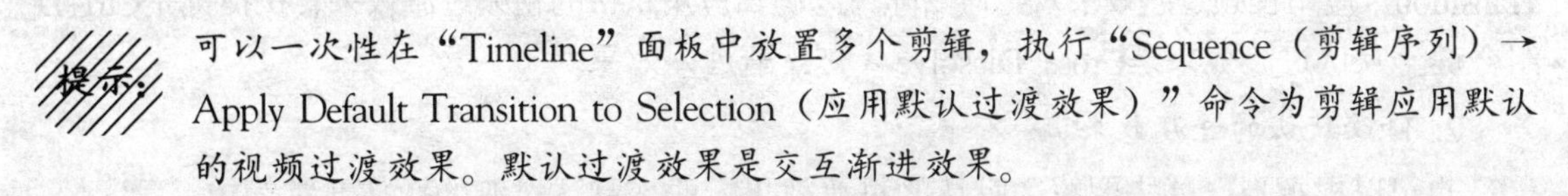

提示：可以一次性在“Timeline”面板中放置多个剪辑，执行“Sequence（剪辑序列）→Apply Default Transition to Selection（应用默认过渡效果）”命令为剪辑应用默认的视频过渡效果。默认过渡效果是交互渐进效果。

（3）改变过渡选项。在“Timeline”面板中双击过渡效果，则在“Effect Controls”面板中就会显示出它的控制选项，如图8-7所示。可以改变它的持续时间、对齐方式及其他属性。

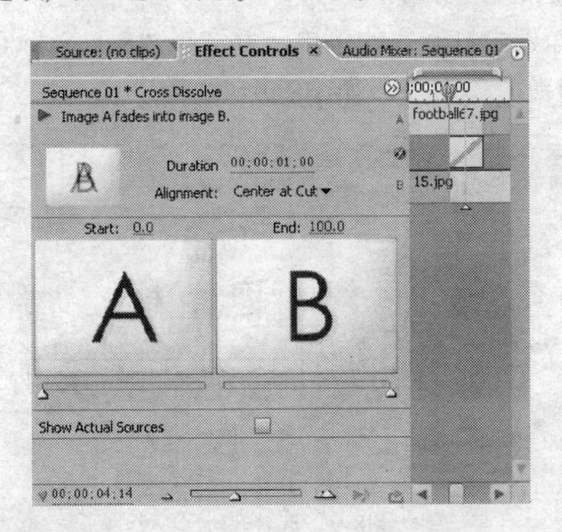

图8-7 控制选项

（4）设置好选项之后，播放剪辑序列或者拖动时间指示器，预览过渡效果，如果感觉满意，就可以使用它了。

提示：如果想删除添加的过渡效果，那么直接使用鼠标在“Timeline”面板中单击过渡效果，按键盘上的Delete键即可将其删除掉。

8.1.3 默认过渡

在Premiere以前的版本中，剪辑之间带有默认的过渡效果——Cross Dissolve（交互渐进），因为它经常用在视频和电影中。在Cross Dissolve过渡中，一个场景逐渐淡出，另一个场景逐渐淡进，如图8-8所示。

图8-8 默认过渡效果

对大多数切换来说，切换的默认方向是从素材A到素材B（在时间序列上是从左到右）。通过双击切换图标并在切换设置窗口中做一些调整可改变切换的方向，使方向从素材B到素材A。另外还可以调整其他的一些附加效果。

1. 添加默认过渡效果

在“Timeline”面板中放置多个剪辑后，选择“Sequence（剪辑序列）→Apply Video Transition（应用视频过渡效果）”命令即可为剪辑应用默认的视频过渡效果。快捷键是Ctrl+D组合键。默认过渡效果是Cross Dissolve（交互渐进）效果。

2. 修改默认的过渡效果

也可以根据自己的需要改变默认的过渡效果。改变默认过渡的操作非常简单。

（1）在“Effects”面板中，展开视频过渡效果部分。

（2）选择想作为默认过渡的过渡效果。

（3）在“Effects”面板中打开它的菜单，并选择“Set Selected As Default Transition（把选择项设置为默认过渡）”命令，如图8-9所示。

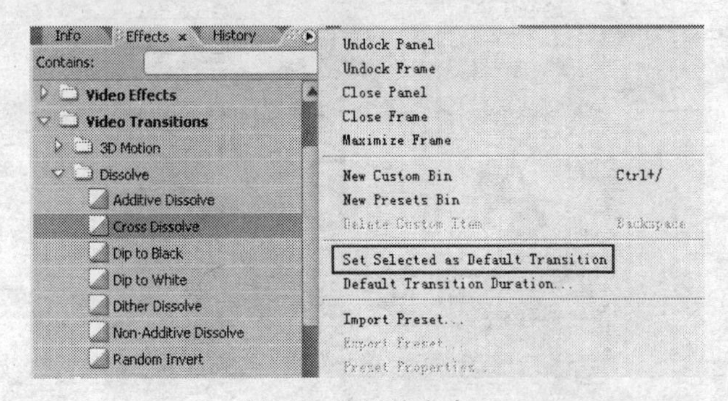

图8-9 选择的命令

这样就把选择的过渡设置为默认过渡效果了。

3. 替换过渡效果

如果对已添加的过渡效果不满意，那么可以很方便地把它替换为自己需要的过渡效果。只需要从“Effects”面板中把需要的过渡效果拖到“Timeline”面板轨道中现有的过渡效果上即可把它替换掉，如图8-10所示。

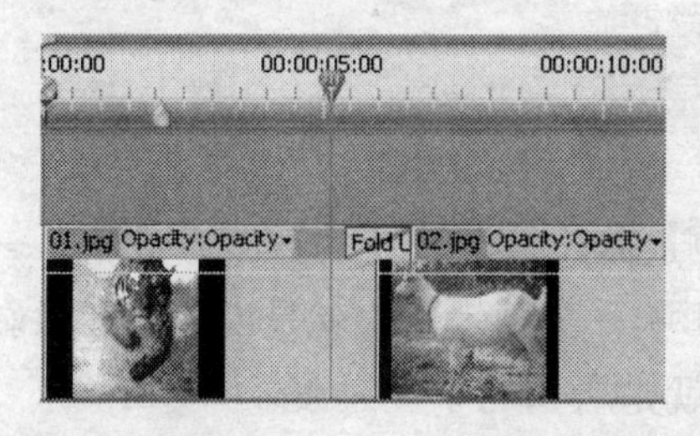

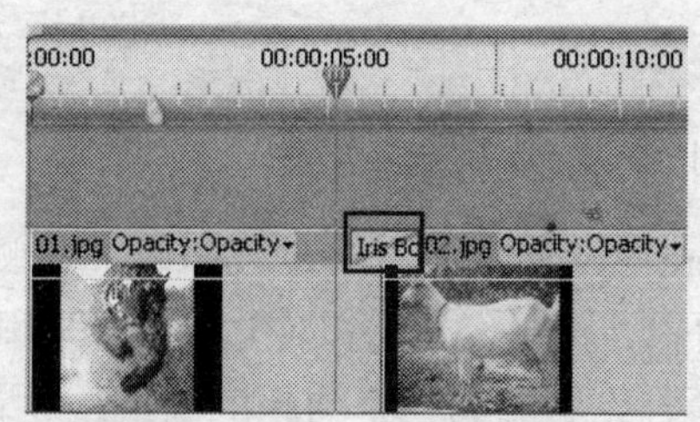

图8-10 替换过渡的对比效果

替换了过渡效果后，新的过渡效果将继承原来过渡效果的对齐方式和持续时间，也就是说保持原过渡效果的对齐方式和持续时间，但是不会继承其他的设置，而使用新过渡效果的默认设置。

4. 删除过渡效果

如果对添加的过渡效果不满意，那么也可以把它删除掉。删除操作非常方便，只需要在“Timeline”面板轨道中选择现有的过渡效果，按键盘上的Delete键即可把它删除掉。删除效果如图8-11所示。

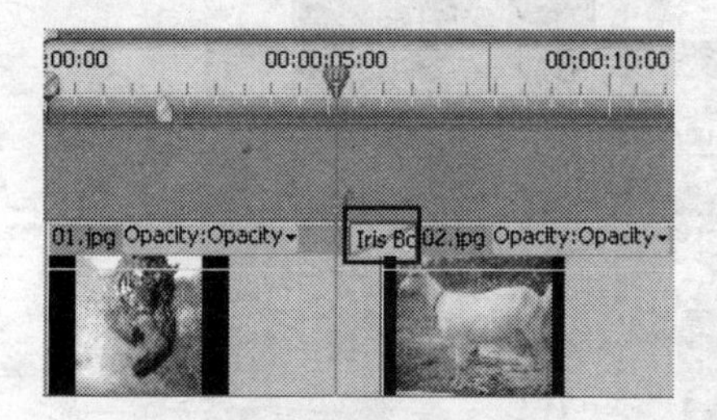

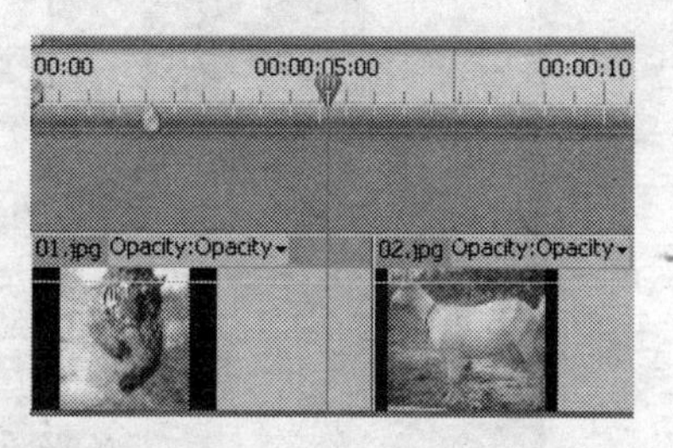

图8-11 删除过渡的对比效果

8.1.4 剪辑手柄和过渡

有时可能不需要使用过渡效果，比如在场景中包含有关键的动作或者内容时。在这种情况下可使用剪辑手柄，也就是超出剪辑入点和出点的额外帧，如图8-12所示。根据它们的位置，位于媒体开始和入点之间的手柄称为头素材，而位于出点和媒体结束之间的手柄称为尾素材。

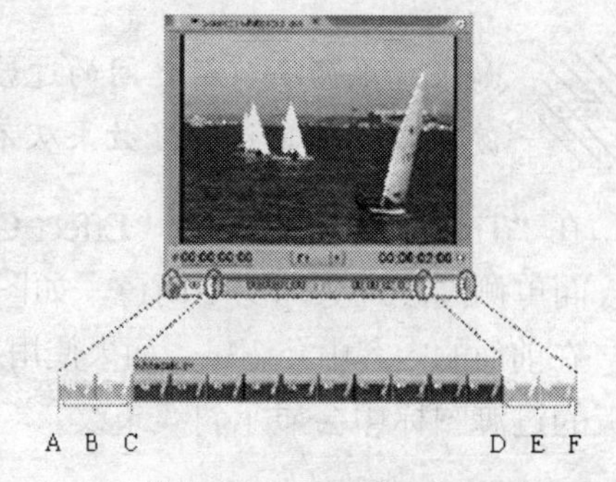

A. 媒体端点 B. 剪辑手柄 C. 入点
D. 出点 E. 剪辑手柄 F. 媒体结束
图8-12 剪辑手柄图示

在有些情况下，原剪辑可能不包含有足够的帧用做手柄。如果应用过渡效果而且手柄持续时间太短而不能匹配过渡时间，那么将打开一个警告，提示你需要复制帧来匹配持续时间。如果继续，那么在“Timeline”面板中的过渡部分将显示一个斜纹警告条，如图8-13所示。

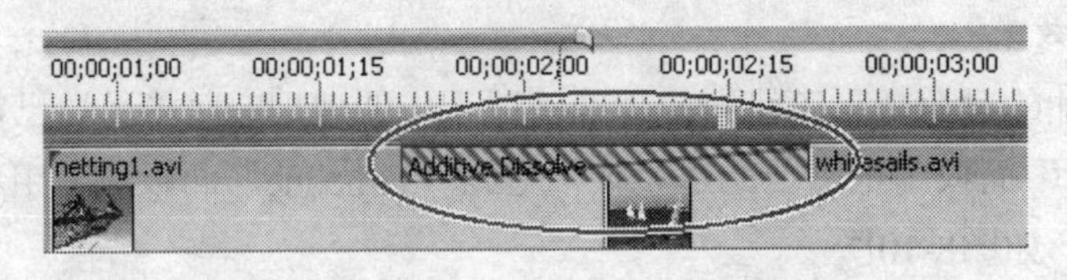

图8-13 警告条

8.1.5 单侧过渡和双侧过渡

在Premiere中，通常使用的过渡都属于双侧过渡，按照设置的过渡方式从第一个剪辑过渡到第二个剪辑。但是，也可以使过渡效果只影响一个剪辑，也就是说使过渡只影响第一个剪辑的末端或者只影响第二个剪辑的前端，这就是所谓的单侧过渡。

单侧过渡也有很多的控制选项，比如可以使用“Cube Spin（立体旋转）”创建使一个剪辑逐渐消失的效果，使用Dither Dissolve（仿色溶解）创建使第二个剪辑逐渐淡进的效果。

一般，单侧过渡都是从透明状态淡进或者淡出，而不是从黑色进行淡进或者淡出。如果是“Timeline”面板视频轨道1中的剪辑，或者在它下面的轨道上没有剪辑，那么透明部分将显示为黑色。如果是一个剪辑上面轨道中的剪辑，那么下面的剪辑将透过过渡显示出来，和双侧过渡效果相似，如图8-14所示。

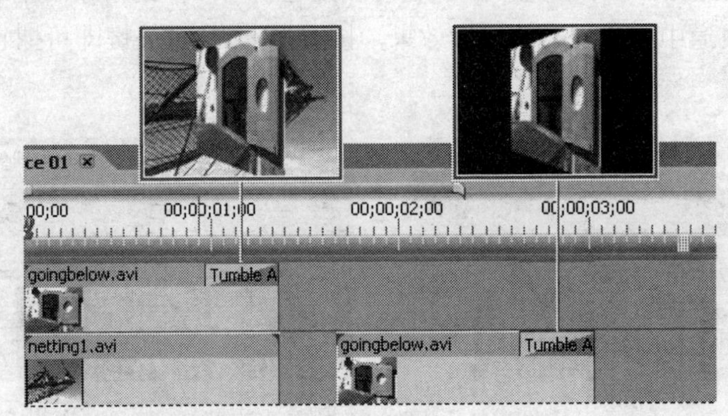

第2轨道中有剪辑　　第2轨道中无剪辑

图8-14 第2轨道中有、无剪辑的效果对比

提示：如果想令两个剪辑之间的过渡为黑色，那么使用Dip To Black（降低到黑色）过渡效果。使用该过渡效果从不显示它下层轨道中的剪辑。

在“Timeline”面板或者“Effect Controls”面板中，双侧过渡包含有一条暗色的对角斜线，而单侧过渡则分为明暗两色，如图8-15所示。

在前面的内容中介绍过，如果使用双侧过渡时，需要使用复制帧，那么会在“Timeline”面板的过渡图标中会显示斜线条纹。

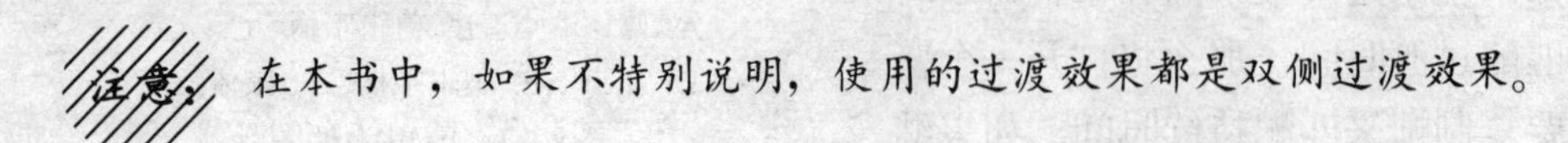

注意：在本书中，如果不特别说明，使用的过渡效果都是双侧过渡效果。

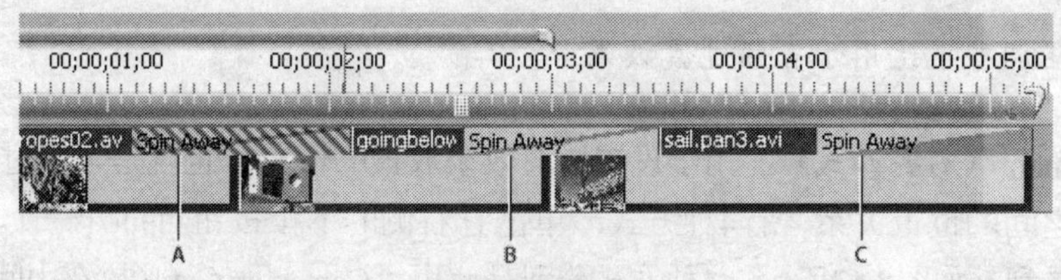

A. 使用复制帧的双侧过渡 B. 双侧过渡 C. 单侧过渡

图8-15 过渡类型

8.2 调整过渡效果

在剪辑中添加过渡效果之后，可以通过在“Effect Controls”面板中调整过渡效果的控制选项来调整或者改变添加的过渡效果。

8.2.1 调整效果的控制选项

通常，调整过渡效果主要在“Effect Controls”面板中进行，因此读者需要全面地了解一下“Effect Controls”面板，如图8-16所示。

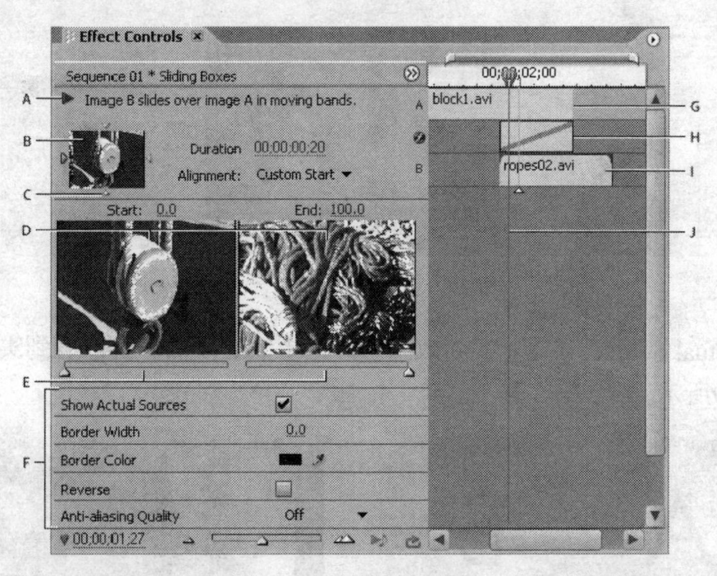

A. 播放过渡效果按钮 B. “过渡预览”窗口 C. 边缘选择器
D. “剪辑预览”窗口 E. 开始和结束滑块 F. 控制选项
G. 第一个剪辑 H. 过渡效果 I. 第二个剪辑 J. 当前时间指示器

图8-16 “Effect Controls”面板

在“Timeline”面板中单击过渡效果后即可打开“Effect Controls”面板。下面介绍该面板中的一些按钮功能及控制选项。

- 播放过渡效果按钮▶：单击该按钮后，可以在“过渡预览”窗口中预览应用的过渡效果。
- Duration（持续时间）：用于设置过渡效果的持续时间，可以把它设置的长一些，也可以把它设置的短一些。

这些调整也适用于音频过渡效果。

- Alignment（对齐方式）：用于设置过渡效果放置的位置，也就是设置过渡效果与两个素材之间的位置关系。有4种方式，单击它右侧的下拉按钮可打开一个下拉菜单，就可以看到，如图8-17所示。4种方式分别是使用“Center at Cut（放在中间）”、“Start at Cut（放在开始）”、“End at Cut（放在末端）”和“Custom Start（自定义开始位置）”。当把过渡效果拖到“Timeline”面板的轨道中时，鼠标指针会改变形状。

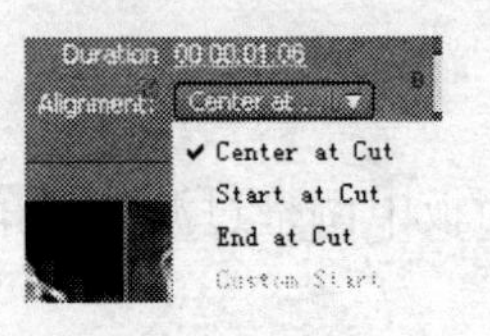

图8-17 4种对齐方式

<1>End at Cut（放在末端）：选择该项后，将把过渡效果放置于第一个剪辑的末端。

<2>Start at Cut（放在开始）：选择该项后，将把过渡效果放置于第二个剪辑的前端。

<3>Center at Cut（放在中间）：选择该项后，将把过渡效果放置于两个剪辑的中间。

- 开始和结束滑块：通过调整这两个滑块可以调整过渡效果的开始和结束位置，在预览窗口的上方有时间显示，如图8-18所示。

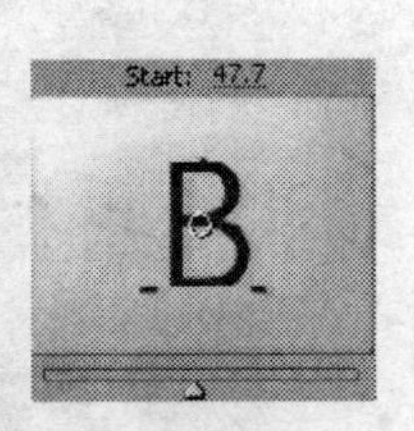

图8-18 把滑块移动到不同位置的对比效果

- Show Actual Sources（显示实际效果）：选中该选项后，可以看到实际的剪辑画面，如图8-19所示。

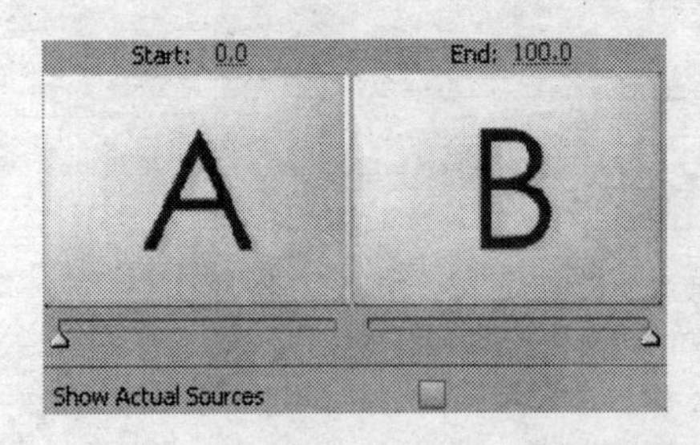

图8-19 对比效果

“Show Actual Sources（显示实际效果）”选项下面的选项根据选择的过渡效果的不同而不同。比如，应用Cube Spin（立体旋转）过渡效果后，会显示一个“Reverse（倒转）”选项，可以改变翻转的方向。应用Iris Cross（交叉划像）过渡效果后，会显示一个“Border Width（边框宽度）”选项，可以设置边框的宽度。

1. 调整过渡的对齐位置

当在两个剪辑之间放置了过渡效果之后，可以根据需要重新调整它们的位置。比如，现在是居中放置，可以把它改变为左对齐放置或者右对齐放置。注意不能把双侧过渡改变为单侧过渡。下面介绍如何进行调整。

（1）在“Timeline”面板中单击过渡效果，打开“Effect Controls（效果控制）”面板。

（2）在“Effect Controls”面板的时间标尺区域，把鼠标指针移动到过渡效果上，它会改变成⇔形状。按需要向左或者向右拖动即可，如图8-20所示。

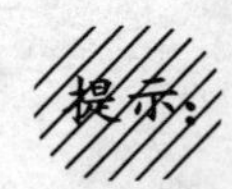

也可以直接在“Timeline”面板中拖动过渡效果的位置，直接选中过渡效果并拖动即可，如图8-21所示。

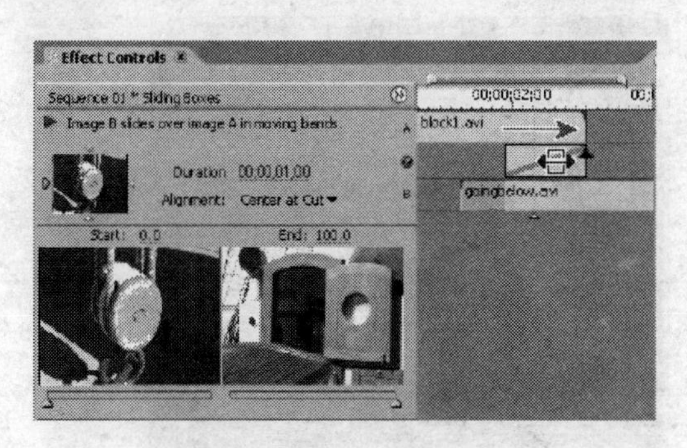

图8-20 调整过渡位置

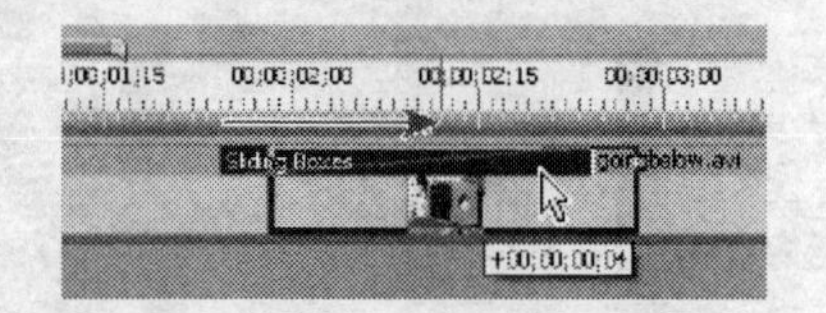

图8-21 直接在“Timeline”面板中调整过渡位置

2. 移动剪辑切口

当在两个剪辑之间放置了过渡效果之后，可以根据需要在“Effect Controls”面板中重新调整剪辑切口的位置，这样可以改变剪辑的入点和出点，但是不影响电影或者DV的长度。下面介绍如何进行调整。

（1）在“Timeline”面板中单击过渡效果，打开“Effect Controls”面板。

（2）在“Effect Controls”面板的时间标尺区域，把鼠标指针移动到一条细细的垂直线上，这条细直线就是剪辑切口线，鼠标指针改变成⇹形状。按需要向左或者向右拖动即可，如图8-22所示。

当移动剪辑切口时，过渡效果也随之一起移动。注意移动剪辑切口时不能超出剪辑的长度。

3. 设置过渡的持续时间

可以根据需要把添加的过渡效果的持续时间设置的长一些或者短一些。在前面的内容中已提到过，在“Effect Controls”面板中调整Duration（持续时间）的值就可以改变过渡效果的持续时间，设置的时间值越大，持续时间就越长。但是还可以使用更直观的方法来设置过渡效果的时间，就是在“Effect Controls”面板或者“Timeline”面板中设置过渡效果的时间。

如果在“Effect Controls”面板中调整过渡效果的持续时间，那么打开“Effect Controls”面板把鼠标指针移动到如图8-23所示的位置，鼠标指针改变成⊣或者⊢形状后，按需要向左或者向右拖动即可。注意中间的“持续时间矩形”越长，那么持续时间就也越长。

如果在“Effect Controls”面板中的时间标尺部分没有打开，那么单击®按钮即可将该部分显示出来，如图8-24所示。

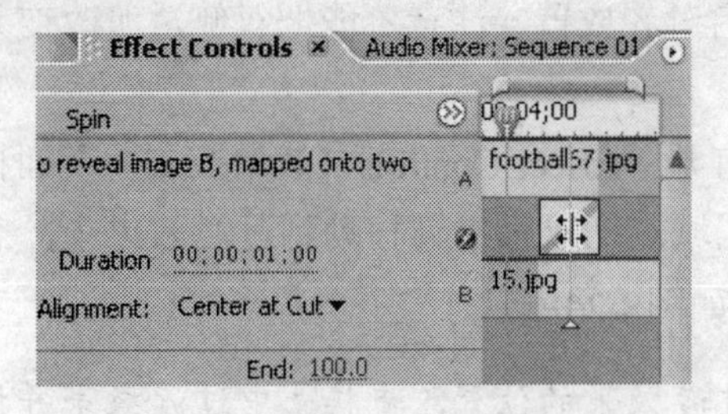

图8-22 调整剪辑切口位置

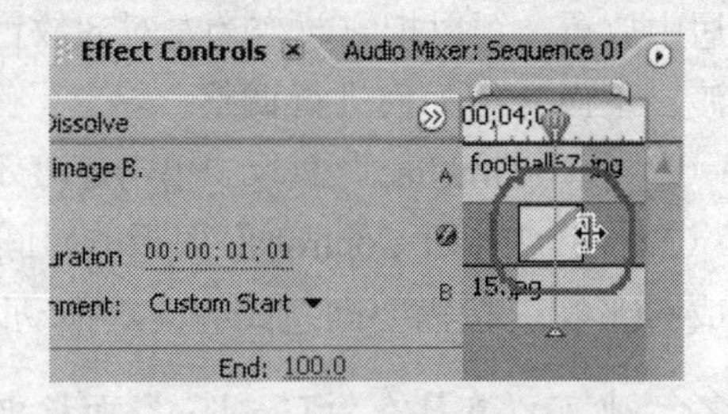

图8-23 调整过渡的持续时间

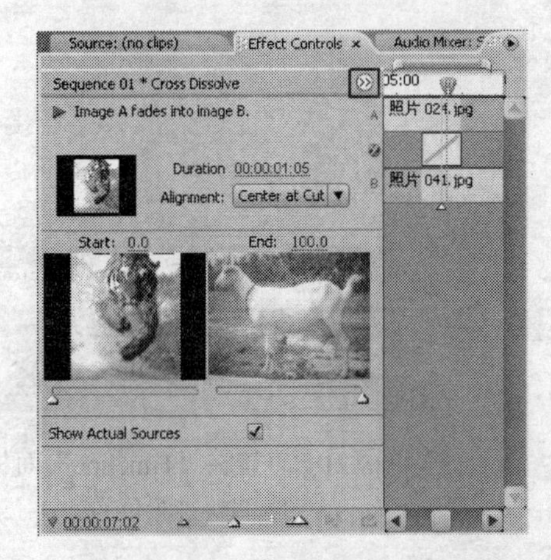

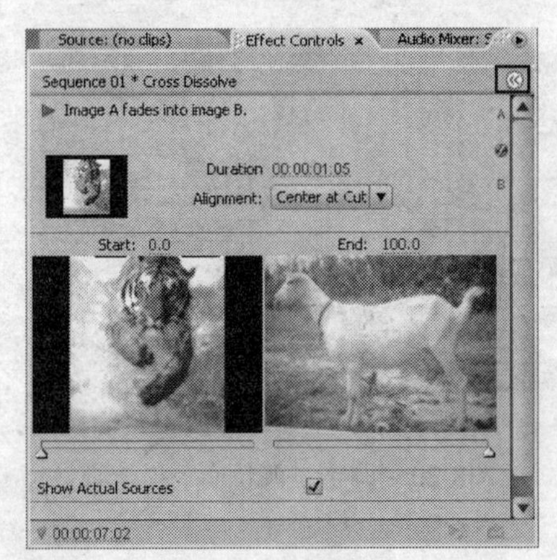

图8-24 展开的“效果控制”面板和折叠起来的“效果控制”面板

如果在“Timeline”面板中调整过渡效果的持续时间，那么在“Timeline”面板把鼠标指针移动到如图8-25所示的位置，鼠标指针改变成或者形状，按需要向左或者向右拖动即可。

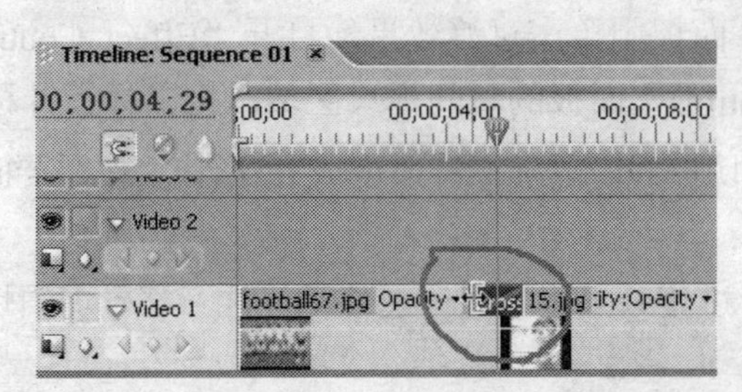

图8-25 在“Timeline”面板中调整过渡的持续时间

4. 设置过渡的中心点

当在两个剪辑之间放置了过渡效果之后，可以根据需要设置过渡的中心点，也就是说使过渡的开始点发生改变。但只能对有中心点的过渡效果执行该设置，如Iris（虹彩）过渡效果。这也是在“Effect Controls”面板中进行调整，下面介绍如何进行调整。

（1）在“Timeline”面板中添加一个Iris（虹彩）过渡效果，并单击该效果，打开“Effect Controls”面板。可以看到在预览窗口中有一个圆圈，而且在“监视器”窗口中的过渡效果的开始位置也在窗口的中心，如图8-26所示。

（2）在“Effect Controls”面板的预览窗口中，把圆圈用鼠标移动到一侧，可以看到，在“监视器”窗口中的过渡效果的开始位置也发生了改变，如图8-27所示。

图8-26　默认的过渡位置

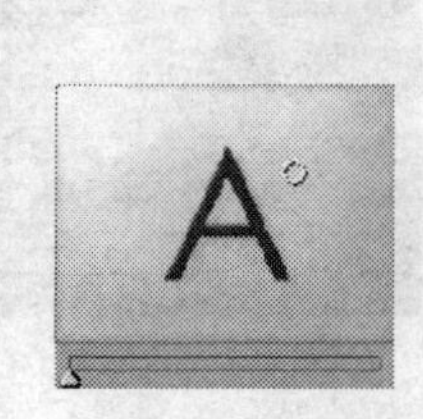

图8-27　改变过渡的位置

5. 为过渡效果添加边效果

当在两个剪辑之间放置了过渡效果之后，在默认设置下是没有带颜色的边的。不过可以为它设置这样的边缘。下面介绍如何进行设置。

（1）在“Timeline”面板中添加一个“Iris Cross（交叉划像）”过渡效果，并单击该效果，打开“Effect Controls”面板。在“Timeline”面板中拖动时间指示器，在监视器窗口中可以看到过渡效果没有带颜色的边，如图8-28所示。

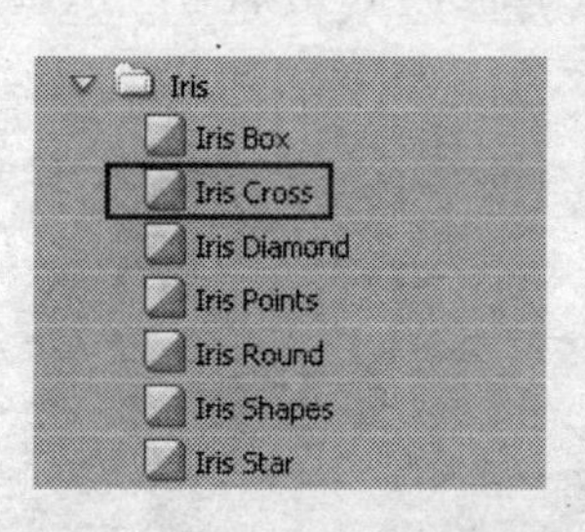

图8-28　默认的过渡效果

（2）在“Effect Controls”面板中，把“Border Width（边界宽度）”的值改变成0.1，可以在“监视器”中看到有了黑边，如图8-29所示。

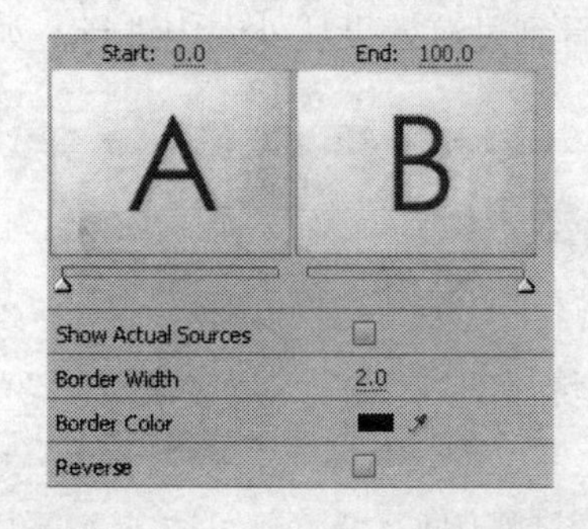

图8-29　带有黑边的过渡效果

（3）在“Effect Controls”面板中，单击“Border Color（边界颜色）”右侧的颜色块，打开“Color Picker（颜色选择器）”窗口，如图8-30（左）所示，选择一种颜色，单击“OK”按钮后，可以看到黑色的边缘变成了设置的颜色，如图8-30（右）所示。

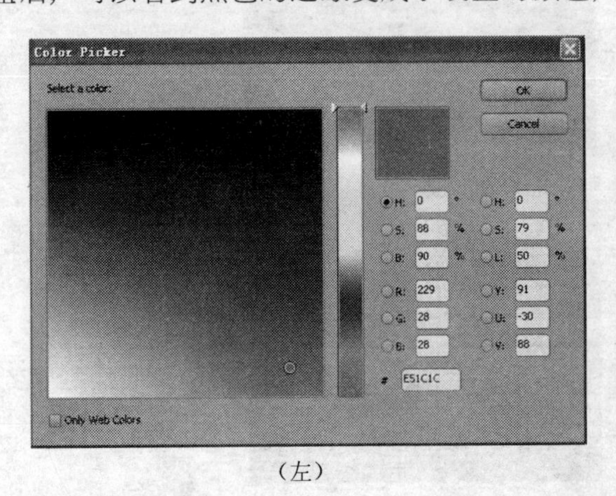

（左）

（右）

图8-30　改变边线颜色

6. 改变过渡的方向

当在两个剪辑之间放置了过渡效果之后，一般都是按默认设置下的过渡方向进行过渡的。不过可以改变它的过渡方向，比如把从内到外的方向设置为从外到内。下面介绍如何进行设置。

（1）在“Timeline”面板中添加一个Iris Cross（交叉划像）过渡效果，并单击该效果打开“Effect Controls”面板。在“Timeline”面板中拖动时间指示器，在监视器窗口中可以看到过渡效果从内向外展现，如图8-31所示。

图8-31　默认的过渡效果（右图）

（2）在“Effect Controls”面板中，选中“Reverse（倒转）”项，在“Timeline”面板中拖动时间指示器，在“监视器”窗口中可以看到过渡效果从外向内进行，如图8-32所示。

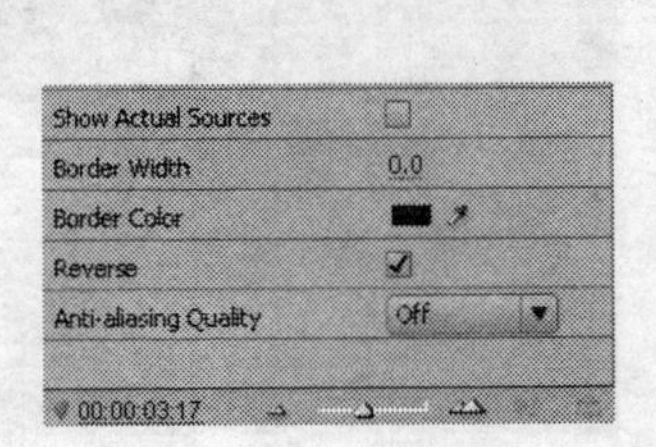

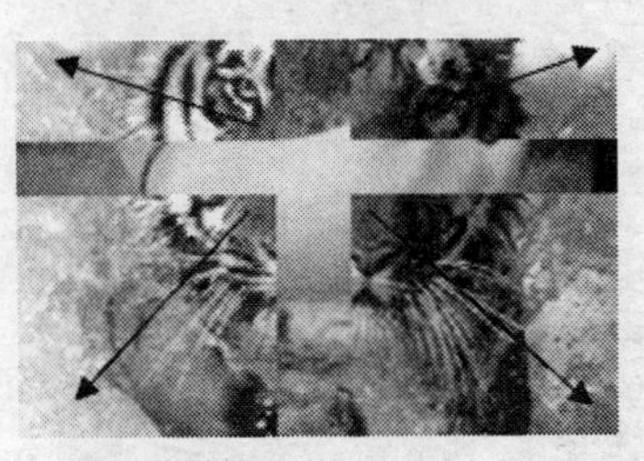

图8-32　改变过渡方向

7. 调整过渡边缘的平滑度

当在两个剪辑之间放置了过渡效果之后，一般使用的都是默认的过渡边缘平滑度。有时，如果过渡效果不够平滑的话，可以把它改变得平滑一些。下面介绍如何进行设置。

（1）在“Timeline”面板中添加一个过渡效果后，单击该效果打开“Effect Controls”面板。

（2）在“Effect Controls”面板中，单击Anti-aliasing Quality（抗锯齿质量）右侧的“Off（关闭）”项，打开一个下拉菜单，如图8-33所示。

（3）根据需要选择需要的级别即可，它们分别是Low（低）、Medium（中）和High（高）。

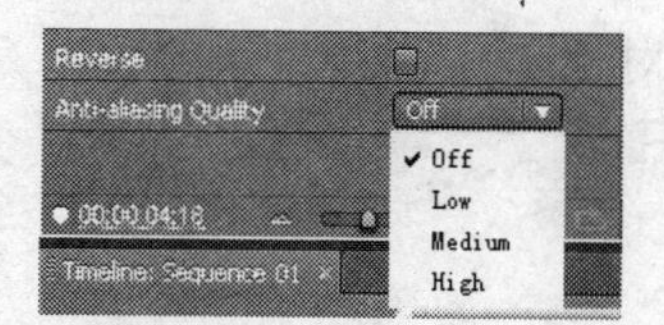

图8-33 下拉菜单

8.2.2 自定义过渡效果

除了Premiere中自带的过渡效果之外，还可以自定义一些过渡效果，比如渐变的过渡效果。下面简单地介绍一下怎样使用灰度级图制作渐变擦除过渡效果。

在Premiere中，可以使用灰度级图创建渐变擦除的过渡效果。在这种过渡效果中，影像B填充灰度级图像的黑色区域，逐渐显示出其他区域，直到白色区域变成透明为止，如图8-34所示。

图8-34 渐变擦除过渡效果

下面介绍使用黑白位图制作渐变擦除过渡效果的操作步骤。

（1）在“Effects”面板中，展开“Video Transitions”中的“Wipe（擦除）”部分，如图8-35所示。

（2）在“Timeline”面板中放置两个剪辑，并把“Gradient Wipe（渐变擦除）”效果拖到两个剪辑之间。通过双击过渡效果，打开“Effect Controls”面板，如图8-36所示。

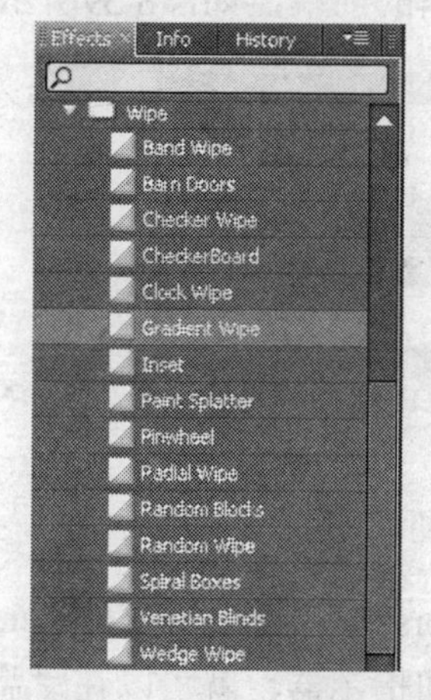

图8-35 “Wipe”过渡效果

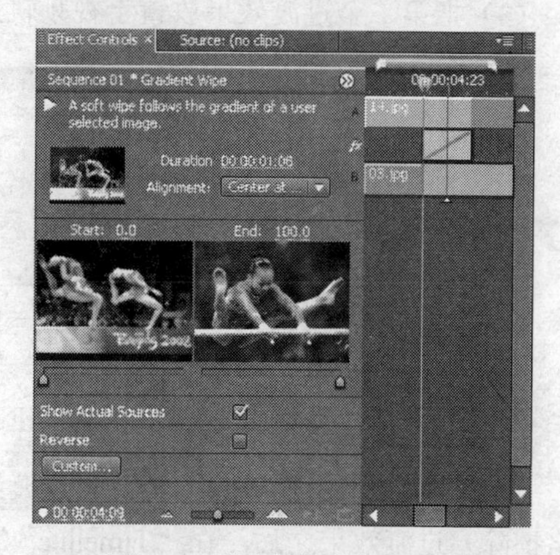

图8-36 “效果控制”面板

（3）在“Effect Controls”面板中单击“Custom（自定义）”按钮，就会打开“Gradient Wipe Settings（渐变擦除设置）”对话框，如图8-37所示。

（4）在“Gradient Wipe Settings”对话框中单击“Select Image（选择图像）”按钮，在打开的“打开”对话框中双击需要的图像文件，如图8-38所示。可以通过拖动“Softness（柔和度）”滑块，调整过渡的柔和度，单击“OK”按钮关闭“Gradient Wipe Settings”对话框。

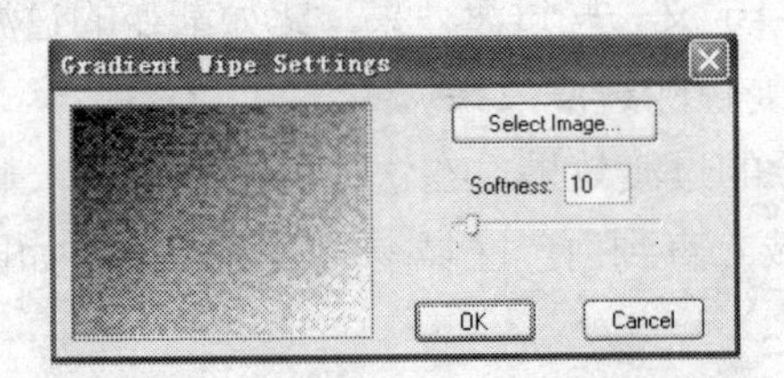

图8-37 “渐变擦除设置”对话框

图8-38 “打开”对话框

（5）在“Timeline”面板中拖动时间指示器观看过渡效果是否满意。

8.2.3 添加多个过渡效果

有时候，为了创建更为绚丽的视频效果，需要把两个或者更多的切换都边对边地排列在一起。这样做可以为视频节目提供一个梦幻般的效果。下面介绍添加多个切换效果的操作情况。

（1）首先把两个素材添加到“Timeline”面板中的视频轨道中，打开“Video Transitions（视频过渡）”面板。

（2）把第一个过渡效果放置于视频轨道中第一个剪辑的末端。

（3）把第二个过渡效果放置于视频轨道中第二个剪辑的前端，如图8-39所示。

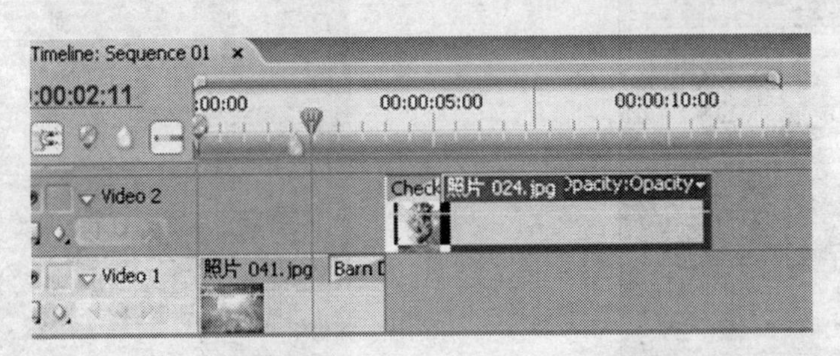

图8-39 使过渡效果首尾并排

（4）比如依次添加Wipe（擦除）过渡组中的Barn Doors（谷仓门）和Checker Wipe（棋盘格擦除）过渡效果之后，在“Timeline”面板中拖动时间指示器，就可以在“监视器”窗口中依次看到添加的过渡效果，如图8-40所示。

图8-40 Barn Doors（谷仓门）和Checker Wipe（棋盘格擦除）

8.3 过渡效果简介

在这一部分内容中将介绍过渡效果窗口中的各种过渡效果和具体的设置，以便使读者对过渡效果有一个全面的了解。Premiere提供了多达几十种典型的过渡效果，并且对它们进行了具体的分类，共11种，如图8-41所示。下面将对它们进行详细的分析和讲解。

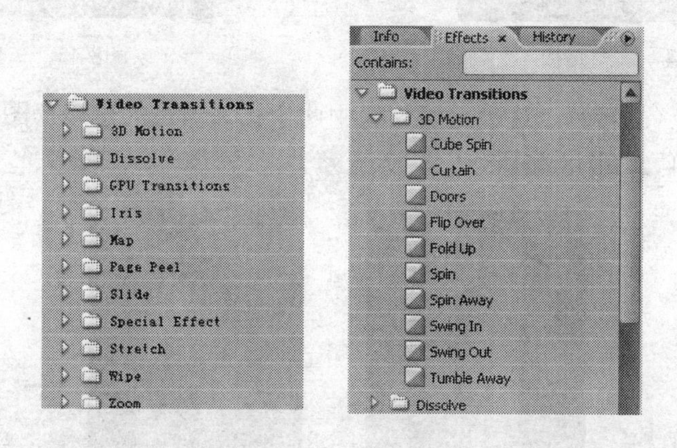

图8-41 11种过渡效果（左图），展开的3D运动类过渡效果

8.3.1 3D Motion （3D运动类）

这种类型的过渡是将前后两个镜头进行层次化，实现从二维到三维转换的视觉效果。3D Motion类里面包含10种过渡类型，如图8-42所示。

（1）Cube Spin（立体旋转）：这种过渡效果中2个相邻剪辑的过渡以立方体旋转的形式来实现，如图8-43所示。

（2）Curtain（窗帘）：这种过渡效果中2个相邻剪辑的过渡以图像A呈拉起的形状消失，同时图像B出现的形式来实现，效果就像打开窗帘一样，如图8-44所示。

提示：这里所说的图像A指的是轨道中前面的剪辑，图像B指的是轨道中后面的剪辑。

图8-42　3D Motion过渡类型

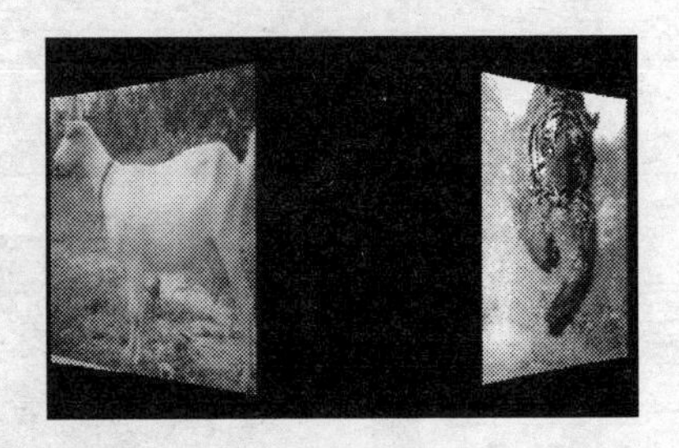

图8-43　立体旋转过渡

（3）Doors（关门）：这种过渡效果中两个相邻剪辑的过渡以图像A、B呈关门状转换的形式来实现的，效果就像关门一样，如图8-45所示。

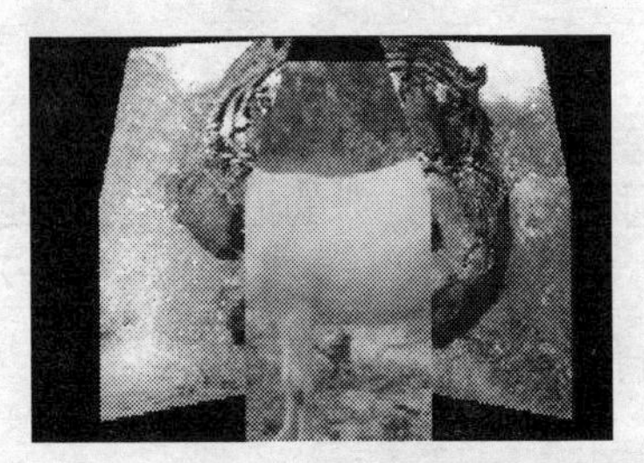

图8-44　窗帘过渡

图8-45　关门过渡

（4）Flip Over（翻转）：这种过渡效果中两个相邻剪辑的过渡为图像A反转到图像B，效果就像翻转了一样，如图8-46所示。

图8-46　翻转过渡

（5）Fold Up（折叠）：这种过渡效果中两个相邻剪辑的过渡以图像A像纸一样折叠到图像B的形式来实现，效果就像两样东西折叠在一块一样，如图8-47所示。

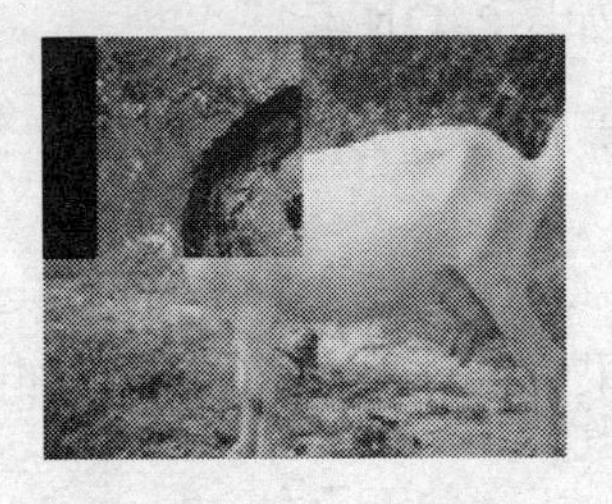

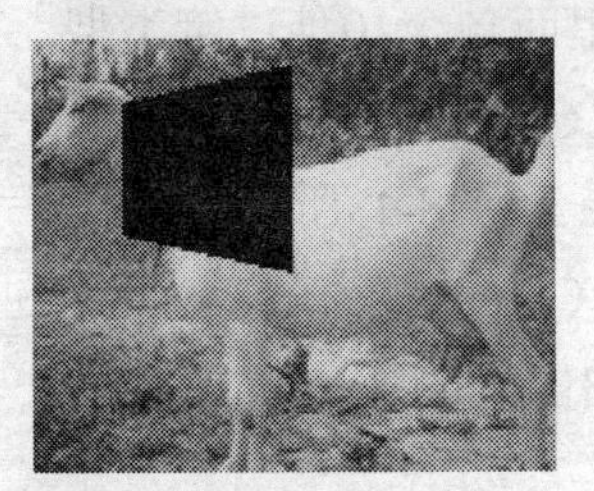

图8-47　折叠过渡

（6）Spin（旋转）：这种过渡效果中两个相邻剪辑的过渡以图像B旋转出现在图像A上的形式来实现，如图8-48所示。

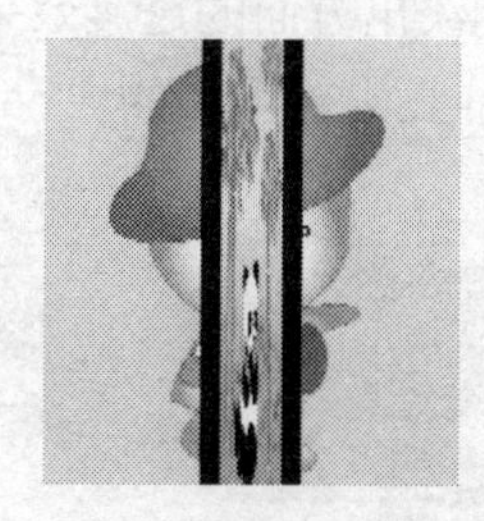  

图8-48 旋转过渡

（7）Spin Away（回旋）：这种过渡效果中两个相邻剪辑的过渡以图像A旋转离开，由图像B来代替的形式来实现的。该过渡效果类似于Spin过渡效果。

（8）Swing In（摆入）：这种过渡效果中两个相邻剪辑的过渡以图像B像摆锤一样摆入，取代图像A的形式来实现，如图8-49所示。

图8-49 摆入过渡

（9）Swing Out（摆出）：这种过渡效果中两个相邻剪辑的过渡以图像B像摆锤一样从外面摆出，取代图像A的形式来实现，效果就像摆锤摆出一样，如图8-50所示。

图8-50 摆出过渡

（10）Tumble Away（筋斗翻出）：这种过渡效果中两个相邻剪辑的过渡以图像A像翻筋斗一样翻出，显现出图像B的形式来实现，效果就像翻筋斗一样，如图8-51所示。

图8-51 筋斗翻出过渡

8.3.2 Dissolve（渐变类）

Dissolve类里面包含7种过渡类型，主要是一些淡进和淡出方面的过渡效果，如图8-55所示。其中Dip to White（渐变到白）是在这一版本的Premiere中新增加的。

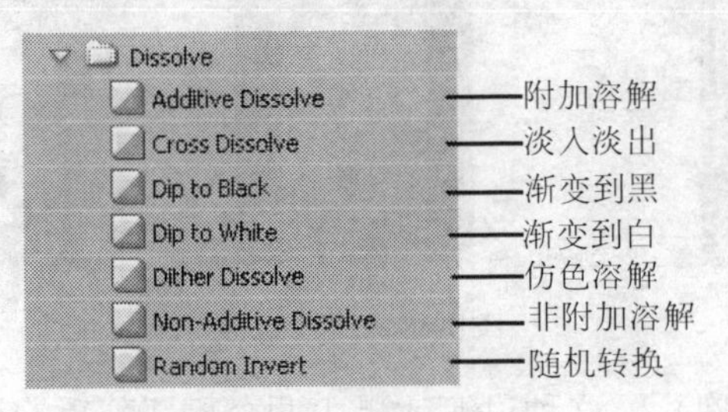

图8-52 Dissolve过渡类型

（1）Additive Dissolve（附加溶解）：这种过渡效果中，图像A淡出，图像B淡进，但是在过渡过程中会有一些色彩亮度的变换效果，如图8-53所示。

图8-53 附加溶解过渡

（2）Cross Dissolve（淡入淡出）：也被称为淡进淡出。这种过渡效果中，图像A淡出，图像B淡进，相对于附加溶解过渡效果而言，在过渡中间没有色彩亮度的变换效果，如图8-54所示。

图8-54 淡入淡出过渡

（3）Dip to Black（渐变到黑）：这种过渡效果中，图像A淡出，图像B淡进，在过渡过程中会出现纯黑效果，如图8-55所示。

图8-55 渐变到黑

（4）Dip to White（渐变到白）：这种过渡效果中，图像A淡出，图像B淡进，在过渡过程中会出现纯白效果，其效果可参见前一过渡效果。

（5）Dither Dissolve（仿色溶解）：这种过渡效果中，图像A淡出，图像B淡进，在过渡中间会有一些仿色变换效果，如图8-56所示。

图8-56 仿色溶解

（6）Non-Additive Dissolve（非附加溶解）：这种过渡效果中，图像A淡出，图像B淡进，但是在过渡中间会有一些色斑变换效果，如图8-57所示。

图8-57 非附加溶解

（7）Random Invert（随机转换）：这种过渡效果中，图像A淡出，图像B淡进，但是在过渡中间会以色度变换的方式进行过渡，如图8-58所示。

图8-58 随机转换

8.3.3 GPU Transitions（GPU过渡类）

在GPU Transitions类里面包含5种过渡类型，主要是一些特殊的过渡效果，比如页面卷曲和球形化过渡效果，如图8-59所示。

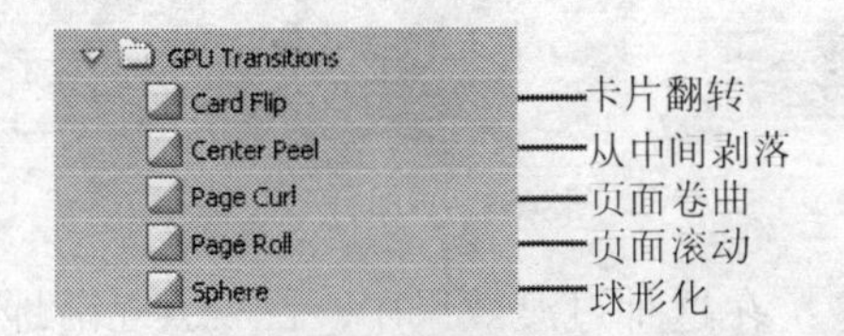

图8-59 GPU Transitions过渡类

（1）Card Flip（卡片翻转）：在这种过渡效果中，图像A逐渐地被图像B替代，替代方式就像是多个卡片翻转一样，如图8-60所示。

图8-60 卡片翻转

（2）Center Peel（从中间剥落）：在这种过渡效果中，图像A逐渐地被图像B替代，替代方式就像从中间剥皮一样，如图8-61所示。

图8-61 从中间剥落

（3）Page Curl（页面卷曲）：在这种过渡效果中，图像A逐渐地被图像B替代，替代方式就像是从一侧卷起一张纸那样，如图8-62所示。

图8-62 页面卷曲

（4）Page Roll（页面滚动）：在这种过渡效果中，图像A逐渐地被图像B替代，替代方式就像是从一侧以水平方向卷起一张纸那样，如图8-63所示。

图8-63 页面滚动

（5）Sphere（球形化）：在这种过渡效果中，图像A逐渐地被图像B替代，替代方式就像是图像A逐渐球化，并显示出图像那样，如图8-64所示。

图8-64 球形化过渡

8.3.4 Iris（划像类）

这种类型的过渡是两个画面直接交替转换，也就是说，在前一个画面逐渐消失的过程中，后面一个镜头画面逐渐显示出来。这种类型的过渡效果比较自然、流畅，常用在表现倒叙、回忆和幻想类型的影片中，可以达到深化影片意境和表达人物情绪的作用。在Iris类里面包含7种过渡类型，如图8-65所示。

图8-65 Iris过渡类型

（1）Iris Box（方形划像）：在这种过渡效果中，两个相邻剪辑的过渡以图像B呈方形在图像A上展开的形式来实现，如图8-66所示。

图8-66 方形划像

（2）Iris Cross（十字形划像）：在这种过渡效果中两个相邻剪辑的过渡以图像B呈十字形在图像A上展开的形式来实现，如图8-67所示。

图8-67 十字形划像

（3）Iris Diamond（菱形划像）：在这种过渡效果中两个相邻剪辑的过渡以图像B呈菱形在图像A上展开，并最终取代图像A的形式来实现，如图8-68所示。

图8-68 菱形划像

（4）Iris Points（斜十字划像）：在这种过渡效果中两个相邻剪辑的过渡以图像B呈斜十字形在图像A上展开，并最终取代图像A的形式来实现，如图8-69所示。

图8-69 斜十字划像效果

（5）Iris Round（圆形划像）：在这种过渡效果中两个相邻剪辑的过渡以图像B呈圆形在图像A上展开，并最终取代图像A的形式来实现，如图8-70所示。

图8-70 圆形划像

（6）Iris Shapes（锯齿形划像）：在这种过渡效果中两个相邻剪辑的过渡以图像B呈锯齿形在图像A上展开的形式来实现，如图8-71所示。

图8-71 锯齿形划像

（7）Iris Star（星形划像）：这种过渡效果中两个相邻剪辑的过渡以图像B呈星形在图像A上展开的形式来实现，如图8-72所示。

图8-72　星形划像

8.3.5　Map（映射图类）

这种类型的过渡效果主要是通过转换通道中的颜色来实现一定效果的过渡。Map类里面包含有2种过渡类型，如图8-73所示。

（1）Channel Map（通道映射图过渡）：在这种过渡效果中两个相邻剪辑的过渡以从图像A和B选择通道并映射到输出影像的形式来实现。当把该过渡效果拖放到时间标尺的两个剪辑中间时，就会弹出一个“Channel Map Settings（通道映射图设置）”对话框，如图8-74所示。

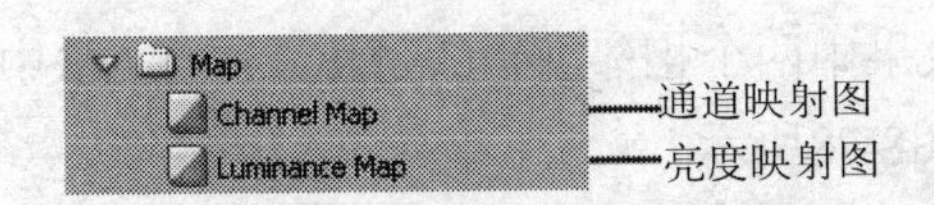

图8-73　Map过渡类型

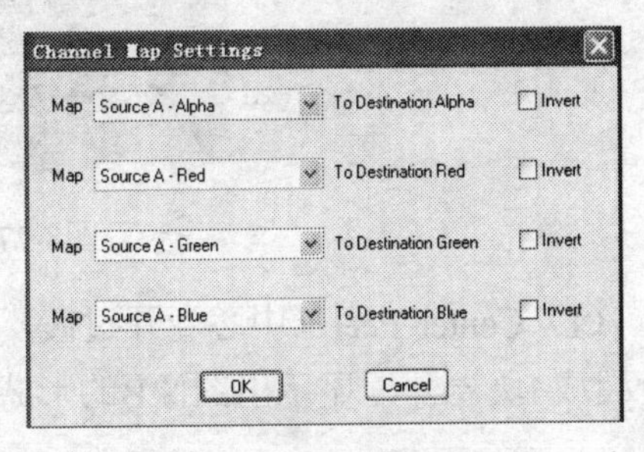

图8-74　“Channel Map Settings”对话框

在“Channel Map Settings”对话框中，“Invert（翻转）”项都没有被勾选，选择某一栏就会在剪辑过渡中转换该通道的颜色，比如勾选“Source A-Green”的“Invert”项，则过渡部分的颜色为如图8-75所示的颜色。

图8-75　过渡效果

提示：对于有些过渡效果在黑白模式下可能看不清楚，读者需要在彩色模式下进行查看。

（2）Luminance Map（亮度映射图过渡）：这种过渡效果中两个相邻剪辑的过渡以图像A的亮度值映射到图像B的形式来实现，如图8-76所示。

图8-76 亮度映射图过渡效果

8.3.6 Page Peel（翻页过渡类）

这种类型的过渡效果是在一个镜头结束时通过剥落或者翻转来实现与后面一个镜头的转换。一般用于表现时间与空间的转换。通常，这种类型的过渡效果在文艺晚会、MTV和广告片中经常使用。Page Peel类里面包含5种过渡类型，主要用于制作一些翻页的过渡效果，如图8-77所示。

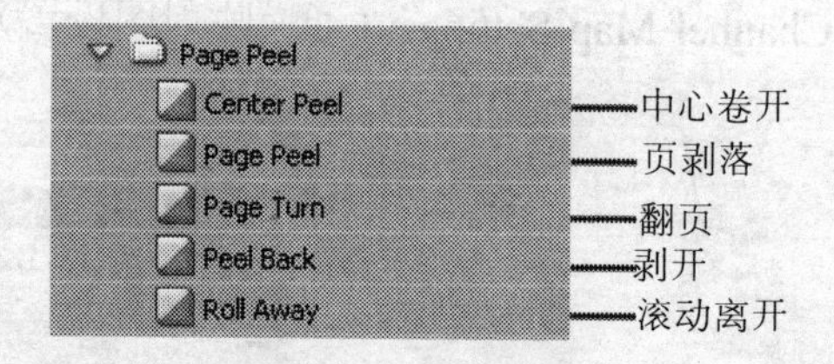

图8-77 Page Peel过渡类型

（1）Center Peel（中心卷开过渡）：这种过渡效果中两个相邻剪辑的过渡以图像A从中心分裂成4块卷开，显示出图像B的形式来实现，如图8-78所示。

图8-78 中心卷开过渡效果

（2）Page Peel（页剥落过渡）：这种过渡效果中两个相邻剪辑的过渡以图像A带着背景色卷走，露出图像B的形式来实现，如图8-79所示。

图8-79 页剥落过渡效果

（3）Page Turn（翻页过渡）：这种过渡效果中两个相邻剪辑的过渡效果类似于Page Peel，但是图像A卷起时，背景仍旧是图像A的形式，如图8-80所示。

图8-80　翻页过渡效果

（4）Peel Back（剥开过渡）：这种过渡效果中两个相邻剪辑的过渡以图像A由中央呈4块分别卷走，露出图像B的形式来实现，如图8-81所示。

图8-81　剥开过渡效果

（5）Roll Away（滚动离开过渡）：这种过渡效果中两个相邻剪辑的过渡以图像A像一张纸一样卷走露出图像B的形式来实现，如图8-82所示。

图8-82　滚动离开过渡效果

8.3.7　Slide（滑动过渡类）

这种类型的过渡效果主要是以画面滑动的方式来实现前后两组镜头的过渡。Slide类里面包含12种过渡类型，主要用于制作一些滑动类的过渡效果，如图8-83所示。

图8-83 Slide过渡类型

（1）Band Slide（带形滑动过渡）：这种过渡效果中两个相邻剪辑的过渡以图像B以带状推入，逐渐覆盖图像A的形式来实现，如图8-84所示。

图8-84 带形滑动过渡效果

（2）Center Merge（中心合并过渡）：这种过渡效果中两个相邻剪辑的过渡以图像A从4周向中心合并，显现出图像B的形式来实现，如图8-85所示。

图8-85 中心合并过渡效果

（3）Center Split（中心分裂过渡）：这种过渡效果中2个相邻剪辑的过渡以图像A从中心呈十字向4周裂开，显现出图像B的形式来实现，如图8-86所示。

图8-86 中心分裂过渡效果

（4）Multi Spin（多方格旋转过渡）：这种过渡效果中两个相邻剪辑的过渡以图像B用12个小的旋转图像呈现出来，并逐渐取代图像A的形式来实现，如图8-87所示。

图8-87 多方格旋转过渡效果

（5）Push（推开过渡）：这种过渡效果中两个相邻剪辑的过渡以图像B从左边推动图像A向右边运动，并逐渐取代图像A的位置的形式来实现，如图8-88所示。

 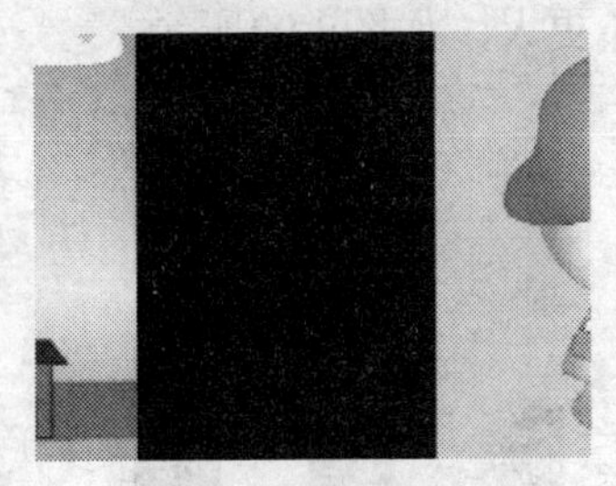 

图8-88 推开过渡效果

（6）Slash Slide（斜线滑动过渡）：这种过渡效果中两个相邻剪辑的过渡通过令图像B以一些自由线条方式划开图像A，并逐渐取代图像A的位置的形式来实现，如图8-89所示。

图8-89 斜线滑动过渡效果

（7）Slide（滑动过渡）：这种过渡效果中两个相邻剪辑的过渡以图像B像幻灯片一样划入图像A，并逐渐取代图像A的位置的形式来实现，如图8-90所示。

图8-90 滑动过渡效果

（8）Sliding Bands（百页窗1过渡）：这种过渡效果中两个相邻剪辑的过渡通过令图像

B在水平或者垂直方向的从小到大的条形中逐渐显露，逐渐取代图像A的位置的形式来实现，如图8-91所示。

图8-91　百页窗1过渡效果

（9）Sliding Boxes（百页窗2过渡）：这种过渡效果中两个相邻剪辑的过渡通过令图像B在水平方向的从小到大的条形中逐渐显露，并逐渐取代图像A的位置的形式来实现的。效果类似于Sliding Bands，只不过滑条更大，如图8-92所示。

图8-92　百页窗2过渡效果

（10）Split（分裂过渡）：这种过渡效果中两个相邻剪辑的过渡以图像A被分裂显露出图像B，并逐渐取代图像A的位置的形式来实现，如图8-93所示。

图8-93　分裂过渡效果

（11）Swap（交换过渡）：这种过渡效果中两个相邻剪辑的过渡以图像B与图像A前后交换位置转换，并逐渐取代图像A的位置的形式来实现，如图8-94所示。

图8-94　交换过渡效果

（12）Swirl（漩涡过渡）：这种过渡效果中两个相邻剪辑的过渡以图像B在一些旋转的方块中旋转而出，并逐渐取代图像A的位置的形式来实现，如图8-95所示。

图8-95 漩涡过渡效果

8.3.8 Special Effect（特效过渡）

Special Effect类里面包含3种过渡类型，主要用于制作一些特殊的过渡效果，如图8-96所示。与前一版本相比，在这一版本的Premiere中删去了3种特效过渡类型。

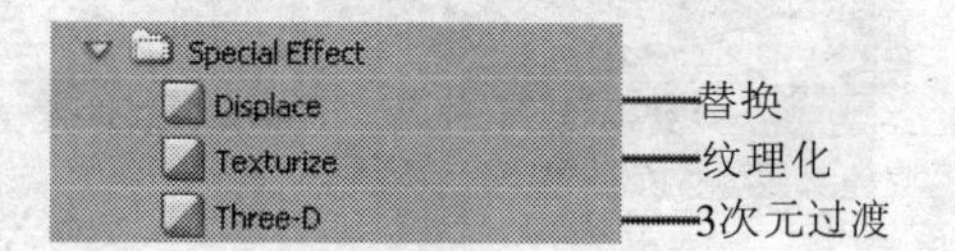

图8-96 Special Effect过渡类型

（1）Displace（替换过渡）：这种过渡效果中两个相邻剪辑的过渡以图像A的RGB通道像素被图像B的相同像素代替的形式来实现，如图8-97所示。

图8-97 替换过渡效果

（2）Texturize（纹理化过渡）：这种过渡效果中两个相邻剪辑的过渡以图像A被作为纹理贴图映射给图像B的形式来实现。在形式上看，该过渡效果类似于淡出淡入过渡效果，如图8-98所示。

（3）Three-D（3次元过渡）：这种过渡效果中两个相邻剪辑的过渡以把原图像映射给输出图像B的红和蓝通道的形式来实现，如图8-99所示。

图8-98 纹理化过渡效果

图8-99 3次元过渡效果

8.3.9 Stretch（伸展过渡类）

Stretch类里面包含4种过渡类型，主要用于制作一些伸展过渡效果，如图8-100所示。与前一版本相比，在这一版本的Premiere中删去了1种特效过渡类型。

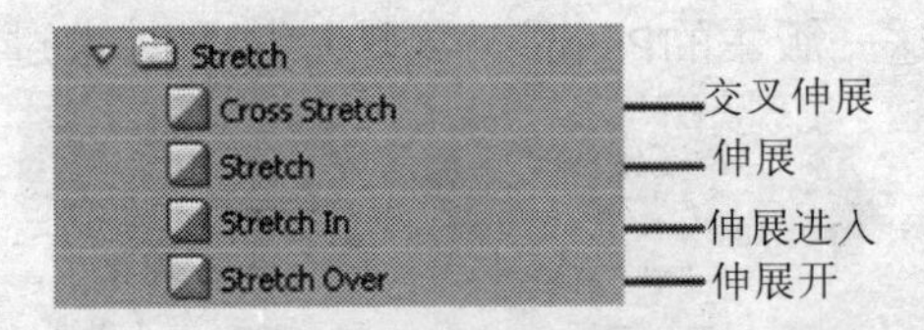

图8-100 Stretch过渡类型

（1）Cross Stretch（交叉伸展过渡）：这种过渡效果中两个相邻剪辑的过渡以图像B从一个边伸展进入，同时图像A收缩消失的形式来实现，如图8-101所示。

图8-101 相反伸展过渡效果

（2）Stretch（伸展过渡）：这种过渡效果中两个相邻剪辑的过渡以图像B像幻灯片一样划入图像A，并逐渐取代图像A的位置的形式来实现。效果类似于Slide，只不过图像B滑动时有变形，如图8-102所示。

（3）Stretch In（伸展进入过渡）：这种过渡效果中两个相邻剪辑的过渡以图像B放大进入，带有一定的变形，同时图像A淡出，并逐渐取代图像A的位置的形式来实现，如图8-103所示。

图8-102　伸展过渡效果

图8-103　伸展进入过渡效果

（4）Stretch Over（伸展开过渡）：这种过渡效果中两个相邻剪辑的过渡以图像B从A的中心线放大进入，带有一定的变形，并逐渐取代图像A的位置的形式来实现，如图8-104所示。

 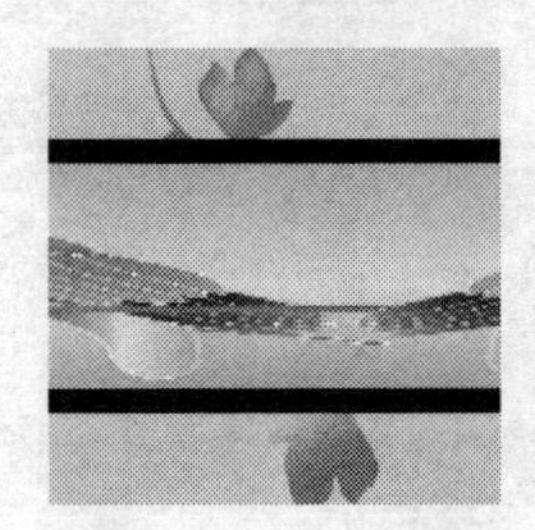 

图8-104 伸展开过渡效果

8.3.10　Wipe（擦除过渡类）

这种类型的过渡是通过在两组镜头之间添加指针旋转一样的效果来实现过渡。Wipe类里面包含17种过渡类型，如图8-105所示。它们的运用也相当广泛，在影片中常见的倒计时效果就是使用这种过渡效果实现的。

图8-105　Wipe过渡类型

（1）Band Wipe（带形擦除过渡）：这种过渡效果中两个相邻剪辑的过渡通过令图像B以水平、垂直或者对角线带状擦除图像A的形式来实现，如图8-106所示。

（2）Barn Doors（谷仓门过渡）：这种过渡效果中两个相邻剪辑的过渡以图像B通过开、关门方式过渡到图像A的形式来实现，如图8-107所示。

图8-106　带形擦除过渡效果

图8-107　谷仓门过渡效果

（3）Checker Wipe（棋盘格擦除过渡）：这种过渡效果中两个相邻剪辑的过渡以图像B呈棋盘形逐渐显露并逐渐取代图像A的位置的形式来实现，如图8-108所示。

图8-108　棋盘格过渡效果

（4）CheckerBoard（跳棋盘过渡）：这种过渡效果中两个相邻剪辑的过渡以图像B呈方格棋盘形逐渐显露并逐渐取代图像A的位置的形式来实现，如图8-109所示。

图8-109　跳棋盘过渡效果

（5）Clock Wipe（时钟扫描过渡）：这种过渡效果中两个相邻剪辑的过渡以图像B呈时钟转动方式逐渐擦除图像A并取代图像A的位置的形式来实现，如图8-110所示。

（6）Gradient Wipe（渐变擦除过渡）：这种过渡效果中两个相邻剪辑的过渡以依据所选择的图像做渐层过渡的形式来实现，如图8-111所示。

图8-110 时钟扫描过渡效果

图8-111 渐变擦除过渡效果

提示：在“Timeline”面板中的视频轨道中添加这种效果之后，将打开“Gradient Wipe Settings（渐变擦除设置）”对话框，如图8-112所示。单击“Select Image（选择图像）”按钮将打开一个用于选择图像的对话框，从中可以选择预先制作好的渐变图像，这种图像可以在Photoshop或者Illustrator中制作。通过调整Softness（柔和度）滑块可以调整渐变的柔和度。

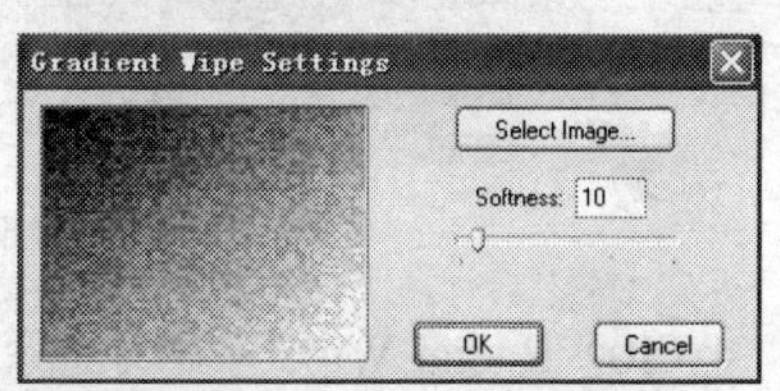

图8-112 “Gradient Wipe Settings”对话框

（7）Inset（插入过渡）：这种过渡效果中两个相邻剪辑的过渡以图像B呈方形从图像A的一角插入，并逐渐取代图像A的位置的形式来实现，如图8-113所示。

图8-113 插入过渡效果

（8）Paint Splatter（油漆泼溅过渡）：这种过渡效果中两个相邻剪辑的过渡以图像B以泼洒涂料方式进入并逐渐取代图像A的位置的形式来实现，如图8-114所示。

图8-114 油漆泼溅效果

（9）Pinwheel（转轮风车过渡）：这种过渡效果中两个相邻剪辑的过渡通过令图像A以风车转动式消失并露出图像B的形式来实现，如图8-115所示。

图8-115 纸风车过渡效果

（10）Radial Wipe（射线擦除过渡）：这种过渡效果中两个相邻剪辑的过渡以图像B呈射线扫描显示，并逐渐取代图像A的位置的形式来实现，如图8-116所示。该过渡效果在形式上类似于时钟擦除过度效果。

图8-116 射线擦除过渡效果

（11）Random Blocks（随机碎片过渡）：这种过渡效果中两个相邻剪辑的过渡通过图像A以随机块反转消失，图像B以随机块反转出现，逐渐取代图像A的位置的形式来实现，如图8-117所示。

图8-117 随机碎片过渡效果

（12）Random Wipe（随机擦除过渡）：这种过渡效果中两个相邻剪辑的过渡以图像B从一个边呈随机块扫走图像A，并逐渐取代图像A的位置的形式来实现，如图8-118所示。

图8-118 随机擦除过渡效果

（13）Spiral Boxes（旋转消失过渡）：这种过渡效果中两个相邻剪辑的过渡通过图像B以旋转方形方式显示，并逐渐取代图像A的位置的形式来实现，如图8-119所示。

图8-119 旋转消失过渡效果

（14）Venetian Blinds（百页窗过渡）：这种过渡效果中两个相邻剪辑的过渡通过令图像B以百页窗式逐渐取代图像A的位置的形式来实现，如图8-120所示。

图8-120 百页窗过渡效果

（15）Wedge Wipe（楔形擦除过渡）：这种过渡效果中两个相邻剪辑的过渡以图像B从图像A的中心呈楔形旋转划入，并逐渐取代图像A的位置的形式来实现，如图8-121所示。

（16）Wipe（擦除过渡）：这种过渡效果中两个相邻剪辑的过渡以图像B逐渐扫过图像A，并逐渐取代图像A的位置的形式来实现，如图8-122所示。

图8-121 楔形擦除过渡效果

图8-122 擦除过渡效果

（17）Zig－Zag Blocks（之字形碎块过渡）：这种过渡效果中两个相邻剪辑的过渡以图像B呈之字形碎块出现在图像A上，并逐渐取代图像A的位置的形式来实现，如图8-123所示。

图8-123 之字形碎块过渡效果

8.3.11 Zoom（缩放过渡类）

这种类型的过渡效果可以让两组相邻的镜头画面以推拉、画中画和幻影轨迹等形式进行过渡。Zoom类里面包含4种过渡类型，主要用于制作一些缩放类的过渡效果，如图8-124所示。

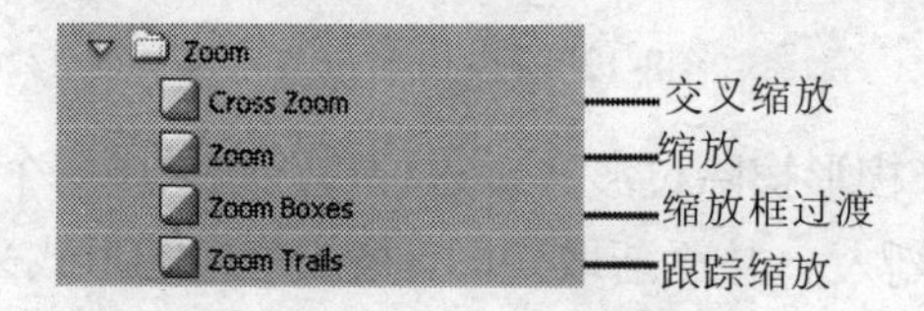

图8-124 Zoom过渡类型

（1）Cross Zoom（交叉缩放过渡）：这种过渡效果中两个相邻剪辑的过渡以图像A放大出去，图像B缩小进来，并逐渐取代图像A的位置的形式来实现，如图8-125所示。

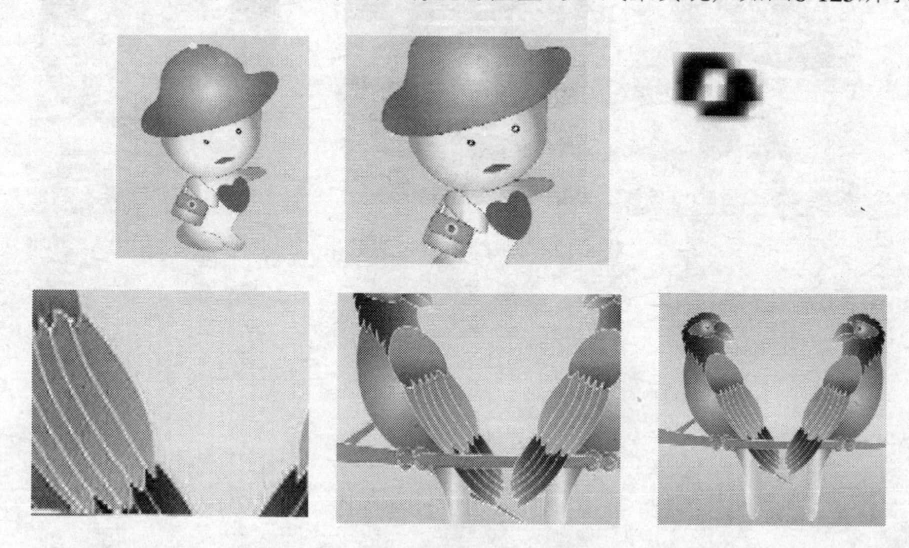

图8-125　交叉缩放过渡效果

（2）Zoom（缩放过渡）：这种过渡效果中两个相邻剪辑的过渡以图像B从图像A的中心放大出现，并逐渐取代图像A的位置的形式来实现，如图8-126所示。

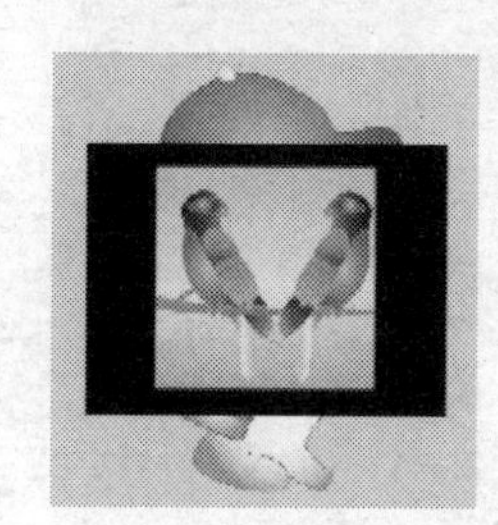

图8-126　缩放过渡效果

（3）Zoom Boxes（缩放框过渡）：这种过渡效果中两个相邻剪辑的过渡通过图像B以12个方框形从图像A上放大出现，并逐渐取代图像A的位置的形式来实现，如图8-127所示。

图8-127　缩放框过渡效果

（4）Zoom Trails（跟踪缩放过渡）：这种过渡效果中两个相邻剪辑的过渡以图像B从图像A的中心放大并带着拖尾出现，逐渐取代图像A的位置的形式来实现，如图8-128所示。

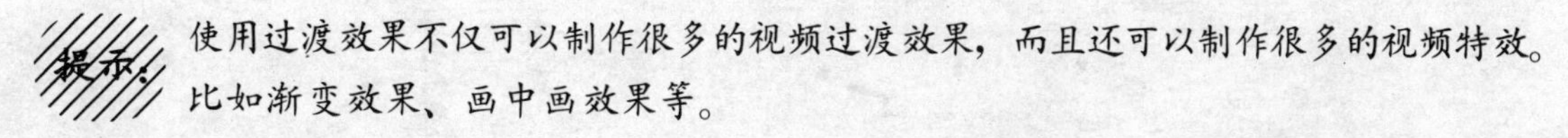
提示：使用过渡效果不仅可以制作很多的视频过渡效果，而且还可以制作很多的视频特效。比如渐变效果、画中画效果等。

图8-128　跟踪缩放过渡效果

第9章 视 频 动 画

在Premiere中，不仅能够组合和编辑剪辑，还能够使剪辑或者其他素材产生动画效果。虽然它不是专用的动画制作软件，但是却有着强大的运动生成功能，它能够轻易地将图像（或视频）进行移动、旋转、缩放以及变形等，还可以让静态的图像产生运动效果。因此，静止的图像、图形能够运动并且与视频剪辑有机结合，将是影视制作过程中一种非常关键的技巧。

在本章中主要介绍下列内容：

★关键帧简介

★运动命令

★设置运动

9.1 关键帧简介

在Premiere中，关键帧用于创建和控制动画、效果、音频属性及其他类型的改变。也有人把它们称为关键点。关键帧之间的帧被称为插补帧。当使用关键帧创建随时间变换而发生的改变时，必须使用至少两个关键帧，一个关键帧在开始位置，另外一个在结束位置。读者可以通过图9-1来理解关键帧。

图9-1 1，2是关键帧，其他为中间帧或者插补帧

9.1.1 查看关键帧和关键帧图形

关键帧是可以查看的。在Premiere中，只能在“Effect Controls”面板和“Timeline”面板中查看关键帧，而且在这两个位置都能够设置或者调整关键帧。关键帧一般由数值和点标记，比如空间位置、不透明度或者音量。多个关键帧可以构成一组关键帧曲线图形，通过调整曲线也可以调整关键帧，从而可以编辑动画的效果。

提示：为了使读者对关键帧有一个感性认识，在这一小节先介绍它的查看方法，在该小节后面的内容中介绍如何设置关键帧。

1. 在“Effect Controls”面板中查看关键帧

当在剪辑序列中添加了关键帧之后，那么就可以在“Effect Controls”面板中查看关键帧了。下面介绍如何进行查看。

（1）在“Timeline”面板中选择一个剪辑。

（2）打开“Effect Controls”面板，单击小三角形按钮展开需要查看的效果，就可以在“Effect Controls”面板的时间标尺中看到关键帧了，如图9-2所示。

提示：添加关键帧之后，也可以在“Timeline”面板查看到关键帧。在“Timeline”面板中的关键帧效果如图9-3所示。

图9-2 “Effect Controls”面板右侧的点图标就是关键帧

图9-3 在“Timeline”面板中的关键帧（方框中的点图标）

（3）如果要查看其他效果的属性，那么单击开关动画按钮即可展开属性设置，如图9-4所示。

2. 在Timeline面板中查看关键帧

默认设置下，在“Timeline”面板中的关键帧是隐藏的。在“Timeline”面板中既可以显示每个剪辑中音频效果和视频效果的关键帧，也可以显示整个剪辑序列属性的关键帧。虽然每个剪辑或者轨道可以显示不同的属性，但是每次只能查看一个轨道中或者单个剪辑的一个属性的关键帧。不过可以设置要显示哪个属性的关键帧。首先来了解一下“Timeline”面板中的几个部件，如图9-5所示。

在“Timeline”面板中为剪辑添加几个关键帧之后，单击“显示关键帧”按钮，将打开一个下拉菜单，从中选择“Show Keyframe（显示关键帧）”项即可看到关键帧，如图9-6所示。注意，在添加关键帧后，还可以使用鼠标来移动它们的位置。

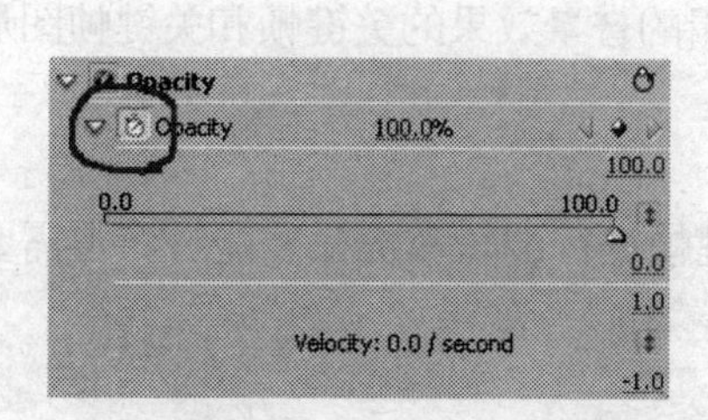

图9-4 动画开关按钮

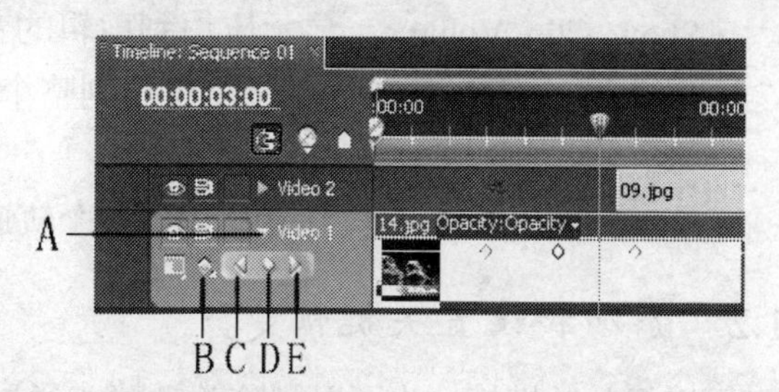

A. 折叠/展开轨道按钮 B. 显示关键帧按钮
C. 前一关键帧按钮 D. 添加/删除关键帧按钮
E. 下一关键帧按钮

图9-5 “Timeline”面板中的几个按钮

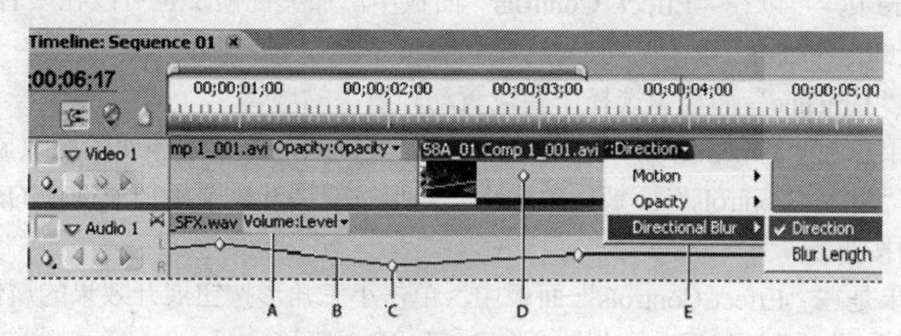

A. 轨道效果属性 B. 关键帧图形 C. 音频轨道关键帧
D. 视频剪辑关键帧 E. 剪辑效果属性

图9-6 “Timeline”面板中的关键帧

当把鼠标指针放置在关键帧上时，会显示出相关的信息，如图9-7所示。这一点非常重要，这样可以帮助我们精确地放置和编辑关键帧。

A. 时间码 B. 属性值

图9-7 关键帧提示

使用工具箱中的选择工具在关键帧上单击即可选择这个关键帧，按住鼠标键拖动即可移动关键帧。

打开“Timeline”面板单击视频轨道或者音频轨道左侧的“Show Keyframe”按钮，将展开一个下拉菜单，如图9-8所示。注意视频轨道或者音频轨道的下拉菜单不同。

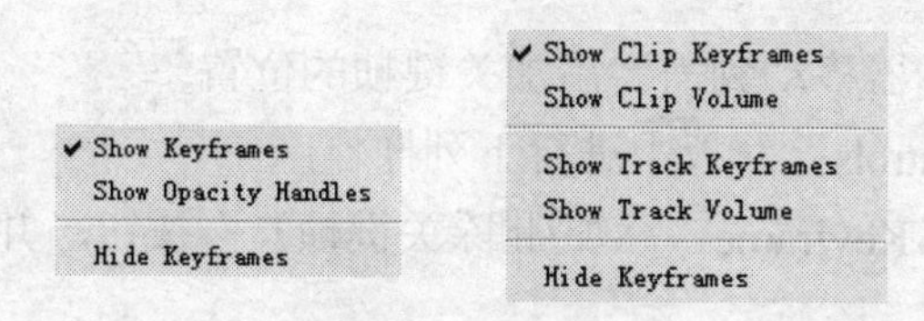

图9-8 视频下拉菜单（左）与音频下拉菜单（右）

使用这些菜单命令可以执行不同的功能，下面介绍这几个菜单命令。

- Show Keyframes：显示应用到剪辑的视频效果的关键帧和关键帧图形。
- Show Opacity Handles：显示应用到剪辑的不透明效果的关键帧和关键帧图形。
- Hide Keyframes：隐藏所有剪辑的关键帧和关键帧图形。
- Show Clip Keyframes：显示应用到剪辑的音频效果的关键帧和关键帧图形。

· Show Clip Volume：显示应用到剪辑的音量效果的关键帧和关键帧图形。

· Show Track Keyframes：显示应用到整个轨道中剪辑的音频效果的关键帧和关键帧图形。

· Show Track Volume：显示应用到整个轨道中剪辑的音量效果的关键帧和关键帧图形。

9.1.2 添加和设置关键帧

可以添加关键帧，也可以删除关键帧，通过对关键帧进行编辑和优化才能够获得需要的动画效果。

1. 添加和删除关键帧

在Premiere中，可以在“Effect Controls”面板中添加关键帧，也可以在“Timeline”面板中添加关键帧。下面介绍如何添加关键帧。

（1）在“Timeline”面板中选择需要设置动画效果的剪辑。

（2）如果想在“Timeline”面板中添加并调整关键帧，那么必须使关键帧显示出来。

（3）在“Effect Controls”面板中单击小三角形按钮展开需要添加关键帧的效果属性，单击开关动画按钮。

（4）如果是在“Effect Controls”面板中，单击小三角形按钮展开效果的属性并显示出它的Value（值）曲线和Velocity（速度）曲线。如图9-9所示。

如果是在“Timeline”面板中，从剪辑右侧的效果弹出菜单中选择效果属性，如图9-10所示。

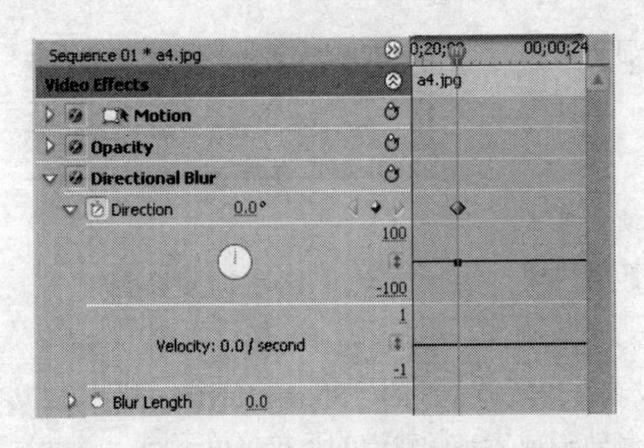

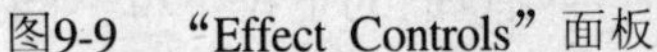
图9-9 “Effect Controls”面板

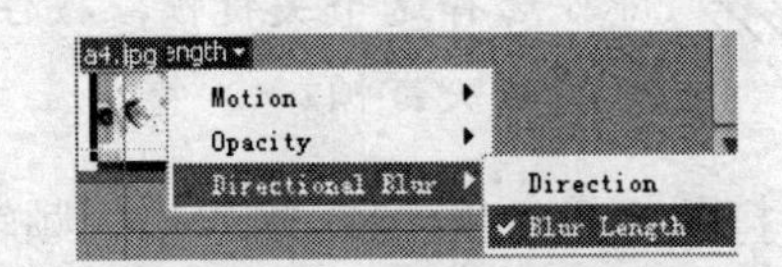

图9-10 选择的属性

（5）把当前时间指示器移动到需要添加关键帧的位置。

（6）在“Effects Controls”面板中进行下列操作：

· 单击“Add/Remove Keyframe（添加/删除关键帧）”按钮，并调整关键帧效果属性的值，如图9-11所示。

· 选中选择工具或者钢笔工具，按住Ctrl键单击关键帧的图形，调整效果属性的值。如果必要需要调整当前时间指示器的位置。

· 如果只是在“Effect Controls”面板中创建关键帧，那么通过调整效果的属性可以直接在当前时间点处添加上关键帧。

（7）重复第5步和第6步，按需要创建出所有的关键帧即可。

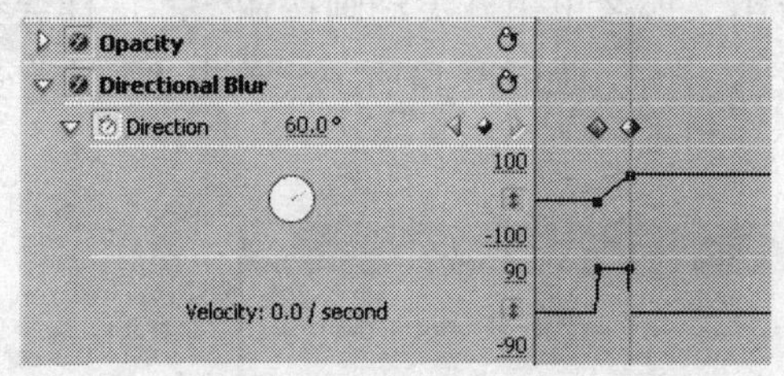

在“Effect Controls”面板中

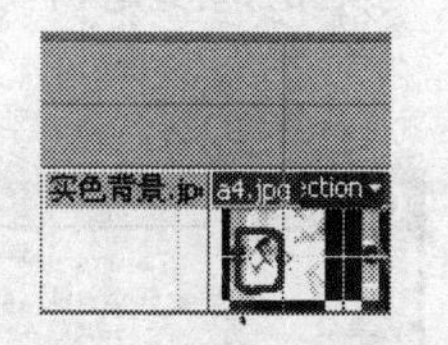

在“Timeline”面板中

图9-11 关键帧

提示：添加关键帧之后，在“Effect Controls”面板中将显示出关键帧曲线，图中注释了曲线的组成部分，如图9-12所示。注意，如果还没有添加关键帧，那么这些曲线将显示为一条直线。

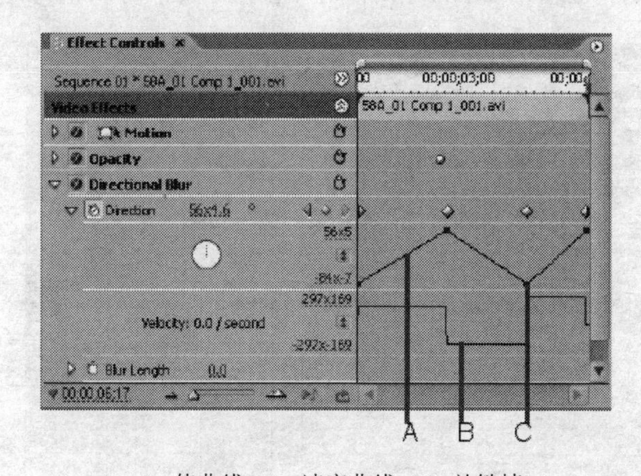

A. 值曲线 B. 速度曲线 C. 关键帧

图9-12 在“Effect Controls”面板中的关键帧曲线

2. 删除关键帧

如果不再需要关键帧，可以把它们删除。可以一次性把所有的关键帧都删除掉，也可以一次删除一个关键帧或者几个关键帧。下面介绍具体的操作。

（1）确定在“Effect Controls”面板或者“Timeline”面板中关键帧是可见的。

（2）如果想删除一个或几个关键帧，那么选择关键帧，并按Delete键即可。或者把当前时间指示器放置在关键帧上，单击“Add/Remove Keyframe（添加/删除关键帧）”按钮。在“Timeline”面板中删除关键帧之后的效果如图9-13所示。

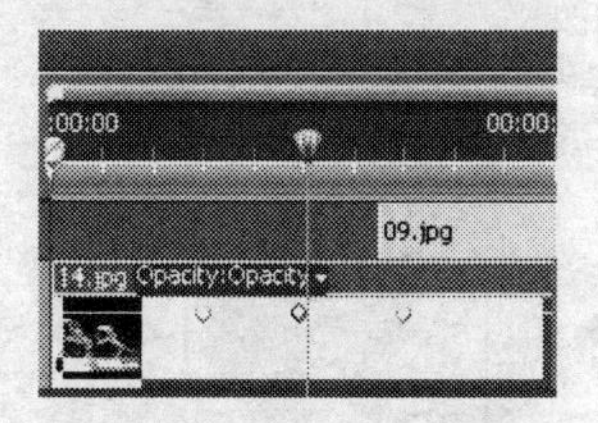

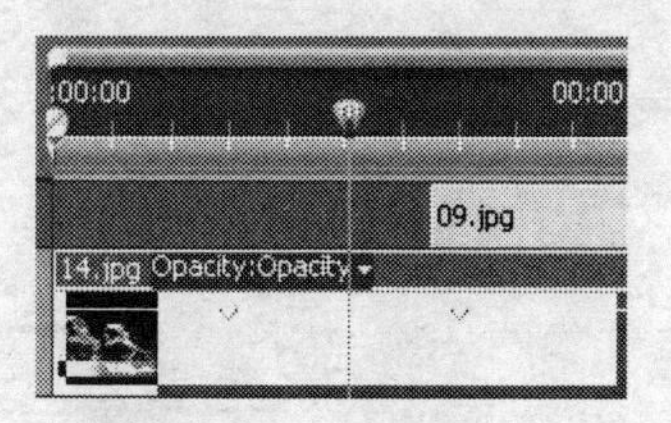

图9-13 选择的关键帧（左图）和删除关键帧之后的效果（右图）

（3）如果是在“Effect Controls”面板中，那么单击开关动画按钮，这样会打开一个“Warning（警告）”对话框询问是否要删除关键帧，如图9-14所示。单击“确定”按钮即可删除所有的关键帧。

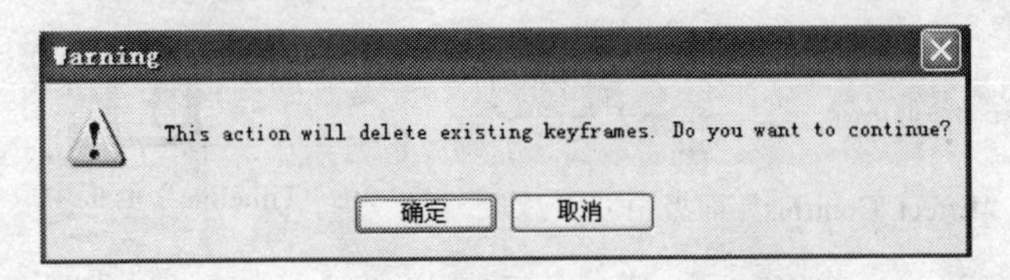

图9-14 “警告”对话框

3. 在Effect Controls面板中编辑关键帧图形

当添加多个关键帧之后，会形成一个曲线图形。可以通过编辑这些图形来调整效果。一般使用“Effect Controls”面板，如图9-15所示，在该面板中可以精确地调整关键帧图形。

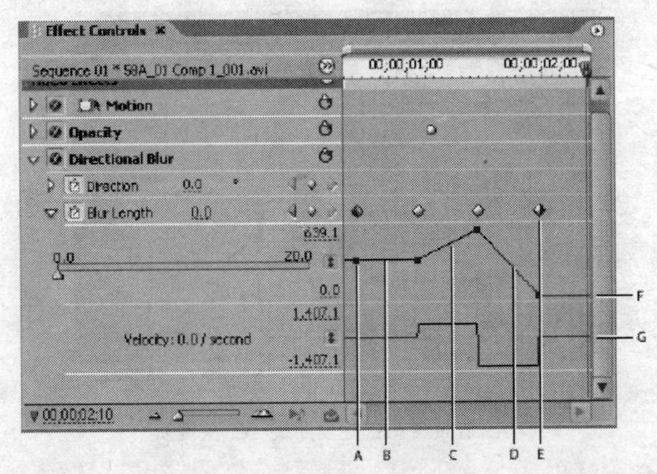

A. 关键帧标记 B. 平衡部分表示效果没有改变 C. 上升部分表示效果值增加
D. 下降部分表示效果值减小 E. 关键帧 F. 关键帧图形 G. 速度图形

图9-15 关键帧图形

在关键帧图形中，Value（值）图形为我们提供了非空间性（比如大小）关键帧的信息。可通过调整关键帧的位置或者数量来控制效果的属性，也可以显示和调整关键帧之间的插补帧。另外还有一个Velocity（速度）图形，使用它可以调整关键帧之间的运动速度。

为了能够更加精确地查看关键帧的图形，可以使用选择工具调整它们的大小，把鼠标指针移动到图形的下方，当鼠标指针改变成状时，通过拖动可以调整关键帧图形的高度，如图9-16所示。

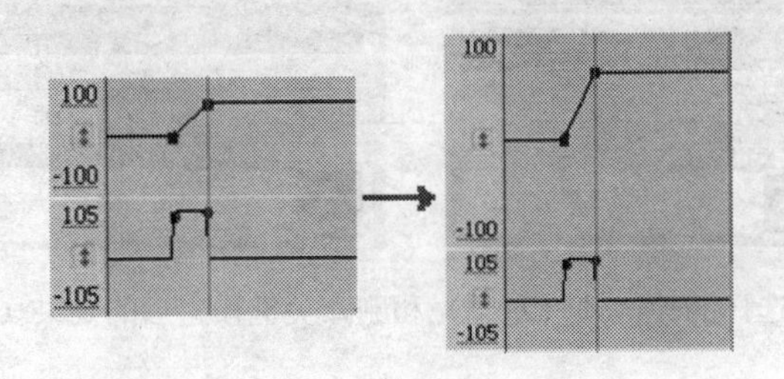

图9-16 调整图形的大小

使用选择工具或者钢笔工具向上或者向下拖动关键帧，可以增加或者减小效果属性的值，如图9-17所示。注意不能左右拖动关键帧。

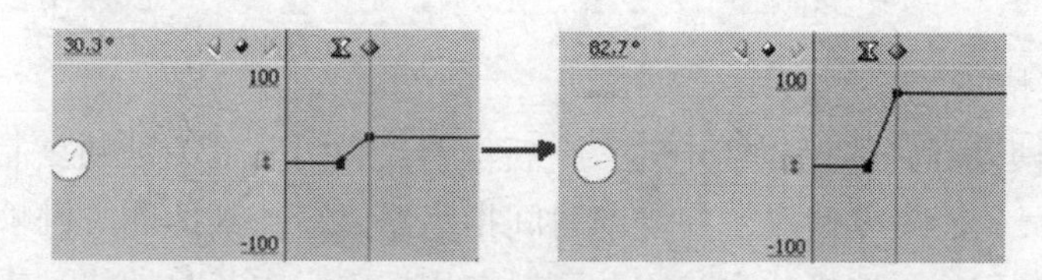

图9-17 调整图形的大小

4. 在"Timeline"面板中调整关键帧图形

可以在"Timeline"面板中使用选择工具或者钢笔编辑关键帧。可通过按垂直方法拖动关键帧来增加或减小属性值。但是需要注意在时间垂直线上所代表的特定属性的值和单位。

- 不透明度：当处于底部时是最小值0%，当处于最高部时是最大值100%，中间为50%。
- 旋转：单位是度，在中间位置时没有旋转，是0度。从中间向上是顺时针旋转，从中间向下是逆时针旋转。
- 音频线的最大值是100，最小值是－100。在中间位置时值为0。向上拖动将使声音偏向于左声道，并设置一个负值。向下拖动将使声音偏向于右声道，并设置一个正值。

当需要在"Timeline"面板中调整关键帧的图形时，从剪辑右侧的效果菜单中选择需要调整的属性。选中选择工具或者钢笔工具，移动到关键帧或者关键帧段上。当鼠标指针改变成关键帧指针形状或者关键帧指针段形状时，向上拖动或者向下拖动即可改变效果的属性值。向左或者向右拖动可以改变关键帧的位置。在拖动时，会在鼠标指针的旁边显示出提示内容。

9.1.3 移动和复制关键帧

可以根据需要把关键帧移动到一个新的位置，也可以像在微软办公软件Word文档中复制文字一样复制关键帧。

1. 移动关键帧

在移动关键帧时，同时也会移动与之相关的值和其他设置。通过移动关键帧可以很容易地改变动画的速度，使动画变快或者变慢。

既可以在"Effect Controls"面板中移动关键帧，也可以在"Timeline"面板中移动关键帧。既可以一次性移动一个关键帧，也可以一次性移动多个关键帧。在选择关键帧后，使用选择工具或者钢笔工具直接拖动即可。如果一次性移动多个关键帧，那么它们会保持原有的间距。下面是移动关键帧前后的对比效果，如图9-18所示。

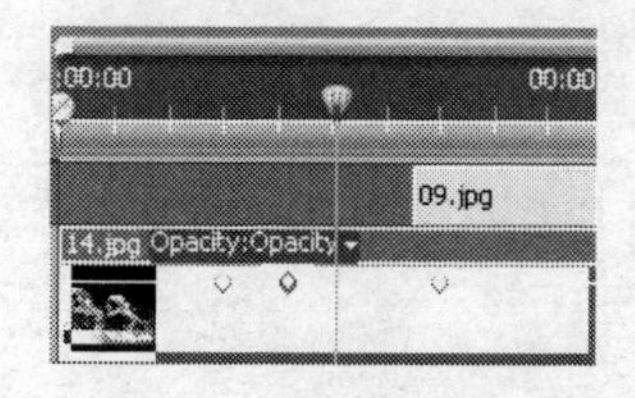

图9-18 移动关键帧前后的对比效果

最初的关键帧图标是◆，最后一个关键帧图标则是◆，浅色部分是相对的。

2. 复制关键帧

可以把关键帧复制到剪辑属性中的一个新位置，也可以把关键帧复制到不同剪辑中的同一效果属性中。最先的关键帧显示在当前时间指示器位置，其他的关键帧依次跟随其后。在粘贴关键帧后，它们处于选择状态，因此可以在目标剪辑中及时地移动它们。下面介绍如何在“Effect Controls”面板中复制关键帧。

（1）在“Effect Controls”面板中单击小三角形按钮展开效果、控制选项和关键帧。

（2）根据需要选择一个或者多个关键帧。

（3）选择“Edit（编辑）→Copy（复制）”命令。

（4）如果在同一剪辑中，那么把当前时间指示器移动到需要的位置，选择“Edit→Paste（粘贴）”命令即可。如果是另外一个剪辑，那么选择剪辑，并在“Effect Controls”面板中展开其相关属性，把当前时间指示器移动到需要的位置，选择“Edit→Paste（粘贴）”命令即可。

在“Timeline”面板中复制和粘贴剪辑的操作类似，这里不再赘述。

9.1.4 使用关键帧插补控制效果变换

关键帧插补是用于填充两个关键帧之间内容的处理过程。在数字视频和电影中，就是指在两个关键帧之间生成新的帧。比如，使一幅图像从左到右移动出屏幕，而且需要使用10帧，那么只需要在开始位置和第10帧位置分别设置一个关键帧即可，计算机会帮助填充这两个关键帧之间的图像运动。使用插补可以制作物体运动、效果变化、音量变化、图形调整、透明变换、颜色改变等很多方面的工作。

在Premiere中，有两种插补方式，一种是线形插补，另一种是贝塞尔曲线插补，如图9-19所示。使用线形插补可以创建从一个关键帧到另一个关键帧之间的均匀变换，可以创建匀速或者急速改变的运动效果。使用贝塞尔曲线插补可以创建从一个关键帧到另一个关键帧之间的非均匀变换，可以创建逐渐加速或者逐渐减速的运动效果。

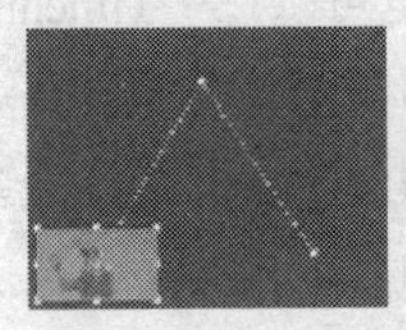
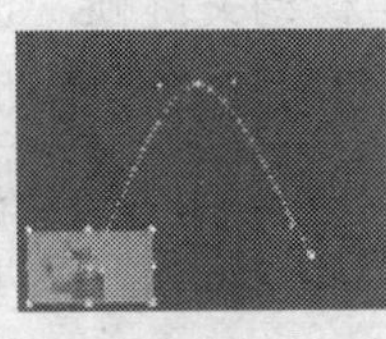
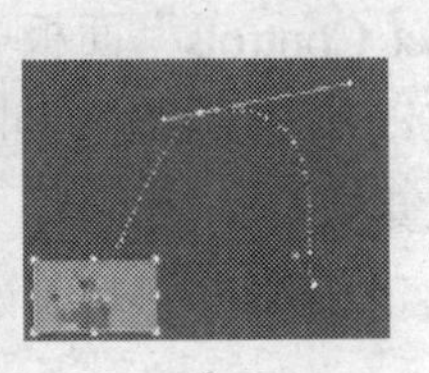

A　　　　B　　　　C

A. 线形插补　B. 自动贝塞尔曲线插补　C. 连续贝塞尔曲线插补

图9-19　插补类型

1. 改变关键帧的插补方式

通过改变关键帧的插补方式，可以精确地控制动画的进程。使用关联菜单即可改变插补类型，也可以通过调整关键帧或者控制手柄来改变插补类型。还可以使用Ease In和Ease Out

来改变插补类型。

下面介绍改变关键帧插补类型的操作。

（1）在“Effect Controls”面板中或者“Timeline”面板中的关键帧标记上右击，会打开一个菜单命令，如图9-20所示。

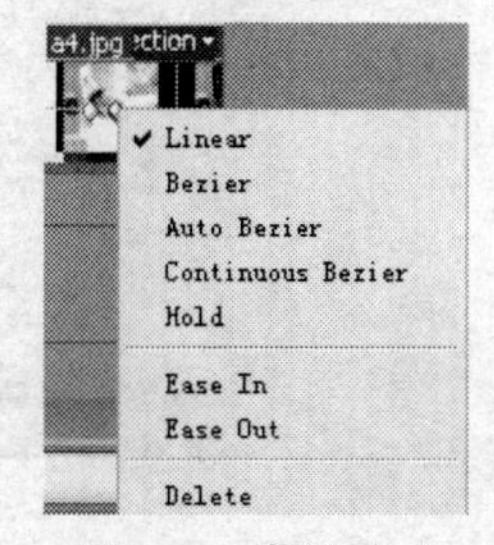

图9-20 菜单命令

（2）从这个下拉菜单中就可以选择需要的插补方式，默认是Linear。下面简要地介绍一下这些插补类型。

- Linear：在两个关键帧之间创建恒定速度的改变。
- Bezier：可以手动调整关键帧图形的形状，从而创建非常平滑的变换。
- Auto Bezier：创建平稳速度的改变。
- Continuous Bezier：创建平稳速度的改变，但是这种类型允许手动调整方向手柄。
- Hold（保持）：不会逐渐地改变属性值，会使效果发生快速地改变。
- Ease In：减慢属性值的改变，逐渐地进入到下一个关键帧。
- Ease Out：加快属性值的改变，逐渐地离开一个关键帧。

2. 调整贝塞尔手柄

当选择贝塞尔插补类型后，可以根据需要调整贝塞尔的手柄，从而调整贝塞尔曲线的形状。下面介绍如何进行调整。

（1）在关键帧上右击，从打开的菜单中选择需要的贝塞尔插补类型，显示出需要调整的贝塞尔控制手柄，如图9-21所示。

（2）选中选择工具或者钢笔工具。上下拖动控制手柄，可以调整曲线的弯曲程度。左右拖动控制手柄，可以调整曲线的影响范围，如图9-22所示。

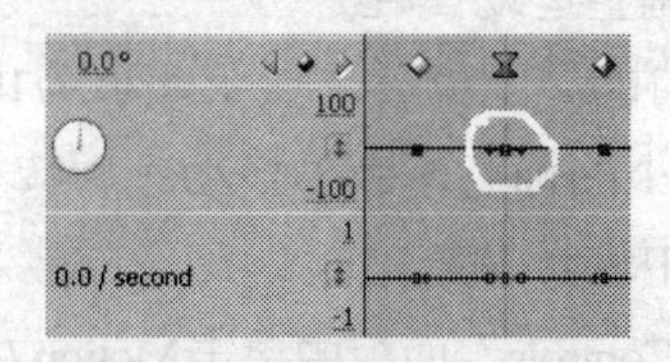

图9-21 贝塞尔控制手柄

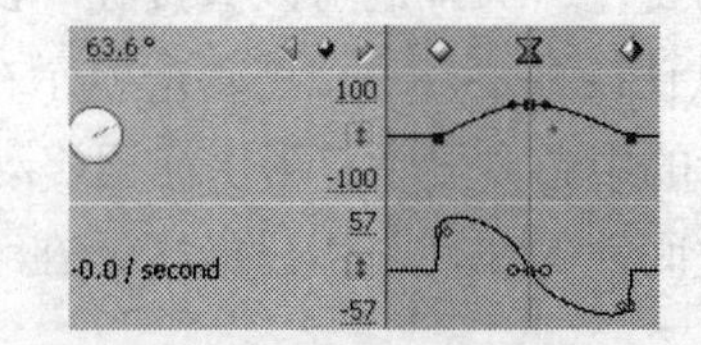

图9-22 调整贝塞尔控制手柄

3. 调整效果的改变速度

使用“Effect Controls”面板中的Velocity（速度）曲线可以调整效果变化的速度。通过调整可以模拟真实世界中物体的运动方式。比如可以改变一个剪辑的运动使它先快速地运动，再逐渐变成慢速运动。控制手柄分为入方向手柄和出方向手柄，如图9-23所示。

下面介绍如何进行调整。

（1）在“Effect Controls”面板中展开带有关键帧的效果属性。

（2）在Value（值）曲线上使用选择工具单击需要调整的关键帧标记，这样就会在Velocity曲线上显示出方向控制手柄。

（3）使用选择工具向上拖动方向手柄可加速进入或者离开关键帧。向下拖动方向手柄可减速进入或者离开关键帧。

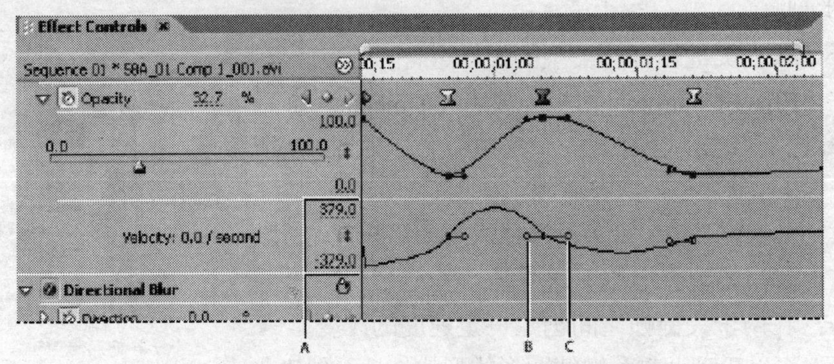

A. 速度控制 B. 入方向手柄 C. 出方向手柄

图9-23 调整控制手柄

（4）如果只想加速或者减速进入一个关键帧，那么按住Ctrl键单击入方向控制手柄。如果只想加速或者减速离开一个关键帧，那么按住Ctrl键单击出方向控制手柄。

9.1.5 运动效果

在这一部分内容中，介绍运动效果的相关知识。运动效果就是使一个剪辑从一个位置移动到另外一个位置，其间可以设置其他的效果，比如旋转。

1. 使用运动效果动画剪辑

在Premiere中，可以使用运动效果在视频帧中移动、旋转或者缩放一个剪辑。如果要设置这样的剪辑动画，必须首先为剪辑的运动属性设置关键帧。

在默认设置下，添加到“Timeline”面板中的每个剪辑都被应用了运动效果。可以在“Effect Controls”面板中查看或者调整运动效果属性，而且可以使用该面板中的控制选项来调整运动属性。另外还可以直接在“Program”窗口中调整运动属性。

在默认设置下，一个剪辑会显示在“Program”窗口的中间位置，显示大小为100%。而且在剪辑的中心会显示有用于标记移动、旋转和缩放大小的锚点。因为移动、旋转和缩放属性属于空间性的属性，所以最好是在“Program”窗口中进行调整。

在“Effect Controls”面板中单击Motion左侧的图标，就会在“Program”窗口中的剪辑上显示出控制手柄，如图9-24所示。虽然锚点也显示在“Program”窗口中，但是只能在Effect Controls面板中调整它，而不能在“Program”窗口中进行调整。但是当在“Effect Controls”面板中调整锚点时，“Program”窗口中的内容会及时更新。

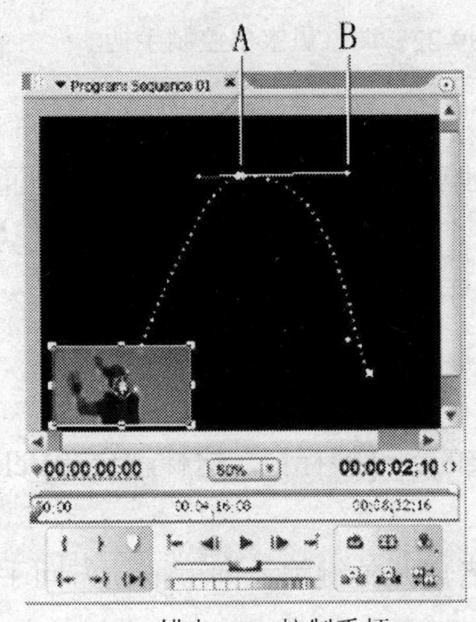

A. 锚点 B. 控制手柄

图9-24 锚点和控制手柄

2. 调整位置、大小和旋转角度

可以在“Program”窗口中调整剪辑的位置、大小和旋转角度。也可以使用“Effect Controls”面板中的控制来调整这些属性。下面介绍具体的操作。

（1）在“Timeline”面板中选择需要设置的剪辑，并打开“Effect Controls”面板。

（2）在“Effect Controls”面板中，展开小三角形按钮展开Motion区域中的控制选项，或者在“Program”窗口中单击影像，就会在“Program”窗口中显示出控制手柄和锚点。

（3）在“Program”窗口中执行下列操作即可。

- 如果想移动剪辑，那么直接使用选择工具移动影像即可。
- 如果想自由地缩放剪辑，那么直接拖动四个角上的手柄即可。如果成比例地缩放剪辑，那么按住Shift键拖动四个角上的手柄即可。

提示：在缩放剪辑时，会使影像看起来模糊或者不清晰，这是正常的。

注意：如果是满屏显示，那么可通过拖动影像，直至露出影像的边缘为止，再进行缩放操作。

- 如果想旋转剪辑，那么把鼠标指针移动到影像的外侧，当鼠标指针改变成旋转形状时，轻轻地拖动即可进行旋转，如图9-25所示。

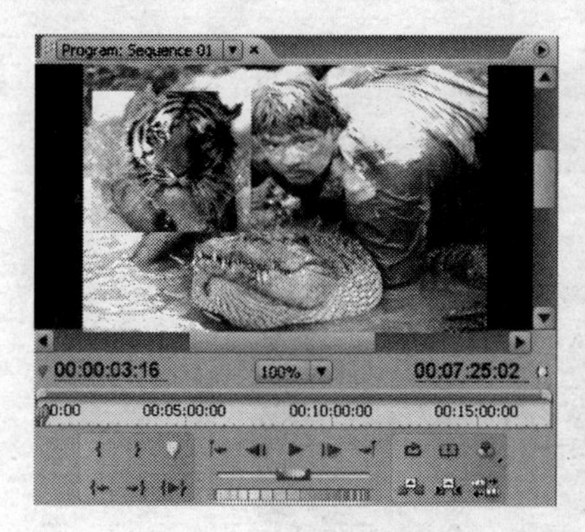

图9-25 旋转影像（右图）

提示：如果想为一个剪辑设置随时间而改变的运动、缩放或者旋转效果，在执行这些操作的同时设置关键帧即可。

9.2 实例：动画——汽车翻滚

在本例中，读者将学习如何通过设置关键帧来创建视频动画，还将学习到通过添加关键帧和编辑关键帧来改变动画效果。本例制作的汽车翻滚下落动画中的几帧的效果如图9-26所示。

（1）启动Premiere，新建一个项目。设置项目的名称和保存路径，其他使用默认设置，如图9-27所示。单击两次 OK 按钮，进入到系统默认的工作界面。

（2）执行“File（文件）→Import...（导入）”命令，打开“Import”对话框。框选需要的素材，单击 打开(O) 按钮，打开“Import Layered File（导入层文件）”对话框。将“Import As（导入类型）”设置为“Merged All Layers（合并所有层）”，如图9-28所示。

（3）由于这里使用的汽车图片是在Photoshop中制作的背景透明的层文件，所以在导入该图片素材时会打开上面的对话框。在对话框中设置选项后单击 OK 按钮，将素材导入到“Project”对话框中，如图9-29所示。

图9-26　汽车翻滚中的几帧

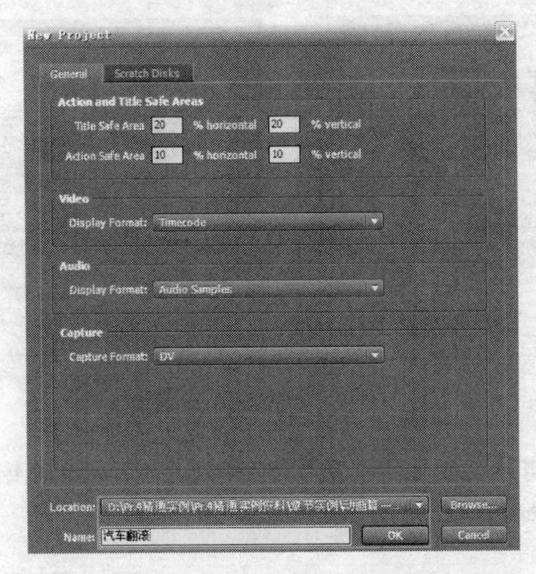

图9-27　设置项目的名称和路径

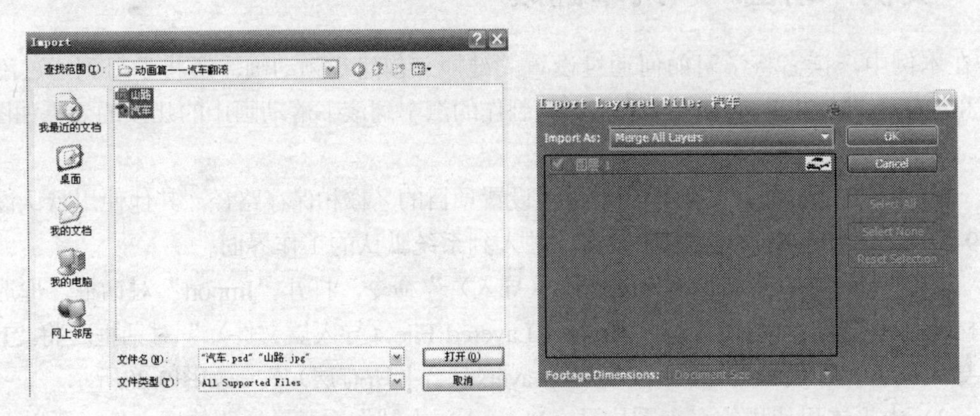

图9-28　"Import"对话框和"Import Layered File"对话框

（4）在“Project”面板中将“山路.jpg”剪辑素材拖到“Timeline”面板中的Video 1视频轨道上。将“汽车.psd”剪辑素材拖到“Timeline”面板中的Video 2视频轨道上。在“Program”窗口中可以看到两个剪辑的合成效果，如图9-30所示。

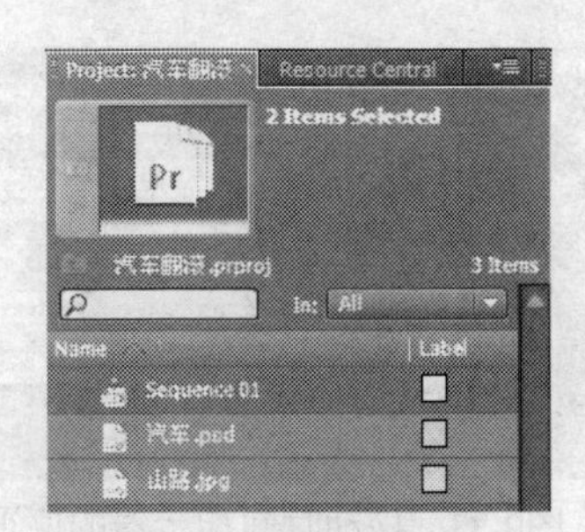

图9-29　导入的素材

（5）在“Timeline”面板中选择“汽车.psd”剪辑，打开“Effect Controls”面板，选择并展开“Motion（运动）”选项。选择“Motion（运动）”选项的目的是为了使“Program”窗口中的汽车处于选择状态，如图9-31所示。

图9-30　拖入剪辑素材和“Program”窗口中的效果

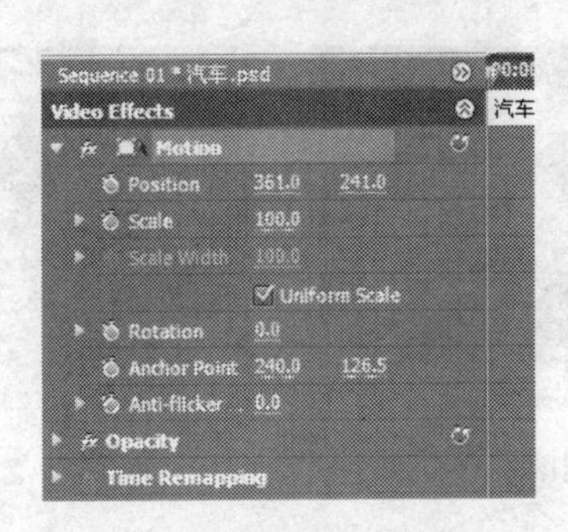

图9-31　“Effect Controls”面板和“Program”窗口中的效果

（6）设置动画。确定时间指示器处于0秒位置。在“Program”窗口中移动汽车至右上角，并在“Effect Controls”面板中调整“Scale（比例）”的值。单击Position（位置）、Scale、Rotation（旋转）3个属性前面的“动画开关”按钮，建立这3个属性的第1个关键帧，如图9-32所示。

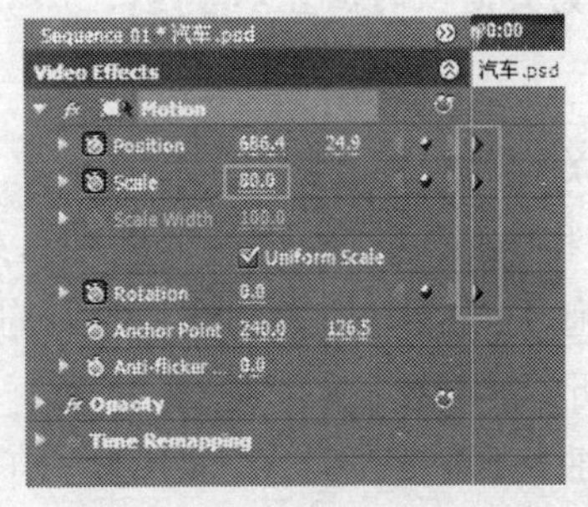

图9-32　移动汽车的位置和建立3个属性的第1个关键帧

图9-33 移动时间指示器的位置

（7）在“Timeline”面板中单击左上角的时间码，将时间设置为4秒23帧，这样就将时间指示器移动到了4秒23帧位置处，如图9-33所示。

（8）在“Program”窗口中将汽车移动到左下角，并在“Effect Controls”面板中调整Scale（比例）、Rotation（旋转）属性的值，系统自动建立这3个属性的第2个关键帧，如图9-34所示。

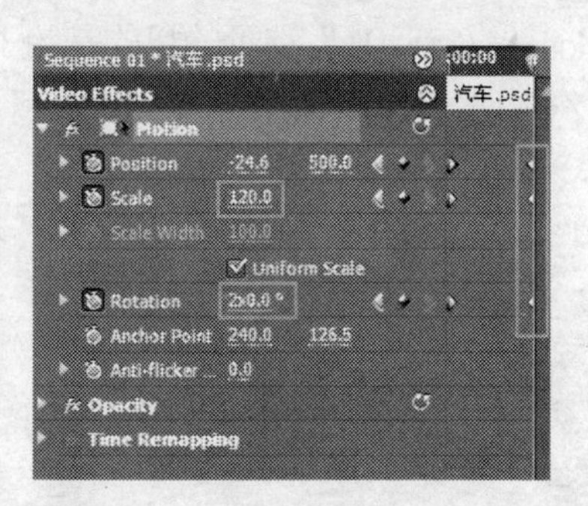

图9-34 移动汽车的位置和建立3个属性的第2个关键帧

（9）此时可以单击“Program”窗口底部的“播放”按钮，预览动画，可以看到汽车从山顶上翻滚着落到山下。其中几帧的效果如图9-35所示。

图9-35 汽车翻滚落下的几帧

（10）为了使汽车下落时的翻滚动作看起来更真实。需要为“Rotation（旋转）”属性添加关键帧，并编辑关键帧。

（11）添加关键帧。将时间指示器移动到某一位置，并在“Effect Controls”面板中单击“Rotation（旋转）”属性后面的“添加/删除关键帧”按钮，为该属性添加一个关键帧。接着将时间指示器移动到另一位置，再添加一个关键帧，如图9-36所示。

提示： 如果感觉关键帧的位置不合适，可以进行移动。方法是，选择关键帧后直接拖动即可。

（12）编辑关键帧。在“Effect Controls”面板中展开“Rotation（旋转）”属性，可以看到Value（值）和Velocity（速度）的曲线，如图9-37所示。

（13）通过拖动Value（值）曲线上的点的位置，来编辑曲线形状，从而改变汽车的翻滚效果，如图9-38所示。

（14）编辑曲线形状后汽车在翻滚过程中产生反方向翻滚，并再翻转过来。预览动画可以看到汽车翻滚的效果。

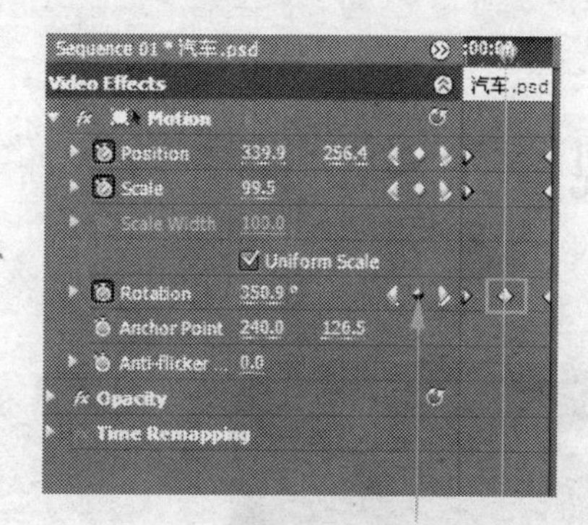

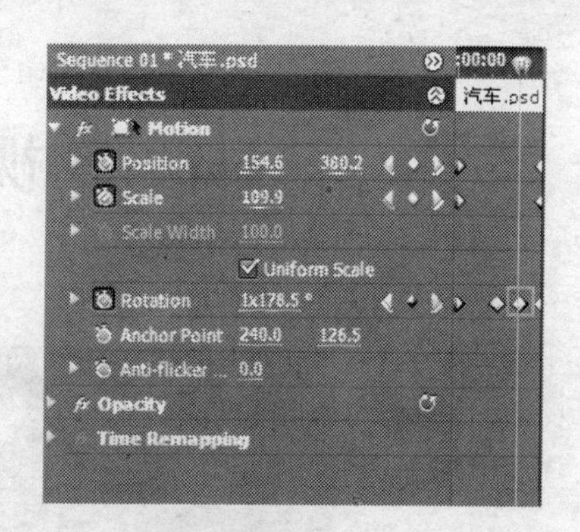

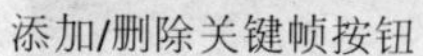

图9-36　添加的第3个关键帧和第4个关键帧

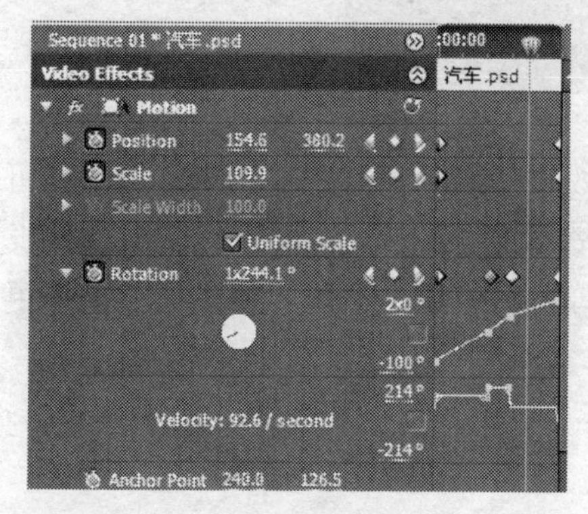

图9-37　显示的曲线

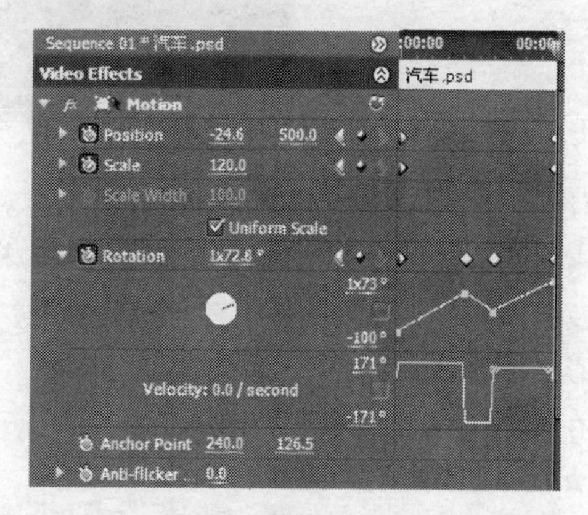

图9-38　编辑曲线形状

（15）对动画效果满意后，渲染输出动画并保存文件。

第10章　视 频 效 果

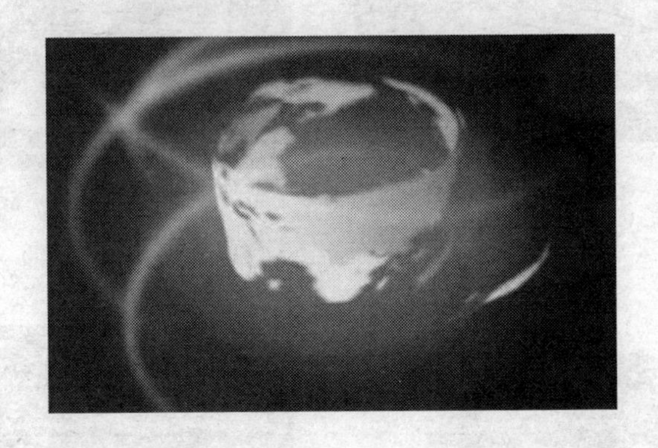

使用过Photoshop或者Illustrator的人不会对视频效果感到陌生，通过应用各种滤镜可以对图片素材进行加工，为原始图片添加各种各样的特殊效果。Premiere中也能使用各种视频及音频效果，能产生动态的扭变、模糊、风吹、幻影等特殊效果，这样可使图像看起来更加绚丽多彩。

在本章中主要介绍下列内容：

★视频效果概述

★视频效果的类型

★使用视频效果

★加入多个视频效果

10.1　视频效果概述

在Premiere中，可以对视频剪辑使用各种视频及音频效果，其中的视频效果能产生动态的扭变、锐化、模糊、风吹、幻影等效果。如果对音频应用效果，那么可使声音有一些特殊的变换。视频效果主要由视频效果和音频视频效果组成。

视频效果和音频效果可以服务于剧本中许多特殊的目的。视频效果指的是一些由Premiere封装的程序，它们专门处理视频中的像素，并按照特定的要求实现各种效果。可以使用它们修补视频和音频素材中的缺陷，比如改变视频剪辑中的色彩平衡或从对话音频中除去杂音。也可以使用音频视频效果给在录音棚中录制的对话添加配音或者回声。还可以获得特殊的画面效果，或者来制作一些视频特效，如图10-1是对画面应用扭曲后的效果，

Premiere在视频效果的界面设计方面和以前版本的Premiere有了很大的区别，以前的版本都是把视频效果放在菜单命令里面，而现在的Premiere版本则设计成了控制面板方式，所有视频效果都保存在“Audio Effects”面板或“Video Effects”面板中。Premiere提供了几十种

视频效果，而且按类型进行了分类，同一类效果都放置到一个文件夹中。例如，所有能产生模糊感觉的视频效果都列在“Video Effects（视频效果）”面板的“Adjust（调整）”文件夹中。可以将不常使用的效果隐藏起来，或创建新的文件夹来分组包括那些经常使用或很少使用的效果。

原图

扭曲效果

图10-1 扭曲画面效果

关于音频效果的使用，将在后面第13章中的内容中介绍，在这一章的内容中，将主要介绍视频效果的使用。

注意：以前，人们都把效果称为特殊效果或者特效，现在一般都改称为视频效果和音频效果，读者要注意这些名称的叫法。

为了使读者对视频效果有一个感性的认识，下面将列举一些常用或者常见的视频效果，如图10-2所示。

图10-2 视频效果

（续上图）

镜头眩光　闪电　镜像　马赛克

噪波　点化　多色调分色　复制

垂直翻转　波浪　风　曲折

纹理化　瓷砖　染色　扭曲

倾斜　曝光　球化　镜头扭曲

图10-2（续）　视频效果

如果经常看影视剧，就会发现这些视频效果和某些影视剧中的视觉效果一样。很多的视觉效果都可以使用Premiere来实现。

10.2 使用视频效果

视频效果的应用非常简单，只需要从“Video Effects（视频效果）”面板中把需要的效果拖至“Timeline”面板的剪辑中，并根据需要在“Effects Controls（效果控制）”面板中调整参数，继而就可以在“Program（节目）”窗口中及时地看到所应用的效果。

10.2.1 使用“Video Effects”和“Audio”面板

在使用视频效果前，需要首先了解“Video Effects”面板。“Audio Effects（音频效果）”面板、“Audio Transition（音频过渡）”面板、“Video Effects”面板和“Video Transition（视频过渡）”面板都位于“Effects”板面中。选择“Window（窗口）→ Effects（效果）”命令便可打开“Effects”板面，如图10-3所示。

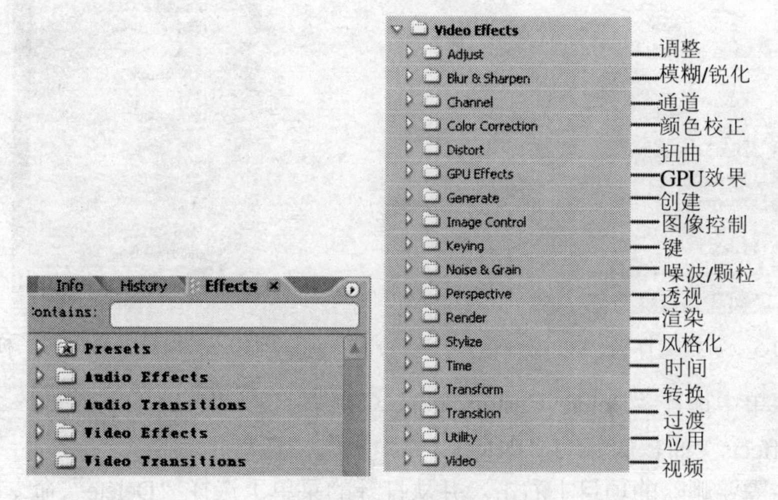

图10-3 “Effects”面板

从图中可以看出，不同的效果都归了类，分别位于不同的文件夹中。单击左侧的小三角形按钮即可展开相关的文件夹，显示出不同的视频效果，如图10-4所示。

图10-4 展开的视频效果

1. 新建和删除文件夹

在“Video Effects（视频效果）”或“Audio Effects（音频效果）”面板中可以创建一个新文件夹以便按需要重新归类各种效果，操作方法如下。

打开相应的面板，并选择以下一种方法操作：

- 从“Effects”面板菜单中选择“New Custom Bin（新建自定义文件夹）”命令。
- 单击面板底部的“New Custom Bin”按钮。这样就会在该面板的底部创建一个新的文件夹，如图10-5所示。

新建文件夹后，可以根据需要设置它的名称。单击一下新建的文件夹，输入一个名称即可，如图10-6所示。

设置好名称后，把需要的效果类型拖到该文件夹中即可。

2. 删除文件夹

如果想在“Effects”面板中删除新建文件夹的话，选择该文件夹，并选择以下一种操作方法：

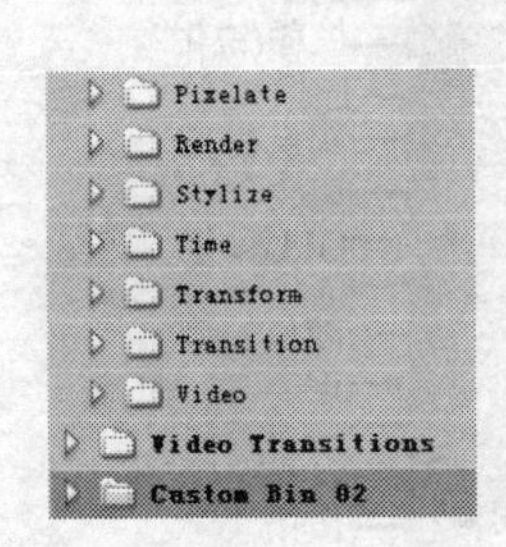

图10-5 新建文件夹

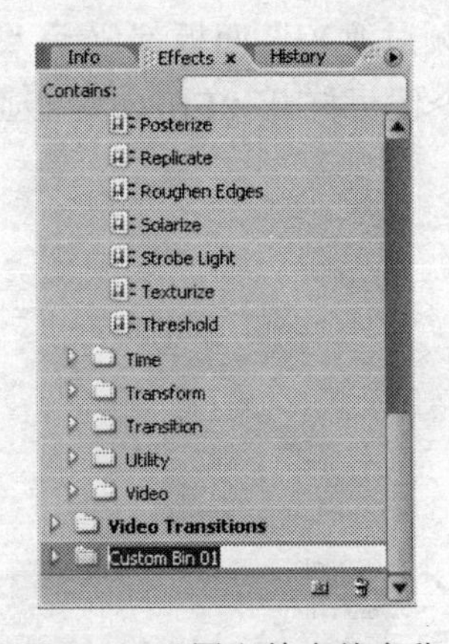

图10-6 设置文件夹的名称

- 从面板菜单中选择“Delete Custom Item（删除自定义项目）”命令。
- 单击“Effects”面板底部的“Delete（删除）”按钮🗑。
- 还可以在需要删除的项目上右击，并从打开的菜单上选择“Delete”命令即可将其删除掉，如图10-7所示。

选择“Delete”命令后，将打开一个对话框询问我们是否确定要删除所选择的项目，如图10-8所示。单击“OK”按钮可将其删除掉，单击“Cancel（取消）”按钮可以取消删除操作。

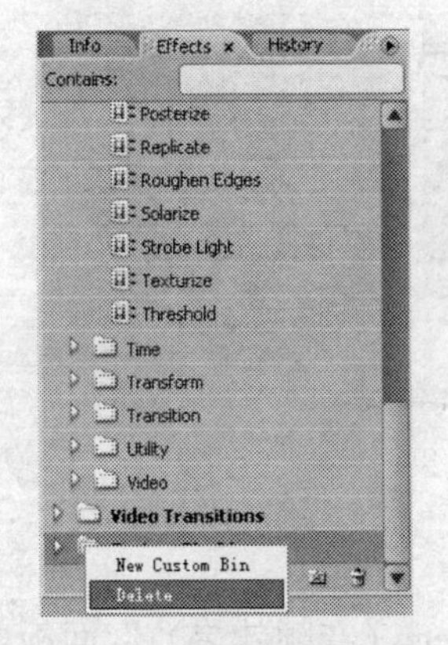

图10-7 打开的右键菜单命令

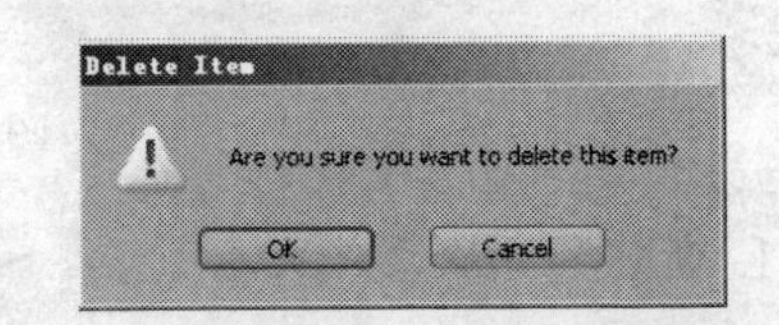

图10-8 打开的对话框

如果删除了一个默认的文件夹，该文件夹以及其中的所有效果都将隐藏起来，并移到面板底部。如果删除一个定制的文件夹（即创建的），该文件夹将被删除，其中的所有效果都重新被存储在其原来的文件夹中，并隐藏起来。

10.2.2 应用和控制视频效果

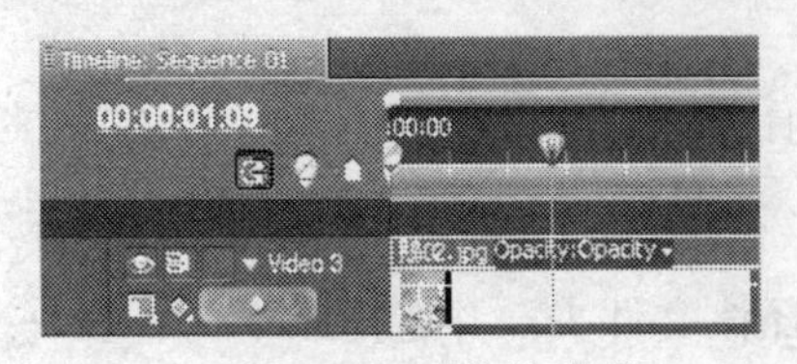

图10-9 绿色的直线

可以将一个视频效果应用到Video 1以及任何叠加轨道上的任何一个视频剪辑上，也能将一个音频视频效果应用到“Timeline”面板中的任何音频剪辑上。应用效果后，会在“Timeline”面板中的剪辑上显示出一条绿色的直线，表示应用了效果，如图10-9所示。

提示：添加视频效果后，在“Effect Controls（效果控制）”面板中也会显示出为剪辑应用的视频效果，比如为剪辑应用Extract（提取）效果后，就会在“Effect Controls”面板中显示出Extract效果，如图10-10所示。从而可以在“Effect Controls”面板中设置所用的视频效果。

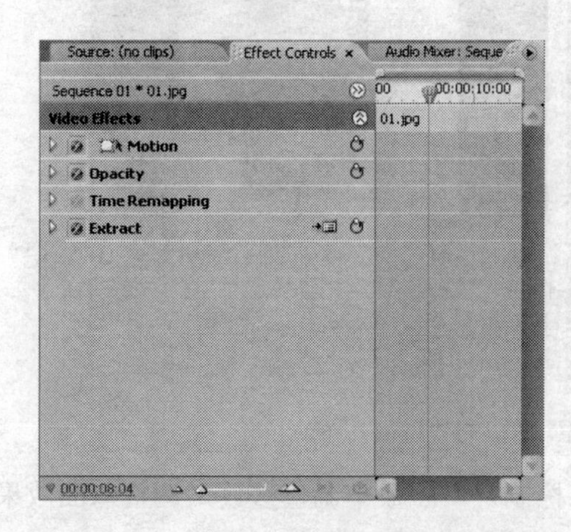

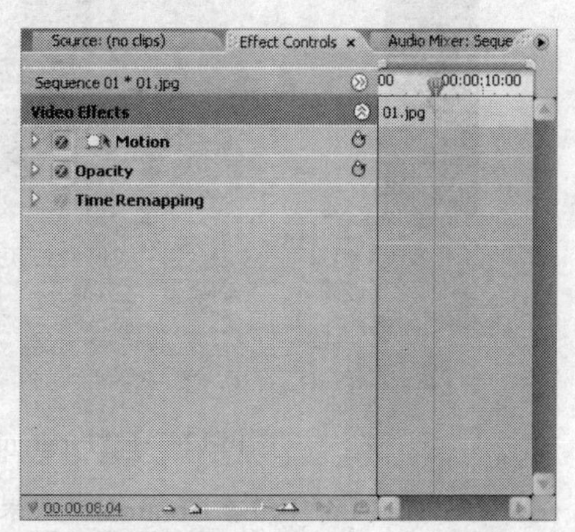

图10-10 应用的Extract效果（左图）

可以在任何时候应用或删除一种效果。一旦已经将效果应用到一个剪辑上，还能临时关闭剪辑中的一个或所有效果，以集中精力处理项目的其他部分。被关闭的效果不会出现在“Program（节目）”窗口中，并且在预览或渲染剪辑时不会包括进来。关闭效果并不会删除为任何效果设置而创建的关键帧；除非效果被从剪辑中删除，所有的关键帧都将保持不变。

1. 应用视频效果的操作步骤

下面介绍将视频效果应用到一个剪辑上的操作步骤：

（1）如果“Effects”面板没有打开，那么选择“Window（窗口）→ Effects（效果）”命令，打开“Effects”面板。

（2）把剪辑拖放倒“Timeline（时间标尺）”面板中。

（3）在“效果”面板中，选择一种效果并将它拖放到“Timeline”面板的剪辑上；或者，如果“Timeline”面板中该剪辑已经被选择，直接将效果拖放到“Effect Controls”面板中，“Effect Controls”面板如图10-11所示。

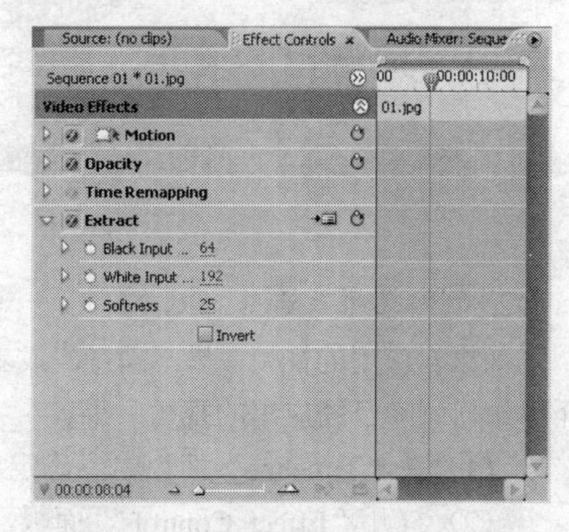

图10-11 “Effect Controls”面板

（4）在该效果的“Effect Controls”面板中根据需要设置控制选项即可。

默认设置下，在“Effect Controls”面板中已经存在了两个属性的控制选项，一个是Motion（运动），一个是Opacity（不透明度）。如果是视频内容，还有Volume（音量），这些属性都是剪辑的固定属性。Motion用于设置剪辑的动画效果，Opacity用于设置于与其他剪辑的合成效果，Volume用于调节音频的音量。

（5）应用效果后，就可以在“Program”窗口中观察到。比如应用Distort文件夹中的Bend（弯曲视频）效果后，“Program”窗口的效果如图10-12所示。

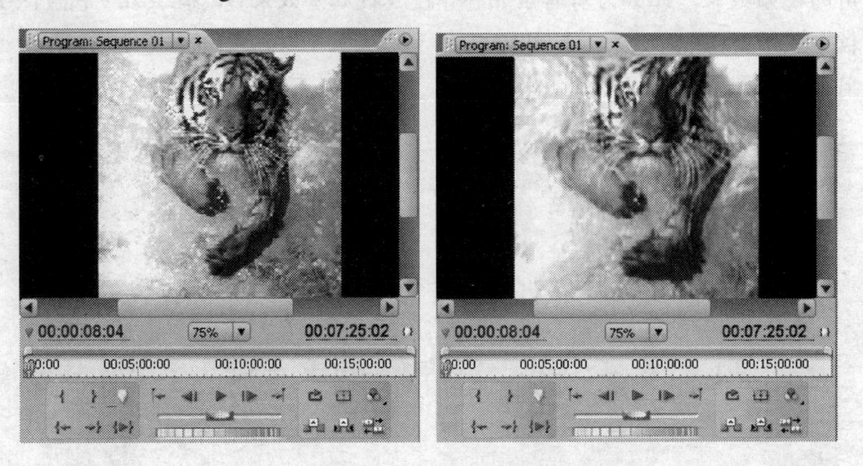

图10-12　在“Program”窗口的效果（右图）

（6）可以通过在“Effect Controls（效果控制）”面板中调整参数来调整弯曲效果，调整Horizontal In之后的效果，如图10-13所示。

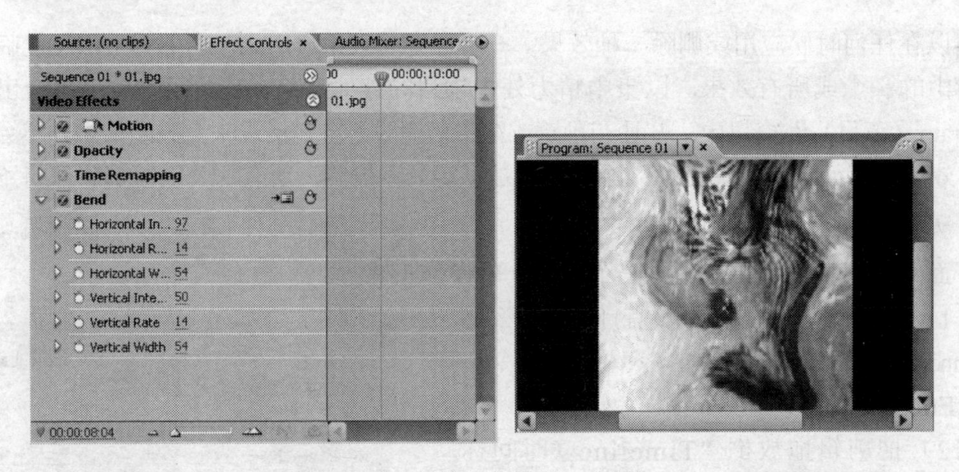

图10-13　调整后的效果（右图）

2. 删除视频效果

如果对应用的视频效果不满意，或者不再需要视频效果了，那么可以将其删除掉。下面介绍如何删除已经应用的视频效果。

（1）在“Timeline”面板中，确定应用效果的剪辑处于选择状态。

（2）打开“Effect Controls”面板，选择所应用的效果，如图10-14所示。

（3）按键盘上的Back Space键或者Delete键即可将效果删除掉。

3. 临时关闭视频效果

有时，需要使视频效果不起作用，但是还不想把它删除掉，那么可以临时把它关闭，下面介绍如何操作。

（1）在“Timeline”面板中选中应用效果的剪辑。

（2）打开“Effect Controls”面板，选择该效果，单击效果名字左边的“Toggle the effect

on or off（效果开关）”按钮即可，如图10-15所示。

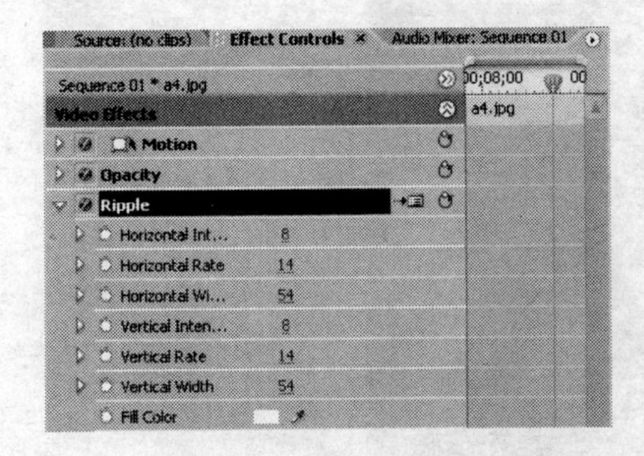

图10-14 选择所应用的效果

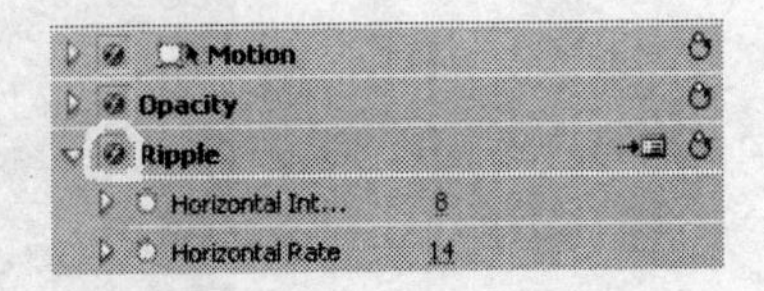

图10-15 “Toggle the effect on or off”按钮

4. “Effect Controls”面板

当对剪辑应用视频效果后，就会在“Effect Controls（效果控制）”面板中显示出它的很多选项控制，通过设置这些选项就可以调整所应用的视频效果。

首先来了解一下“Effect Controls”面板，如果该面板还没有打开，那么选择“Window→Effect Controls”命令即可把它打开，如图10-16所示。

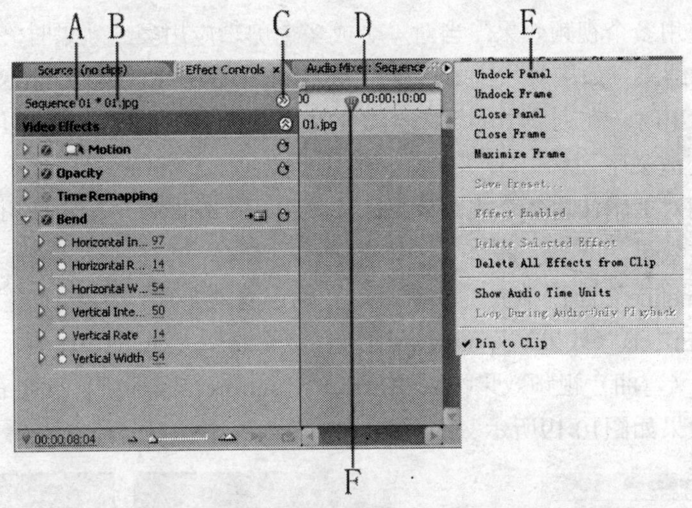

A. 剪辑序列名称 B. 剪辑名称 C. “显示/隐藏时间标尺”按钮
D关键帧区域 E. “Effect Controls”面板菜单 F. 当前时间指示器

图10-16 “Effect Controls”面板

如果应用的视频效果中还包含有音频效果，那么会显示出Volume（音量）控制，如图10-17所示。

当对剪辑应用了视频效果或者音频效果之后，就可以使用在这里介绍的控制选项来调整视频效果或者音频效果了。这些控制选项都非常简单，后面不再一一进行介绍了。

10.2.3 使用多个视频效果

在Premiere中，可以对一个剪辑或者剪辑序列应用一种视频效果，也可以应用多种视频效果来实现需要的复杂画面效果，但需要以恰当的顺序来加入多个视频效果。

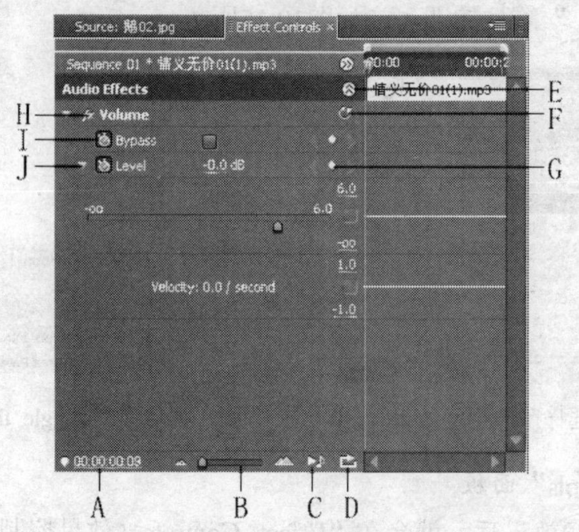

A. 当前时间　B. 缩放控制　C. “播放音频”按钮　D. “循环播放”按钮
E“显示/隐藏效果”按钮　F. “重置效果”按钮　G. “关键帧”按钮
H. “效果开关”按钮　I. “动画开关”按钮　J. “折叠”按钮

图10-17　含有音频效果的“Effect Controls”面板

可以对素材应用多个视频效果，当对一个或多个剪辑应用多个效果时，它们的应用次序就会影响到最终的结果。如果对一个剪辑应用多个效果，在“Effect Controls”面板中可以有序地鉴别它们。输出时，在列表中的效果会按照次序从上到下进行渲染。可以对列表进行重新排序，从而改变渲染序列。

下面介绍如何对剪辑使用多个视频效果。先使用一个弯曲效果，再使用镜像模糊效果，最后应用垂直翻转效果。

（1）在“Timeline”面板中放置好剪辑，并确定它处于选择状态。

（2）打开“Effects（效果）”面板，找到需要的效果，如图10-18所示。

（3）把Bend（弯曲）视频效果拖到“Effect Controls”面板中，此时在“Program（节目）”窗口中的效果如图10-19所示。

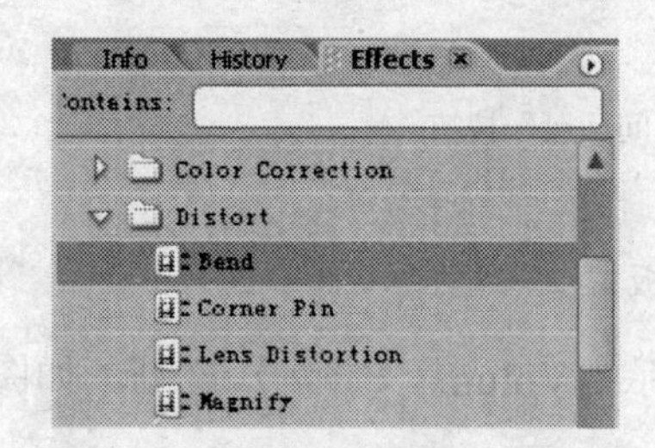

图10-18　打开“Effects”面板

图10-19　在“Program”窗口中的弯曲效果（右图）

很多视频效果在默认设置下就会起作用，在这个例子中使用的都是默认设置。

（4）把Directional Blur（镜像模糊）视频效果拖到“Effect Controls”面板中，此时在“Program”窗口中的效果如图10-20所示。

图10-20 在“Program”窗口中的镜像模糊效果

（5）把Vertical Flip（垂直翻转）视频效果拖到“Effect Controls”面板中，此时在“Program”窗口中的效果如图10-21所示。

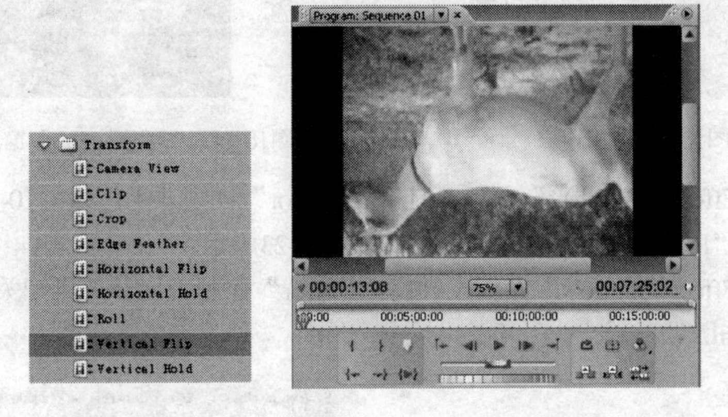

图10-21 在“Program”窗口中的垂直翻转效果

（6）此时在“Effect Controls”面板中所使用的视频效果顺序及在“Program”窗口中的效果如图10-22所示。

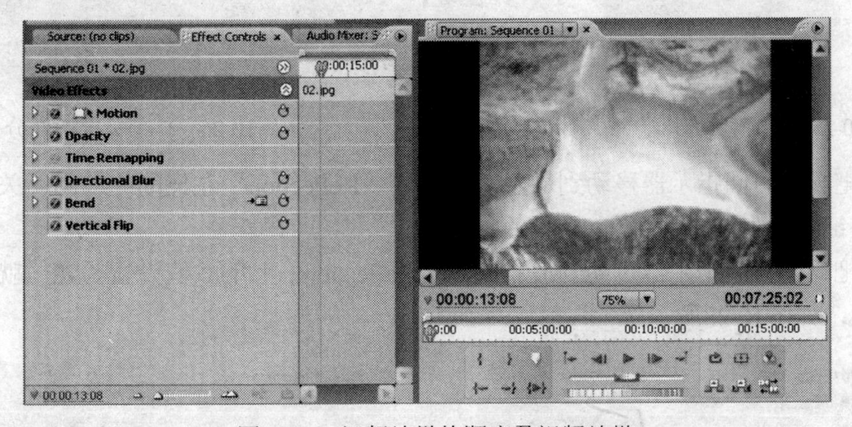

图10-22 视频效果的顺序及视频效果

10.2.4 使用关键帧控制效果

每种视频和音频效果都有一个默认的关键帧，位于剪辑的开始和结尾处，在“Effect Controls”面板的关键帧线上以钻石形的图标表示，如图10-23所示。如果一个效果具有可调节的控制选项，能改变效果的开始或结束时间，或添加额外的关键帧即可产生动画效果。如果没有对默认关键帧做任何修改，相应效果的设置将应用于整个剪辑。

下面以Mirror（镜像）视频效果为例介绍如何使用关键帧来改变视频效果，以及如何设置关键帧。

（1）添加剪辑到“Timeline”面板中，并选择它，此时在“Program”窗口中的效果如图10-24所示。

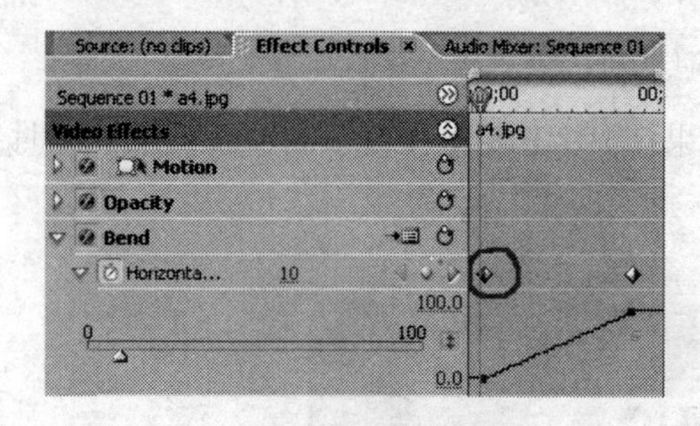

图10-23 关键帧

图10-24 在“Program”窗口中的效果

（2）打开“Effects（效果）”面板，选择“Mirror”视频效果，如图10-25所示。

（3）此时在“Program”窗口中的效果如前图10-23所示。

（4）打开“Effect Controls”面板，并将“Mirror”控制项展开，再把关键帧部分扩展大一些，如图10-26所示。

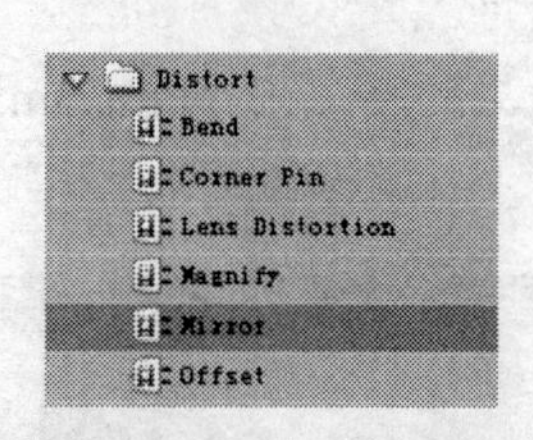

图10-25 选择“Mirror”视频效果

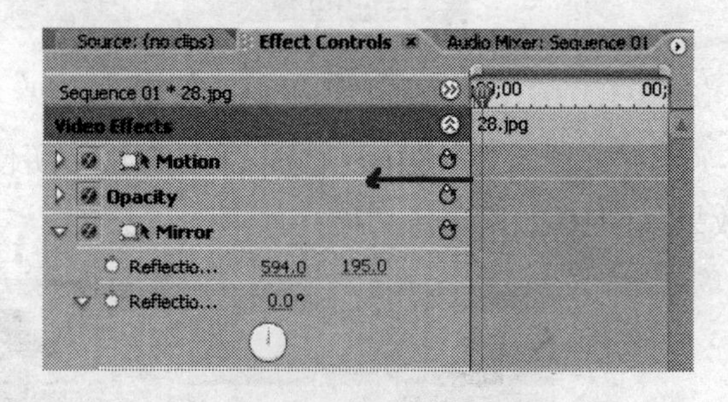

图10-26 扩展关键帧部分

（5）把当前时间指示器移动到最左侧，单击“Reflection”左侧的“动画开关”按钮，创建一个关键帧，如图10-27所示。

（6）把当前时间指示器移动到最右侧，把Reflection右侧的数值设置为78，就会创建另一个关键帧，如图10-28所示。

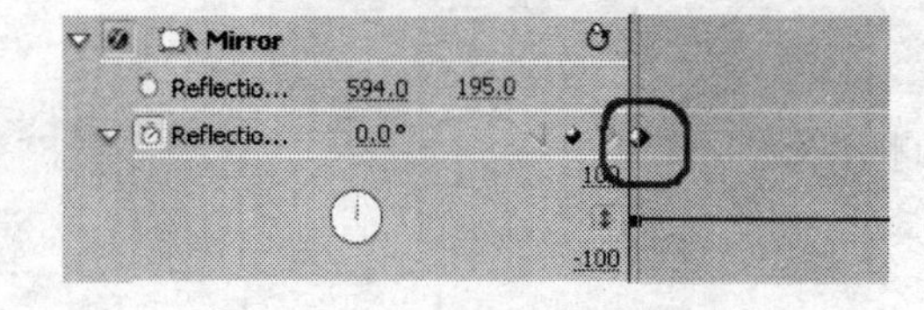

图10-27 增加一个关键帧

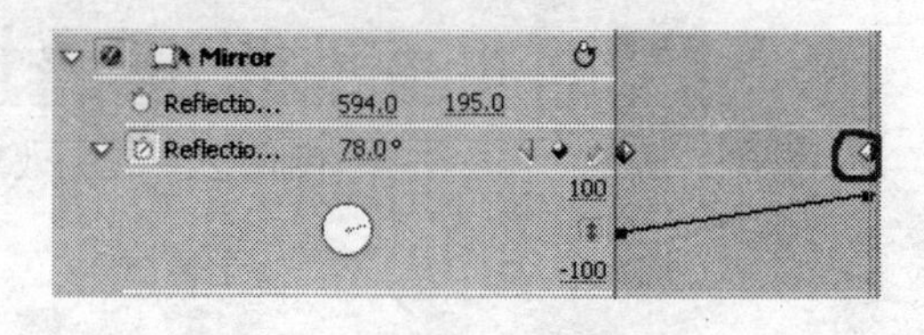

图10-28 增加第2个关键帧

（7）此时在“Program”窗口中的效果如图10-29所示。

（8）在“Timeline”面板中拖动当前时间指示器播放，就会看到第2只羊逐渐地从下面向上移动，如图10-30所示。

在这里只简单地介绍这一种动画效果，对于其他的视频效果或者音频效果都可以使用关键帧来控制，在此不在赘述。

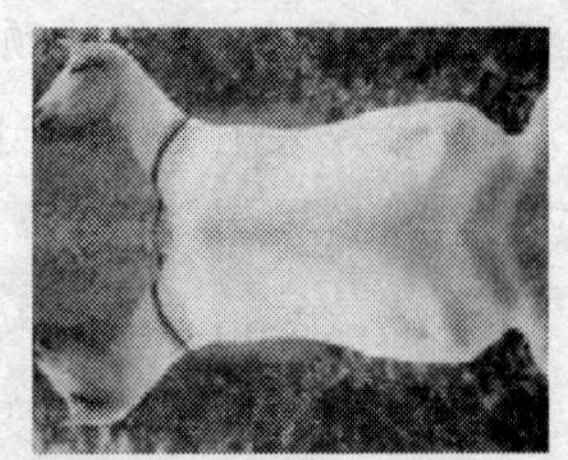

图10-29 在“Program”窗口中的效果

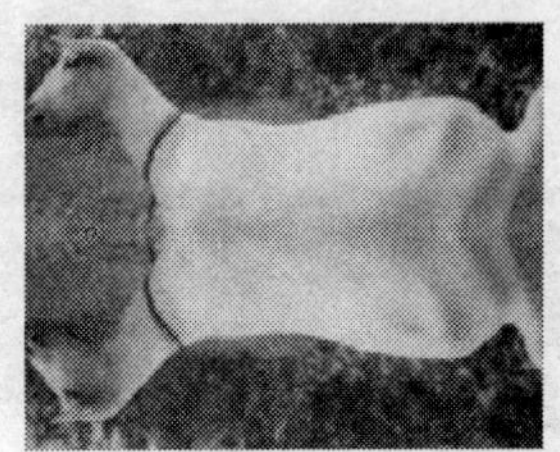

图10-30 动画效果

10.3 视频效果类型

在Premiere中提供了90多种标准的视频效果。它们都被归类放置在19个组中，如图10-31所示。在本小节的内容中将按照视频效果的分组排列顺序，对其逐一进行介绍。

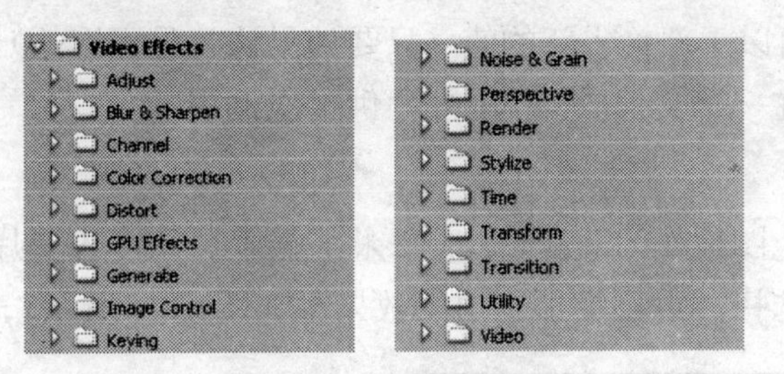

图10-31 视频效果组

10.3.1 Adjust（调整）视频效果组

Adjust视频效果组中共包括9种视频效果，如图10-32所示。这一组中的视频效果主要用于调整剪辑画面的颜色、对比度、亮度和颜色平衡等效果。

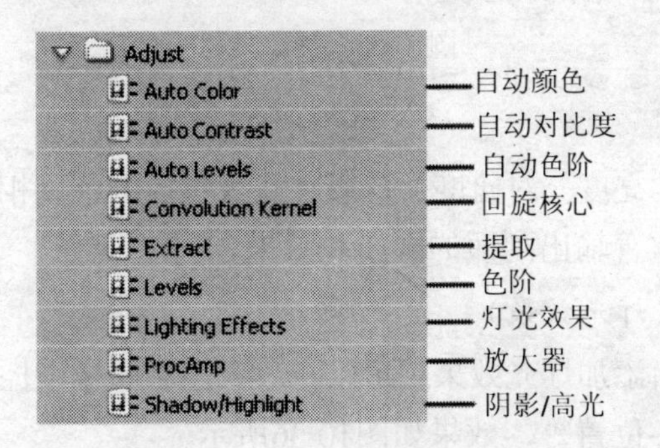

图10-32 Adjust视频效果组

1. Auto Color（自动颜色）、Auto Contrast（自动对比度）、Auto Levels（自动色阶）

这几个效果主要用于自动调节剪辑画面的颜色、对比度和色阶，使其更加自然和符合输出的要求。

2. Auto Contrast（自动对比度）

该视频效果将自动改变画面的对比度。类似于电视中的对比度的调节，通过对滑块进行拖动可以调整对比度的大小，如图10-33所示。

下面是两副对比效果图，其中，左图是原图，右图是调整对比后的效果，其效果如图10-34所示。

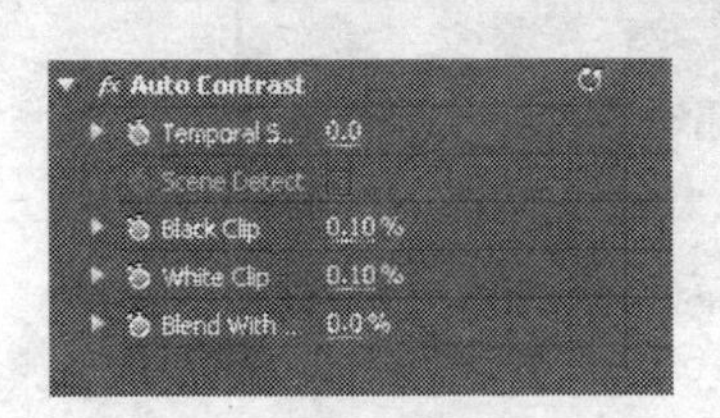

图10-33 Auto Contrast的控制选项

图10-34 对比效果

3. Convolution Kernel（回旋核心）

该视频效果使用一道内定的数学表达式，通过矩阵文本给内定表达式输入数据，来计算每个像素的周围像素的涡旋值，进而得到丰富的视频效果。可以从提供的模式菜单中选择数据模式进行修改，也可以重新输入新的值（只要效果认为是可取的）来定义，并且可以将所定义的数据模式存放在一个文件（*.CVL）中供下次调用。

4. Extract（提取）

当想利用一张彩色图片作为蒙板时，应该将它转换成灰度级图片。而利用此视频效果，可以对灰度级别进行选择，达到更加实用的效果，如图10-35所示。

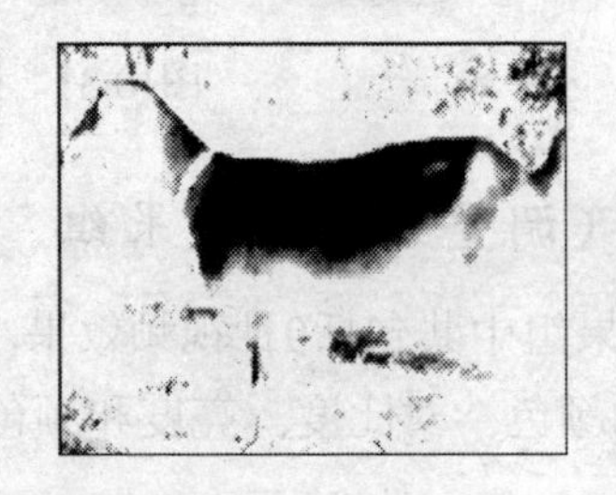

图10-35 提取效果

5. Levels（色阶）

该视频效果将画面的亮度、对比度及色彩平衡（包括颜色反相）等参数的调整功能组合在一起，更方便地用来改善输出画面的画质和效果。

6. Lighting Effects（灯光效果）

该视频效果可为画面添加灯光效果。可以在效果控制面板中控制闪电的各种属性，比如方向、强度、颜色和中心位置等，效果如图10-36所示。

7. ProcAmp（放大器）

该视频效果模拟标准视频设备中的放大器功能，可以调整剪辑画面的亮度、对比度、色相、饱和度等。它的控制选项如图10-37所示。

图10-36 灯光效果

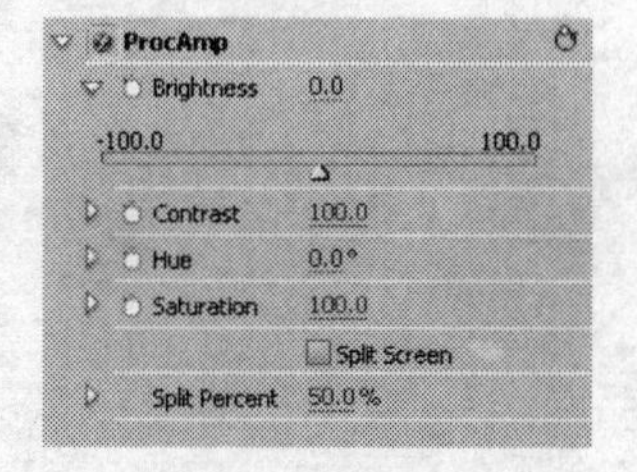

图10-37 控制选项

8. Shadow/Highlight（阴影/高光）

该视频效果可以将剪辑画面中的暗色区域变亮，同时把亮度区域变暗。

10.3.2 Blur&Sharpen（模糊/锐化）视频效果组

Blur&Sharpen视频效果组中共包括10种视频效果，如图10-38所示。主要用于对剪辑画面进行模糊和锐化处理。

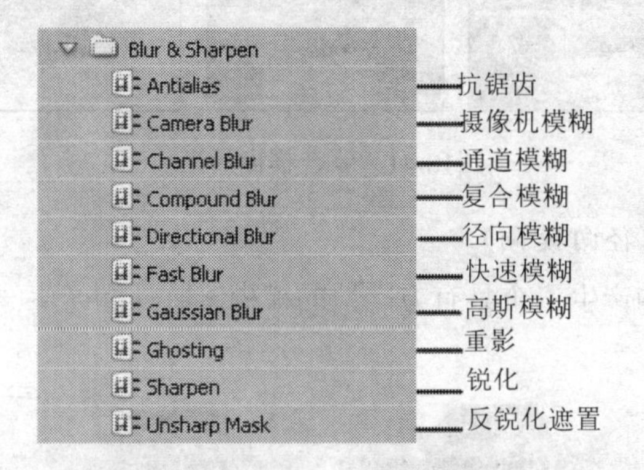

图10-38 Blur&Sharpen视频效果组

1. Antialias（抗锯齿）

该视频效果的作用是将图像区域中色彩变化明显的部分变得平均，使得画面柔和化。在从暗到亮的过渡区域加上适当的色彩，使该区域图像变得模糊些。

2. Camera Blur（摄像机模糊）

该视频效果是随时间变化的模糊调整方式，可使画面从最清晰连续调整得越来越模糊，就好像摄像机调整焦距时出现的模糊景物情况。该视频效果可以应用于剪辑的开始画面或结束画面，做出调焦的效果，如图10-39所示。

3. Channel Blur（通道模糊）

通过调节各颜色通道的值来创建各种视频效果，其效果如图10-40所示。

4. Compound Blur（复合模糊）

使用该视频效果可根据模糊图层的亮度值在选择的剪辑画面中产生模糊效果，也有人称之为模糊贴图。其效果如图10-41所示。

 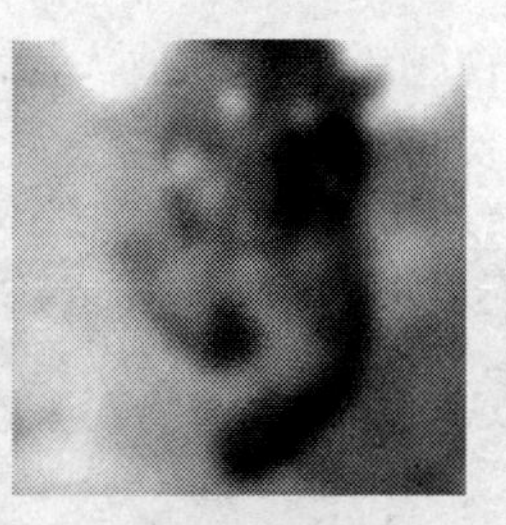

图10-39 摄像机模糊效果

 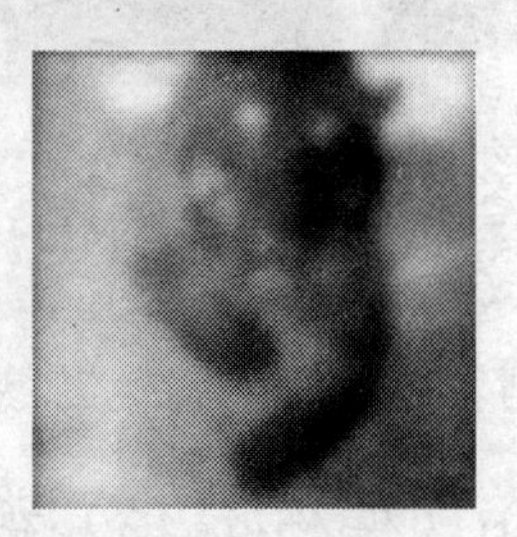

图10-40 通道模糊

图10-41 复合模糊效果

5. Directional Blur（径向模糊）

该视频效果在影像中产生一个具有方向性的模糊感，从而产生一种剪辑在运动的幻觉。其效果如图10-42所示。

图10-42 径向模糊效果

6. Fast Blur（快速模糊）

使用该视频效果可指定图像模糊的快慢程度。能指定模糊的方向是水平、垂直，或是两个方向上都产生模糊。Fast Blur产生的模糊效果比Gaussian Blur更快。

7. Gaussian Blur（高斯模糊）

该视频效果通过修改明暗分界点的差值，使图像极度模糊。其效果如同使用了若干次模糊一样。Gaussian是一种变形曲线，由画面的临近像素点的色彩值产生。它可以将比较锐利的画面进行改观，使画面有一种雾状的效果。

8. Ghosting（重影）

该视频效果将当前所播放的帧画面透明地覆盖到前一帧画面上，从而产生一种影子的效果，在电影特技中有时用到它。

9. Sharpen（锐化）

该视频效果可增加画面中颜色改变位置的对比度，产生锐化画面的效果，其效果如图10-43所示。

图10-43　锐化效果

提示：如果没有特别说明，在这一部分内容中的效果对比中，左侧是原图，右图是实施效果后的图。

10. Unsharp Mask（反锐化遮罩）

使用该视频效果可增加画面中颜色改变位置的对比度，并锐化这些区域。

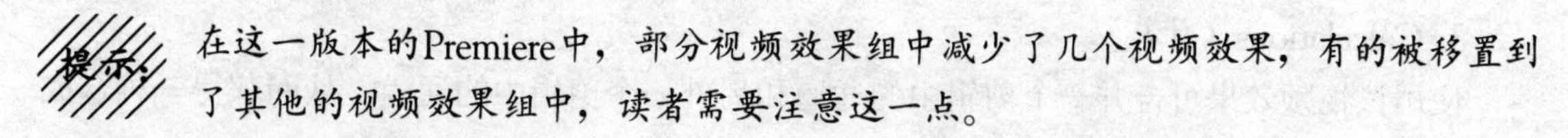
提示：在这一版本的Premiere中，部分视频效果组中减少了几个视频效果，有的被移置到了其他的视频效果组中，读者需要注意这一点。

10.3.3 Channel视频效果组

在Channel视频效果组中有7种视频效果，如图10-44所示。主要用于调整通道方面的画面效果。

1. Arithmetic（算术）

使用该视频效果可以对剪辑中的红色通道、绿色通道和蓝色通道进行简单的算术操作，从而获得不同的画面效果。单击“Arithmetic”面板中“Operator”右侧的下拉按钮，则打开一个下拉菜单，它的控制选项如图10-45所示。

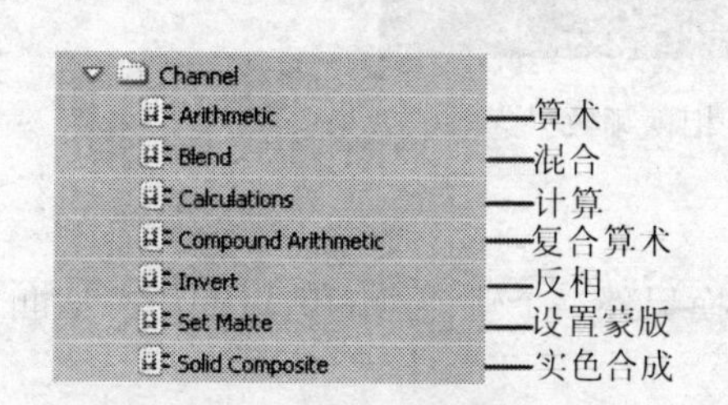

图10-44　Channel视频效果组

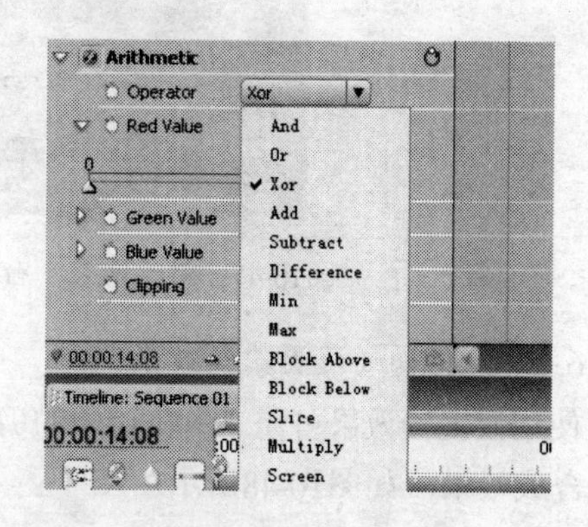

图10-45　控制选项

下面介绍算术效果的控制选项。

Operator（操作符）：其右侧有一个下拉菜单，使用其中的选项可以根据设置的通道值对影像中的像素进行计算。

Red Value（红色值）：该项用于设置红色通道的值。

Green Value（绿色值）：该项用于设置绿色通道的值。

Blue Value（蓝色值）：该项用于设置蓝色通道的值。

Clipping（钳制）：选中该项后，可以防止所有通过函数计算的颜色值超出有效的范围。一般都要选中该项。

2. Blend（混合）

该视频效果可将画面与其他画面进行混合。在“Timeline”面板的两个视频轨道中分别放置两个视频剪辑，并把Blend视频效果应用到视频轨道2中的视频剪辑中，调整其参数选项即可，其混合效果如图10-46所示。

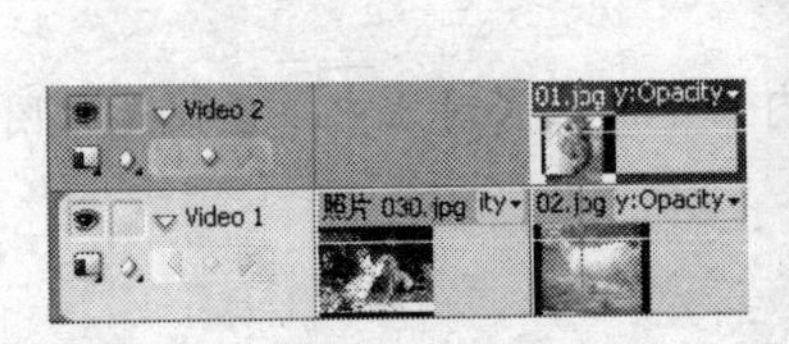

图10-46　控制选项

3. Calculations（计算）

使用该视频效果可合并一个剪辑中的通道和另外一个剪辑中的通道，从而获得一种合成的效果

4. Compound Arithmetic（复合算术）

使用该视频效果可通过数学算术方式合并剪辑中的一个图层到另外一个图层，从而获得一种合成的效果。

5. Invert（反相）

使用该视频效果可将画面的色彩变换成相反的色彩。例如，原始图片上的白色反相后成为黑色、红色成为绿色等。其效果如图10-47所示。

图10-47　对比效果，右图为应用反相视频效果之后的效果

6. Set Matte（设置蒙版效果）

使用该视频效果可使一个轨道中的剪辑通道替换另外一个轨道中的剪辑通道，从而获得一种合成效果，如图10-48所示。

 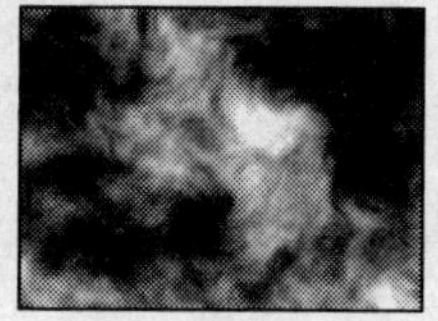 

图10-48 设置蒙版效果

7. Solid Composite（实色合成）

使用该视频效果可快速地把一种实色合成到原剪辑的后面，还可以控制原剪辑的不透明度。

10.3.4 Color Correction（颜色校正）视频效果组

Color Correction视频效果组中共有17种视频效果，主要用于对影像的颜色进行调整，比如改变亮度和对比度，改变颜色和进行颜色平衡等。该组中的视频效果如图10-49所示。

图10-49 Color Correction视频效果组

在该视频效果组中的视频效果应用非常简单，读者可以根据给出的中文释意进行理解，在此不再赘述。

10.3.5 Distort（扭曲）视频效果组

Distort视频效果组中共有11种视频效果，如图10-50所示。主要用于使剪辑画面产生一些扭曲的特殊效果。

1. Bend（弯曲）

该视频效果的作用将使电影剪辑的画面在水平或垂直方向弯曲变形。可以选择在水平方向（Horizontal）和垂直方向（Vertical）中的变形效果，可调整的参数有Rate（速率）和Width（宽度），如图10-51所示。

提示：Bend效果只在Windows操作系统下可用，在其他操作系统下不可用。

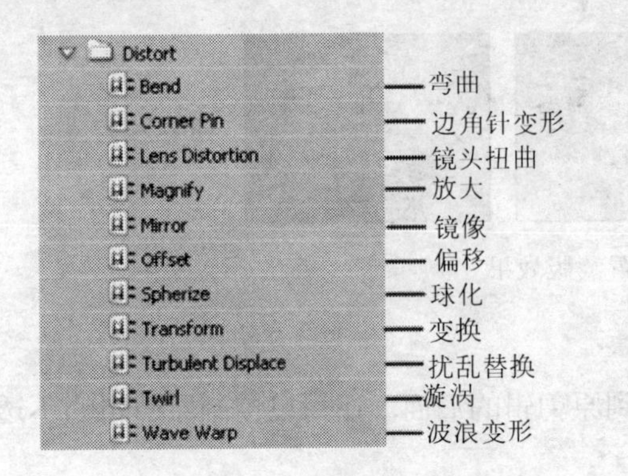

图10-50　Distort视频效果组

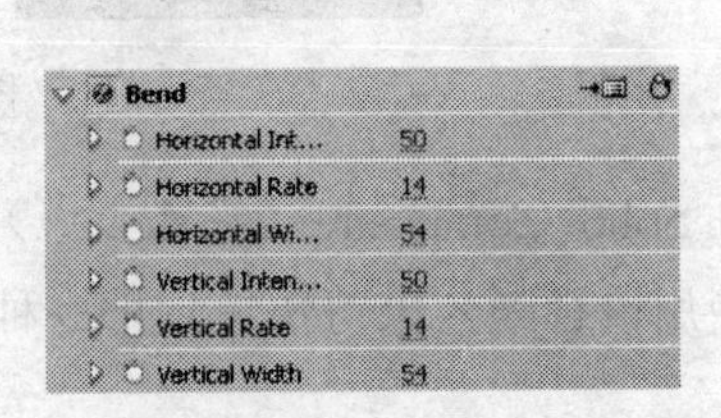

图10-51　Bend效果的控制选项

2. Corner Pin（边角针变形）

使用该视频效果可将画面4个角的位置进行变换移动，从而使画面形状产生变形，如图10-52所示。

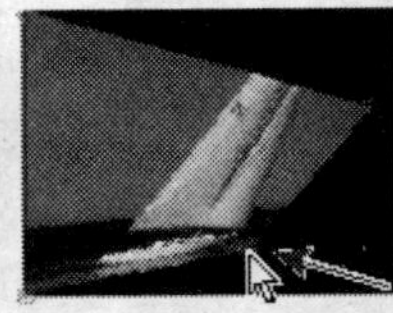
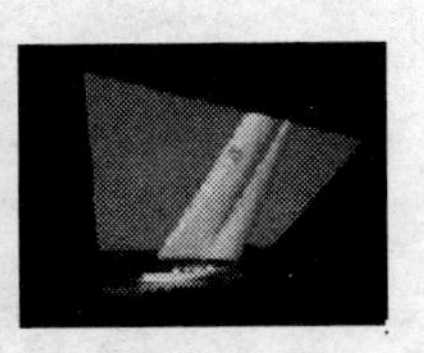

图10-52　边角针变形

3. Lens Distortion（镜头扭曲）

使用该视频效果可使画面扭曲变形。通过滑块的调整，可让画面产生凹凸球形化、水平左右弯曲、垂直上下弯曲以及左右褶皱和垂直上下褶皱变形等。综合利用各向扭曲变形滑块，可使画面变得如同哈哈镜般的变形效果。

4. Magnify（放大）

使用该视频效果可将画面中选择的区域放大，类似于平时看到的放大镜效果，如图10-53所示。

图10-53　老虎头部的放大变形（右图）

5. Mirror（镜像）

该视频效果能够使画面出现对称图像，它在水平方向或垂直方向取一个对称轴，将轴左上边的图像保持原样，右上边的图像按左边的图像对称地补充，如同镜面效果一般，如图10-54所示。

图10-54 镜像效果（右图）

6. Offset（偏移）

该视频效果能够使剪辑画面发生偏移效果，其效果可参看上面的效果图。

7. Spherize（球化）

该视频效果会在画面的最大内切圆内进行球面凸起或凹陷变形，可通过调整滑块来改变变形强度。如果不想使用在水平和垂直方向上的正常变化方式，可以使用单方向（水平或垂直）变形。它是随时间变化的视频效果。使用该视频效果可将原始图片以球面方式进行放大，可以使主题对象变得更加突出，另外也可以产生一些特殊效果，比如在周星驰主演的电影《功夫》中的蛤蟆功特效。其效果如图10-55所示。

图10-55 球化效果

8. Transform（转换）

使用该视频效果会使画面产生二维立体化的变换效果，可以沿着一个轴向进行调整。

9. Turbulent Displace（扰乱替换）

该视频效果使用几何噪波在画面中创建扰乱扭曲的效果，使用该视频效果可以为剪辑创建扭曲运动。其效果如图10-56所示。

图10-56 扰乱替换效果

10. Twirl（漩涡）

该视频效果会让画面从中心进行漩涡式旋转，越靠近中心旋转得越剧烈。

11. Wave Warp（波浪变形）

该视频效果会让画面形成波浪式的变形效果。它有3个主要的参数调整滑块：波形发生器调整滑块，用来产生波浪的形状，波的数目（1～999）；波长调整滑块，用来调整波峰之间的距离（1～999）；振幅调整滑块，用来调整每个波浪的弯曲变形程度（1～999）。除了3个主要参数外，可以控制波形在水平和垂直方向的变形百分比Scale（0%～100%）和选择波形的类型，有正弦波、三角形、方形波3种单选钮。

10.3.6 GPU效果组

GPU视频效果组中共有3个视频效果，分别是Page Curl（页面卷起）、Refraction（折射）和Ripple（圆形涟漪）效果，如图10-57所示。

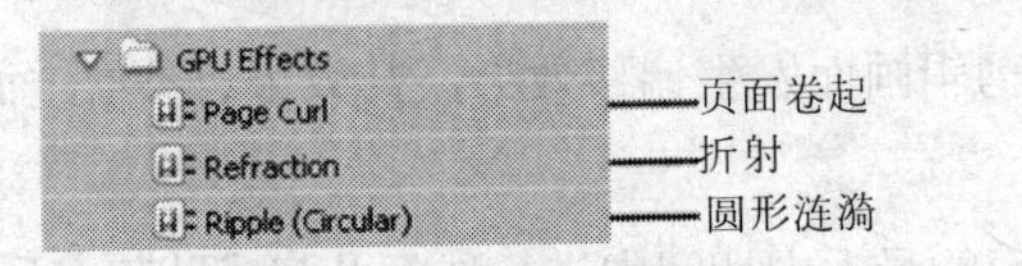

图10-57 GPU视频效果组

1. Page Curl（页面卷起）

该视频效果组中的效果主要用于制作一些边角卷起或者其他画面的变形效果，如图10-58所示。

图10-58 Page Curl（页面卷起）效果

2. Refraction（折射）

该视频效果组中的效果主要用于制作类似在水中或者其他液体中进行折射的变形效果，如图10-59所示。

 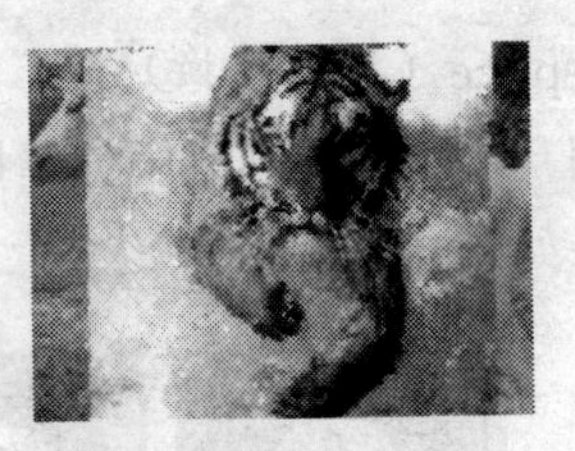

图10-59 折射效果

3. Ripple（圆形涟漪）

该视频效果组中的效果主要用于制作类似在水面或者其他液体面上产生的涟漪变形效果，如图10-60所示。

10.3.7 Generate（生成类）

Generate视频效果是在这一版本的Premiere中新增加的，不过其中的有些视频效果是从其他的视频效果组中重组过来的。组中共有11种视频效果，如图10-61所示。

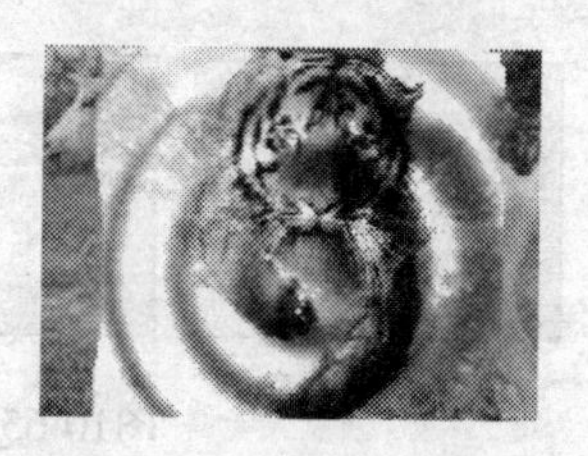

图10-60　涟漪效果

1. 4 Color Gradient（四色渐变）

使用该视频效果可产生四种颜色的渐变，每种颜色都由一个单独的效果点来控制，如图10-62所示。

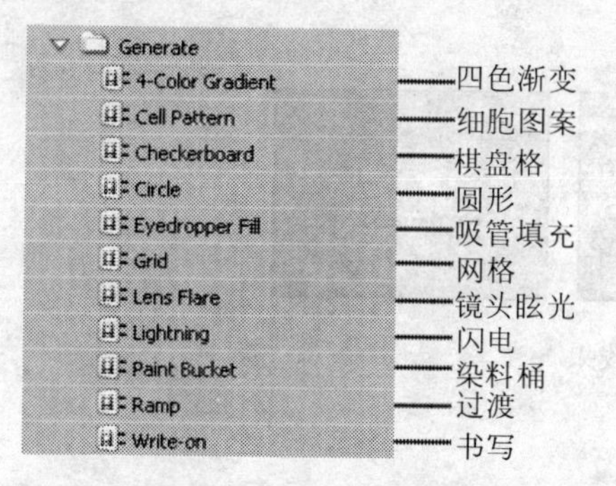

图10-61　Generate类视频效果组

图10-62　四色效果

2. Cell Pattern（细胞图案）

使用该视频效果可以根据细胞噪波生成细胞图案，使用它可以创建静态或者移动的背景纹理。其效果如图10-63所示。

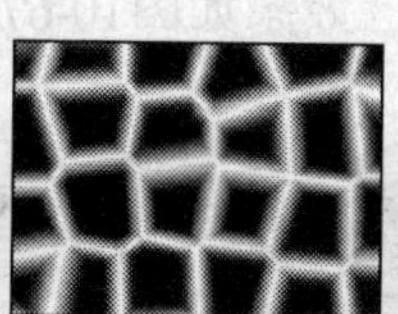

图10-63　细胞效果

3. Checkerboard（棋盘格）

使用该视频效果可以创建类似棋盘格的效果。其效果如图10-64所示。

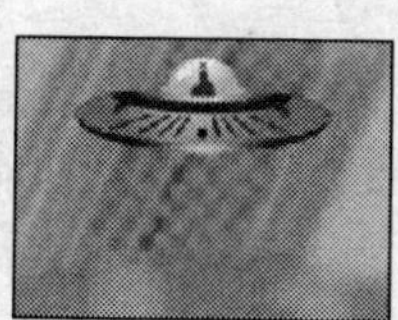

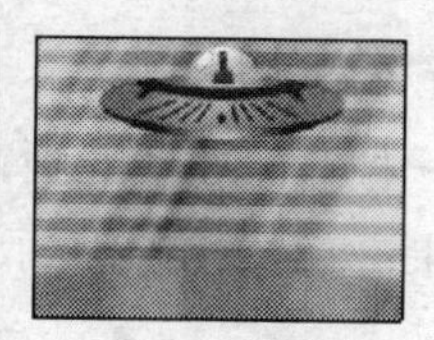

图10-64　棋盘格效果

4. Circle（圆形）

使用该视频效果可以创建自定义的实色圆或者圆环效果。其效果如图10-65所示。

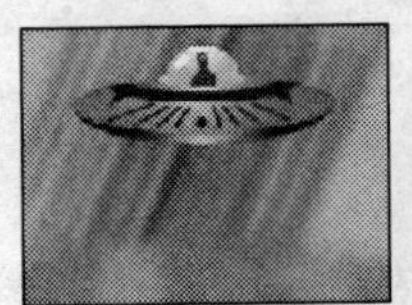
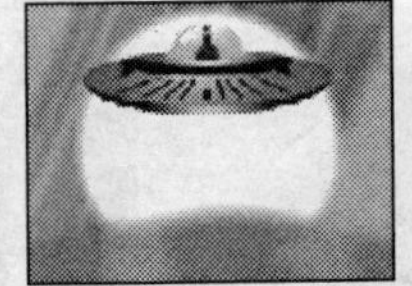

图10-65　圆形效果

5. Eyedropper Fill（吸管填充）

使用该视频效果可以为源剪辑应用我们选择的一种颜色。

6. Grid（网格）

使用该视频效果可以创建一个自定义网格，渲染后会产生带有网格画面的效果，如图10-66所示。

图10-66　网格效果

7. Lens Flare（透镜眩光）

该视频效果能够以3种透镜过滤出光环，并选用不同强度的光从画面的某个位置放射出来。它是随时间变化的视频效果。可以设定光照的起始位置和结束位置，以表达透镜光源移动过程。

8. Lighting（闪电）

该视频效果为素材设置闪电效果，效果如图10-67所示。

图10-67　闪电效果（右图）

9. Paint Bucket（染料桶）

该视频效果是一种非破坏性的画笔工具，可以使用选择的颜色填充画面中的选择区域，获得美术绘画的效果，如图10-68所示。

图10-68　染料桶效果

10. Ramp（过渡效果）

该视频效果为素材设置过渡效果。

11. Write-on（书写效果）

使用该视频效果可以在剪辑中为笔画设置动画，比如可以创建笔画为蛇行的运动效果，如图10-69所示。

图10-69 书写效果

10.3.8 Image Control（影像控制）视频效果组

Image Control视频效果组中共有6种视频效果，主要用于调整或者改变影像中的颜色，如图10-70所示。

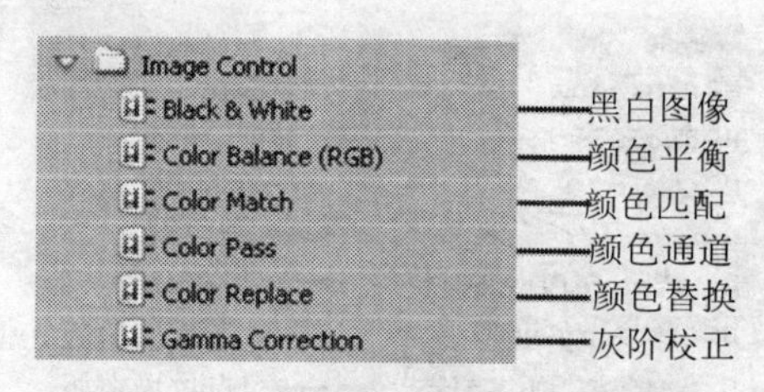

图10-70 Image Control视频效果组

1. Black & White（黑白图像）

该视频效果的作用将使电影剪辑的彩色画面转换成灰度级的黑白图像。

2. Color Balance（RGB）（颜色平衡）

该视频效果可改变电影剪辑的彩色画面中的红色、绿色和蓝色。

3. Color Match（色彩匹配）

使用该视频效果可以通过调整色相、亮度和饱和度使一个剪辑的颜色和另外一个剪辑的颜色相匹配。

4. Color Pass（颜色通道）

该视频效果能够将一个剪辑中某一指定单一颜色外的其他部分都转化为灰度图像。可以使用该效果来增亮剪辑的某个特定区域。通过调色板可以选取一种颜色，或使用吸管工具在原始画面上吸取一种颜色作为该通道颜色。通过调整滑块可以改变该颜色的使用范围（扩大或缩小）。利用随时间变化的特点，可以制作出按色彩级别转变的过渡效果。

5. Color Replace（色彩替换）

该视频效果可用某一种颜色以涂色的方式来改变画面中的临近颜色，故称之为色彩替换视频效果。利用这种方式，可以变换局部的色彩。还可以利用随时间变化的特点，做出按色彩级别变化色彩的换景效果。与Color Pass不同的是，它保持原画面中不被替换的颜色成分，而只对周围色进行涂色或染色。其效果如图10-71所示。

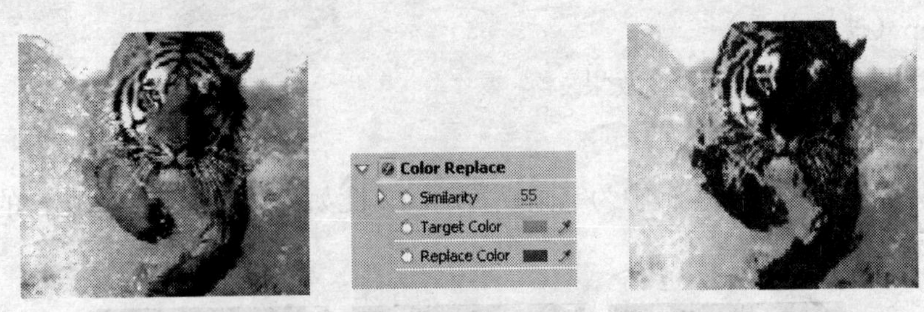

图10-71 对周围色进行涂色或染色

6. Gamma Correction（灰阶校正）

该视频效果通过调节图像的反差对比度，使图像产生相对变亮或变暗的效果。它是通过对中灰度或相当于中灰度的彩色进行修正（增加或减小），而不是通过增加或减少光源的亮度来实现的。

10.3.9 Keying（键控）效果组

在Keying效果组中包含有17个视频效果，主要用于制作合成剪辑，如图10-72所示。

图10-72 Keying效果组

在该效果组中的视频效果在合成影像时经常使用，如图10-73所示。读者可参看下一章“合成”内容中的介绍。

图10-73 “乘风破浪”——摩托车广告，把摩托车合成到水面背景中

注意：在电影或者广告片中，合成技术的应用非常广泛，比如在美国大片《金刚》中，大猩猩被合成到高楼大厦背景中，如图10-74所示。

图10-74 在电影《金刚》中的合成效果

10.3.10 Noise&Grain（噪波&颗粒）效果组

在Noise&Grain效果组中包含有6种效果，如图10-75所示。

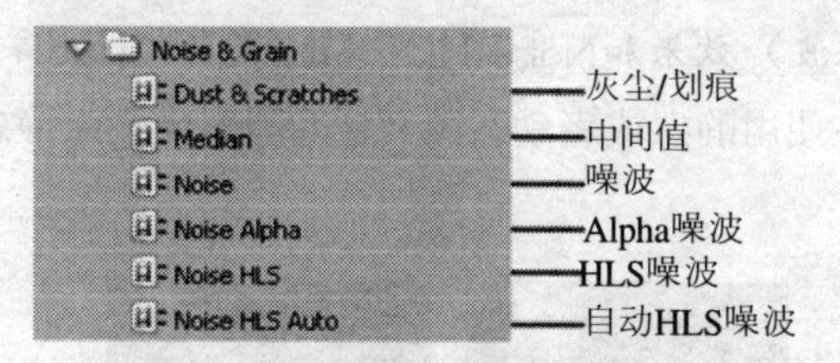

图10-75 噪波效果组

1. Dust&Scratches（灰尘/划痕）效果

使用该视频效果可通过调整像素来去除画面中的一些划痕效果或者灰尘效果，下图是清除划痕后的效果，如图10-76所示。

原图

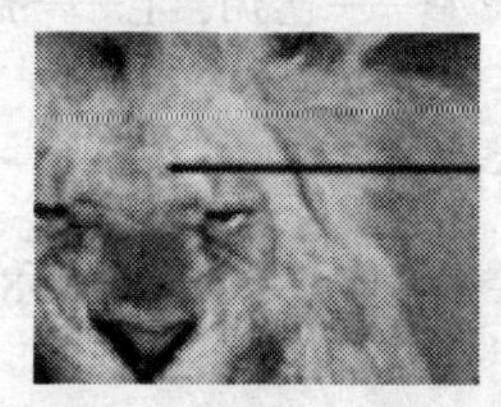

放大

清除后的效果

图10-76 去除划痕后的效果

2. Median（中间值）

使用中间值视频滤镜效果能够将每个像素都用其周围像素的RGB平均值来取代，类似于模糊效果，如图10-77所示。

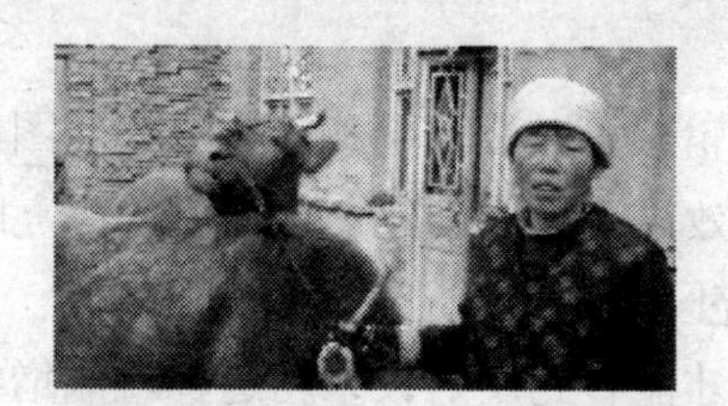

图10-77 中间值效果

3. Noise（噪波）效果

使用该视频效果可使剪辑画面产生噪波效果，类似于颗粒或者电视信号不好时产生的效果，如图10-78所示。

图10-78 Noise效果

4. Noise Alpha（Alpha噪波）效果

使用该效果可在一个源剪辑的通道中添加统一或者方形的噪波效果。

5. Noise HLS（HLS噪波）效果和Noise HLS Auto（自动HLS噪波）效果

使用这两种效果可以在使用静态或者动态源素材的剪辑中创建静态的噪波效果，如图10-79所示。

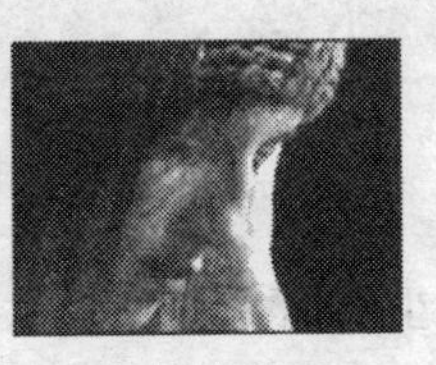

图10-79 Noise HLS效果和Noise HLS Auto效果

提示：这里的HLS分别代表的是：H——色调、L——亮度、S——饱和度。

10.3.11 Perspective视频效果组

Perspective视频效果组中共有5个视频效果，如图10-80所示。它们主要用于制作一些镜头透视的效果。

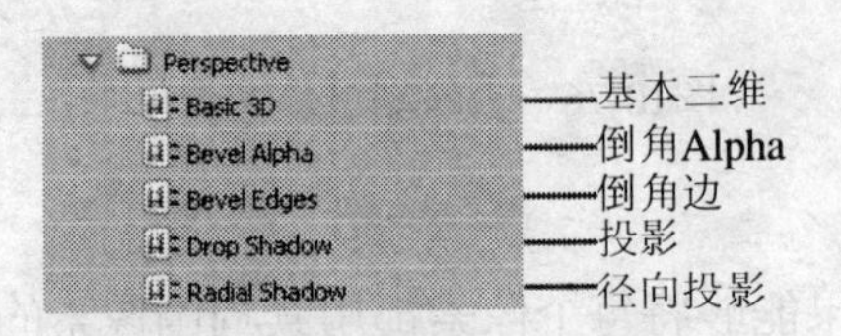

图10-80 Perspective视频效果组

1. Basic 3D（基本三维）

该视频效果在一个虚拟三维空间中操作剪辑。可以绕水平和垂直轴旋转图像，并将图像以靠近或远离屏幕的方式移动。使用基本三维效果，也能创建一个镜面的高亮区，产生一种光线从一个旋转表面反射开去的效果。镜面高亮区的光源总是在观察者的上面、后面和左面。因为光线来自上面，所以必须将图像向后倾斜才能看到反射效果。这样就能增强三维效果的真实性。其效果如图10-81所示。

图10-81 Basic 3D效果

2. Bevel Alpha（倒角Alpha）

该视频效果可为图像的Alpha边界产生一种凿过的立体效果。如果剪辑中没有Alpha通道，或者其Alpha通道完全不透明，该效果将被应用到剪辑的边缘。使用这种效果产生的边缘比用Bevel Edges效果产生的要更柔和一些。

3. Bevel Edges（倒角边）

该视频效果可为图像的边缘产生一种凿过的三维立体效果。边缘位置由原图像Alpha通道决定。不像Bevel Alpha效果，使用Bevel Edges产生的效果总是矩形的，因此带有非矩形Alpha通道的图像将不能产生正确的显示效果。所有边缘都具有相同的厚度。其效果如图10-82所示。

图10-82 Bevel Edges效果

4. Drop Shadow（投影）

该效果添加一个阴影显示在剪辑的后面。Drop Shadow的形状由剪辑的Alpha通道决定。与大多数其他效果不一样，该效果能在剪辑的边界之外创建阴影效果。应用该视频效果的效果如图10-83所示。

图10-83 “Drop Shadow”效果

5. Radial Shadow（径向投影）

该效果添加一个阴影显示在剪辑的后面。但是这种阴影是由添加到剪辑的点灯光生成的，而不是由漫射灯光生成的。其效果如图10-84所示。

图10-84　阴影效果

10.3.12　Render（渲染）视频效果组

Render视频效果组中共有1个视频效果，如图10-85所示。主要在设置渲染输出时使用。

图10-85　Render视频效果组

使用该视频效果可以根据在效果控制面板中设置的大小创建椭圆或者椭圆形圆环效果。其效果如图10-86所示。

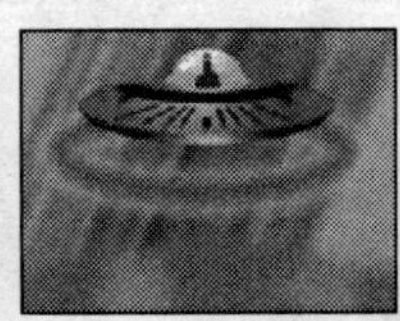

图10-86　椭圆效果

10.3.13　Stylize（风格化）视频效果组

Stylize视频效果组中共有13种视频效果，如图10-87所示。它们主要用于创建一些风格化的画面效果。

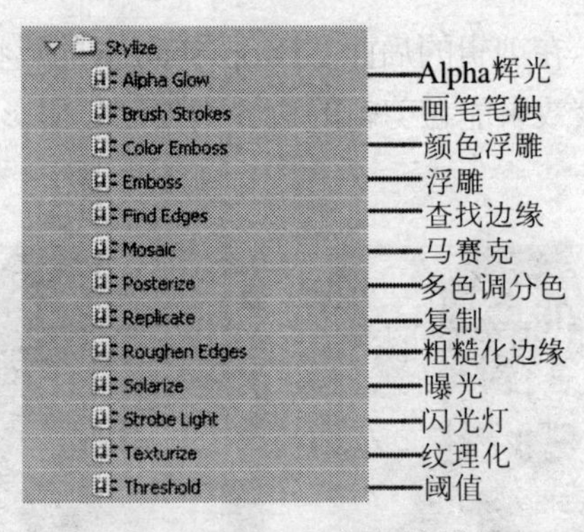

图10-87　Stylize视频效果组

1. Alpha Glow（Alpha辉光）

该视频效果仅对具有Alpha通道的剪辑起作用，而且只对第1个Alpha通道起作用。它可以在Alpha通道指定的区域边缘，产生一种颜色逐渐衰减或向另一种颜色过渡的效果。

2. Brush Strokes（画笔笔触）

使用该视频效果可以为画面应用一种使用美术画笔绘画的效果，如图10-88所示。

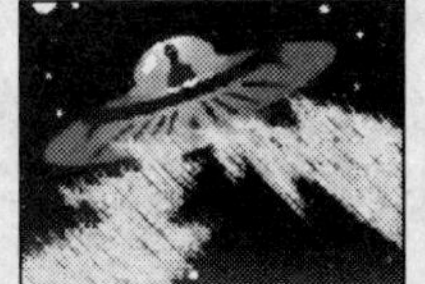

图10-88 画笔笔触效果

3. Color Emboss（颜色浮雕）

该视频效果除了不会抑制原始图像中的颜色之外，其他效果与Emboss产生的效果一样。其效果如图10-89所示。

图10-89 颜色浮雕效果

4. Emboss（浮雕）

该视频效果根据当前画面的色彩走向将色彩淡化，主要用灰度级刻画画面，形成浮雕效果，如图10-90所示。

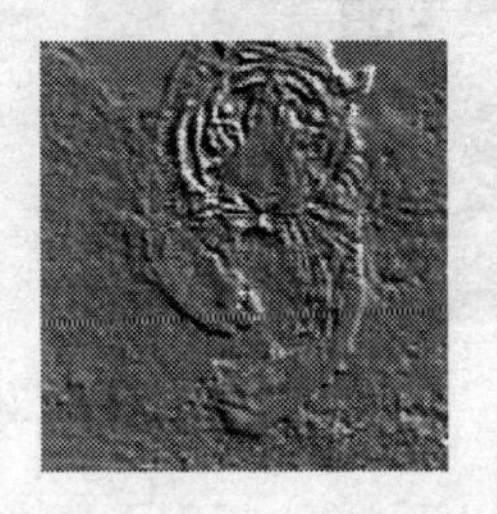

图10-90 浮雕效果

5. Find Edges（查找边缘）

该视频效果可以对彩色画面的边缘以彩色线条进行圈定，对于灰度图像用白色线条圈定其边缘。

6. Mosaic（马赛克）

该视频效果按照画面出现的颜色层次，采用马赛克镶嵌图案代替源画面中的底图像。通过调整滑块，可控制马赛克图案的大小，以保持原有画面的面目。同时可选择较锐利的画面效果。该视频效果随时间变化。其效果如图10-91所示。

7. Posterize（多色调分色）

该视频效果可将原始图片中的颜色数减少，最多只剩下基本的红、绿、蓝、黄等颜色；最后将原始图片中的颜色转换的像广告宣传画中的色彩。它是一个随时间变化的视频效果，如图10-92所示。

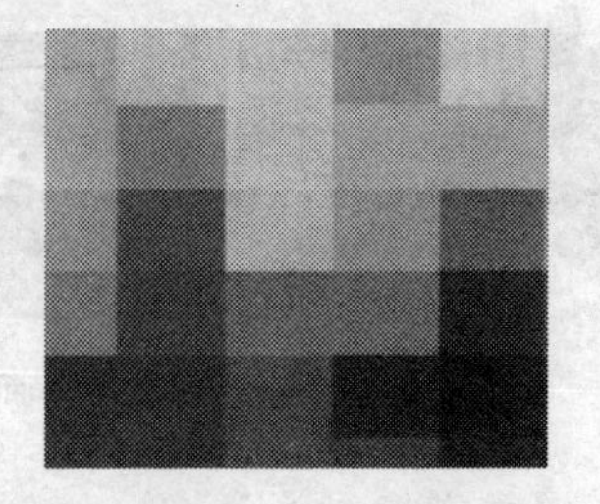

图10-91　马赛克效果

图10-92　多色调分色效果

8. Replicate（复制）

使用该视频效果可将画面复制成同时在屏幕上显示多达4～256个相同的画面。可以用该视频效果制作屏幕背景，如图10-93所示。

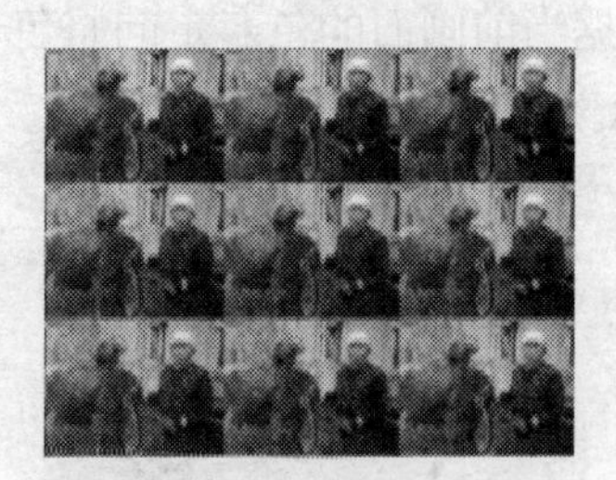

图10-93　复制效果

9. Roughen Edges（粗糙化边缘）

使用该视频效果可使剪辑的Alpha通道边缘粗糙化，从而使图像或者光栅化文本产生一种粗糙的自然外观效果。

10. Solarize（曝光）

使用该视频效果可将画面沿着正反画面的方向进行混色，通过调整滑块选择混色的颜色。它是随时间变化的视频效果。

11. Strobe Light（闪光灯）

使用该视频效果能够以一定的周期或随机地对一个剪辑进行算术运算。例如，每隔5秒钟剪辑就变成白色，并显示0.1秒；或剪辑颜色以随机的时间间隔进行反转。

12. Texturize（纹理化）

使用该效果使剪辑看上去好像带有其他剪辑的材质。例如，可以使一棵树看上去好像具有砖的材质，并可控制材质的深度和表面光源。

13. Threshhold（阈值）

使用该效果使剪辑画面的灰度级转换为高对比度，也可以把白色的图像转换为黑色的图像。

10.3.14 Time（时间）视频效果组

Time视频效果组中共有3种视频效果，如图10-94所示。它们主要用于创建一些特殊的视频特效。

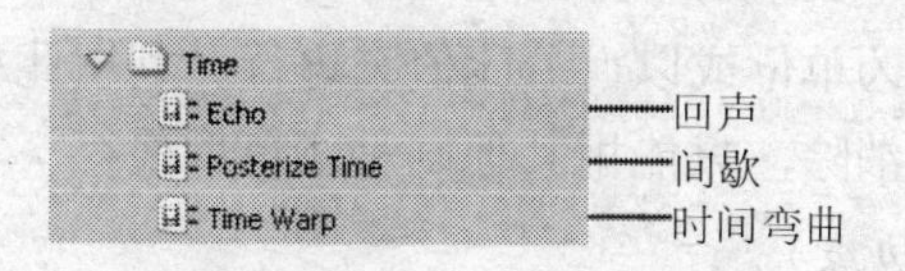

图10-94 Time视频效果组

1. Echo（回声）

该视频效果能将来自剪辑中不同时刻的多个帧组合在一起。使用它可创建从一个简单的可视的回声效果到复杂的拖影效果。只有在剪辑中具有动画时该效果才可见。默认设置下，当应用Echo效果时，先前应用的任何效果都将被忽略。

2. Posterize Time（间歇）

该视频效果可从电影剪辑一定数目的帧画面中抽取一帧，如果指定Frame Rate为4，则表示每4帧原始电影画面中只选取1帧来播放。由于有意造成丢帧，故画面有间歇的感觉。

3. Time Warp（时间弯曲）

当需要改变一个层的播放速度时，使用该视频效果可以精确地控制参数范围，包括插补方式、运动模糊和裁剪范围，其效果如图10-95所示。

图10-95 Time Warp效果

10.3.15 Transform（转换）视频效果组

Transform视频效果组中共有8种视频效果，如图10-96所示。它们主要用于制作一些特殊的视频效果。

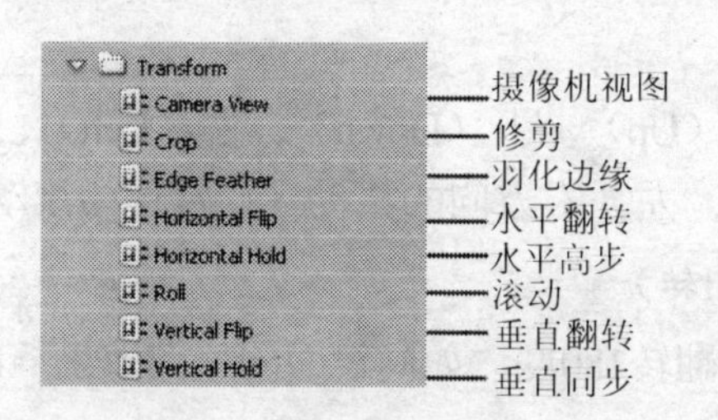

图10-96 Transform视频效果组

1. Camera View（摄像机视图）

该视频效果模仿摄像机从不同的角度拍摄一个剪辑。即设想一个球体，物体位于球体中心，而摄像机位于球体表面。通过控制摄像机的位置，可以扭曲剪辑图像的形状。它是随时间变化的多方位调整的视频效果，具有透视效果。

2. Crop（修剪）

如果要想使修剪后的剪辑保持原尺寸，应使用Crop视频效果修剪它。使用该视频效果可以将图像边缘由于数字画面采集卡所产生的毛边修剪掉。利用滑块，会分别对4个边进行修剪。修剪时可以设定以像素为单位或以百分比值来进行。利用此种方法修剪边缘后会留下4条空白边，其边缘部分不能消除，只能用其他同种颜色取代。

3. Edge Feather（羽化边缘）

使用该视频效果可以将画面的边缘进行羽化，生成一定的特殊效果。其效果如图10-97所示。

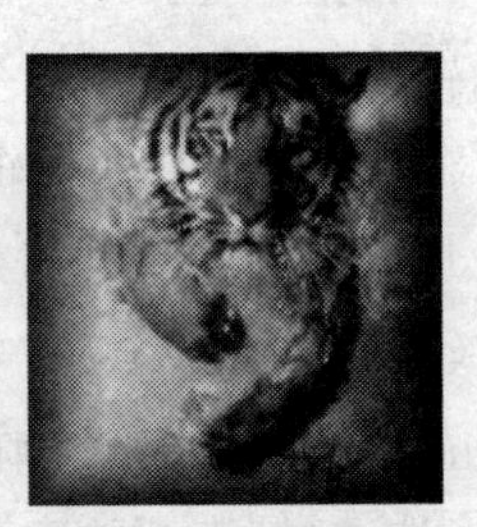

图10-97 羽化边缘效果

4. Horizontal Flip（水平翻转）

该视频效果将画面左右翻转180度，如同镜面的反向效果。画面翻滚后仍然维持正顺序播放。其效果如图10-98所示。

图10-98 水平翻转效果

5. Horizontal Hold（水平同步）

该视频效果可以将画面调整为倾斜的画面，利用滑块调整可使画面向左右倾斜。

6. Roll（滚动）

该视频效果可以选择上（Up）、下（Down）、左（Left）、右（Right）4个方向中的一种方向，让画面进行上、下、左、右方向的移动（通常称为滚动）。

7. Vertical Flip（垂直翻转）

该视频效果将画面上下翻转180度，如同镜面的反向效果。画面翻转后仍然维持正顺序播放。其效果如图10-99所示。

图10-99 垂直翻转效果

8. Vertical Hold（垂直同步）

该视频效果可以将画面调整为倾斜的画面，利用滑块调整可使画面向上下倾斜。

10.3.16 Transition（过渡效果）

Transition视频效果组中共有5种视频效果，如图10-100所示。

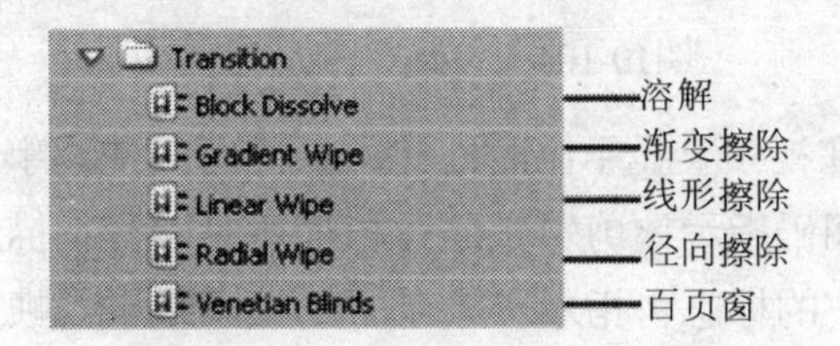

图10-100 Transition视频效果组

该效果组中的视频效果主要用于制作一些视频过渡或者转场方面的效果，如图10-101所示。关于过渡的具体内容，读者可以参阅本书“过渡”一章的介绍。

图10-101 渐变擦除过渡效果

10.3.17 Utility（应用）视频效果组

在Utility视频效果组中只有1种视频效果——Cineon Converter（全景转换器），该视频效果提供了很多的控制选项用于控制颜色的转换，因此，使用该视频效果可以更方便地控制全景画面中的颜色变换，如图10-102所示。

图10-102 Cineon Converter效果

下面是该视频效果的控制选项，如图10-103所示。

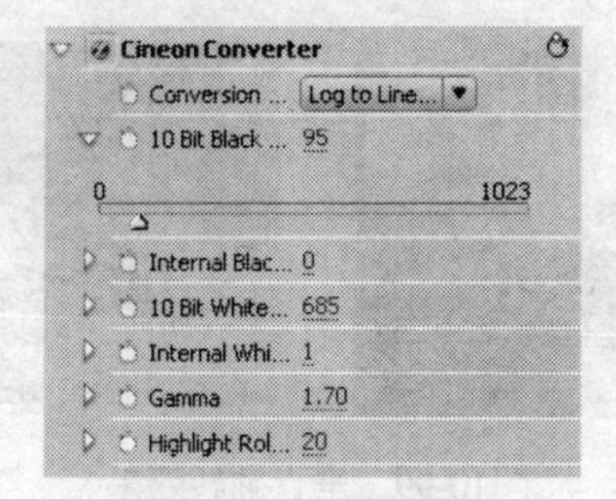

图10-103 Cineon Converter视频效果的控制选项

10.3.18 Video（视频）视频效果组

在Video视频效果组中只有1种视频效果，如图10-104所示。

图10-104 Video视频效果组

使用该视频效果可以在视频上显示出时间码，从而可以使同事或者客户能够确定视频的时间设置。显示出来的时间码指示该剪辑是逐行扫描还是隔行扫描。如果是隔行扫描，也就是所谓的交织视频，那么它的标志可指示一帧是下场帧还是上场帧。可以使用它的选项来控制时间码的位置、大小和透明度等。

在本章的内容中拿出了大部分内容介绍了这些视频效果的类型，主要是想帮助读者多了解它们的用途及效果。至于具体的使用需要根据实际情况来决定，比如各种参数的调整。由于本书篇幅有限，这里不再赘述。建议读者自己多练习、多尝试，以便熟练地掌握它们的使用。

10.4 实例：使用视频特效创建多画面透视效果

在本例中，将使用Corner Pin（边角定位）来对画面进行定位，从而创建出画面的三维透视效果。还将使用Lens Flare（镜头光晕）为画面添加一种光晕效果。本例动画中的几帧如图10-105所示。

图10-105 多画面透视效果中的几帧

（1）启动Premiere，新建一个项目。设置项目的名称和保存路径，其他使用默认设置，如图10-106所示。单击两次 OK 按钮，进入到系统默认的工作界面。

（2）执行“File（文件）→Import...（导入）”命令，打开“Import”对话框。框选剪辑素材，单击 打开(O) 按钮，将这些素材导入到“Project（项目）”窗口中，如图10-108所示。

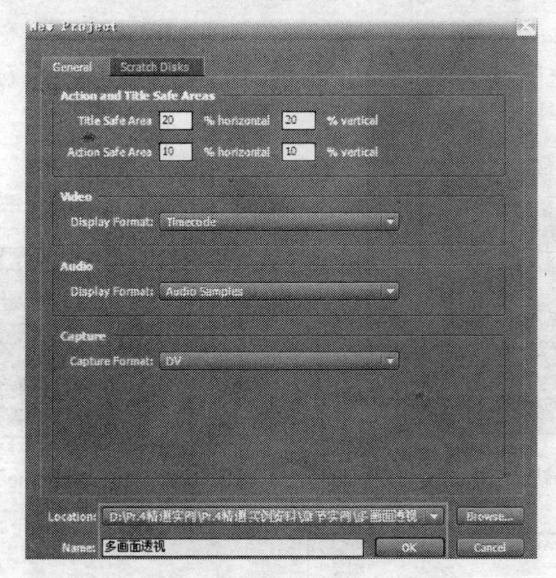

图10-106 设置项目的名称和路径

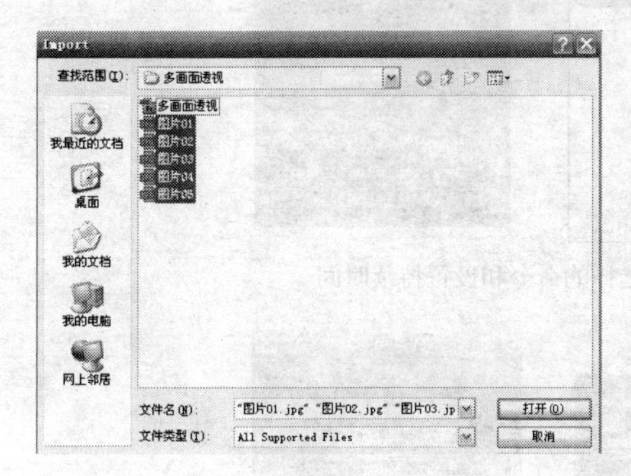

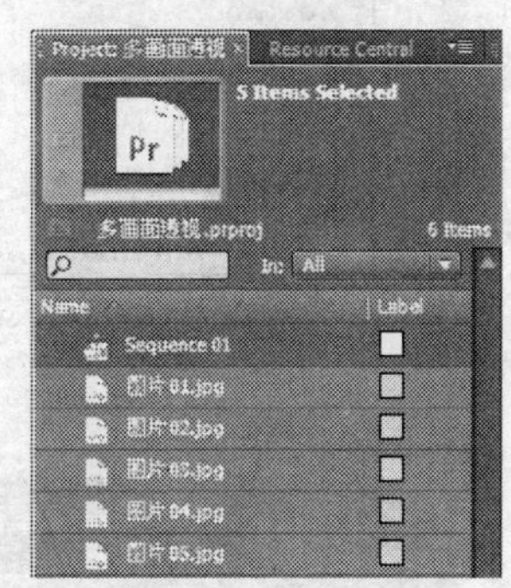

图10-107 “Import”对话框和“Project”窗口

（3）添加视频轨道。在“Timeline（时间标尺）”面板中默认放置了3个视频轨道，还需要添加2个视频轨道才能满足要求。

（4）执行“Sequence（序列）→Add Tracks（添加轨道）”命令，打开“Add Tracks”对话框。在Video Tracks（视频轨道）栏中设置添加轨道的数量和放置轨道的位置，如图10-108所示。

（5）单击 OK 按钮，在“Timeline”面板中添加了2个视频轨道，如图10-109所示。

（6）排列剪辑。在“Project”窗口中将“图片01.jpg”剪辑拖到“Timeline”面板中的Video1视频轨道上。

（7）设置持续时间。在“Timeline”面板中的剪辑上右击，并从打开的菜单中选择“Speed/Duration...（速度/持续时间）”命令，打开“Clip Speed/Duration（剪辑速度/持续时间）”对话框。设置持续时间为12秒，单击 OK 按钮，如图10-110所示。

（8）在“Timeline”面板中单击左上角的时间码，将时间设置为2秒，这样就将时间指示器移动到了2秒位置处。并从“Project” 窗口中将“图片02.jpg”剪辑拖到“Timeline”面板中的Video 2轨道上，将其入点放置在2秒位置处，持续时间设置为10秒，如图10-111所示。

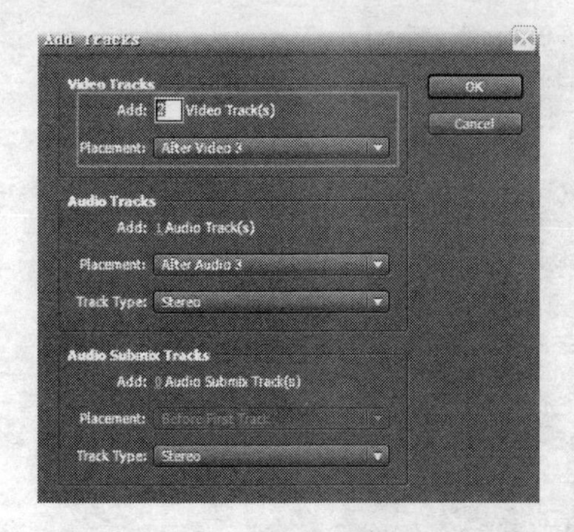

图10-108 添加轨道设置

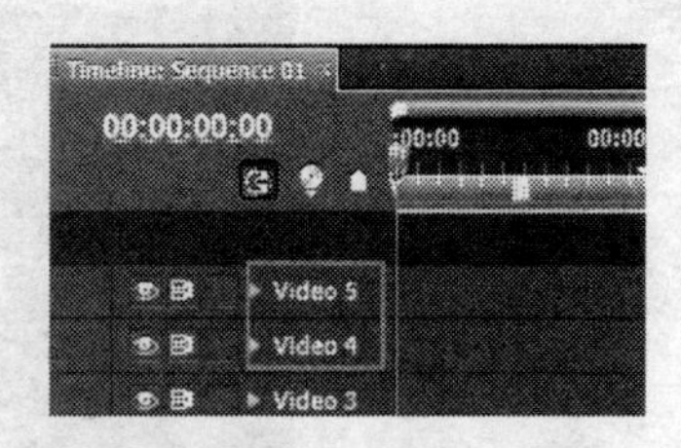

图10-109 在“Timeline”面板中添加的视频轨道

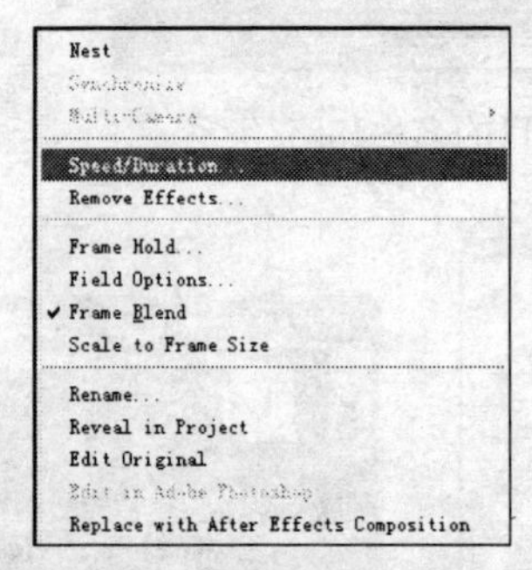

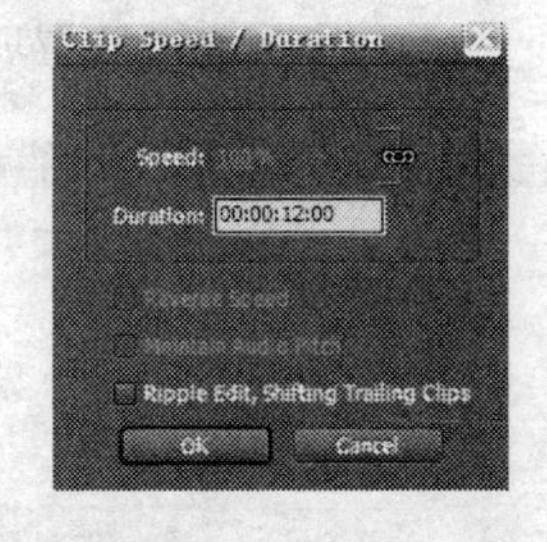

图10-110 选择的命令和设置持续时间

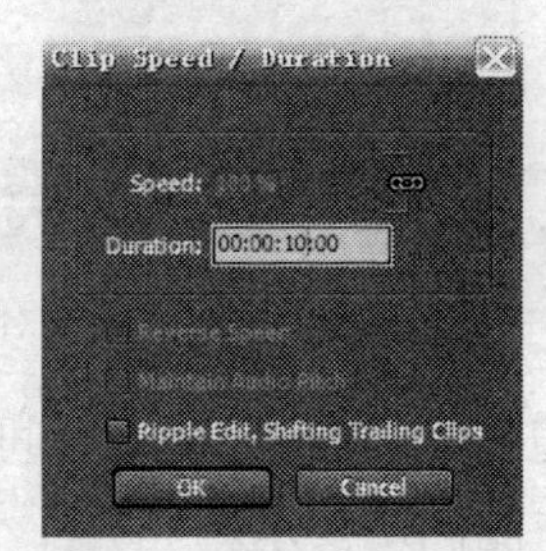

图10-111 拖入图片“02.jpg”和设置持续时间

（9）使用同样的方法将其他几个剪辑拖入到“Timeline”面板中的不同视频轨道上，并分别设置它们的持续时间。每个剪辑的持续时间相差2秒，排列各个剪辑后的效果如图10-112所示。

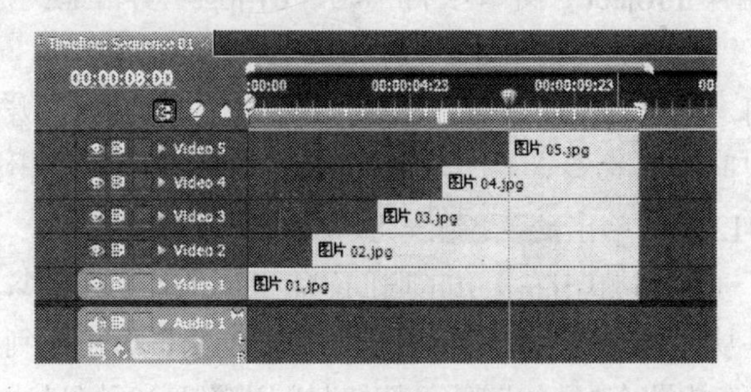

图10-112 排列各个剪辑的效果

（10）创建透视效果。在“Effects（效果）”面板中展开Video Effects（视频特效）→ Distort（扭曲），选择“Corner Pin（边角定位）”并将其拖到“Timeline”面板中的“图片01.jpg”剪辑上。再在“Effects”面板中展开“Corner Pin”选项，如图10-113所示。

（11）设置动画。确定时间指示器处于0秒位置，单击“Upper Right（右上角）”和“Lower Right（右下角）”的“动画开/关”按钮，建立这两个属性的第1个关键帧，如图10-114所示。

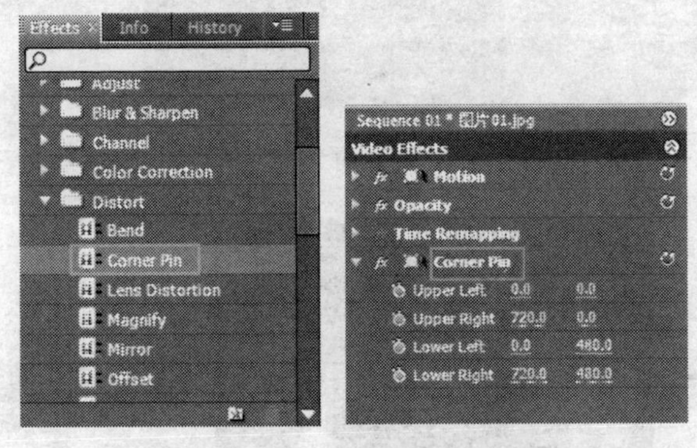

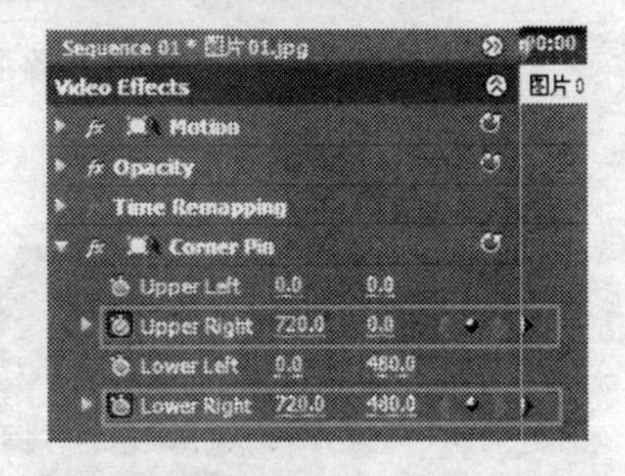

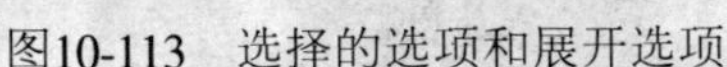

图10-113 选择的选项和展开选项　　　　图10-114 建立两个属性的第1个关键帧

（12）将时间指示器移动到2秒10帧位置处，调整Upper Right（右上角）和Lower Right（右下角）两个属性的参数，系统自动建立两个属性的第2个关键帧，如图10-115所示。

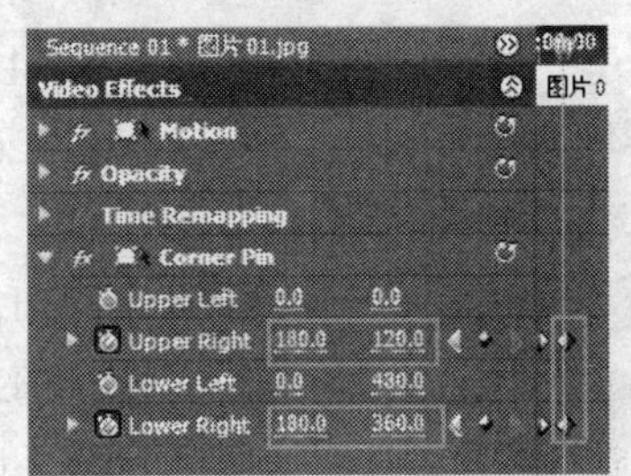

图10-115 确定时间指示器的位置和建立两个属性的第2个关键帧

提示： 此时，可以关闭Video 2视频轨道中的显示开关，以便于在“Program”窗口中查看效果。当需要显示Video 2视频轨道中的剪辑时再将该开关打开。

（13）此时，在“Program”窗口中的效果如图10-116所示。

（14）为Video 2视频轨道中的剪辑添加Corner Pin（边角定位）效果。将时间指示器移动到2秒位置处，建立Upper Left（左上角）和Lower Left（左下角）两个属性的第1个关键帧，如图10-117所示。

（15）将时间指示器移动到4秒10帧位置处，调整Upper Left（左上角）和Lower Left（左下角）两个属性的参数，建立两个属性的第2个关键帧，如图10-118所示。

（16）为Video 3视频轨道中的剪辑添加Corner Pin（边角定位）效果。将时间指示器移动到4秒位置处，建立Lower Left（左下角）和Lower Right（右下角）两个属性的第1个关键帧，如图10-119所示。

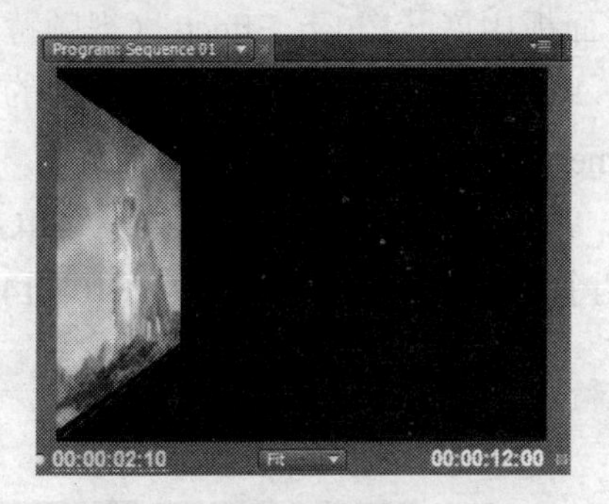

图10-116 调整属性参数后的效果

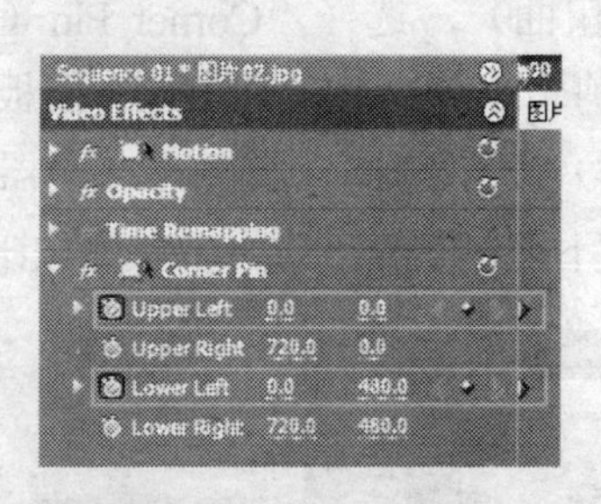

图10-117 建立两个属性的第1个关键帧

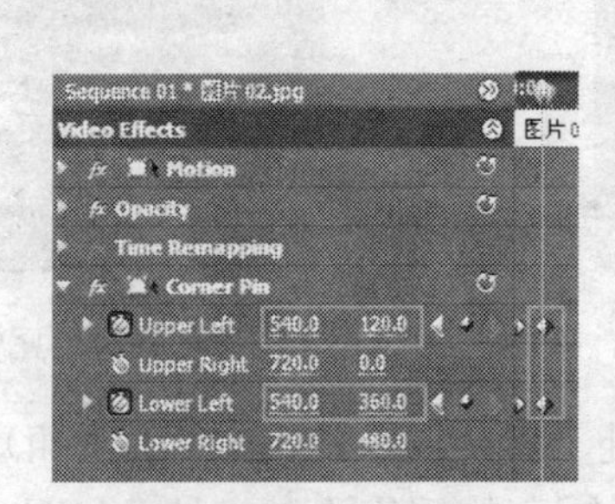

图10-118 建立两个属性的第2个关键帧和“Program”窗口中的效果

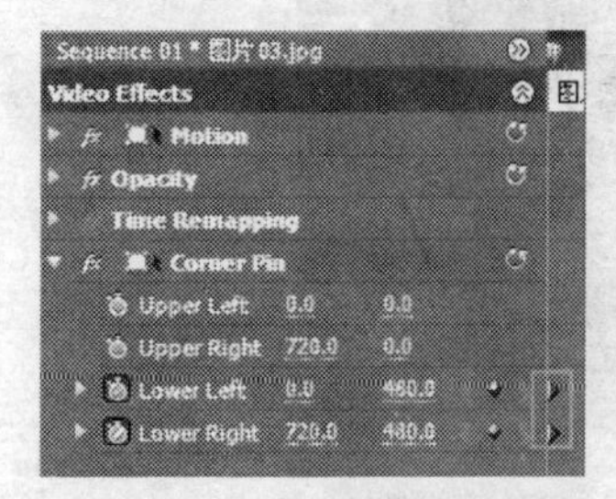

图10-119 建立两个属性的第1个关键帧

（17）将时间指示器移动到6秒10帧位置处，调整Lower Left（左下角）和Lower Right（右下角）两个属性的参数，建立两个属性的第2个关键帧，如图10-120所示。

（18）为Video 4视频轨道中的剪辑添加Corner Pin（边角定位）效果。将时间指示器移动到6秒位置处，建立Upper Left（左上角）和Upper Right（右上角）两个属性的第1个关键帧，如图10-121所示。

（19）将时间指示器移动到8秒10帧位置处，调整Upper Left（左上角）和Upper Right（右上角）两个属性的参数，建立两个属性的第2个关键帧，如图10-122所示。

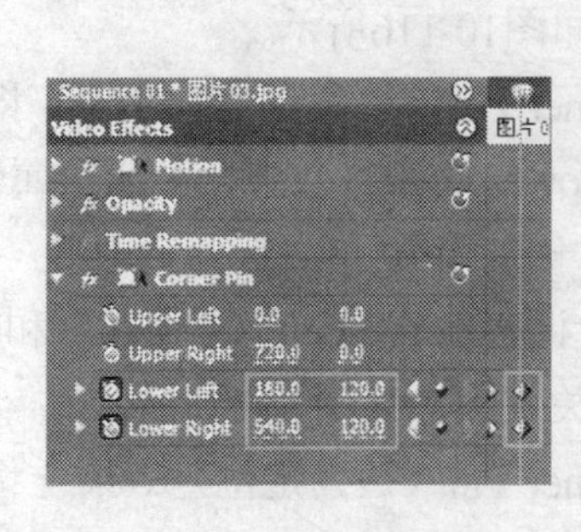

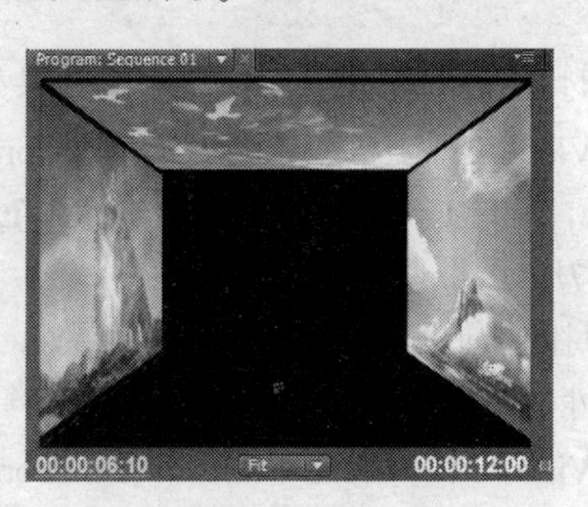

图10-120 建立两个属性的第2个关键帧和“Program”窗口中的效果

（20）将时间指示器移动到8秒位置处，在“Timeline”面板中选择“图片05.jpg”剪辑，并展开“Motion（运动）”选项，建立Scale（比例）的第1个关键帧，如图10-123所示。

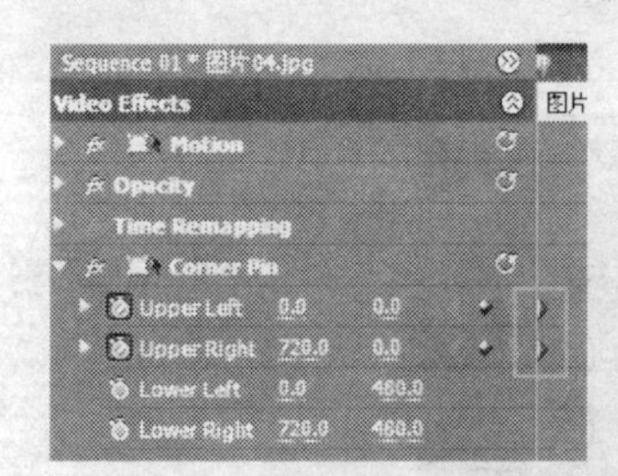

图10-121 建立两个属性的第1个关键帧

（21）将时间指示器移动到10秒位置处，调整Scale（比例）属性的参数，建立该属性的第2个关键帧，如图10-124所示。

（22）为了使动画效果看起来更生动，为其添加一个光晕效果。在“Effects（效果）”面板中选择Lens Flare（镜头光晕）并将其拖到“Timeline”面板中的“图片05.jpg”剪辑上。再在“Effect Controls”面板中选择Lens Flare选项，并调整Flare Bright（光晕亮度）的值，如图10-125所示。

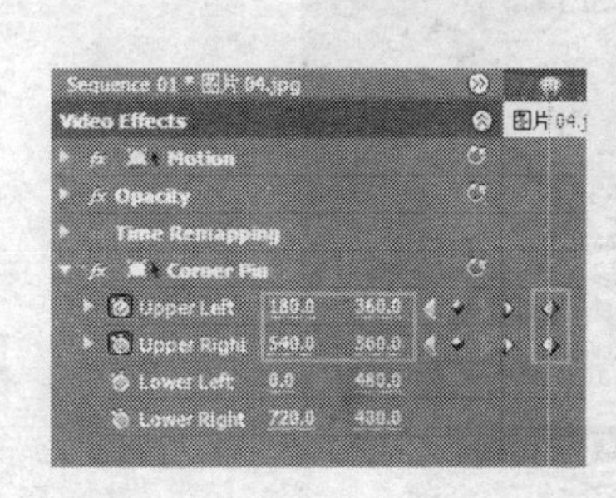

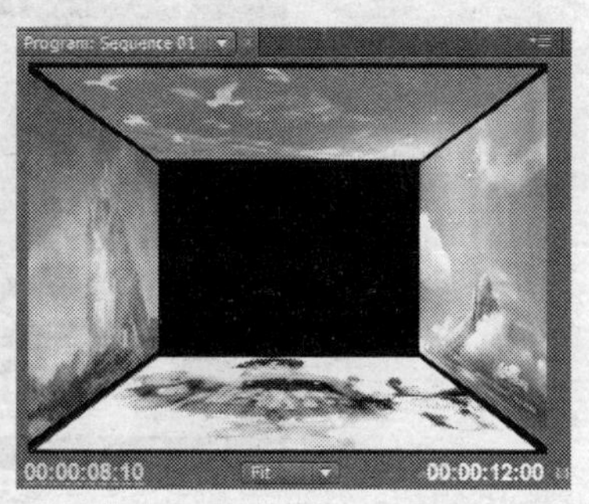

图10-122 建立两个属性的第2个关键帧和Program窗口中的效果

在“Effect Controls”面板中选择Lens Flare选项的目的是为了在“Program”窗口中显示光晕的中心控制点，如图10-126所示。

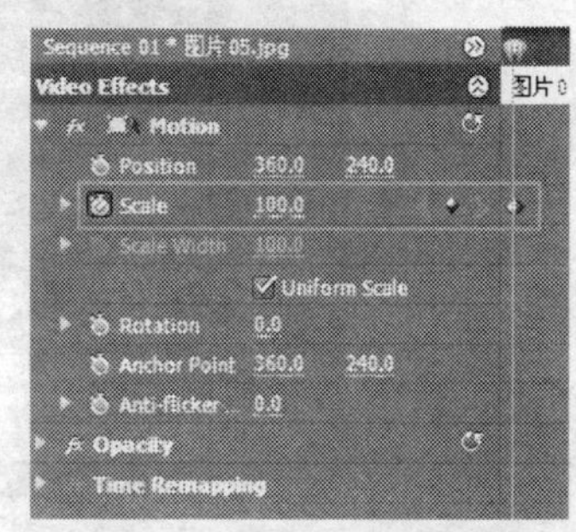

图10-123 建立Scale属性的第1个关键帧

（23）确定时间指示器处于10秒位置处，在“Program”窗口中移动控制点，并建立Flare Center（光晕中心）的第1个关键帧，如图10-127所示。

（24）将时间指示器移动到11秒23帧位置处，并在“Program”窗口中移动控制点，建立Flare Center（光晕中心）的第2个关键帧，如图10-128所示。

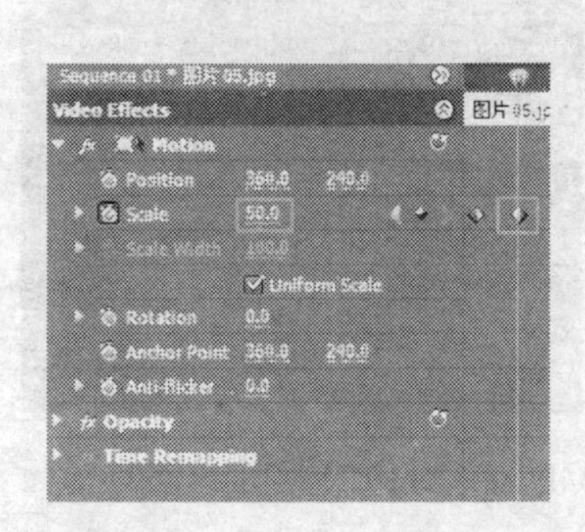

图10-124 建立Scale属性的第2个关键帧和“Program”窗口中的效果

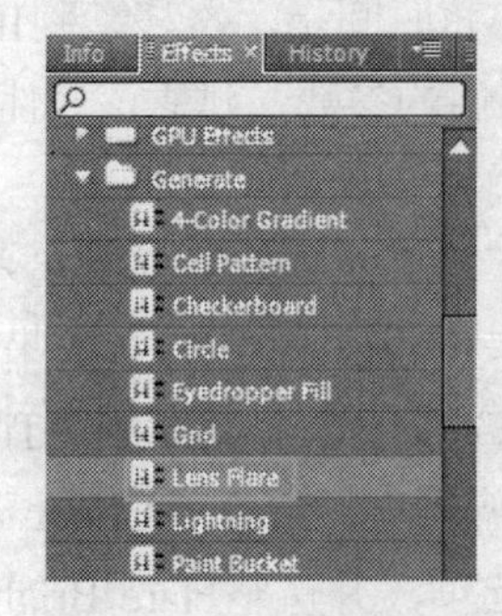

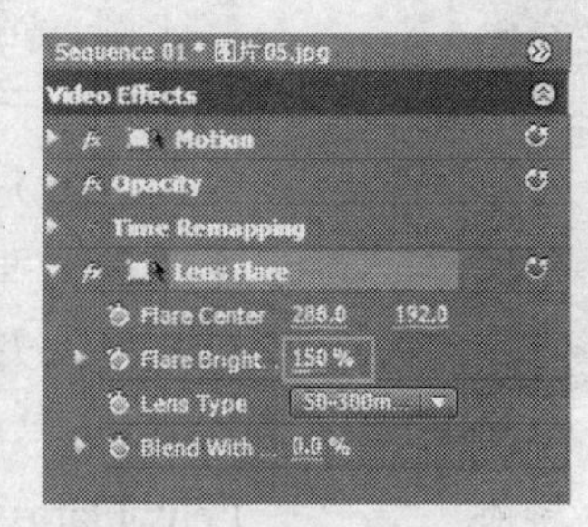

图10-125 选择的选项和“Effect Controls”面板

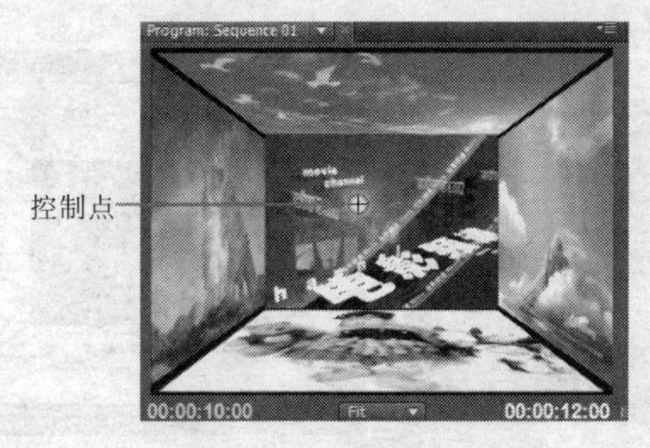

图10-126 显示的控制点

控制点的位置

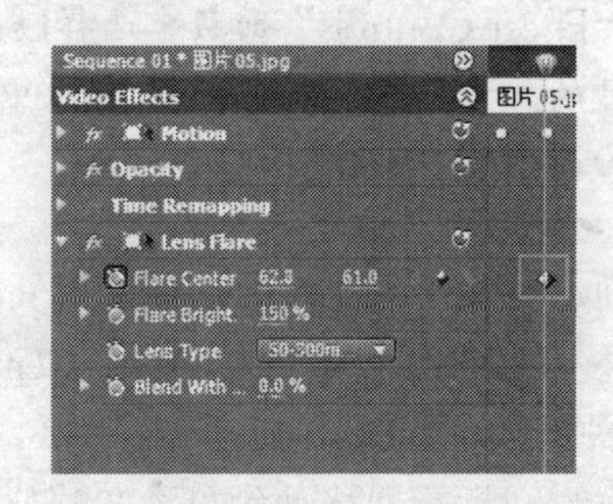

图10-127 移动控制点的位置和建立Flare Center的第1个关键帧

控制点的位置

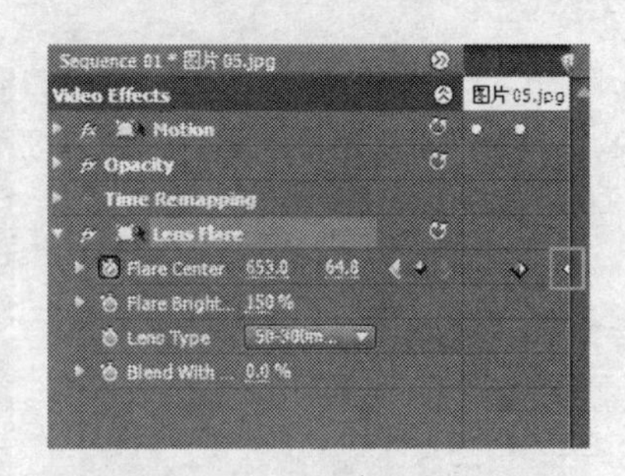

图10-128 移动控制点的位置和建立Flare Center的第2个关键帧

（25）将时间指示器移动到11秒位置处，并在“Program”窗口中移动控制点，建立Flare Center（光晕中心）的第3个关键帧，如图10-129所示。

控制点的位置

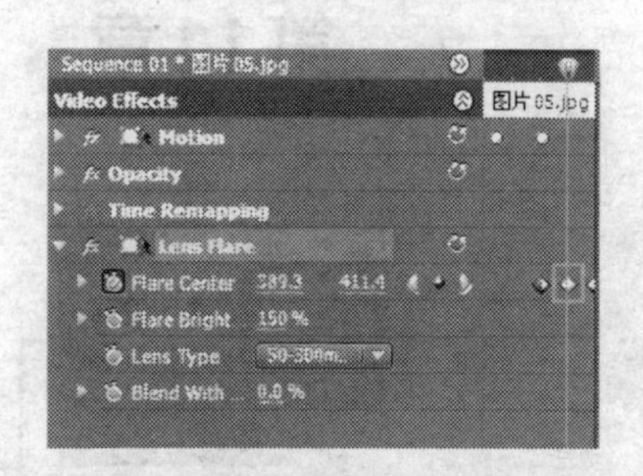

图10-129 移动控制点的位置和建立Flare Center的第3个关键帧

这里是在两个关键帧的中间添加了一个关键帧。

（26）至此，多画面透视动画制作完成。预览动画，对效果满意后输出动画并保存文件。

第11章　合　　成

在Premiere中，不仅能够组合和编辑剪辑，还能够使剪辑或者其他剪辑相互叠加从而生成合成效果。像一些效果绚丽的复合电影就是通过使用多个视频轨道的叠加、透明以及应用各种类型的键或者蒙版来实现的。虽然Premiere不是专用的合成软件，却有着强大的合成功能。既可以合成视频剪辑，也可以合成静止图像，或者在二者之间相互合成。合成是影视制作过程一种很常用的技术，在DV制作过程中也比较常用。因此这里专门使用一章的内容来介绍合成的相关知识。

在本章中主要介绍下列内容：

★蒙版

★合成视频

★键的使用（Key）

★遮罩的使用

11.1　合成简介

合成一般用于制作效果比较复杂的电影，简称复合电影。一般通过使用多个视频轨道的叠加、透明以及应用各种类型的键来实现。在电视制作上称为键，也常被称做抠像（Keying），在电影的制作中称为遮罩。Premiere中建立叠加的效果，是在多个视频轨道中的剪辑实现切换之后，再将叠加轨道上的剪辑叠加到低层的剪辑上，叠加视频轨道编号较高的剪辑会叠加在编号较低的视频轨道剪辑上，并在“监视器”窗口中优先显示出来，也就意味着在其他剪辑的上面播放剪辑。

在进一步介绍合成之前，需要先了解几个与合成有关的概念或者因素。它们是透明、alpha通道、遮罩和键。

11.1.1　透明

使用透明叠加的原理是因为每个剪辑都有一定的不透明度，在不透明度为0%时，图像完全透明；在不透明度为100%时，图像完全不透明；选择介于两者之间的不透明度时，图像呈半透明。叠加是将一个剪辑部分地显示在另一个剪辑之上，它所利用的就是剪辑的不透明度。Premiere可以通过对不透明度的设置，为对象制作透明叠加混合效果。

在Premiere中，可以向叠加轨道中（Video 2轨道或者更高的轨道）添加剪辑，并添加透明度或淡入淡出，从而使得“Timeline”面板中放置在较低轨道中的剪辑局部显示效果更好，如图11-1所示。如果不对放置在最高轨道中的剪辑应用透明度设置，则在预览或者播放最终电影时，在正下方的剪辑就会无法显示。

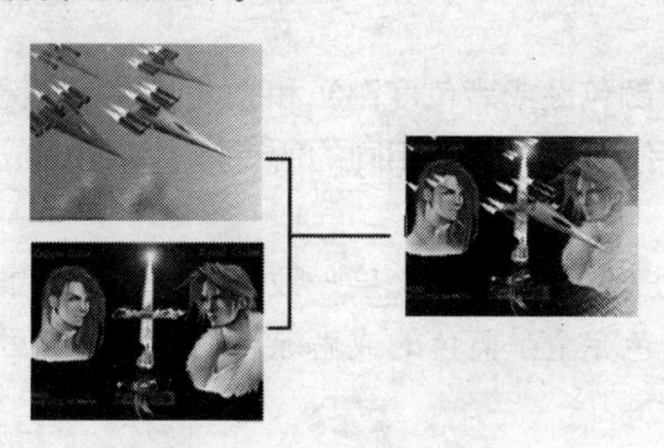

图11-1 叠加轨道的剪辑

可以使用alpha通道、遮罩、蒙版和键来定义影像中的透明区域和不透明区域，通过设置影像的透明度并结合使用不同的混合模式就可以创建出绚丽多彩的影视视觉效果。

11.1.2 alpha通道

影像的颜色信息都被保存在3个通道中，这3个通道分别是红颜色通道、绿颜色通道和蓝颜色通道。另外在影像中还包含一个看不见的第4个通道，那就是alpha通道，它用来存储影像的透明度信息，如图11-2所示。

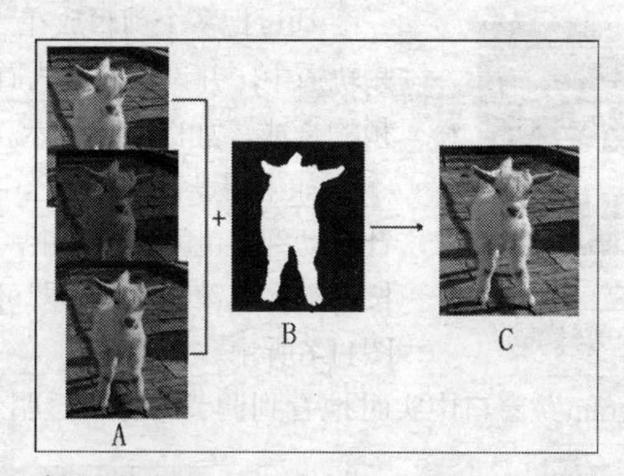

A. 3个独立的通道 B. alpha通道 C. 合成在一起的图像效果

图11-2 通道

当在After Effects的“Composition（合成）”面板或者Premiere的“监视器”窗口中查看alpha通道时，白色区域是完全不透明的，而黑色区域则是完全透明的，两者之间的区域则是半透明的。

11.1.3 蒙版（matte）

蒙版是一个层（或者是它的任意一个通道），用于定义层的透明区域，如图11-3所示。白色区域定义的是完全不透明的区域，黑色区域定义的是完全透明的区域，两者之间的区域则是半透明的，这一点类似于alpha通道。通常，alpha通道就被用做蒙版，但是使用蒙版定义影像的透明区域时要比使用alpha通道更好一些。因为在很多的源影像中不包含alpha通道。

很多格式的影像都包含有alpha通道，比如TGA、TIFF、EPS、PDF、Quicktime等。在使用Adobe Illustrator EPS和PDF格式的影像时，After Effects会自动把空白区域转换为alpha通道。

11.1.4 键

键使用特定的颜色值（颜色键或者色度键）和亮度值（亮度键）来定义影像中的透明区域。当断开颜色值时，颜色值或者亮度值相同的所有像素都将变成透明的。注意也有人将其简称为键。

使用键可以很容易地为一幅颜色或者亮度一致的影像替换背景，这种技术一般称为蓝屏或者绿屏技术，也就是背景色完全是蓝色的或者绿色的，当然也可以使用其他纯色的背景，如图11-4所示。

图11-3 蒙版（最上一层）

图11-4 替换背景

11.2 合成视频

图11-5 叠加视频剪辑

通过把多个剪辑放在“Timeline”面板不同的视频轨道中，并设置上层轨道剪辑的透明度即可实现视频的合成，如图11-5所示。

如果要设置上层轨道中剪辑的透明度，把鼠标指针移动到黄色的调节线上，当鼠标指针改变形状后，按住鼠标左键向下拖动即可调整该剪辑的透明度，如图11-6所示。

此时，可以在“Program”窗口中实时地看到调节的剪辑透明效果，如图11-7所示。

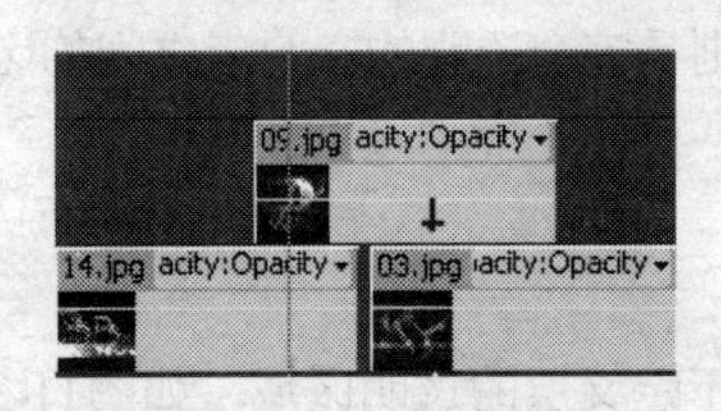

图11-6 调整剪辑的透明度

图11-7 在“Program”窗口中看到的效果

11.2.1　关于合成视频的几点说明

在进行合成视频操作之前对于叠加的使用需要注意以下几点：

（1）叠加效果的产生必须有2个或者2个以上的剪辑出现，有时候为了实现透明效果可以创建一个字幕或者颜色蒙版文件。

（2）只能对可重叠轨道上的剪辑应用透明叠加设置，在默认设置下，每一个新建项目都包含一个可重叠轨道——Video 2轨迹，当然也可以另外增加多个可重叠轨道。

（3）Premiere合成叠加特技的过程是这样的，首先合成视频主轨上的剪辑，包括过渡效果，并将被叠加的剪辑叠加到背景剪辑中去。在叠加过程中首先合成叠加较低层轨道的剪辑，再以合成叠加后的剪辑为背景来叠加较高层的剪辑，这样在叠加完成后，最高层的剪辑位于叠加画面的顶层。

注意：在视频轨道中，Video 1为最低层的轨道，按数字顺序排列，数字越大，轨道层越高。

（4）透明的剪辑必须放置在其他剪辑之上，也就是要将想要叠加的剪辑放在叠加轨道上——Video 2或者更高的视频轨道上。

（5）背景剪辑可以放在视频主轨Video 1、Video 2轨道上（过渡过程也可以作为背景），也就是说较低层叠加轨道上的剪辑可以作为较高层叠加轨道上剪辑的背景。

（6）注意要对最高层轨道上的剪辑使用透明度，否则位于其下方的剪辑不能显示出来。

（7）叠加分为两种：混合叠加和淡化叠加。前者是将剪辑的一部分叠加到另一个剪辑上，因此作为前景的剪辑最好具有单一的底色，并且与需要保留的部分对比鲜明，这样很容易将底色变为透明，再叠加到作为背景的剪辑上。背景剪辑在前景剪辑的透明处可见，使得前景剪辑的保留部分好像本来就属于背景剪辑似的，这便形成了一种混合；后者淡化叠加是通过调节整个前景剪辑的透明度，让它整个暗淡而背景剪辑逐渐显现出来，达到一种梦幻或者朦胧的效果。

11.2.2　制作一个叠加透明效果

下面通过一个实例来介绍实施透明叠加效果的操作过程。

（1）准备好两幅图片，如图11-8所示。

图11-8　准备好的素材图片

（2）选择“File（文件）→New Project（新建项目）”命令建立一个新项目。把需要的剪辑导入到“Project”窗口中，如图11-9所示。

读者也可以使用其他的图片或者视频内容进行练习。

（3）将两幅图片分别拖放到“时间标尺”面板的Video 1和Video 2轨道上，并调整它们的长度，使其一致，如图11-10所示。

图11-9 “Project”窗口

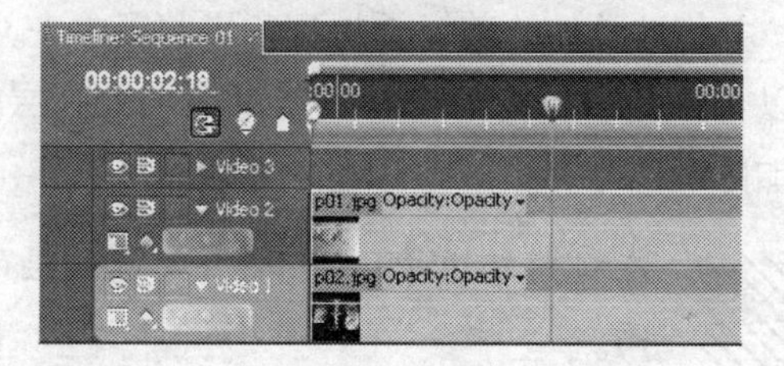

图11-10 “Timeline”面板

（4）现在，在“Program”窗口中的效果如图11-11所示。

（5）调整椭圆的透明度有两种方法，一种是在“Timeline”面板的Video 2轨道中向下拖动透明编辑线，如图11-12所示。

图11-11 “Program”窗口中的效果

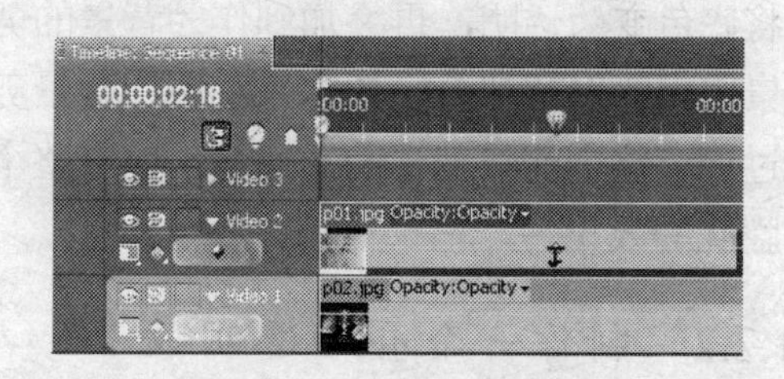

图11-12 在“Timeline”面板调整透明度

另外一种方法是打开“Effect Controls”面板，如图11-13所示。展开“Opacity（不透明度）”控制选项，并调整控制滑块即可。此时在“Program”窗口中的效果如图11-14所示。

（6）还可以通过应用键和视频效果来获得其他的效果。

本例是一个使用叠加透明的典型实例，通过使用叠加和滤镜达到了强化图像中局部位置的效果，本例中的椭圆需要有鲜明的色彩差异，如果背景不是采用黑色则不能达到将椭圆以外的部分完全掩盖的目的。

键效果的使用方式都是相同的，都是把键拖到“Timeline”面板中的剪辑上，并在“Effect Controls”面板中调整参数选项。

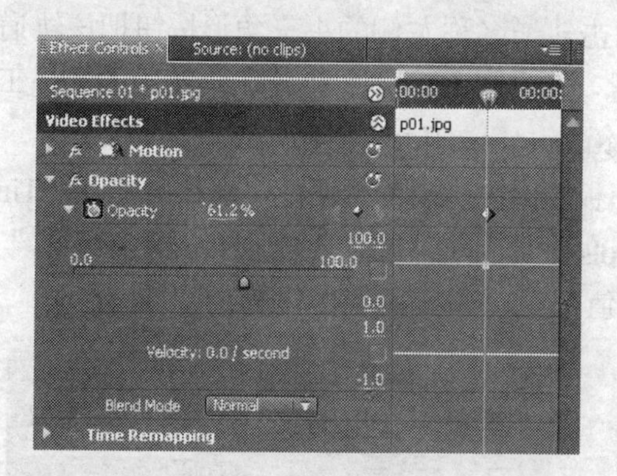

图11-13　“Effect Controls”面板

图11-14　“Program”窗口中的效果

11.2.3　设置alpha通道的编译方式

通过设置alpha通道的编译方式可以改变透明区域和不透明区域，下面介绍如何设置alpha通道的编译方式。

（1）在“Project”窗口中选中一个剪辑。

（2）选择“File（文件）→Interpret Footage（编译素材）”命令，打开“Interpret Footage”对话框，如图11-15所示。

（3）在“Interpret Footage（编译素材）”对话框的底部有两个选项，它们的作用分别是：

- Ignore Alpha Channel（忽略alpha通道）：选中该项后，将忽略剪辑中的alpha通道。
- Invert Alpha Channel（转换alpha通道）：选中该项后，将反转alpha通道中的亮区和暗区，从而使剪辑中的透明区域和不透明区域交换过来，下面是一个带有椭圆的矩形的转换效果，如图11-16所示。

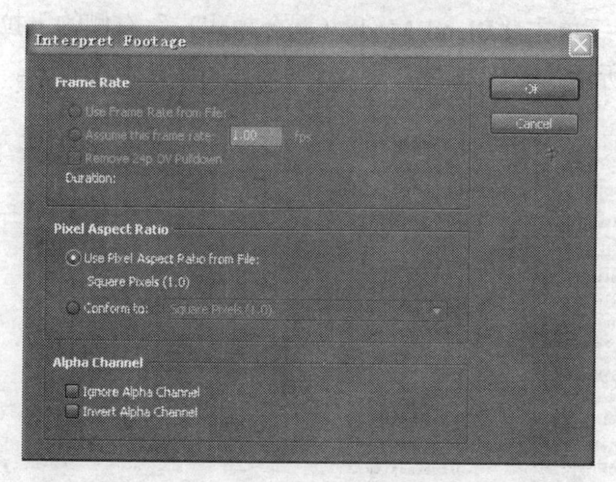

图11-15　“Interpret Footage”对话框

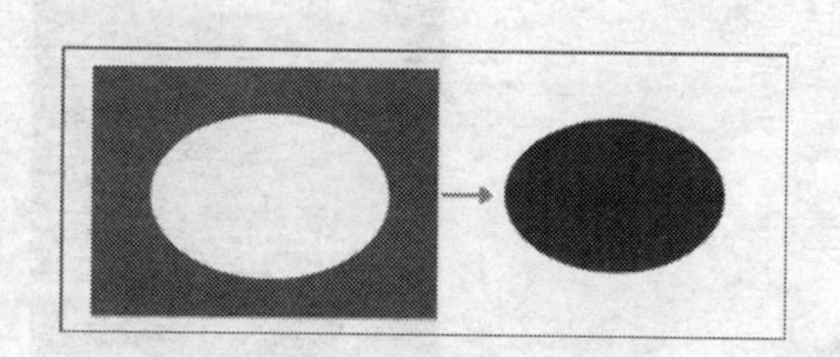

图11-16　调换透明区域

11.2.4　调整剪辑的透明度

在Premiere中，默认设置下，轨道中的所有剪辑都是100%不透明的，当然除了遮罩、蒙版或者alpha通道之外。不过可以在两个面板中调整轨道中所有剪辑的透明度，一个是“Timeline”面板，另一个是“Effect Controls”面板。

如果是在“Timeline”面板中，那么需要单击轨道名称左侧的小三角形按钮把该轨道展开。在剪辑的中间位置会显示出一条水平的黄线，如图11-17所示。确定工具箱中的选择工具处于选择状态，上下拖动这条黄色线即可改变剪辑的透明度。

如果要在“Effect Controls（效果控制）”面板中改变剪辑的透明度，那么需要在“Timeline”面板中选择一个剪辑，打开“Effect Controls”面板，并展开“Opacity（不透明）”控制选项，如图11-18所示。拖动滑块或者改变数值都可以改变所选剪辑的透明度。

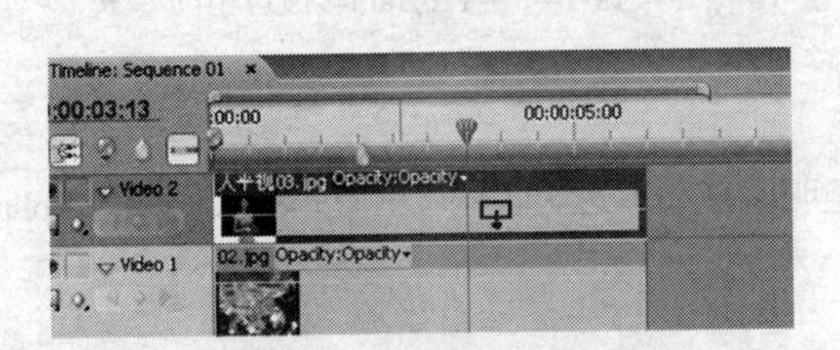

图11-17 改变剪辑的透明度

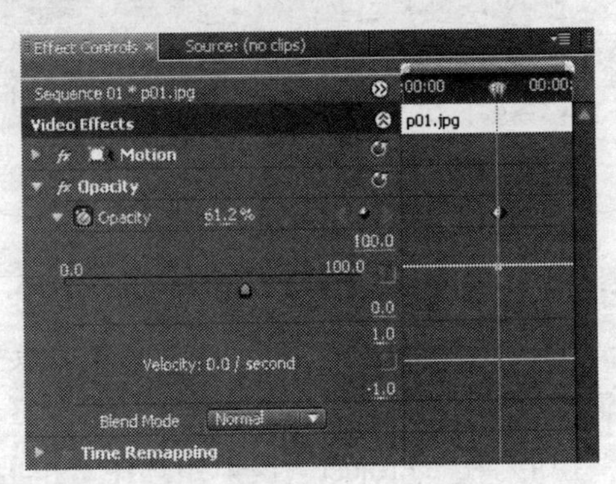

图11-18 改变透明度

注意，当在“Timeline”面板中调整剪辑透明度时，“Effect Controls”面板中的对应项也会实时地改变，反之亦然。

11.2.5 关于混合模式

在Premiere中混合多个轨道中的剪辑时，还可以使用不同的混合模式获得不同的混合效果。Premiere中的混合模式与Photoshop中的混合模式基本上是相同的。混合模式决定当前图层与下一图层的颜色的合成方式。Premiere中内置了多种类型的混合方式。可以在“Effect Controls”面板中展开“Opacity”选项查看。单击“Blend Mode（混合模式）”右侧的下拉按钮，即可打开一个下拉列表，如图11-19所示。在该列表中可以选择自己需要的混合模式。

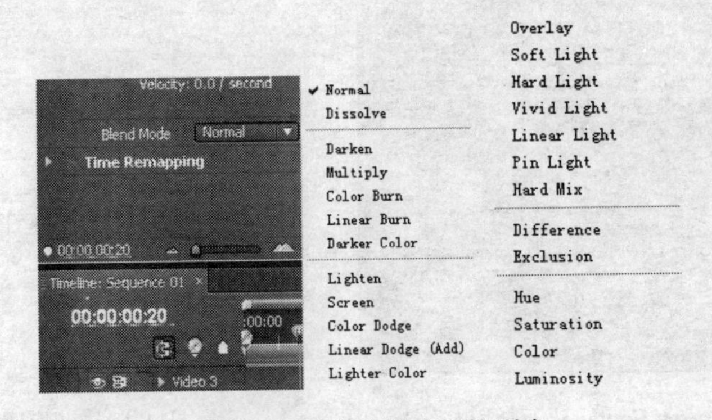

图11-19 混合模式下拉列表

下面是混合模式下拉列表中各列表项的对应中文释意，如图11-20所示。

下面介绍该命令栏中各命令的作用。

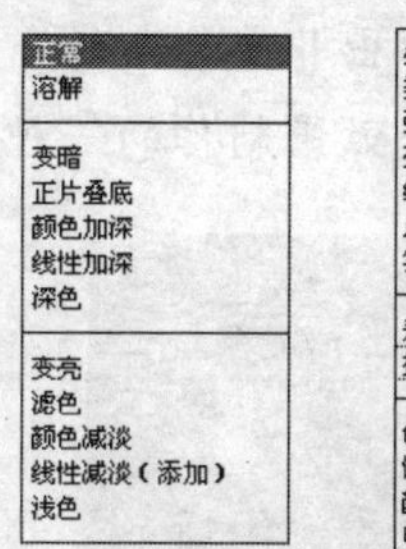

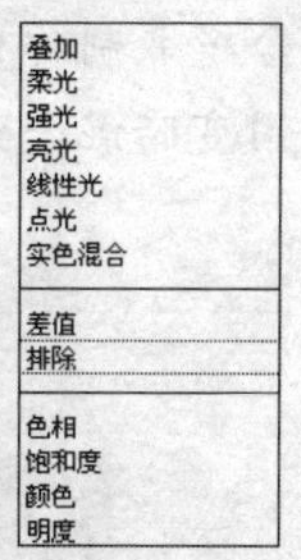

图11-20 混合模式命令栏

1. 正常

这是图层混合模式的默认方式，比较常用。在使用时，使用当前图层（上层）像素的颜色完全叠加下面图层的颜色。如果不设置透明度的话，那么就是看到的原效果。正常混合模式的效果如图11-21所示。注意在下列图像中，人在上面的轨道中，车在下面的轨道中。

图11-21 正常混合模式效果

2. 溶解

这是一种常用的图层混合模式。在使用时，当前图层（上层）的像素以颗粒方式作用到下面的图层，从而获得一种溶入式混合效果。如果把“不透明度”的值设置的越低，那么溶解效果也就越明显。这种混合方式经常用于制作溶入式文字效果。溶解混合模式的效果如图11-22所示。

图11-22 正常混合模式效果（左图），溶解混合模式效果（右图）

3. 变暗

在使用这种混合模式时，Photoshop将对比两个图层的RGB值，并取两者中较低的值进行混合，因此总的颜色灰度级降低，从而造成变暗的混合效果。变暗混合模式的效果如图11-23所示。

图11-23 正常混合模式效果（左图）， 变暗混合模式效果（右图）

有时，可以使用这种混合模式制作出非常复杂的合成效果。比如，图11-24所示的是将两幅图像叠加后使用变暗混合效果制作的一种合成效果。

原图1

原图2

辣椒人混合效果

图11-24 变暗混合模式效果应用

4. 正片叠底

在使用这种混合模式时，Photoshop将两个图层的颜色相乘，除以255，最终得到的颜色比上下两个图层的颜色一般都暗一些。正片叠底混合模式的效果如图11-25所示。

图11-25 正常混合模式效果（左图），正片叠底混合模式效果（右图）

5. 颜色加深

在使用这种混合模式时，Photoshop将加深两个图层的颜色，通常用于非常暗的阴影效果或者降低图像的局部亮度。颜色加深混合模式的效果如图11-26所示。

图11-26 正常混合模式效果（左图），颜色加深混合模式效果（右图）

6. 线性加深

在使用这种混合模式时，Photoshop将变暗所有通道的基色，最终得到的颜色比上下两个图层的颜色一般也都要暗一些。线性加深混合模式的效果如图11-27所示。

7. 深色

在使用这种混合模式时，Photoshop将使两个图层的颜色都变暗。深色混合模式的效果如图11-28所示。

图11-27 正常混合模式效果（左图），线性加深混合模式效果（右图）

图11-28 正常混合模式效果（左图），深色混合模式效果（右图）

8. 变亮

在使用这种混合模式时，Photoshop将比较两个图层的颜色值，并取高值成为混合后的颜色，因此总的颜色灰度级将升高，造成变亮的效果。变亮混合模式的效果如图11-29所示。

图11-29 正常混合模式效果（左图），变亮混合模式效果（右图）

9. 滤色

在使用这种混合模式时，Photoshop将显示两个图层中颜色较亮的像素，并进行合成，这样可以显示下层的高光部分。滤色混合模式的效果如图11-30所示。

图11-30 正常混合模式效果（左图），滤色混合模式效果（右图）

10. 颜色减淡

在使用这种混合模式时，Photoshop将使两个图层中颜色较亮的像素相加，并进行合成，从而生成比较亮的效果，就像光源中心点比较亮的那种效果样。颜色减淡混合模式的效果如图11-31所示。

图11-31　正常混合模式效果（左图），颜色减淡混合模式效果（右图）

11. 浅色

在使用这种混合模式时，Photoshop将使两个图层中颜色相近的像素相减，并进行合成，生成颜色反差比较大的效果。浅色混合模式的效果如图11-32所示。

图11-32　正常混合模式效果（左图），浅色混合模式效果（右图）

12. 叠加

在使用这种混合模式时，Photoshop将使两个图层中颜色相似的像素进行叠加，从而生成相近像素比较亮的效果，叠加后，两个图层的亮度区和阴影区都被保留。叠加混合模式的效果如图11-33所示。

图11-33　正常混合模式效果（左图），叠加混合模式效果（右图）

13. 柔光

在使用这种混合模式时，Photoshop将根据两个图层中的颜色明暗程度使之变亮或者变暗，从而生成比较柔和的效果，就像图像被打上了一层色调柔和的光。柔光混合模式的效果如图11-34所示。

14. 强光

在使用这种混合模式时，就像在两个图层上打上了强度很大的灯光，它会加强一些像素的显示并生成比较亮的效果。强光混合模式的效果如图11-35所示。

15. 亮光

在使用这种混合模式时，如果图层的混合色比50%灰度亮，那么图像通过降低对比度来加亮图像，反之通过提高对比度来使图像变暗。亮光混合模式的效果如图11-36所示。

图11-34　正常混合模式效果（左图），柔光混合模式效果（右图）

图11-35　正常混合模式效果（左图），强光混合模式效果（右图）

图11-36　正常混合模式效果（左图），亮光混合模式效果（右图）

16. 线性光

这种混合模式与亮光混合模式基本相同，但是使用这种混合模式可以获得更亮的效果。线性光混合模式的效果如图11-37所示。

图11-37　正常混合模式效果（左图），线性光混合模式效果（右图）

17. 点光

在使用这种混合模式时，Photoshop通过置换颜色像素来混合图像。如果图层的混合色比50%灰度亮，那么图像中比原图像暗的像素被置换，而比原图像亮的像素无变化。点光混合模式的效果如图11-38所示。

18. 实色混合

在使用这种混合模式时，Photoshop将使图层的基色和混合色混合，并生成较暗的颜色。

与黑色颜色混合的颜色将产生黑色，与白色颜色混合的颜色将保持不变。实色混合模式的效果如图11-39所示。

图11-38　正常混合模式效果（左图），点光混合模式效果（右图）

图11-39　正常混合模式效果（左图），实色混合模式效果（右图）

19. 差值

在使用这种混合模式时，Photoshop通过比较两图层的像素，使用高值减去低值作为合成后的颜色。如果使用白色图层与其他图层进行混合可以获得负片效果。差值混合模式的效果如图11-40所示。

图11-40　正常混合模式效果（左图），差值混合模式效果（右图）

20. 排除

这种混合模式与差值的混合模式基本相同，但是使用排除混合模式可以获得对比度较低，看起来更加柔和的效果。排除混合模式的效果如图11-41所示。

图11-41　正常混合模式效果（左图），排除混合模式效果（右图）

21. 色相

使用这种混合模式时，最终图像的像素由下层图像的亮度、饱和度和上层的色相构成，也就是说使用上层的色相替换下层的色相。色相混合模式的效果如图11-42所示。

图11-42 正常混合模式效果（左图），色相混合模式效果（右图）

22. 饱和度

使用这种混合模式时，最终图像的像素由下层图像的亮度、色相和上层的饱和度构成，也就是说使用上层的饱和度替换下层的饱和度。饱和度混合模式的效果如图11-43所示。

图11-43 正常混合模式效果（左图），饱和度混合模式效果（右图）

23. 颜色

这种混合模式兼有以上两种模式的功能，最终图像的像素由上层图像的色相和饱和度替换下层的色相和饱和度后构成，而亮度保持不变。颜色混合模式的效果如图11-44所示。

图11-44 正常混合模式效果（左图），颜色混合模式效果（右图）

提示：上述3种效果只有在彩色图中才能看出它们的区别，由于本书是黑白印刷的，所以看不到它们之间的区别。

24. 亮度

使用这种混合模式时，最终图像的像素由下层图像的饱和度、色相和上层的亮度构成，也就是说使用上层的亮度替换下层的亮度。亮度混合模式的效果如图11-45所示。

还可以通过结合使用混合模式来创建丰富多彩的视频影像效果，读者可以自己进行尝试和练习，在本书中不再赘述。

图11-45　正常混合模式效果（左图），亮度混合模式效果（右图）

11.3　使用键设置剪辑的透明区域

在Premiere中，键（key）基于颜色值或者亮度值来定义剪辑中的透明区域，而且在很多影视特效中或者天气预报的电视节目中就经常使用键来合成很多的特效，比如天气预报电视节目的合成效果如图11-46所示。根据键的特性它可以分为多种类型。使用基于颜色的键可以去除剪辑中的背景，使用亮度键可以为剪辑添加纹理或者特殊效果。使用alpha通道键可以修改剪辑的alpha通道。使用蒙版键可以设置移动的蒙版，或者应用其他的剪辑作为蒙版。

图11-46　在天气预报中的合成效果

11.3.1　为剪辑添加键

键位于“Effects（效果）”面板中，添加方法也非常简单，把键直接拖到“Timeline”面板中的剪辑上即可。

（1）在“Effects”面板的“Video Effects（视频效果）”组中展开“Keying（键）”项。

（2）选择一个键类型，直接将其拖到“Timeline”面板中的剪辑上即可，如图11-47所示。

图11-47　添加键

（3）此时在“Effect Controls”面板中就可以看到它的控制选项，比如Blue Screen Key（蓝屏键）键的选项，如图11-48所示。使用这些选项可以设置键的特性。

11.3.2 键类型

键位于“Effects”面板中，展开“Keying”项即可看到所有的键类型，如图11-49所示。较上一版本相比，这一版本少了绿屏键、屏幕键和乘积键。

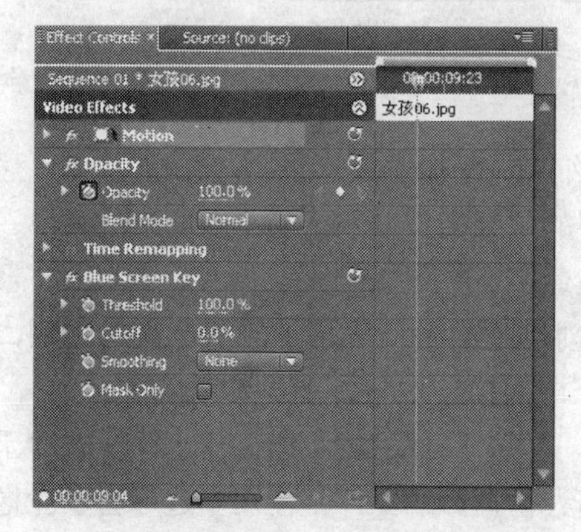

图11-48 键的控制选项

图11-49 键类型

从图中可以看出，Premiere自带了14种键效果，在下面的内容中，将简要地介绍一下几种常用的键类型。

也有人把这些键称为“键控”。

1. Blue Screen Key（蓝屏键）

通常，用在以纯蓝色或纯绿色为背景的画面上。使用时，屏幕上的纯蓝色或纯绿色会变得透明。所谓的纯蓝色是指其内部没有任何的红色与绿色；所谓的纯绿色是指其内部没有任何的红色与蓝色。比如用蓝色为背景进行拍摄，把背景替换掉，其应用效果如图11-50所示。该键可以制作像经常在电视看到的天气预报播音员播音的效果。

把蓝屏键拖到“Effect Controls（效果控制）”面板中，可以看到它的控制选项，如图11-51所示。

图11-50 应用蓝屏键

图11-51 控制选项

下面介绍这些控制选项的功能。

· Threshold（阈值）：用于把灰度级图像或者彩色图像转换成高对比度的黑白图像，如图11-52所示。

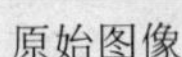

原始图像　　转换效果1　　转换效果2

图11-52　效果对比

· Cutoff（截止）：调整被叠加剪辑阴暗部分的细节——加黑或者加亮。

· Smoothing（平滑度）：调节透明与非透明边界的抗锯齿程度（或者平滑度）的大小。

· Mask Only（只遮罩）：只显示剪辑中的alpha通道。

Blue Screen Key用在纯蓝色为背景的画面上，创建透明时，屏幕上的蓝色变为透明，所谓纯蓝是不含有任何的红色和绿色。下面介绍一个应用Blue Screen蓝屏键的实例。

（1）寻找到一个背景色为纯蓝色的剪辑图片，这个一般很难找到，不过可以借助于Photoshop来制作这样的图片，在Photoshop中打开一幅人物画像的图片，使用多边形套索、橡皮等工具，将人物周围的像素删除，并为之添加上纯蓝色，如图11-53所示，将其保存为girl.jpg备用。读者也可以使用带有蓝色背景的其他图像。

提示：在该实例中，将使用图片来代替视频剪辑，如果读者有这样的视频节目，也可以使用视频进行练习。

（2）找一幅关于天气预报气象图的图片，效果如图11-54所示。

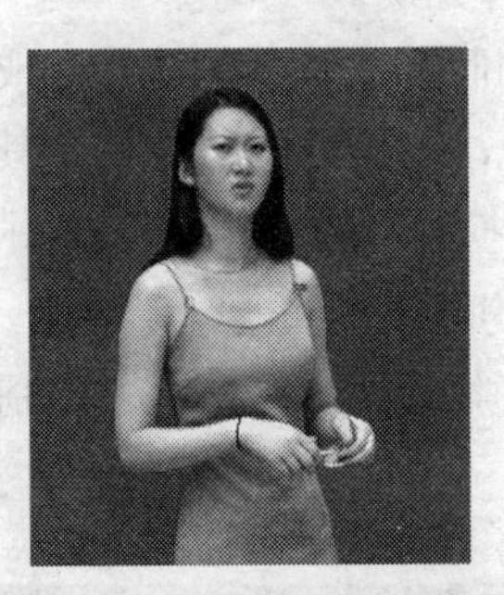

图11-53　使用Photoshop制作的带有蓝色背景的图片

图11-54　天气预报图片

（3）将保存的人平视04.jpg剪辑和一个海底世界的剪辑一起导入“Project”窗口中，并将这2个剪辑分别拖动到Video 2和Video 1轨道上，带有女孩的图片放置在Video 1轨道中，天气预报图片放置在Video 2轨道中，并调整好它们的位置，如图11-55所示。

（4）此时，在“Program（节目）”窗口中的效果如图11-56所示。

（5）单击并选中Video 2轨道上girl.jpg，打开“效果”面板，把Blue Screen Key类型拖到girl.jpg上，如图11-57所示。

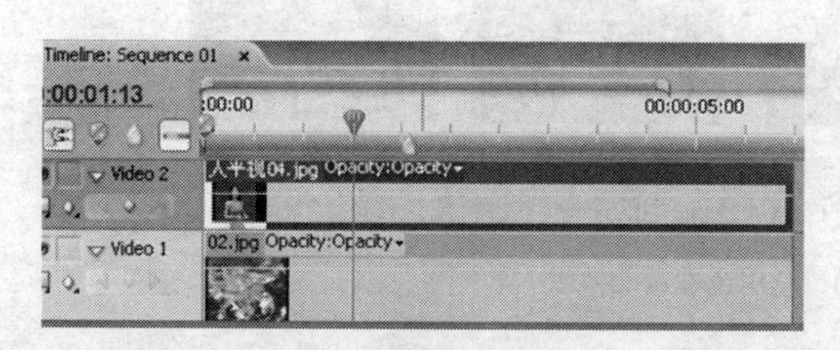

图11-55 在“Timeline”面板中的剪辑位置

图11-56 在“Program”窗口中的效果

图11-57 拖入蓝屏键

（6）此时，在“Program”窗口中的效果如图11-58所示。女孩身后的蓝色背景消失了，在影视节目中的特技就是通过这种方式来实现的。

（7）如果效果不理想，那么可以打开“效果控制”面板，拖动“Cutoff”滑动条，直到前景图像的对比度比较稳定以后，再拖动“Threshold”滑动条直到蓝色背景透明，还可以再调整“Smoothing”到“High”值以柔化边缘，如图11-59所示。

图11-58 在“Program”窗口中的效果

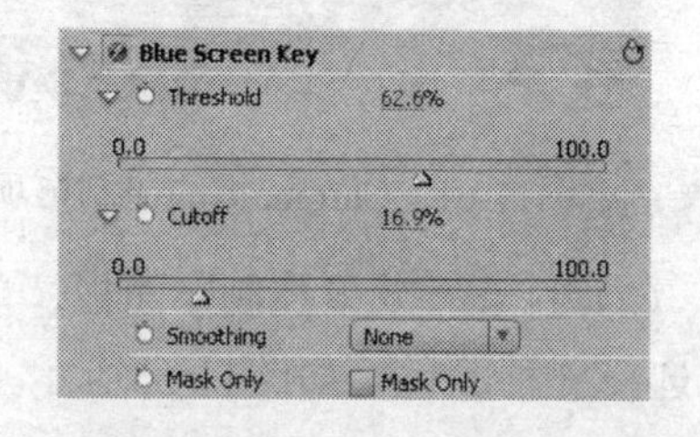

图11-59 Blue Screen Key设置选项

提示：在以前版本的Premiere中还有绿屏键，它与蓝屏键的应用基本相同，只是它使用的是绿色背景。

2. Chroma Key（色度键）

色度键透明是最常用的透明叠加方式，色度键技术通过对在一个颜色背景上拍摄的数字化剪辑指定一种颜色，令系统将图像中所有与其近似的像素键出，使其透明。其应用效果如图11-60所示。

在“效果控制”面板中，它的控制选项如图11-61所示，使用这些控制选项可以设置不同的透明效果。

A. 原始影像　B. 去除蓝色　C. 下层轨道中的影像　D. 合成最终的影像

图11-60　应用色度键的效果

下面介绍这些控制选项的功能：

- Color（颜色）：用于指定颜色。
- Similarity（相似度）：调节色彩相似度，增减透明区域。
- Blend（混合度）：调节透明与非透明边界色彩混合度。
- Threshold（阈值）：用于把灰度级图像或者彩色图像转换成高对比度的黑白图像。
- Cutoff（截止）：调整被叠加剪辑阴暗部分的细节——加黑或者加亮。
- Mask Only（只遮罩）：只显示剪辑中的alpha通道。

Chroma（色度）Key类型是最常使用的色键，该色键可以给设置透明度的剪辑选择一种颜色或颜色范围。下面介绍如何使用Chroma键。

（1）将2个剪辑分别放置Video 1和Video 2轨道上，如图11-62所示。把Chroma键拖到Video2轨道中的剪辑上。

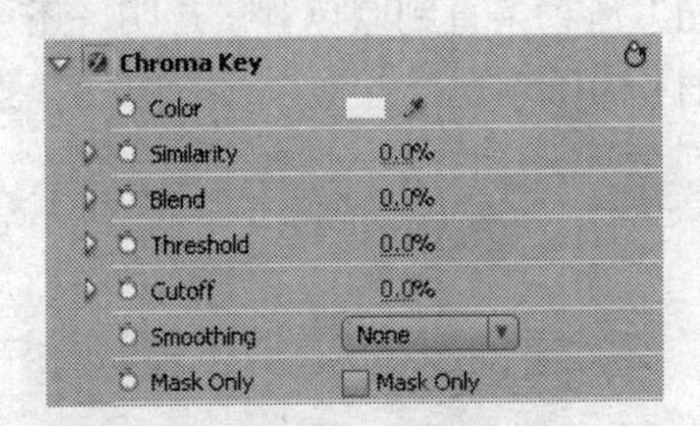

图11-61　Chroma键的控制选项

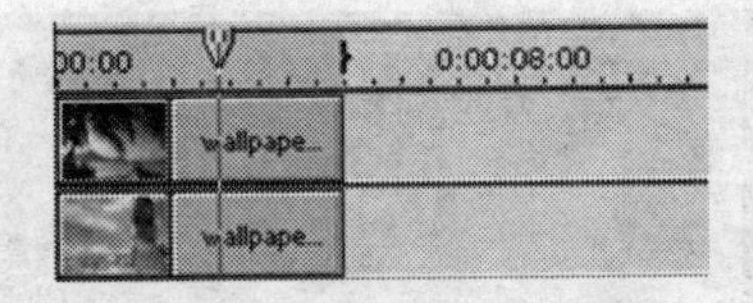

图11-62　“Timeline”面板

（2）打开“效果控制”面板，单击“色样”框（Color），从打开的“颜色选择”对话框中选择一种颜色，如图11-63所示。

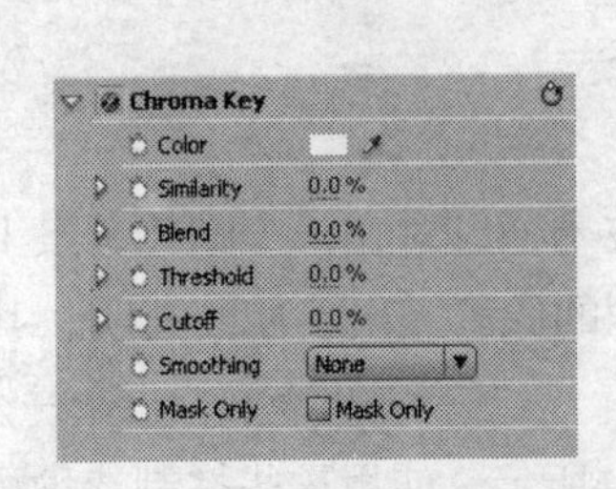

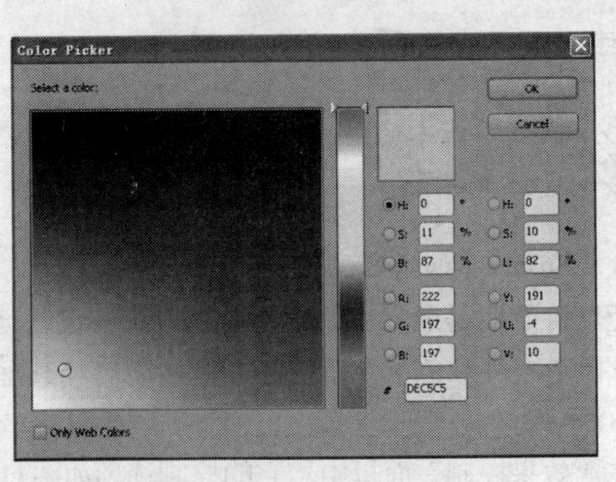

图11-63　“Color Picker（颜色选择）”对话框

（3）分别调整各个控制选项：Similarity（相似度）、Blend（混合度）、Threshold（阈值）和Cutoff（截止），将获得如图11-64所示的效果，左图是键对象，中图是背景对象，右图是键出（叠加后）的效果。

图11-64 Chroma键效果图

在做这样的练习时，读者也可以使用其他的素材文件。最好是一些静止图像文件，因为它们和动画类型的视频文件效果是相同的，而且效果比较明显，合成速度也比较快。

3. RGB Diffrence Key（RGB差值键）

与Chroma键基本类似，它也是选择剪辑中的某种颜色或某个颜色范围进行透明处理。与Chroma键的差别是，它不能依灰度值混合图像和调节透明度。其应用效果如图11-65所示。左图是键对象，中图是背景对象，右图是键出（叠加后）的效果。

图11-65 RGB Difference键效果图

下面介绍它在“效果控制”面板中的控制选项，如图11-66所示。

- Color（颜色）：用于指定颜色。
- Similarity（相似度）：调节色彩相似度，增减透明区域。
- Smoothing（平滑度）：调节透明与非透明边界的抗锯齿程度（或者平滑度）的大小。
- Mask Only（只遮罩）：只显示剪辑中的alpha通道。
- Drop Shadow（阴影）：添加灰度为50%、不透明度为50%的不透明阴影，同时向下或者向右偏移4个像素单位。该项一般常用于字幕中的简单图形。

4. Luma Key（亮度键）

该键依画面中的亮度值创建透明效果，屏幕上亮度越低的像素点越透明。这适合于含有高对比度区域的图像。利用Threshold及Cutoff滑块，可以调节画面中的对比细节。下面介绍它在“效果控制”面板中的控制选项，如图11-67所示。

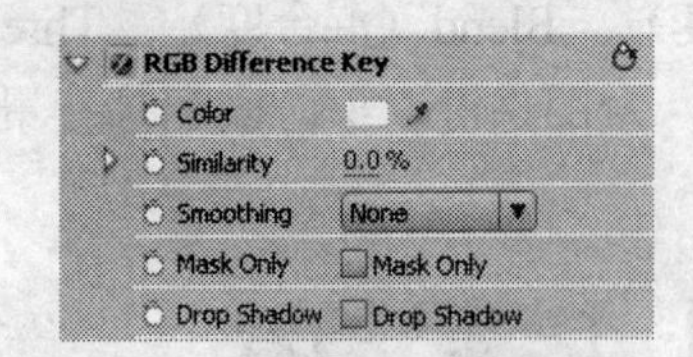

图11-66 RGB差值键的控制选项

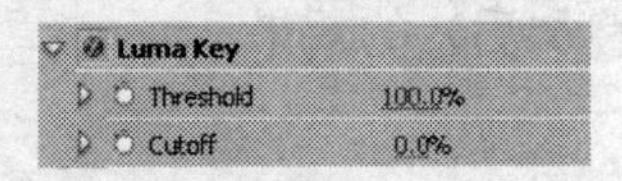

图11-67 亮度键控制选项

- Threshold（阈值）：用于把灰度级图像或者彩色图像转换成高对比度的黑白图像。
- Cutoff（截止）：调整被叠加剪辑阴暗部分的细节——加黑或者加亮。

由于这些键的控制选项基本相同，在后面的内容中不再赘述这些控制选项。

5. Alpha Adjust（Alpha 通道调整键）

Alpha通道上黑色区域为透明的，白色区域为不透明的，灰度区域依灰度值做渐变透明。使用该键可以转换剪辑中的透明区域，也就是说可以把透明区域转换成不透明区域，同时把不透明区域转换成透明区域。许多软件都可以产生具有Alpha 通道的图像，再引入到Premiere中使用即可。

6. Difference Matte Key（差值蒙版键）

该键先将指定的图像与剪辑做比较，删除剪辑中与图像匹配的点，而留下差异的区域。也可以用该键剔除剪辑中杂乱的静止背景，其应用效果如图11-68所示。

A. 原始影像 B. 去除背景 C. 下层轨道中的影像 D. 合成最终的影像

图11-68 应用差值蒙版键的效果

Difference Matte键是通过一个对比蒙版与键对象进行比较，将键对象中位置及颜色与蒙版中相同的像素变为透明键出。例如若需要一个运动员进行体操表演的前景，可以将摄像机固定拍摄，在运动员表演结束后，让摄像机再拍摄一会儿静止的场景，这样在后期制作过程中便能够以静止的场景作为对比蒙版，因为前后2段的背景是一样的（都是静止的场景），所以就可以通过Difference Matte准确地将背景像素键出，而只留下运动员的前景。由此，可以知道Difference Matte的使用效果是和前期的拍摄紧密相关的，同时应尽量保持背景与前景剪辑的颜色差异。当然如果键剪辑是背景简单的白色或者其他单一的颜色，也可以制作出静止的场景部分，对其使用蒙版。

7. Track Matte Key（轨道蒙版键）

该键可以建立一个运动的蒙版，而任何剪辑都可以作为蒙版。蒙版中的黑色区域为透明，白色区域为不透明，灰度区域为半透明。要获得精确效果，应该选择灰度图像做蒙版。若选择彩色图像做蒙版，则会改变剪辑颜色。

Track Matte键是把当前剪辑上方轨道的图像或者影片作为透明用的蒙版，可以使用任何剪辑或者静止图像作为Track Matte。可以通过像素的亮度值定义轨道遮罩的透明度。在屏蔽中的白色区域不透明，黑色区域可以创建透明，灰色则生成半透明。

包含有运动的蒙版称为运动蒙版，在这种蒙版中包含有动画的素材。也可以为静止图像蒙版设置动画效果，只要把运动效果应用到静止图像蒙版上即可。但是要考虑使蒙版的帧尺寸比项目的帧尺寸要大一些，这样可以在动画时不致于使蒙版的边缘进入到视图中。静止图像蒙版动画的效果如图11-69所示。

图11-69　静止图像蒙版

Track Matte和Image Matte的工作原理相同，都是利用指定遮罩对当前键对象进行透明区域的定义。但是Track Matte更加灵活。由于使用“时间标尺”面板中的对象作为遮罩，所以可以使用动画遮罩或者为遮罩设置运动！由此，可以说Track Matte是Premiere中进行叠加合成处理最为重要的一种手段。下面通过一个实例来介绍Track Matte键的应用，使用的剪辑依然是上面所用的Sample.mov和ball.jpg，另外加上Secret.jpg。

（1）新建一个项目，向其中导入上面所述的3个剪辑。

（2）将Secret.jpg和ball.jpg分别放置在“时间标尺”面板的Video 2和Video 1上，如图11-70所示。

（3）将剪辑Sample.mov放置在新建的Video 3上。

（4）对在Video 2轨道中的剪辑Secret.jpg应用Track Matte键类型，并打开“效果控制”面板设置选项。

（5）预览效果，最后的效果如图11-71所示。

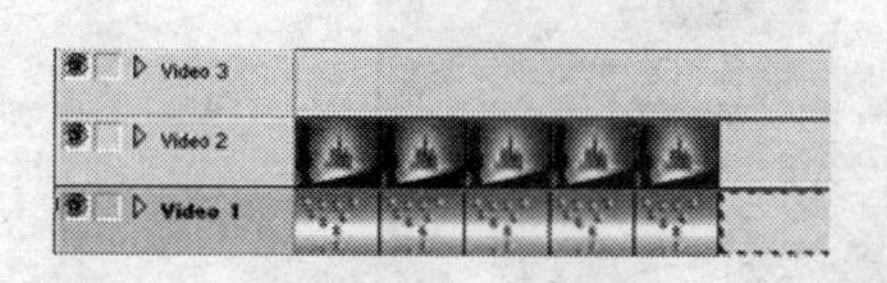

图11-70　导入剪辑

图11-71　Track Matte键效果图

8. Image Matte Key（影像蒙版键）

该键使用一张特殊图像做蒙版。蒙版图像的白色区域使剪辑不透明，黑色区域使剪辑透明，灰度区域为半透明。蒙版是一个轮廓，为对象定义蒙版后，将建立一个透明区域，该区域显示其下层图像。使用蒙版透明方式需要为透明对象指定一个蒙版对象。Premiere提供了3种蒙版键效果。Image Matte是使用一张指定的图像作为蒙版，蒙版的白色区域不透明，显示当前对象；黑色区域使对象透明，显示背景对象；灰度区域则为半透明，混合当前对象和背景图像。使用这种影像蒙版键可以获得如图11-72所示的效果。

图11-72　影像蒙版效果

9 Color Key（颜色键）

使用该键可以根据指定的颜色把剪辑影像中像素值相同的颜色删除掉，并更换或者显示下层轨道中的影像。其应用效果如图11-73所示。

图11-73　更换背景效果

在Premiere中可以直接创建实色或者纯色的蒙版，其大小和项目中的帧大小相同。可以把它作为一个剪辑使用，而且实色的背景蒙版可以直接用于字幕制作。下面介绍它的制作过程：

（1）单击“Project”窗口，使它处于激活状态。

（2）选择“File（文件）→New（新建）→Color Matte（颜色蒙版）”命令，打开“Color Picker（颜色选择）”对话框，如图11-74所示。

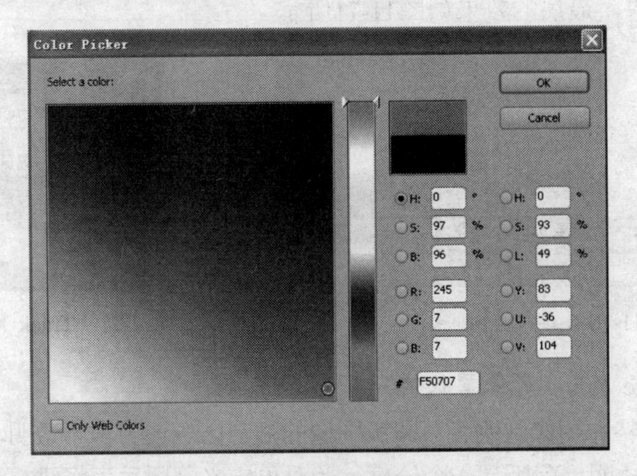

图11-74　“Color Picker”对话框

（3）选择颜色后，单击“OK”按钮，将打开一个用于设置名称的“Choose Name（选择名称）”对话框，如图11-75所示。

（4）设置好名称后，单击“OK”按钮，将看到制作的颜色蒙版显示在“Project”窗口中，如图11-76所示。

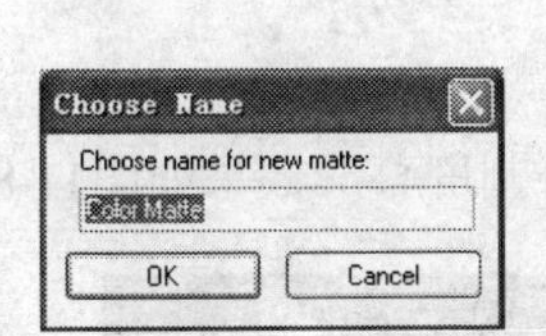

图11-75　“Choose Name”对话框

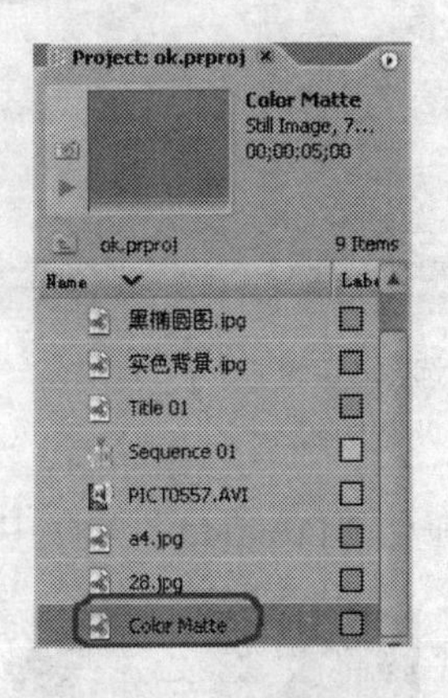

图11-76　颜色蒙版显示在“Project”窗口底部

10.（Eight-Point，Four-Point，Sixteen-Point Garbage Matter）8点、4点和16点垃圾蒙版键

使用这种键可以裁剪画面中不需要的额外区域，或者创建分割屏幕的效果。当应用这种键后，将在“Program”窗口中显示一个带有控制手柄的垃圾蒙版，通过移动控制手柄可以调整蒙版的形状。

下面通过使用这种键创建一种分割屏幕的效果来介绍这种键的使用。这种键的使用很简单，具体步骤如下：

（1）首先新建一个剧本，选择“File（文件）→Import（导入）”命令，从打开的“导入”对话框中将所选择的两个文件导入到“Project”窗口中。

（2）将剪辑分别放置在Video 1视频轨道和Video 2视频轨道上，并调整2个剪辑的时间，使它们时间相同，效果如图11-77所示。

（3）此时在“Program”窗口中显示的效果如图11-78所示。

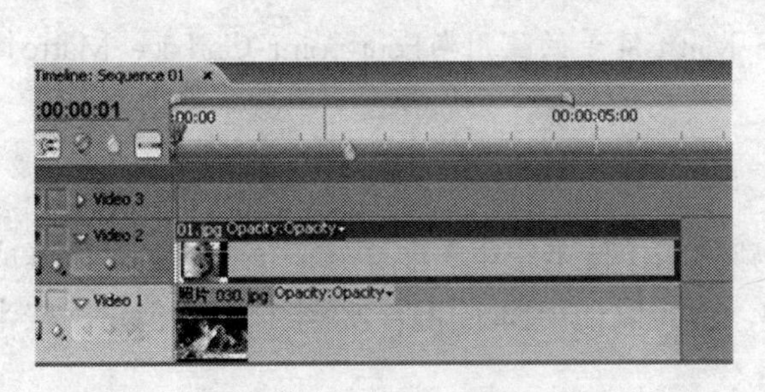

图11-77　放置2个剪辑

图11-78　在“Program”窗口显示的效果

（4）打开“Effects（效果）”面板，找到Four-point Garbage Matte键，如图11-79所示。把它拖到“Timeline”面板的Video 2轨道中的剪辑上。

（5）打开“Effect Controls”面板，单击“Transform（变换）”按钮，效果如图11-80所示。

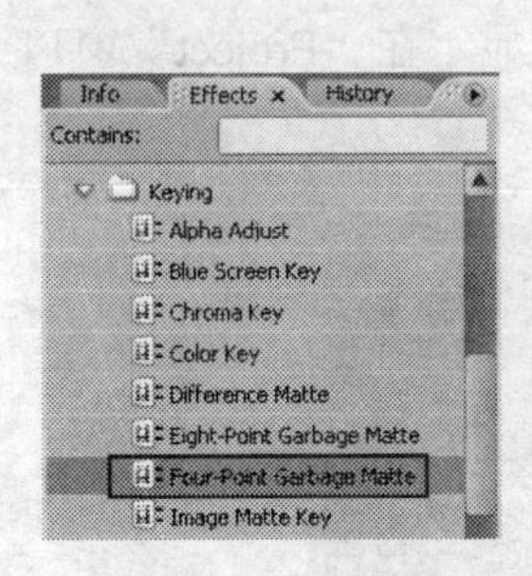

图11-79 选择4点垃圾蒙版键

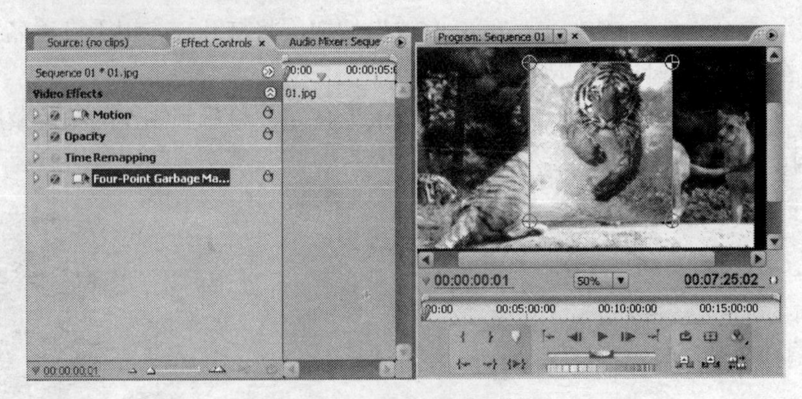

图11-80 显示的控制手柄

（6）拖动“Program”窗口中的4个小控制手柄进行分割屏幕。效果如图11-81所示。

图11-81 分割效果图

在图11-52中可以明显看出，屏幕可被分割成一个菱形及其剩下的图形。当然，还可以随意分割成其他的图形。

提示：在Premiere中的Eight-point Garbage Matte键等的使用与Four-point Garbage Matte键的使用相同，在本书中不再赘述。

11. Non Red Key（非红键）

Non Red键是在蓝绿色背景的画面上创建透明，使剪辑中的非红（蓝色和绿色）像素成为透明的。它类似于前面的蓝屏键和绿屏键，但可以使用Blend混合2个素材或者创建一些半透明的效果。

如图11-82所示的是使用Non Red键做出的效果，左上图是键对象，左下图是背景对象，右图是键出（叠加后）的效果。

提示：关于合成方面的功能，Premiere要比After Effects差很多，有兴趣学习After Effects的朋友可以参考本套系列丛书中的《After Effects CS4从入门到精通》一书。

图11-82　Non Red键效果图

11.4　实例：抠像与合成的应用——石碑

在本例中，将使用Luma Key（亮度扣像）来制作一个亮度扣像效果。对扣像后的剪辑进行边角定位，将两个剪辑合成在一起。抠像与合成的图示过程如图11-83所示。

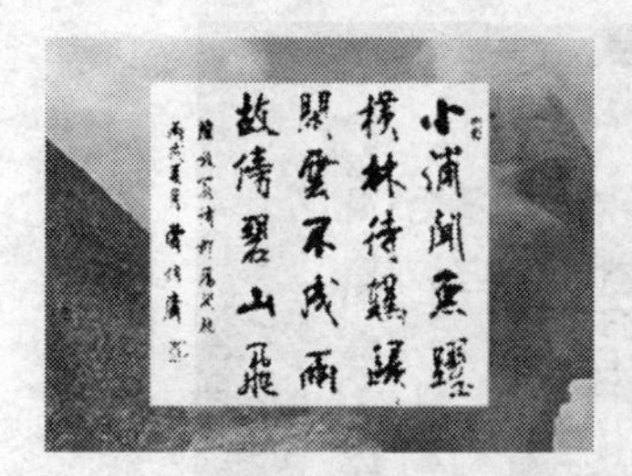

图11-83　亮度抠像的图示过程

（1）启动Premiere，新建一个项目。设置项目的名称和保存路径，其他使用默认设置，如图11-84所示。单击两次 OK 按钮，进入到系统默认的工作界面。

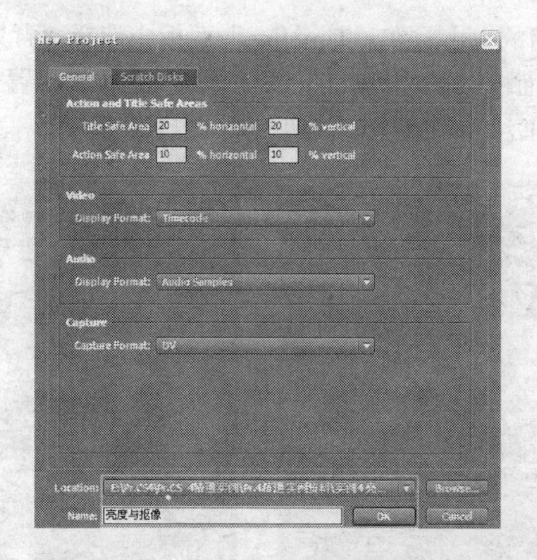

图11-84　设置项目的名称和路径

（2）执行“File（文件）→Import...（导入）”命令，打开“Import”对话框。选择两个剪辑素材，单击 打开(O) 按钮，将这两个素材导入到“Project”窗口中，如图11-85所示。

图11-85　“Import”对话框和“Project”面板

（3）在“Project”窗口中将“背景.jpg”拖到“Timeline”面板中的Video 1视频轨道上。将“书法.jpg”拖到Video 2视频轨道上。此时在“Program”窗口中将显示剪辑的画面效果，如图11-86所示。

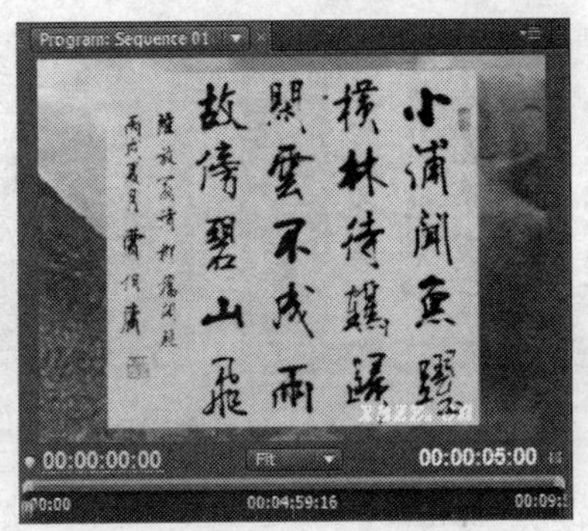

图11-86　拖入的剪辑和显示的剪辑画面

（4）调整剪辑画面的大小。在“Timeline”面板中选择“背景.jpg”剪辑，在“Effect Controls（效果控制）”面板中展开“Motion（运动）”选项，设置“Scale（比例）”的值。使用同样的方法设置“书法.jpg”画面的大小，如图11-87所示。

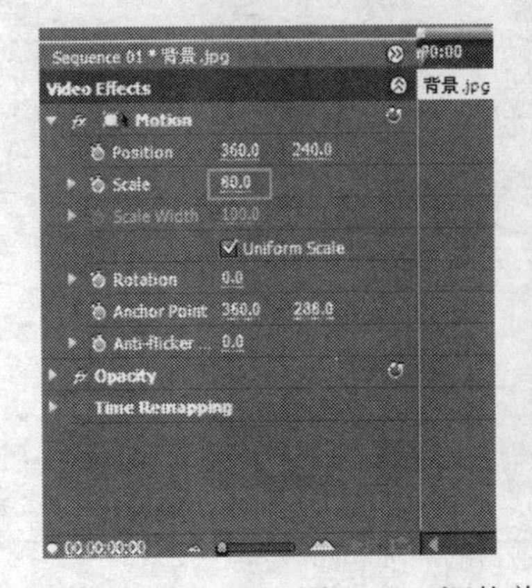

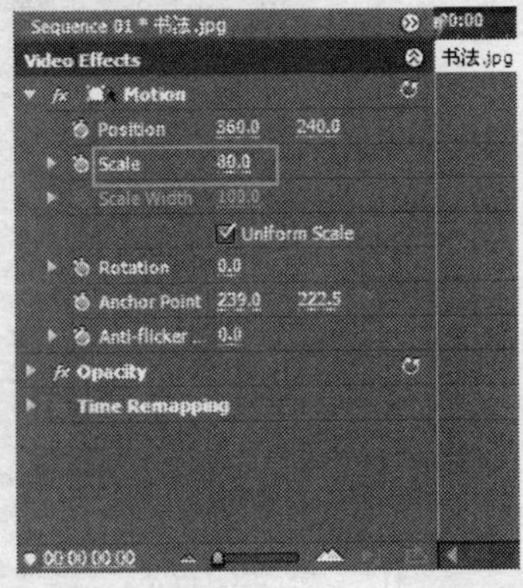

图11-87　调整剪辑画面的大小

（5）此时在“Program”窗口中的两个剪辑的画面效果如图11-88所示。

（6）创建亮度效果。在“Effects（效果）”面板中展开“Video Effects（视频特效）→Stylize（风格化）”，选择“Threshold（阈值）”并将其拖到“Timeline”面板中的“书法.jpg”剪辑上。再在“Effect Controls”面板中调整“Level”的参数值，如图11-89所示。

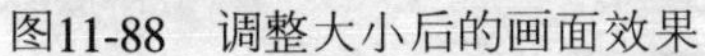

图11-88 调整大小后的画面效果

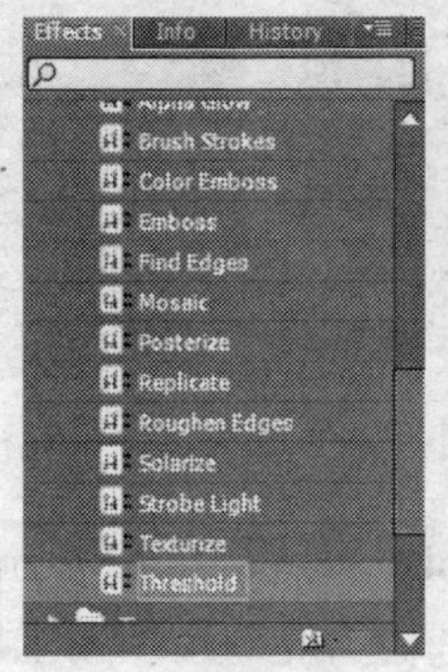

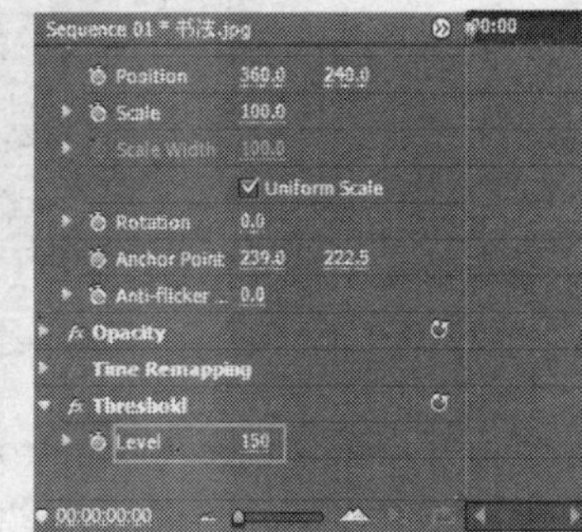

图11-89 选择的选项和设置参数

（7）此时在“Program”窗口中的“书法.jpg”剪辑的画面变为黑白效果，如图11-90所示。

（8）创建扣像效果。在“Effects”面板中展开“Video Effects（视频特效）→Keying（键控）”，选择“Luma Key（亮度扣像）”并将其拖到“Timeline”面板中的“书法.jpg”剪辑上。再在“Effect Controls”面板中调整“Threshold”（阈值）和“Cutoff”（抠除）的参数值，如图11-91所示。

图11-90 “书法.jpg”剪辑的画面效果

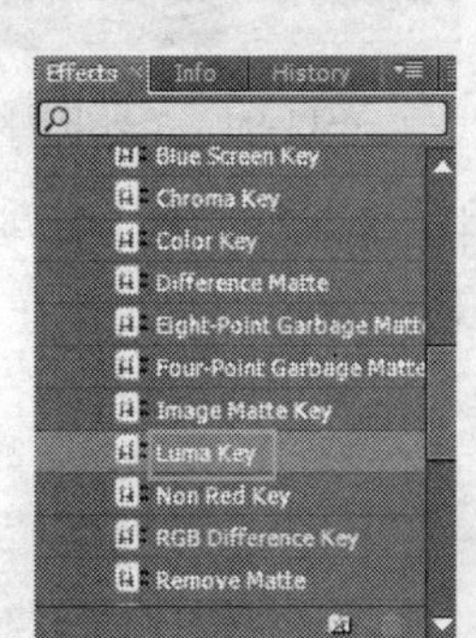

图11-91 选择的选项和设置参数

（9）此时在“Program”窗口中可以看到，“书法.jpg”剪辑画面中的白色（即亮度）部分被抠除，如图11-92所示。

（10）定位文本。在“Effects”面板中依次展开“Video Effects（视频特效）”和“Distort（扭曲）”，选择“Corner Pin（边角定位）”并将其拖到“Timeline”面板中的“书法.jpg”剪辑上。再在“Effect Controls”面板中选择“Corner Pin”选项，并展开该项，如图11-93所示。

图11-92 抠除亮度效果

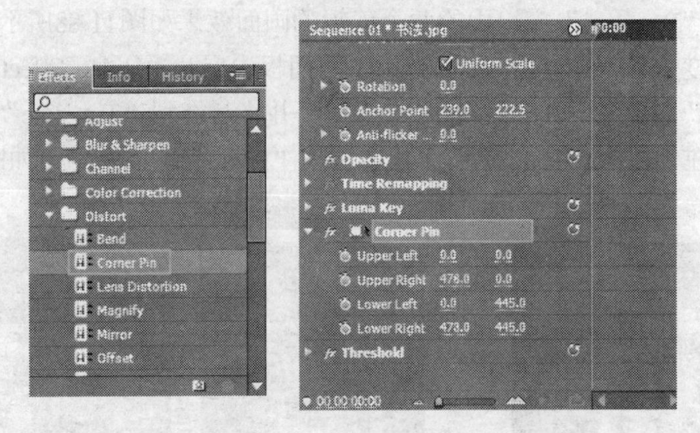

图11-93 选择的选项和设置参数

（11）由于“Effect Controls”面板中的“Corner Pin”选项处于选择状态，所以在“Program”窗口中的“书法.jpg”剪辑的四个顶角上显示了圆形球标，如图11-94所示。

图11-94 显示的球标

（12）在“Program”窗口中拖动4个球标或者在“Effect Controls”面板中设置4个顶角的位置参数来定位文本的位置，使其看起来像是刻在石头上一样。这样两个剪辑就合成在一起了，如图11-95所示。

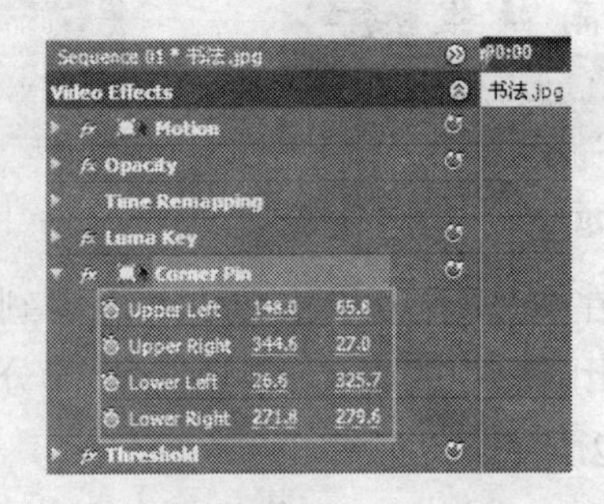

图11-95 移动球标后的效果和各个顶角参数的变化

（13）至此，亮度抠像与合成的操作已完成，效果满意后输出并保存。

第12章　制 作 字 幕

字幕是影视剧本制作和DV制作中的一种重要的视觉元素，也是呈递给观众相关信息的重要方式。从大的方面来讲，字幕包括了文字、图形两部分。精美的字幕设计，将给影视和DV作品增色不少。因此掌握字幕的制作是非常必要的。本章将详细介绍字幕素材的创建以及对字幕素材的编辑，例如怎样添加字幕效果，怎样创建中文字幕和滚动字幕等。

在本章中主要介绍下列内容：

★字幕的作用

★“字幕制作”窗口

★字幕制作的一般流程

★字幕的属性设置

12.1　字幕的作用

在影视剧本、DV及电子相册的制作中字幕是一种非常重要的视觉元素。一般，字幕包括了文字和图形两部分。好看的字幕能为影视作品增色不少。另外它还为观众提供影视作品的相关信息，比如影视名称、简介、故事背景、导演、灯光、摄像、制片人、编辑及演员等方面的信息，如图12-1所示。如果一部影视作品没有字幕的话，那么它不会是一部完整的作品，制作和使用字幕是非常重要的，而且它的应用也是非常广泛的。

图12-1　字幕效果

12.2　Premiere中的“字幕制作”窗口

鉴于字幕的重要性和广泛性，在Premiere中专门提供有一个“Title（字幕编辑器）”窗口。使用该字幕编辑器可以制作各种各样的文字和图形。另外在字幕编辑器中包含有制作字幕文件的一些常用的工具。与字幕编辑器成对出现的还有字幕Title菜单。使用这些工具以及字幕Title菜单命令就可以随心所欲地制作出多姿多彩的字幕。

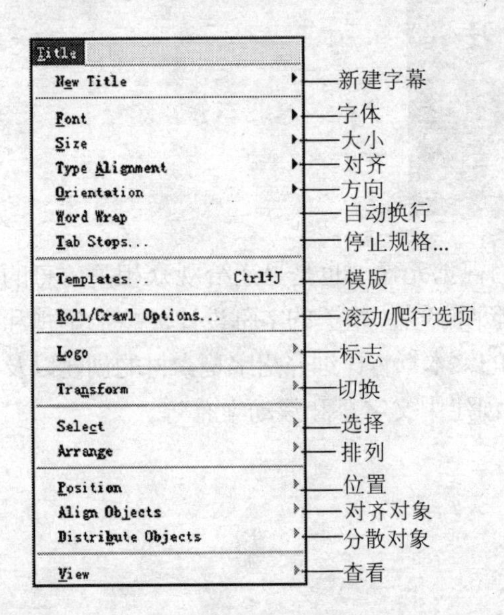

图12-2　字幕菜单命令

如果要新建一个字幕文件，那么使用Premiere提供的菜单命令即可，而且还可以使用Premiere提供的菜单命令编辑字幕。下面是Title菜单的菜单栏，右图为对应的中文命令名称，如图12-2所示。

在Premiere中，有下列几种字幕类型，第一种是静止（Still）类型，第二种是纵向滚动（roll）类型，第三种是横向滚动（Crawl）类型。另外，还可以基于当前字幕或者基于Premiere提供的字幕模版来创建字幕。这几种创建方式都位于“New Title（新建字幕）”的子菜单中，如图12-3所示。

如果要创建新的字幕，那么可以选择“File（文件）→New Title（新建字幕）”命令，或是直接在Premiere中按下Ctrl+T组合键，弹出“New Title（新建字幕）”对话框，如图12-4所示，为字幕设置新的名称。

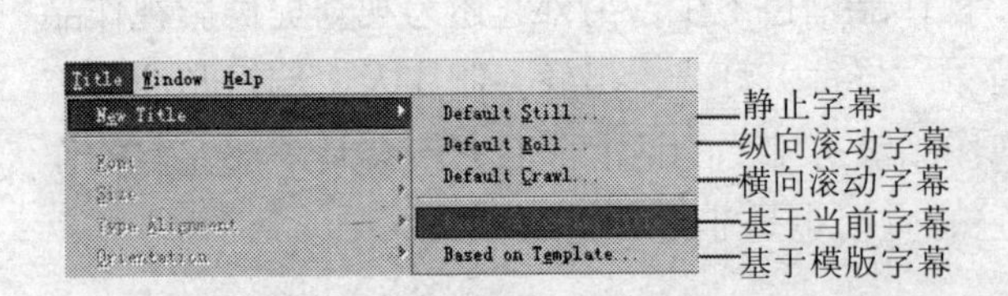

图12-3　“新建字幕”子菜单命令

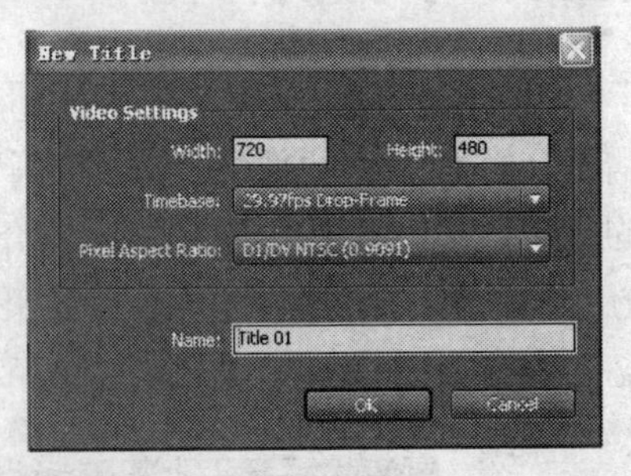

图12-4　“New Title”对话框

在“New Title（新建字幕）”对话框中输入名称后，单击“OK”按钮，就会打开“Title（字幕）编辑器”对话框，它在Premiere中是制作字幕的唯一工具，如图12-5所示。

也可以执行“Window（窗口）→Title Designer（字幕编辑器）”命令打开“Title编辑器”窗口。

A. 字幕制作工具箱 B. 字幕主面板 C. 字幕属性 D. 字幕动作 E. 字幕样式 F. 显示窗口

图12-5 "Title编辑器"窗口

12.2.1 工具箱

"Title Designer"窗口的左边是工具箱和各种编辑控制工具，可以用来进行编辑文字和各种图形的制作，如图12-6所示。

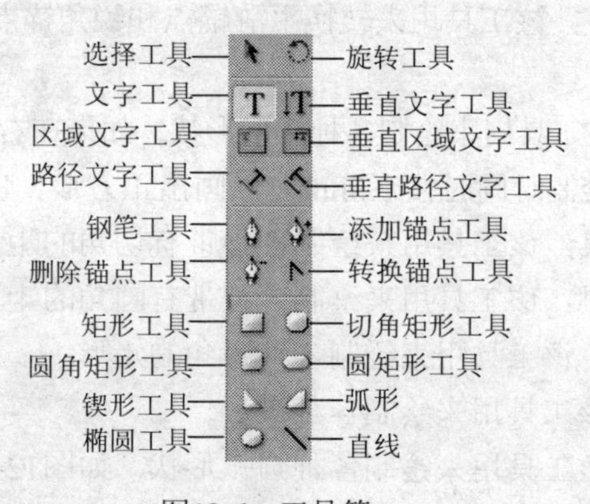

图12-6 工具箱

下面介绍该工具箱中各种编辑工具的使用方法和功能。

（1）选择工具：这个工具用来选中"字幕制作"窗口中的文字和图形对象。单击文字或者图形对象就可以对其进行选择，如果要选择多个对象的话，按住Shift键，单击所需选择的各个图形对象或者文字。快捷键为V。另外使用选择工具还可以调整对象的大小。

（2）旋转工具：这个工具用来旋转选择的对象，包括文字和图形。快捷键为O。

（3）文字工具：该工具用来输入文字，可以输入英文和中文文字。方向为水平。选择文字工具，在"字幕制作"窗口中准备输入文字的地方单击，出现文字输入框（带虚线的方框），可以在输入框中输入文字或者编辑文字，输入完毕后，在输入框外单击，所有的设置将全部应用到文字上。快捷键是T，如图12-7所示。

提示： 如果要删除输入的字幕文本，那么使用“选择工具”选择文本，按键盘上的Delete键即可将其删除掉。

（4）垂直文字工具：该工具用来输入文字，方向为垂直，如图12-8所示。

图12-7 输入的水平文字

图12-8 输入的垂直文字

（5）区域文字工具：该工具用来输入成块的文字，方向为水平。

（6）垂直区域文字工具：该工具用来输入成块的文字，方向为垂直。

（7）路径文字工具：该工具用来沿指定路径输入文字。

（8）垂直路径文字工具：该工具用来沿指定路径输入文字，方向为垂直。

（9）钢笔工具：该工具用来绘制路径或者图形。

（10）添加锚点工具：该工具用来在路径中添加锚点，添加锚点后，可以更有效地控制路径的形状。

（11）删除锚点工具：该工具用来在路径中删除添加的锚点或者原有锚点。

（12）转换锚点工具：该工具用来转换平滑锚点和锐角锚点，以便更好地调整图形的形状。

（13）矩形工具：该工具用来绘制各种矩形形状。如果在右侧选中Fill（填充）项，会填充矩形或者正方形。在绘制时同时按下Shift可以画出正方形。快捷键是S，如图12-9所示。

（14）切角矩形工具：该工具用来绘制各种带有切角的矩形。

（15）圆角矩形工具：该工具用来绘制各种带有圆角的矩形。

（16）圆矩形工具：该工具用来绘制各种圆角的矩形。

（17）锲形工具：该工具用来绘制各种锲形。

（18）弧形工具：该工具用来绘制各种圆弧形状，如图12-10所示。

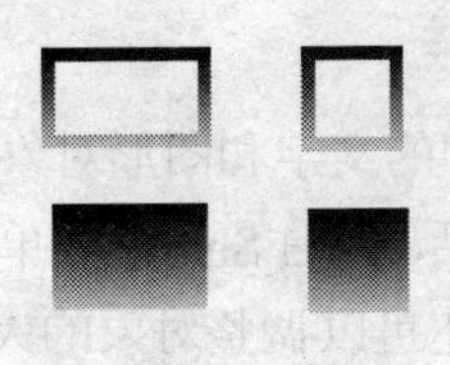

图12-9 绘制矩形

图12-10 绘制的圆弧

（19）椭圆工具：该工具用来绘制各种椭圆的形状。在绘制过程中按下Shift键的话，就可以画出正圆了。快捷键是O，效果如图12-11所示。

（20）直线工具：这个工具用来在“字幕制作”窗口中绘制直线，绘制时同时按下Shift

键，则直线成45度角。选取直线工具以后，在直线的起点单击，再在终点单击即可。快捷键为L，如图12-12所示。

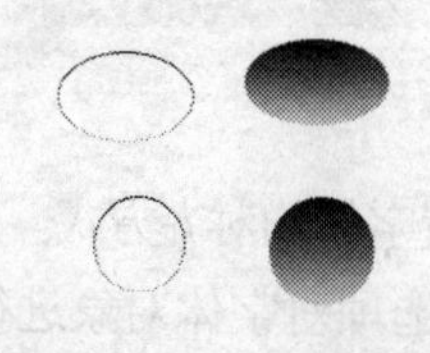

图12-11　绘制椭圆

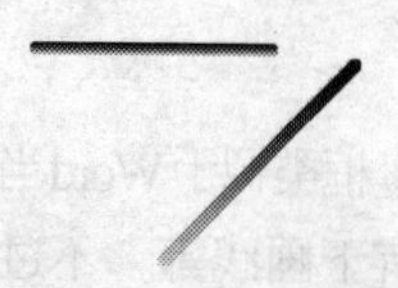

图12-12　绘制直线

12.2.2　对象对齐/分布按钮

对象对齐按钮位于工具箱的下方，如图12-13所示。在选择好对象后，根据需要单击下面的按钮即可使对象处于相应的位置。

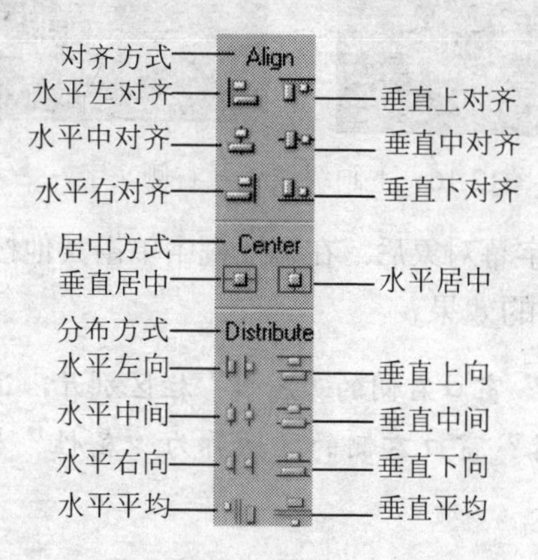

图12-13　对齐/分布按钮

比如，在输入3组文字后，它们的位置是不同的，如图12-14左侧图所示。如果想使它们左侧对齐，那么单击“水平左对齐”按钮，那么文本的左侧就会对齐，如图12-14右侧图所示。

左侧（不对齐）

右侧（左对齐）

图12-14　使文本左对齐

12.2.3　字幕的属性

在制作好或者应用系统内置的字幕之后，可以在字幕编辑器顶部的“属性”框中显示相关的属性。“属性”框如图12-15所示。

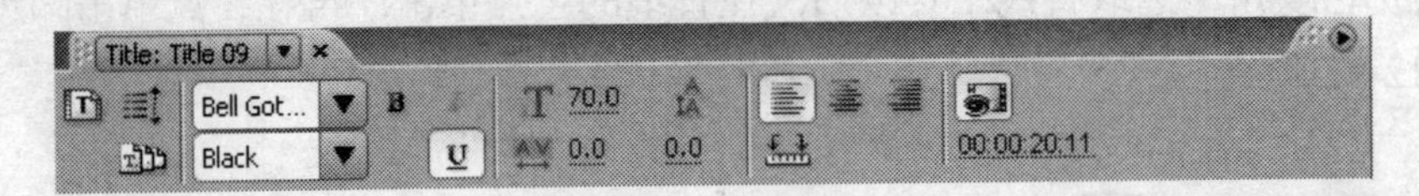

图12-15 属性框

该“属性”框类似于Word当中的属性框，比如其中可以设置字体的对齐方式、大小、字体、斜体及是否带有下画线等。不过也可以使用该“属性”框中的选项对字体对象进行设置。如果想使字体带有下画线，那么选中字体，并勾选“字幕制作”窗口右侧“属性”栏（Properties）中的Underline（下画线）项即可，如图12-16所示。

图12-16 下画线效果（右侧文字）

另外，选中文本或者其他字幕对象后，在属性框中单击其他按钮，比如对齐方式、粗体、斜体等，也可以获得自己需要的效果。

提示：为了和“字幕编辑器”窗口右侧的“属性”栏区别开，通常把这一区域称为“属性”框，把“字幕编辑器”窗口右侧的区域称为“属性”栏。

12.2.4 字幕样式栏

Premiere内置了很多的字幕样式。在“字幕编辑器”窗口的底部是“字幕样式”栏，如图12-17所示。注意，有些样式只对英文文本起作用，对中文文本不起作用。

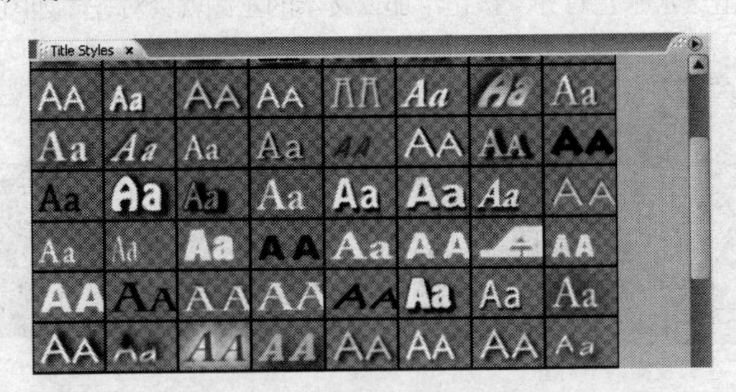

图12-17 “字幕样式”栏

在输入文本后，在“字幕样式”栏中单击一种样式即可应用该样式。比如输入文本后，选中它，单击一种字幕样式，如图12-18所示。

12.2.5 属性栏

在制作字幕时，比如在制作文本和图形时，可以结合字幕编辑器右侧“属性”栏中的选项来编辑文本和图形。“属性”栏如图12-19所示。

图12-18　应用样式（右图中的文字效果）

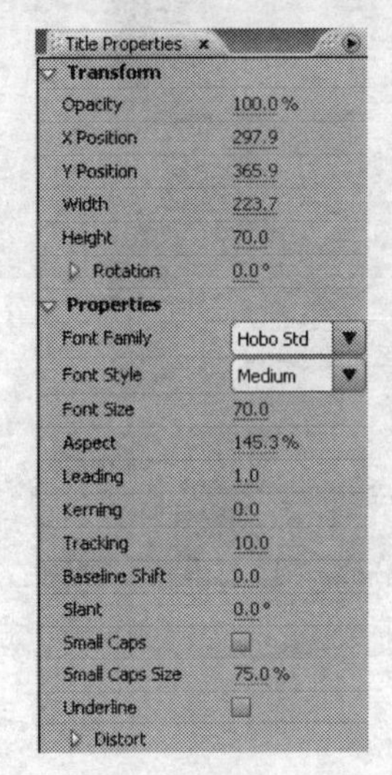

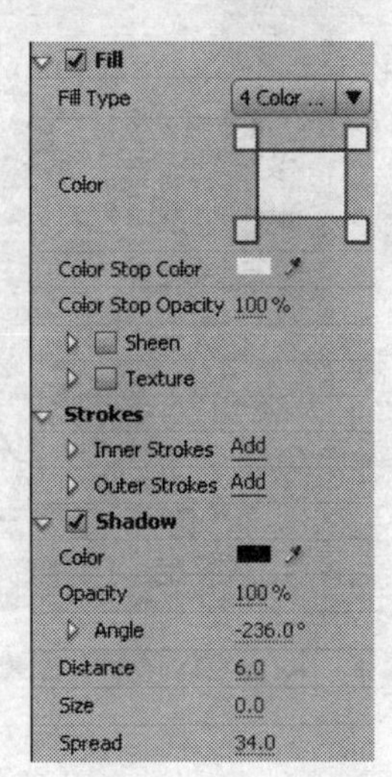

图12-19　“属性”栏

使用“Transform（变换）”栏中的选项可以设置对象的位置、高度、宽度及旋转角度。使用“Properties（属性）”栏中的选项可以设置文本对象的大小、字体、字间距、行距及是否有下画线等。使用“Fill（填充）”栏中的选项可以设置对象的颜色。使用“Strokes（笔触）”栏中的选项可以设置笔触的各种属性。使用“Shadow（阴影）”栏中的选项可以为对象设置各种阴影属性。比如要改变对象的颜色，选择对象，展开“Fill”栏，单击“Color”右侧的样本框，在打开的“Color Picker（颜色选择器）”对话框中选择需要的颜色，如图12-20所示。

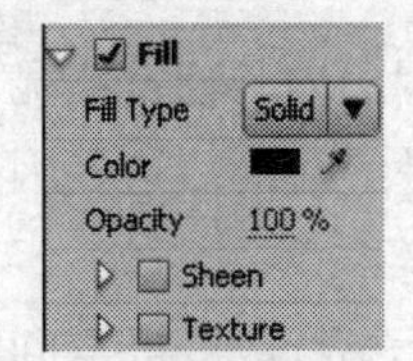

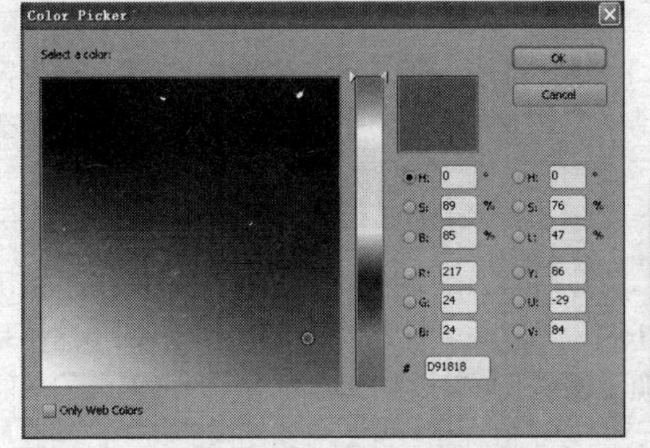

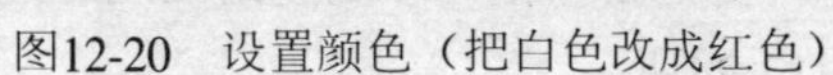

图12-20　设置颜色（把白色改成红色）

默认设置下，在字幕“属性”栏中的属性文本显示的不全面，可以通过把鼠标指针移动到“属性”栏与显示窗口的边界处，当鼠标指针改变了形状后，通过拖动即可调整属性栏的显示大小，如图12-21所示。

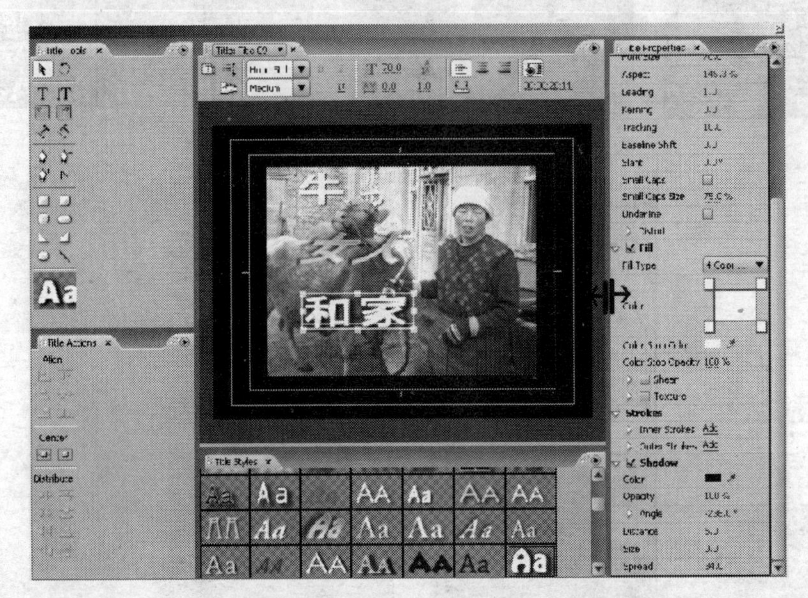

图12-21 设置“属性”栏的显示大小

12.3 设置“字幕制作”窗口

当打开“字幕编辑器”窗口后，可以对它进行各种调整，比如窗口的大小、位置等。注意为了简单起见，也可以把“字幕编辑器”窗口简称为“字幕制作”窗口。

1. 设置“字幕制作”窗口的位置和大小

当打开“字幕制作”窗口后，在默认设置下，它位于工作界面的中间区域。可以根据需要把它移动到其他位置，以便看到“监视器”窗口和“Timeline”面板中的内容。只要把鼠标指针移动到“字幕制作”窗口的顶部蓝色边框上，按住鼠标键进行拖动即可，如图12-22所示。

也可以根据需要调整“字幕制作”窗口的大小，在调整“字幕制作”窗口的大小时，只要把鼠标指针移动到“字幕制作”窗口的角上，当鼠标指针改变成双向箭头时，进行拖动即可，如图12-23所示。

2. 设置绘图区域的大小

字幕文件中绘图区域尺寸的大小在60×45像素到2000×2000像素的范围之内。通常情况下，字幕文件中的绘图区域尺寸应该与影视作品的输出尺寸相同，但这不是绝对的，这是因为Premiere具有能够自动按照比例缩放字幕文件使其与输出尺寸匹配的功能。

在调整绘图区的大小时，只要把鼠标指针移动到绘图区的边上，当鼠标指针改变成双向箭头时，进行拖动即可，如图12-24所示。

图12-22 移动“字幕编辑器”窗口

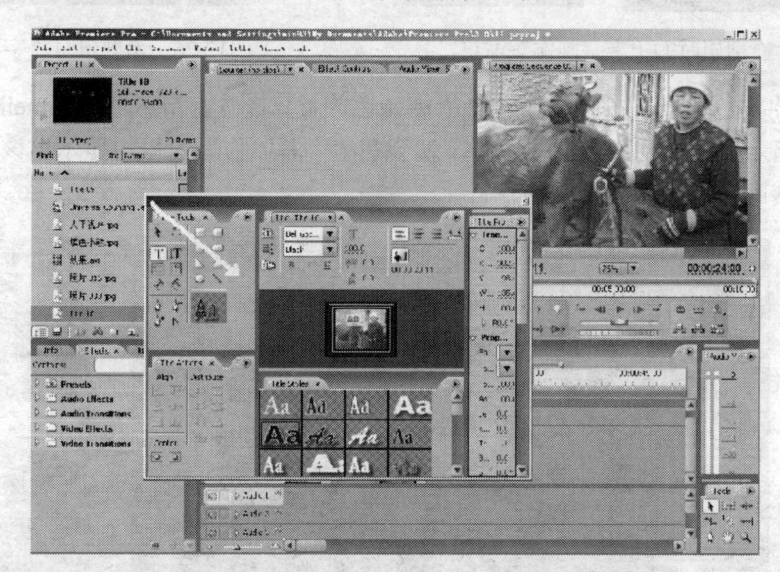

图12-23 调整“字幕制作”窗口的大小

图12-24 调整绘图区的大小对比效果

3. 设置背景

根据需要，还可以设置字幕背景。如果在“Timeline”面板中有剪辑，而且在“字幕制作”窗口中激活“Show Background Video（显示背景视频）”按钮，那么“字幕制作”窗口中会显示剪辑画面。如果不激活“Show Background Video”按钮，那么“字幕制作”窗口中会显示透明的背景，如图12-25所示。

如果在“Timeline”面板中没有剪辑，而且在“字幕制作”窗口中激活“Show Background Video”按钮，那么“字幕制作”窗口中会显示黑色画面。如果不激活“Show Background Video”按钮，那么“字幕制作”窗口中会显示透明的背景，如图12-26所示。

图12-25　有剪辑时的“字幕制作”窗口

图12-26　无剪辑时“字幕制作”窗口

如果需要实色背景，可以制作一个所需颜色的背景图片，导入到“Timeline”面板，并把当前时间指示器移动到该背景图片上，就会在“字幕制作”窗口中显示出该背景，再制作其他字幕元素即可，如图12-27所示。

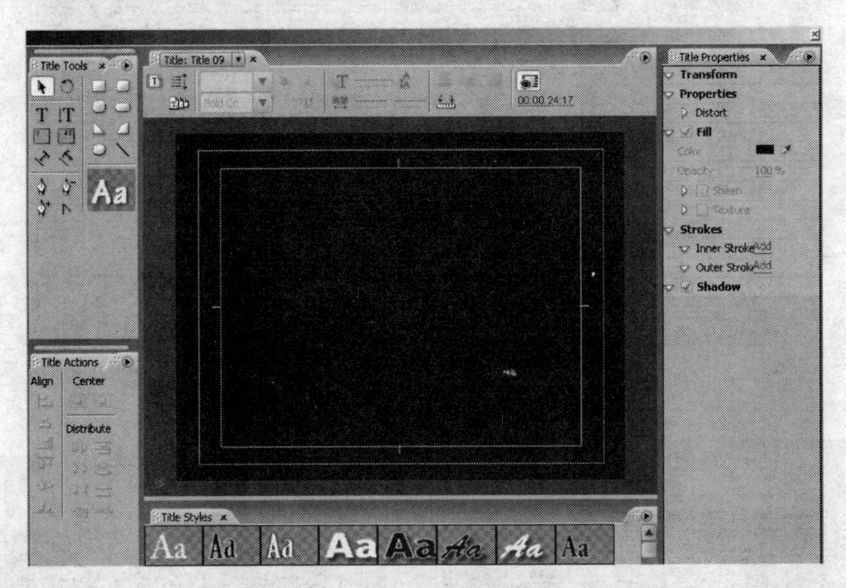

图12-27　“字幕制作”窗口显示背景

4. 字幕安全框和动作安全框

由于电视屏幕的显像管大多都存在着额外的扫描区域，所以将图像输出到录像带时，可能有一部分区域被切去。这时，就可以选择使用字幕安全框和动作安全框来观察和保护字幕和图形所处的位置不被切去。也就是说在字幕安全框和动作安全框以内的内容不会被切去。

在“字幕制作”窗口的菜单命令中选择“Safe Title Margin（字幕安全框）”和“Safe Action Margin（动作安全框）”命令即可显示出字幕安全框和动作安全框，在“字幕制作”

窗口中它们以线框形式来表示，如图12-28所示。

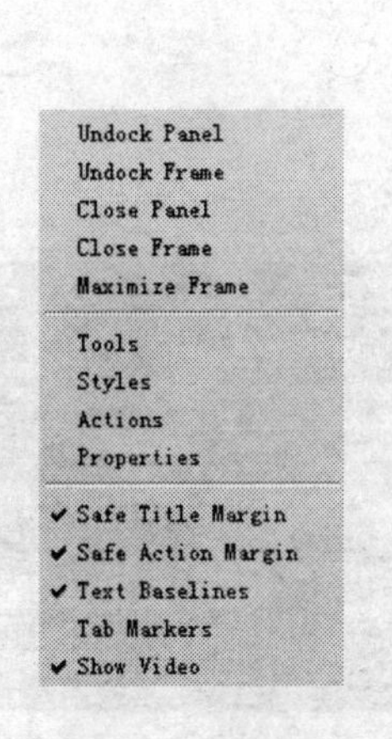

图12-28　A字幕安全框与B动作安全框

如果不想在“字幕制作”窗口中显示字幕安全框和动作安全框，那么在“字幕制作”窗口的菜单命令中取消选择“Safe Title Margin（字幕安全框）”和“Safe Action Margin（动作安全框）”项即可。

12.4 创建字幕的流程

在创建字幕时，可以根据需要创建一个新的字幕，也可以基于一个现有字幕来创建字幕，还可以在当前项目中打开一个字幕，另外还可以输入一个字幕来使用，下面介绍这几种字幕创建方式的流程。

1. 创建一个新的字幕

（1）选择“File（文件）→New（新建）→Title（字幕）”命令或者“Title（字幕）→New Title（新建字幕）”命令，打开“New Title”对话框，如图12-29所示。

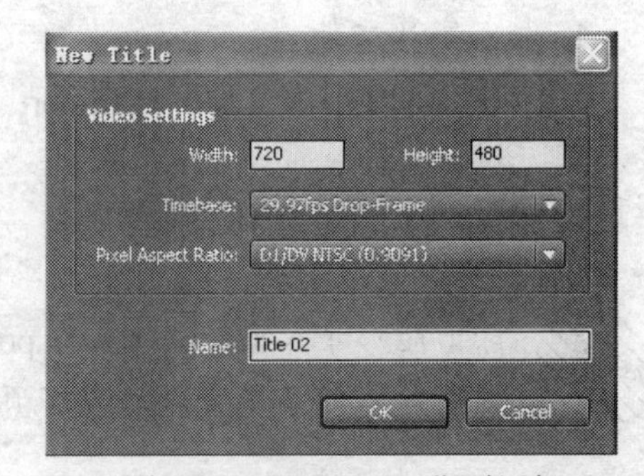

图12-29　“New Title”对话框

（2）在“New　Title”对话框中设置一个名称，单击“OK”按钮，打开“字幕制作”窗口。

（3）使用“字幕制作”窗口中的文本工具和形状工具制作好字幕内容。

（4）保存字幕文件，并关闭“字幕制作”窗口。

字幕被自动添加到“Project（项目）”窗口中，而且被作为整个项目文件的一部分，如图12-30所示。

2. 基于现有的字幕创建字幕

（1）在打开的“字幕制作”窗口中打开或者选择现有的字幕文件。

（2）单击“New Title Based On Current Title（基于当前字幕的新字幕）”按钮，打开“New Title（新建字幕）”对话框，如图12-31所示。

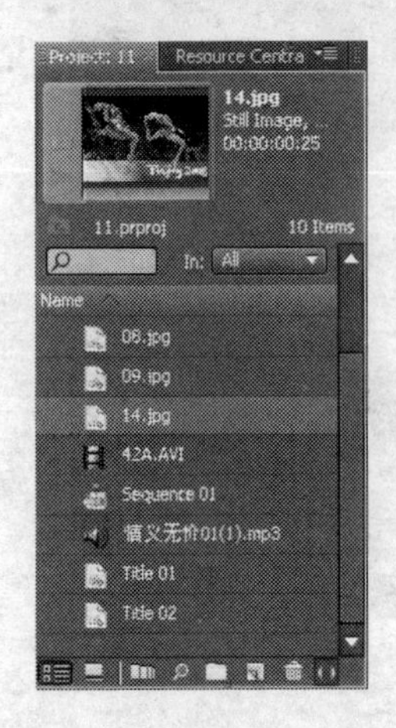

图12-30 字幕被作为项目文件的一部分

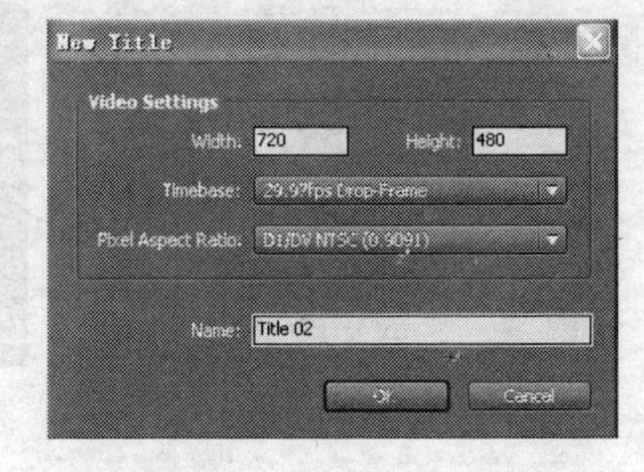

图12-31 “New Title”对话框

（3）在“New Title”对话框中设置一个名称，单击“OK”按钮。

（4）根据需要修改现有的字幕内容。

（5）保存字幕文件，并关闭“字幕制作”窗口。

3. 在当前项目中打开字幕

（1）在“Project”窗口或者“Timeline”面板中双击字幕，在“字幕制作”窗口中打开字幕。

（2）如果需要修改，那么在“字幕制作”窗口中进行修改即可。

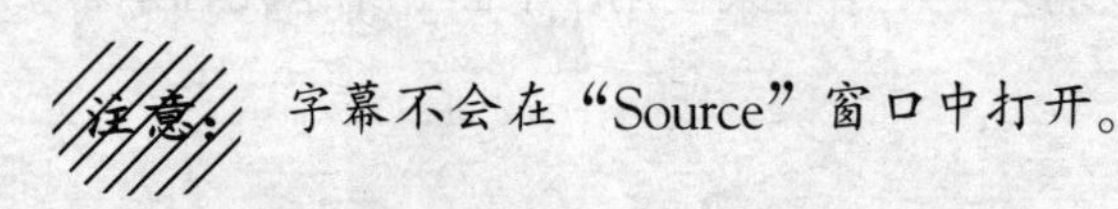

注意：字幕不会在“Source”窗口中打开。

4. 导入字幕文件

（1）选择“File（文件）→Import（导入）”命令，打开“Import”对话框，如图12-32所示。

（2）在“Import”对话框中选择一个字幕，单击“打开”按钮即可。

注意：除了能够导入文件扩展名为.prtl的字幕文件之外，还可以导入扩展名为.ptl的字幕文件。导入的字幕会成为当前项目文件的一部分。

5. 将字幕导出为独立的文件

（1）在“Project（项目）”窗口中选择需要的字幕文件。

（2）选择“File（文件）→Export（导出）→Title（字幕）”命令打开“Save Title（保存字幕）”对话框，如图12-33所示。

（3）设置保存路径，并在“文件名”栏中设置一个保存名称，单击“保存”按钮即可将选择的字幕导出为一个独立文件。

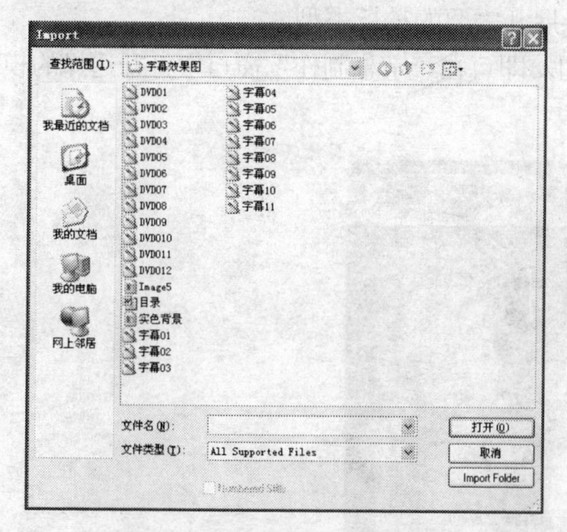

图12-32 “Import”对话框

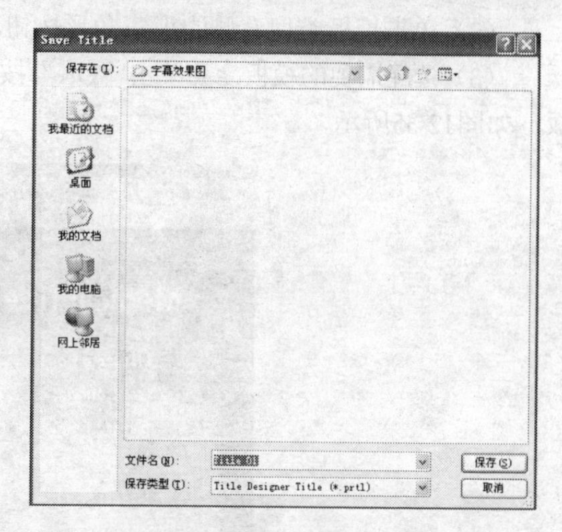

图12-33 “Save Title”对话框

12.5 使用模板

在Premiere中提供了很多的模板，使用这些模板可以帮助我们快速地制作字幕。在这些模板中，可以很容易地改变模板中的元素，选中模板中的这些元素后，可以对它们进行修改、编辑或者删除。也可以在模板中添加新的元素。在修改模板之后，可以把它们保存起来以便在以后的项目中使用。

在应用一个新模板时，其内容会替换当前“字幕制作”窗口中的所有内容。

12.5.1 调入模板

如果要使用模板，首先需要调入模板，下面介绍调入模板的操作。

(1) 打开“字幕制作”窗口，选择“Title（字幕）→ New Title（新建字幕）→ Based On Template（基于模板）”命令打开“Template”对话框，如图12-34所示。

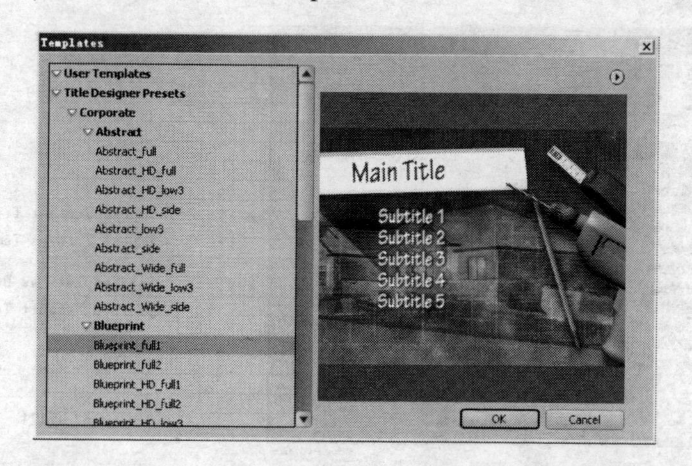

图12-34 “Templates”对话框

（2）单击模板类型右侧的小三角形按钮，展开需要的模板类型。

（3）选择需要的模板，并单击“OK”按钮，即可在“字幕制作”窗口中打开选择的模板，如图12-35所示。

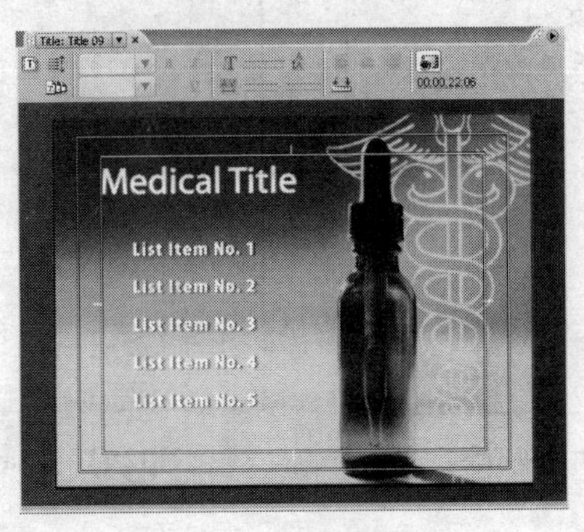

图12-35 Medical Title模板

提示：也可以使用“Title（字幕）→Templates（模板）”命令把保存的字幕文件作为一个模板。

12.5.2 设置默认的模板

在调入模板后，可以把该模板设置为默认的模板，下面介绍设置默认模板的操作。

（1）打开模板后，选择“Title（字幕）→ Templates（模板）”命令，打开“Templates”对话框，如图12-36所示。

（2）选择一个模板类型。

（3）从模板菜单中选择“Set Template as Default Still（把模板设置为默认的静止字幕）”命令，如图12-37所示。这样，每当打开“字幕制作”窗口时，就会打开这个设置的字幕模板。

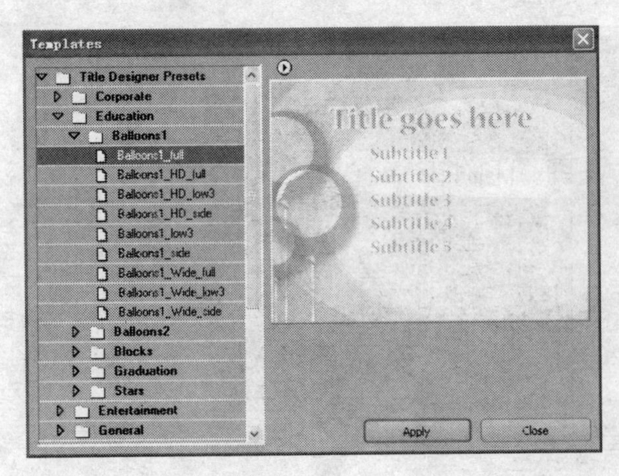

图12-36 “Template”对话框

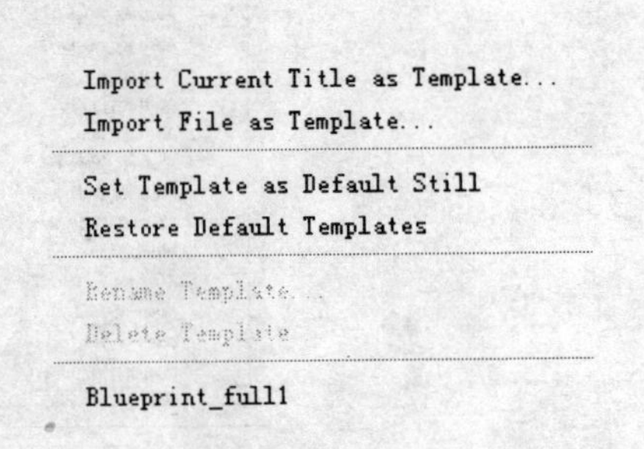

图12-37 选择命令

12.5.3 重命名和删除模板

对于保存或者编辑后的模板，可以对它进行重命名，也可以把它删除掉。

（1）打开“字幕制作”窗口后，选择命令。选择“Title（字幕）→Templates（模板）”命令，打开“Templates”对话框，如图12-38所示。

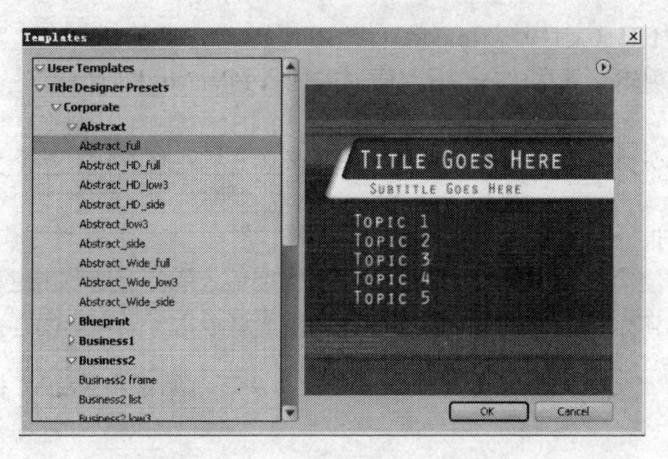

图12-38 打开“Templates”对话框

（2）选择一个模板类型。

（3）如果要重命名该模板，那么从模板菜单中选择“Rename Template（重命名模板）”命令，打开“Template Name（模板名称）”对话框，输入一个新的名称，单击“OK”按钮即可，如图12-39所示。

（4）如果要删除该模板，那么从模板菜单中选择“Delete Template（删除模板）”命令打开“确认文件删除” 对话框，单击“是”按钮即可，如图12-40所示。

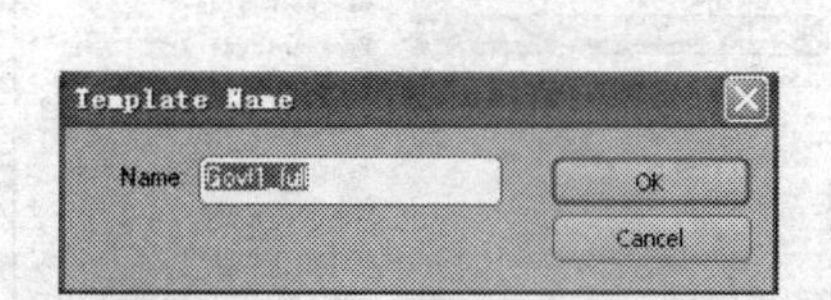

图12-39 “Template Name”对话框

图12-40 “确认文件删除”对话框

也可以把一个打开的字幕保存成一个模板。

12.6 创建字幕的文本和图形对象

通常，在字幕中包括文本对象和图形对象，其中文本对象是最主要的，图形对象其次。一般，把字幕的文本对象和图形对象称为字幕素材。下面在本书这一部分内容中简单地介绍一下字幕素材和图形素材的创建。

12.6.1 创建字幕的文本对象

在字幕中最主要的内容或者素材是文本，也就是文字。可以使用“字幕制作”窗口的文本工具或菜单下的命令来创建文字对象。Premiere提供了大量的文本格式化选项和字体（包括PostScript和TureType字体），并可采用操作系统中的字库。另外Premiere提供了6种文本输入工具，可以使用这6种文本工具输入各种方向的文本，也可以输入块文本。

1. 输入水平向和垂直向的文本

创建文字对象的步骤如下。

（1） 选择“File（文件）→Import（导入）”命令，并从打开的“导入”对话框中导入剪辑文件，再将剪辑文件从“Project”面板中拖入到Video 1视轨中。

提示：也有人把剪辑称为片段或者素材，读者要注意这三种名称。在本书中通称为剪辑。

（2）选择“File→New（新建）→Title（字幕）”命令，打开“字幕制作”窗口。

（3）选择文字工具T，在“字幕制作”窗口需要输入的位置处单击鼠标，输入文字“奥运会”，如图12-41所示。输入完毕后，在旁边单击或者单击工具箱中的选择工具结束输入。

提示：在输入中文文本时，需要切换到中文输入法下，就像在Word文档中切换输入法那样。

（4）在文本框外单击鼠标，用选择工具拖动文字放置好位置，还可使用4个方向键微调文字对象的位置。

（5）在工具箱中选中选择工具，并在选中的文字上右击，将弹出快捷菜单，如图12-42所示。选择合适的选项对文字格式进行设置。字体选黑体，字型选择粗体（Bold）与浮雕（Emboss），字号选择92。

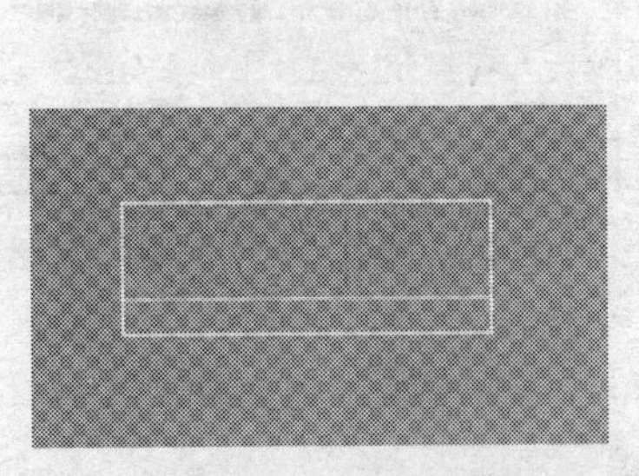

图12-41 输入文字

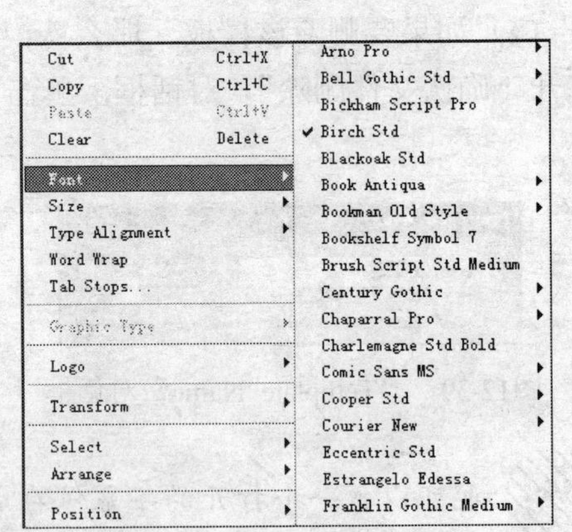

图12-42 弹出的快捷菜单

（6）也可以使用选择工具拉伸文本对象，如图12-43所示。

注意：对文字对象进行拉伸后，再按Ctrl+Z快捷键即可恢复上一步的操作。

（7）选择垂直文字工具T，在“字幕制作”窗口需要输入的位置处单击鼠标，可输入垂直文字，如图12-44所示。

（8）可以看到，使用该工具输入的文字方向是垂直向的。对于垂直向的文字也可以执行各种编辑。

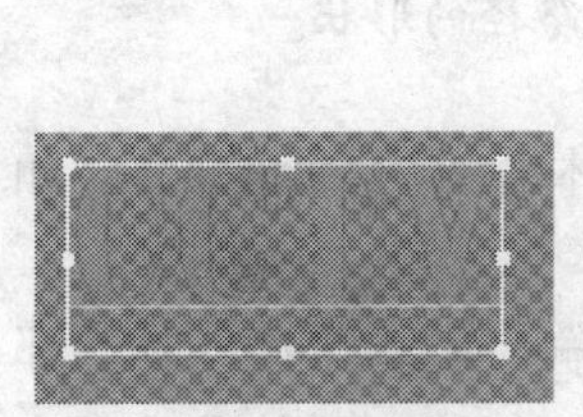
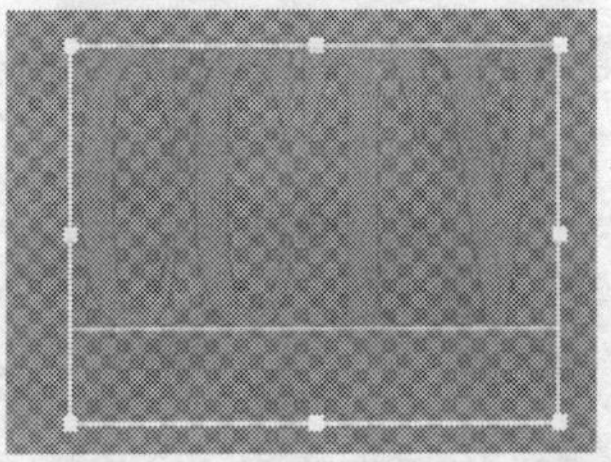

图12-43　拉伸文字

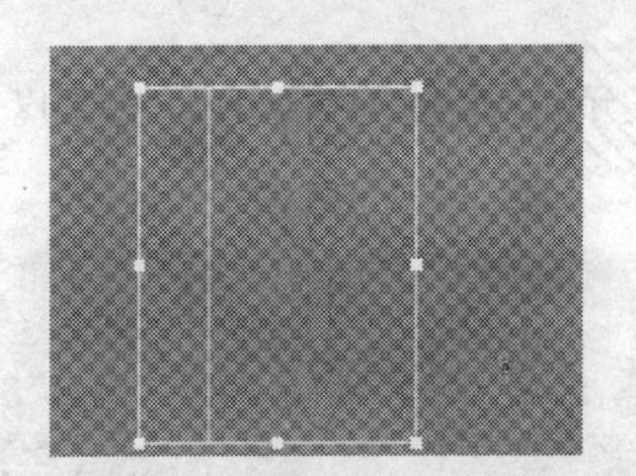

图12-44　输入的垂直文字

提示：在Premiere中，有些输入的中文显示不出来，比如导演的“导”字显示为一个方框，这是因为系统中缺乏该字体，需要把字体库安装上之后才能显示完整的文字。

2. 输入区域文本

除了按一定的方向输入文本之外，也可以把文字限制在一个文本框中，也就是在一个框中输入文本。

（1）如果要输入水平方向的文本。那么选择区域文字工具，在“字幕制作”窗口中单击并拖出一个文本框，在文本框中输入需要的文字，如图12-45所示。

（2）如果要输入垂直方向的文本。那么选择垂直区域文字工具，在“字幕制作”窗口中单击并拖出一个文本框，在文本框中输入需要的文字即可，如图12-46所示。

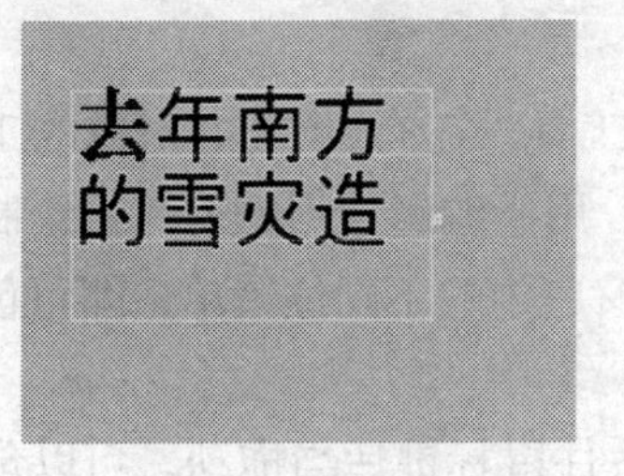

图12-45　输入文字

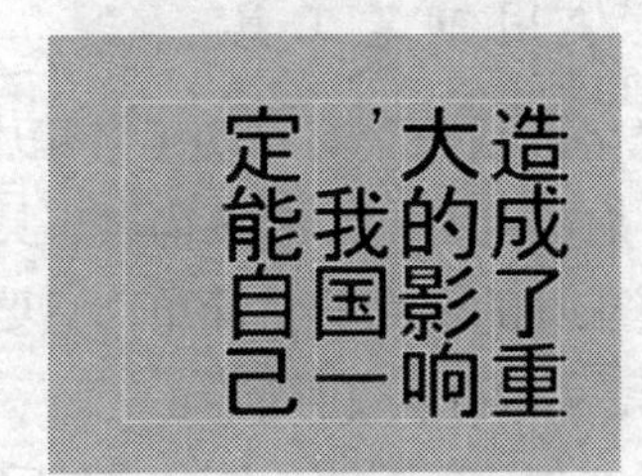

图12-46　输入文字

3. 沿路径输入文本

还可以先绘制出一条路径，沿这条路径输入文本。下面介绍如何沿路径输入文本。

（1）选择路径文字工具，在“字幕制作”窗口中单击创建一个开始点，文本在此处开始。

（2）单击并拖动，创建第二个点，并创建一条路径，如图12-47所示。

（3）继续单击并拖动，创建第三个点，直至获得需要的路径，如图12-48所示。

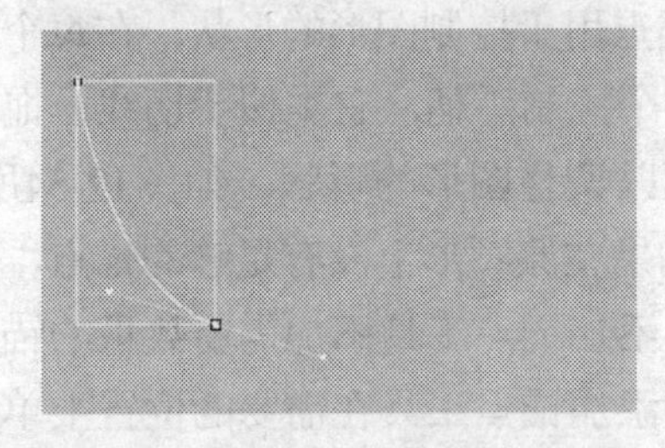

图12-47　创建第二个点及一条路径

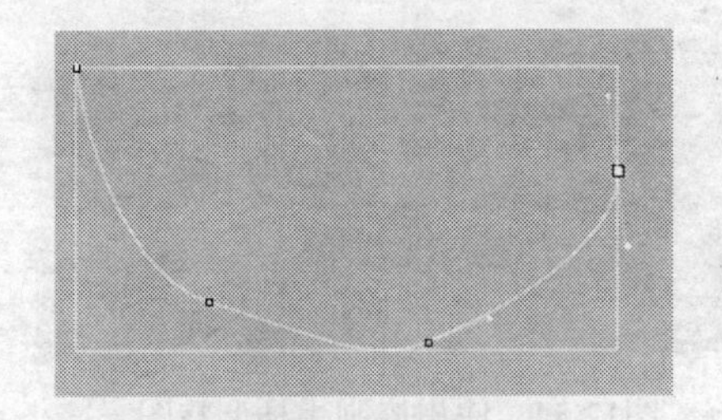

图12-48　创建第三个点

提示：绘制完路径后，也可以使用钢笔工具通过调整锚点来调整路径的形状。

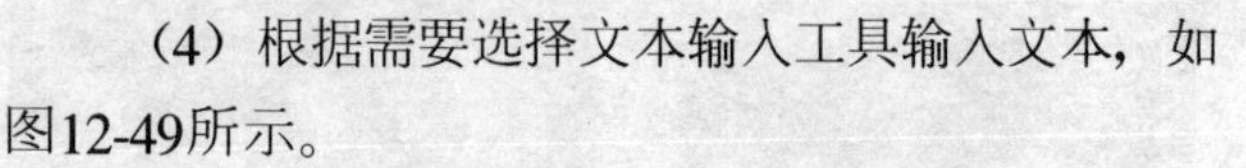

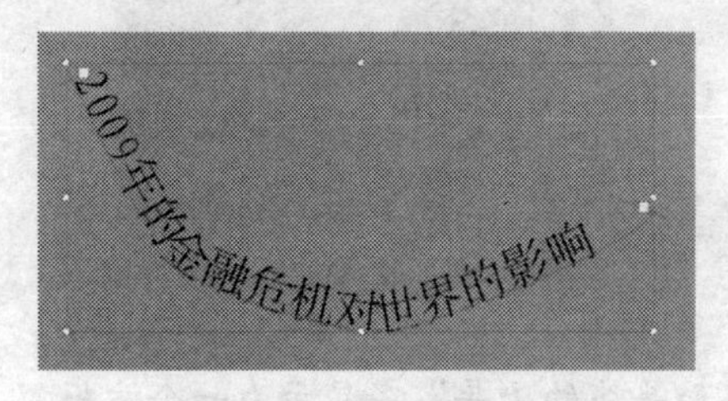

图12-49 输入文本

（4）根据需要选择文本输入工具输入文本，如图12-49所示。

（5）如果需要沿路径输入垂直方向的文本，那么选择垂直路径文字工具，在“字幕制作”窗口中单击创建一个开始点，再单击并拖动，创建第二个点，直至创建出需要的一条路径，如图12-50所示。

（6）使用文本工具输入文本，如图12-51所示。

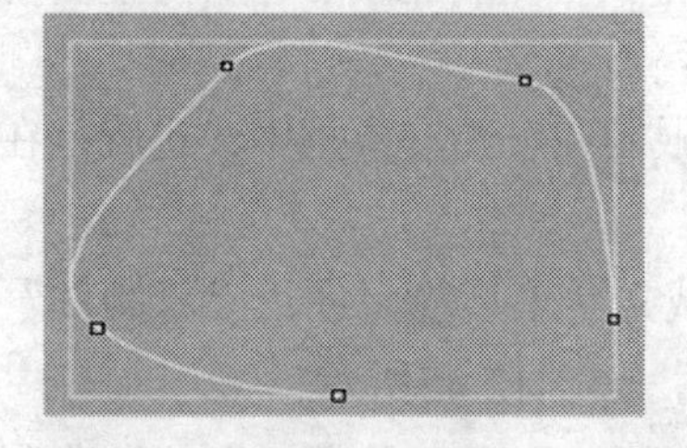

图12-50 路径

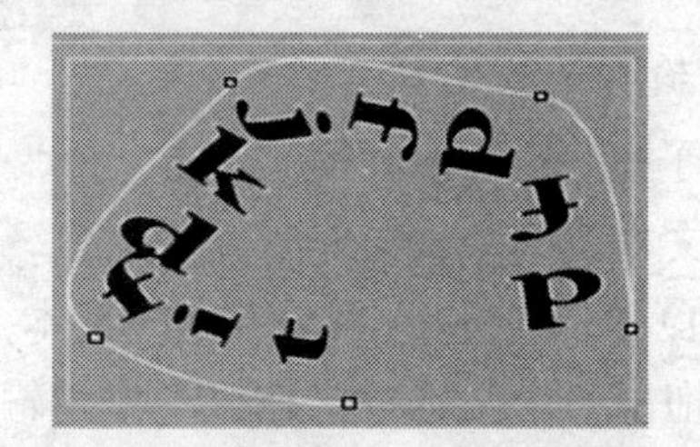

图12-51 输入垂直向的文本

12.6.2 使用钢笔工具

在“字幕制作”窗口的工具箱中包含有一个钢笔工具，还有3个与之对应的工具，它们分别是添加锚点工具、删除锚点工具和转换锚点工具，用于编辑使用钢笔工具绘制的图形。

钢笔工具的使用非常简单，只要在“字幕制作”窗口中的不同位置单击即可创建直角锚点的图形，如图12-52所示。

如果在创建第2个锚点后，在后面创建的锚点处按住鼠标键适当拖动，可以创建出圆角锚点的形状，如图12-53所示。

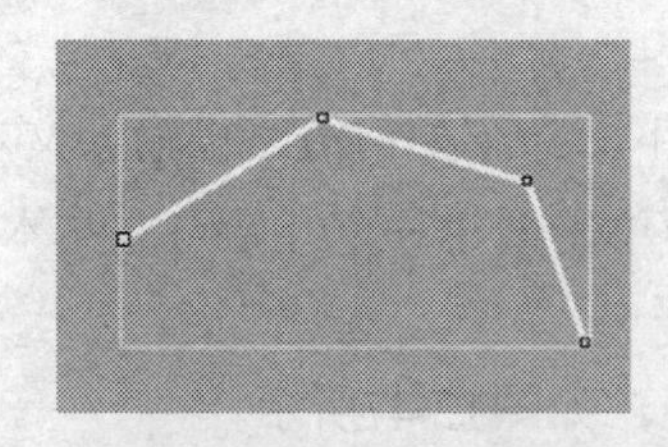

图12-52 直角锚点的图形

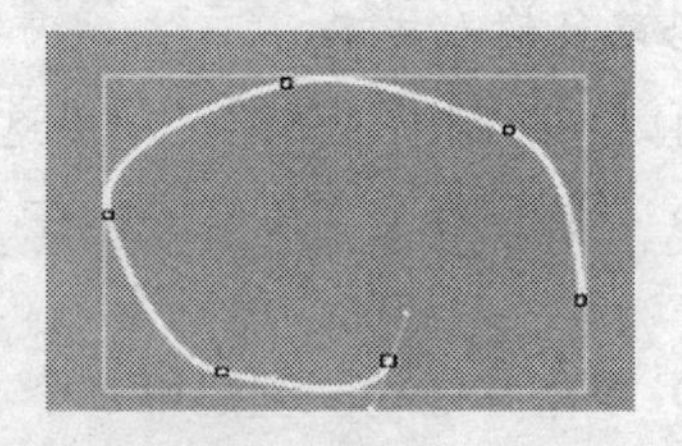

图12-53 圆角锚点的形状

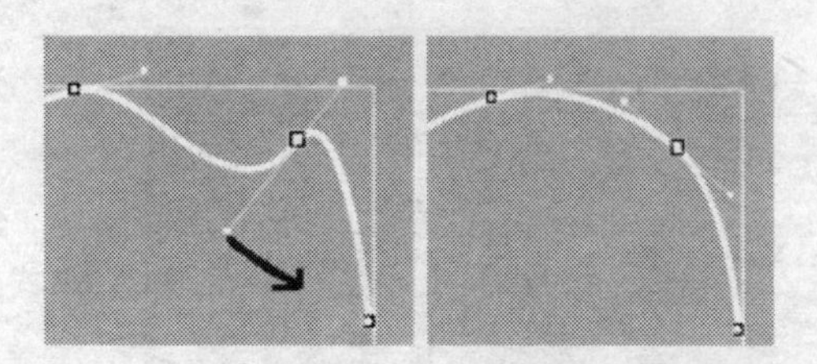

图12-54 使用控制手柄调整图形的形状（右图）

锚点用于控制图形的形状，在每个锚点上都有一个控制手柄，它类似于切线，拖动控制手柄可以调整图形的形状，如图12-54所示。

如果在原图形上没有足够的锚点，那么可以使用添加锚点工具添加需要数量的锚点。只要使用添加锚点工具在需要的位置上单击即可添加上锚点，如图12-55所示。添加锚点后，通过拖动控制手柄即可调整图形的形状。

如果在原图形上的锚点过多，那也不容易控制图形的形状，在这种情况下，可以使用删除锚点工具删除那些不需要的锚点。只要使用删除锚点工具在需要的锚点上单击即可删除锚点，如图12-56所示。

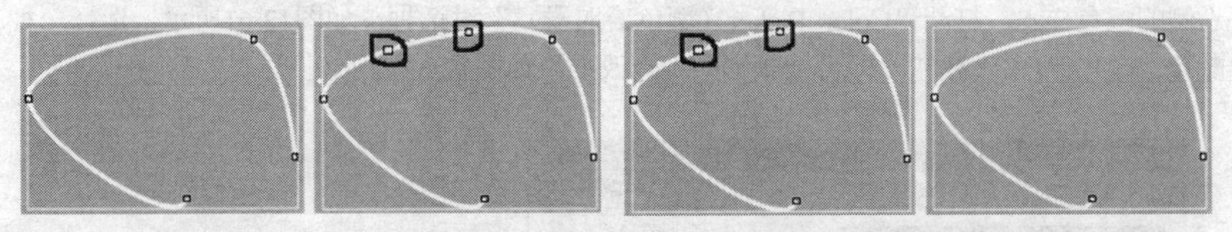

图12-55　添加锚点（右图）　　图12-56　删除锚点（右图）

在创建了直角锚点的图形后，有时候需要把某一个或者几个直角锚点转换为圆角锚点，以便通过调整锚点来获得所需要的图形。在这种情况下，使用转换锚点工具就可以把直角锚点转换为圆角锚点，从而可进一步调整图形的形状，如图12-57所示。

反之，也可以用转换锚点工具把圆角锚点转换为直角锚点，从而可进一步调整图形的形状，如图12-58所示。

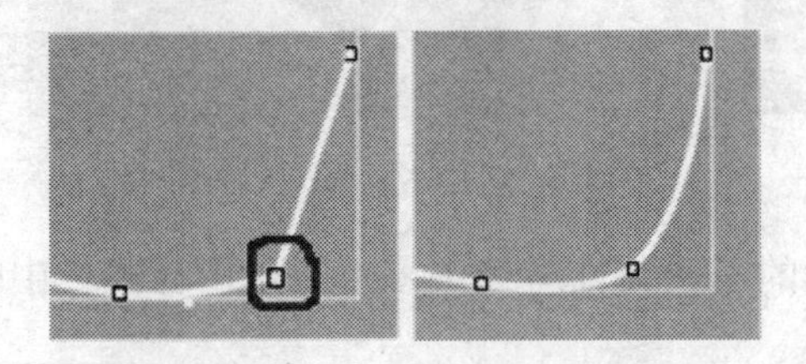

图12-57　转换为圆角锚点（右图）

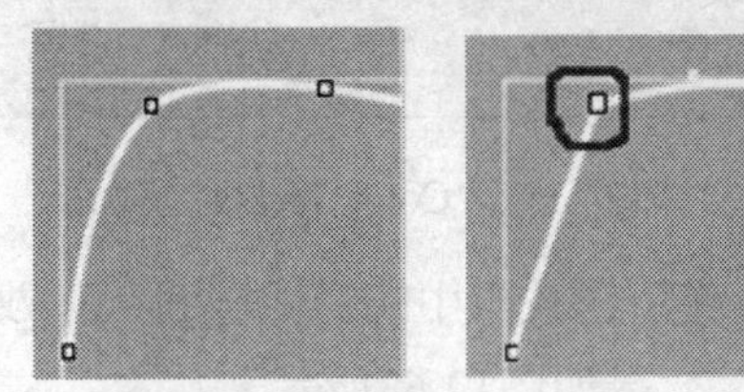

图12-58　转换为直角锚点（右图）

12.6.3　创建字幕的图形对象

在“字幕制作”窗口的工具箱中包含了一些图形工具。其中的工具可以分为线框型与实体型，实体型也叫做实心图形，而且可以对绘制的图形进行各种编辑。下面介绍创建几何图形的操作步骤。

（1）在“Timeline”面板中放置好素材，并打开“字幕制作”窗口。

（2）在工具箱中选择矩形工具▭，在“字幕制作”窗口中单击并拖动即可创建一个矩形，如图12-59所示。

（3）可以使用选择工具移动矩形的位置，或者放在某个角处，当鼠标指针改变成一个双向箭头时进行拖动即可调整矩形的大小。当鼠标指针改变成一个弯曲的双向箭头时进行拖动即可旋转矩形，如图12-60所示。

图12-59　绘制图形对象

图12-60　旋转图形对象

（4）也可以在“字幕制作”窗口左侧的“属性”栏中，调整Transform中的参数来调整矩形的位置、大小及旋转角度。

（5）在“字幕制作”窗口左侧的“属性”栏中，展开“Fill（填充）”部分，单击“Color”右侧的颜色样本，打开“Color Picker（颜色拾取器）”对话框，如图12-61所示。选择一种颜色，单击“OK”按钮，即可把矩形的颜色改变，如图12-62所示。

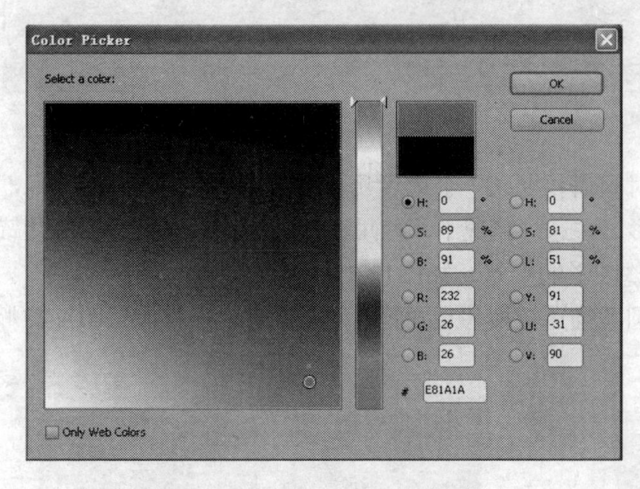

图12-61 “Color Picker”对话框

图12-62 改变图形颜色

（6）使用样式栏中的样式，也可以改变图形的一些属性。选中图形，单击样式栏中的一种样式，效果如图12-63所示。

图12-63 改变图形效果（右图）

图12-64 其他图形效果

其他图形工具的使用与矩形工具的使用类似，使用其他工具可以创建下列图形效果，如图12-64所示。

在Premiere中提供的绘图工具，不论数量还是功能都非常有限，所能绘制的基本上都是一些标准的几何图形。如果要完成一些复杂的画面，就需要使用Photoshop、CorelDRAW等专业制图软件进行绘制。

12.7 编辑字幕元素

在上一部分内容中介绍了“字幕制作”窗口的基本设置和功能，以及怎样创建一个字幕素材。现在，就来对这些素材进行修饰。包括增加阴影、使用颜色、透明和渐层以及布设文字与图形，等等。

12.7.1 添加阴影

在Premiere中可以为创建的文字或图形对象增加可以调节的阴影，使画面产生空间深度感。下面介绍创建阴影的操作步骤。

（1）在“字幕制作”窗口中输入文字“奥运会”，如图12-65所示。

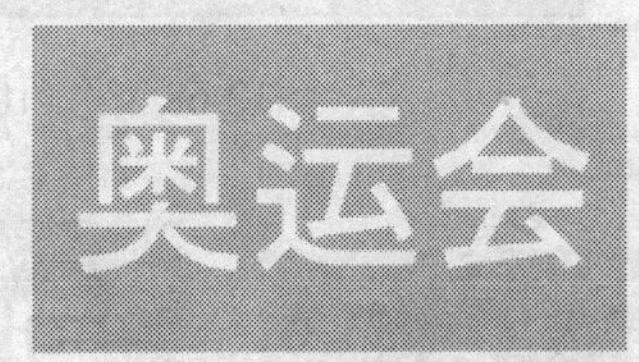

图12-65 输入文字

（2）在右侧的“属性”栏中，展开并勾选“Shadow（阴影）”项，并把“Distance（距离）”的值设置为16，设置好阴影的距离，如图12-66所示。

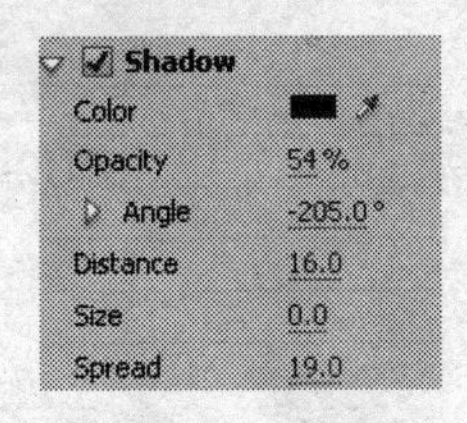

图12-66 阴影效果

（3）使用“Angle（角度）”可以调整阴影的角度，比如把数值设置为44度，那么阴影效果如图12-67所示。

Shadow

Color	
Opacity	54 %
Angle	44.0°
Distance	16.0
Size	0.0
Spread	19.0

图12-67 阴影位置改变

提示：如果需要创建以45°变化的阴影，可以按下键盘上的Shift键后拖动阴影偏移控制工具。

（4）也可以改变阴影的颜色，单击“Color（颜色）”右侧的颜色样本按钮，打开“颜色选择器”对话框，如图12-68所示。

（5）也可以改变阴影的大小、透明度及扩散度，调整“Size（大小）”、“Opacity（透明度）”和“Spread（扩散）”的数值即可，如图12-69所示。

对于使用图形绘制工具绘制的图形也可以为它们设置阴影效果，比如矩形、圆形和弧形等，如图12-70所示。

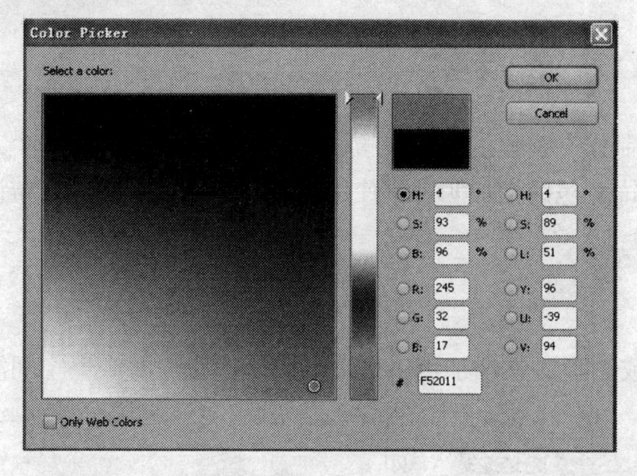

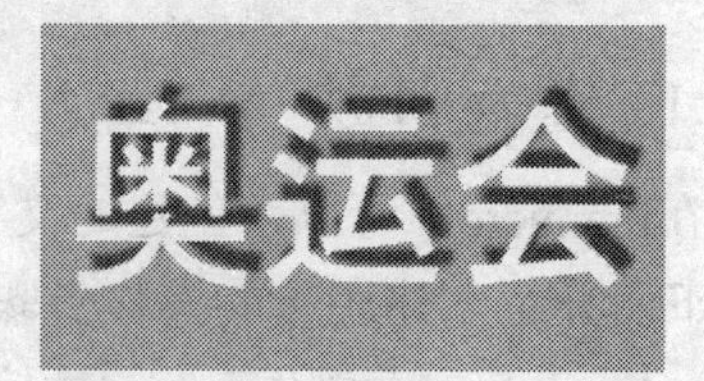

图12-68 “颜色选择器”对话框和改变的阴影颜色效果（右图）

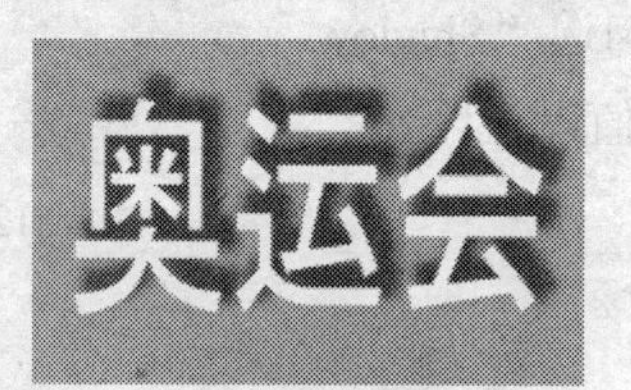

图12-69 改变阴影的大小、透明度和扩散度（右图）

图12-70 设置图形的阴影效果（右图）

12.7.2 编辑文本元素

对于输入的文本，可以对它们进行各种各样的调整，比如改变字体、字号、字间距、行距、倾斜和扭曲等效果。

（1）输入文字。输入中文和英文都可以，如图12-71所示。在“字幕制作”窗口右侧是“属性”栏，如图12-72所示。

图12-71 输入的文字

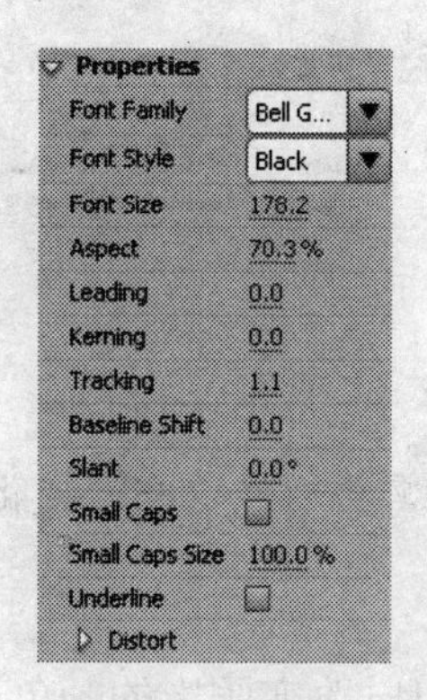

图12-72 属性栏

（2）调整“Font（字体）”和“Font Size（字体大小）”可以改变字体的类型和大小，如图12-73所示。

选中文本后，单击“Font”右侧的按钮，会打开一个下拉菜单，如图12-74所示。从中选择需要的字体类型即可。

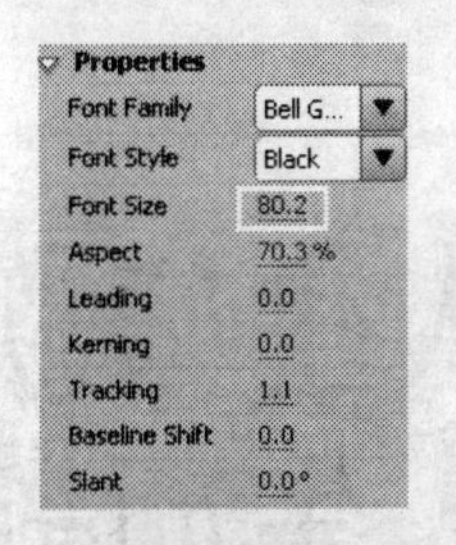

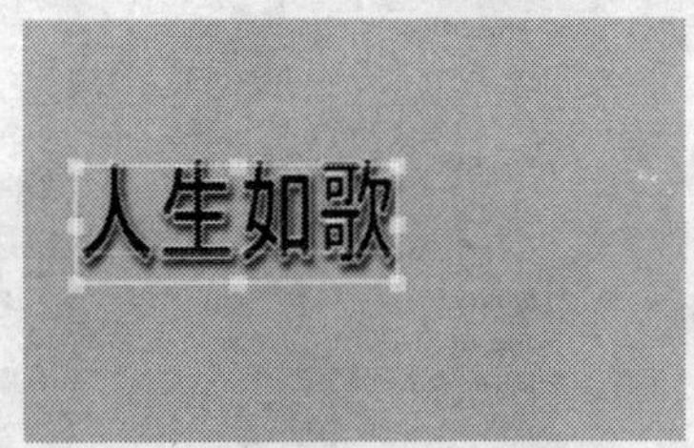

图12-73　改变字体的大小

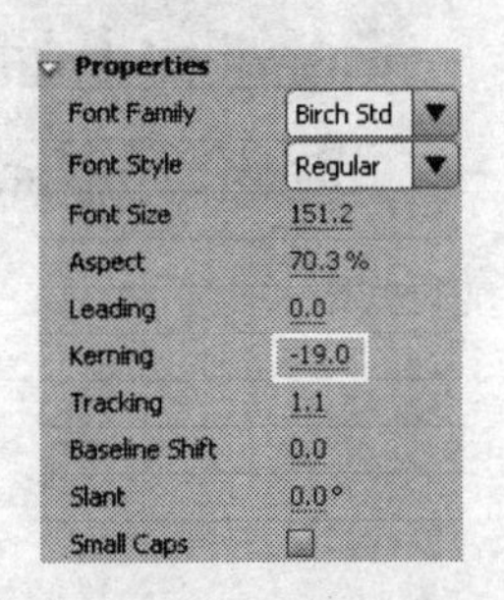

图12-74　改变字体的下拉菜单

（3）调整“Kerning（字间距）”可以改变字与字之间的间距，如图12-75所示。

图12-75　改变字间距

（4）调整“Slant（倾斜）”可以改变文本的倾斜度，如图12-76所示。

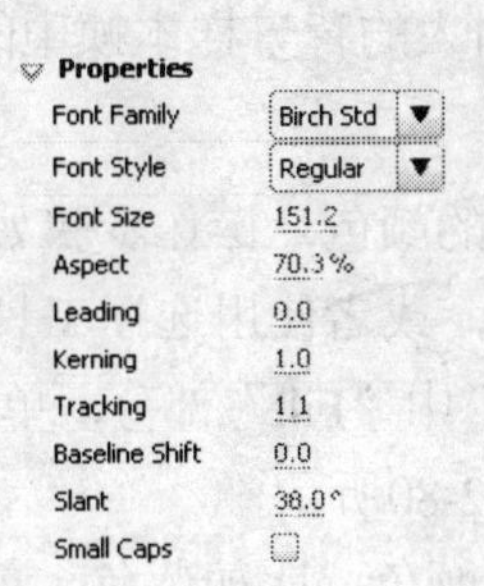

图12-76　改变文本的倾斜度

（5）选中“Underline（下画线）”项，可以使文本带有下画线，如图12-77所示。

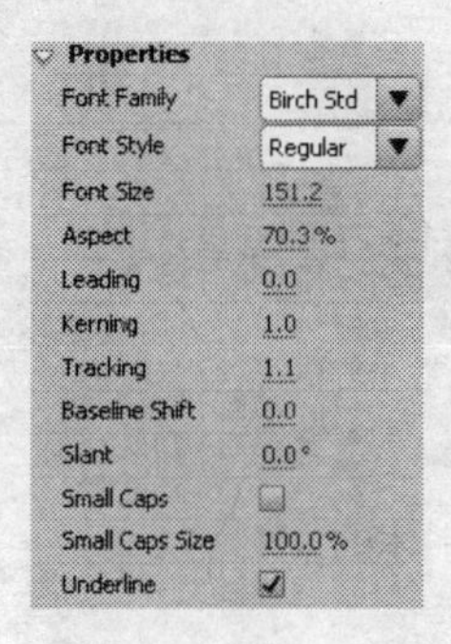

图12-77　添加下划线（下）

（6）展开“Distort（扭曲）”项，调整X、Y的数值，文字将产生变形，如图12-78所示。

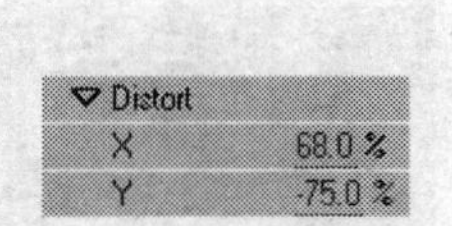

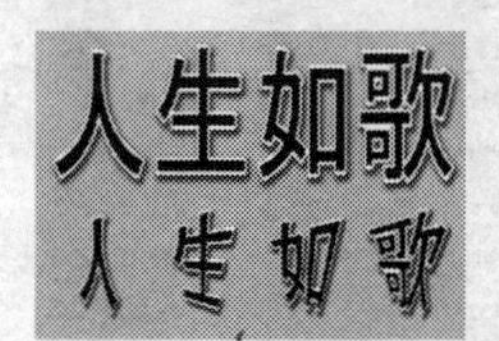

图12-78　变形文字

（7）调整“Leading（行间距）”可以改变行与行之间的间距，如图12-79所示。

图12-79　改变行间距

注意：对于中文也可以执行这样的调整。

12.7.3　设置颜色、渐变和透明

对文字、图形以及阴影都可以使用颜色、透明和渐层透明，还可以用颜色吸管工具拾取已经存在于“字幕制作”窗口中的颜色，包括引入的背景样本帧中的颜色。

1. 设置字幕元素的颜色

在Premiere中，可以很容易地改变字幕元素的颜色，操作步骤如下。

（1）输入文本后，确定文本处于选择状态，或者使用选择工具选取文本或者图形。

（2）展开“字幕制作”窗口右侧“属性”栏中“Fill”部分，单击“Color”右侧的颜色样本按钮，打开“Color Picker”对话框，如图12-80所示。

（3）在“Color Picker”对话框中选择一种颜色，比如蓝色，单击“OK”按钮。

（4）选择的字幕元素将改变成蓝色，如图12-81所示。

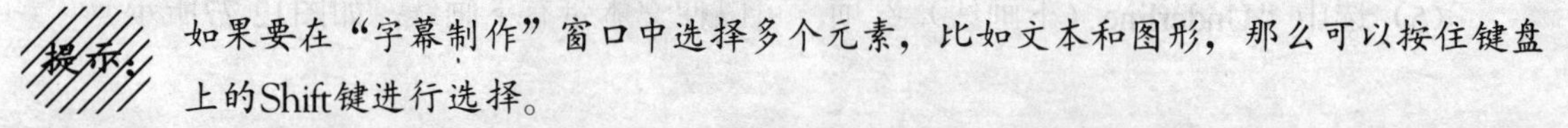
提示：如果要在“字幕制作”窗口中选择多个元素，比如文本和图形，那么可以按住键盘上的Shift键进行选择。

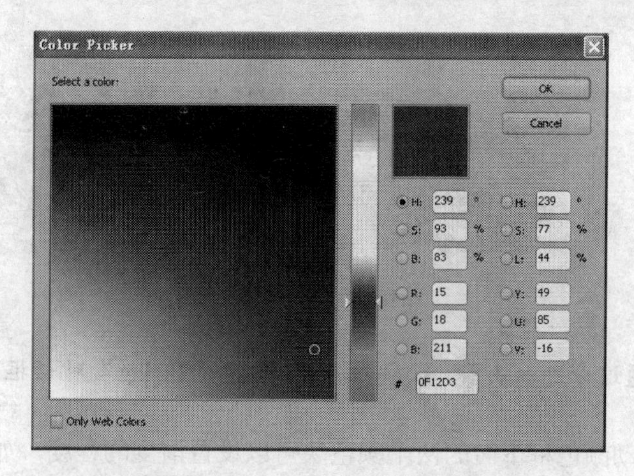

图12-80 “Color Picker”对话框

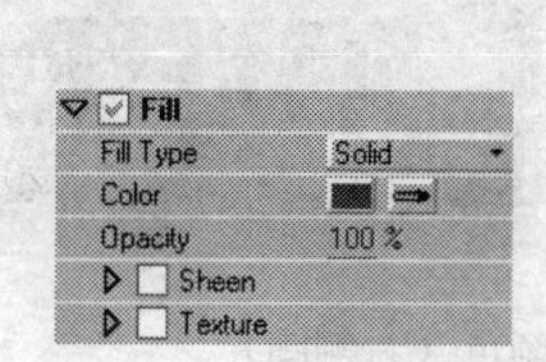

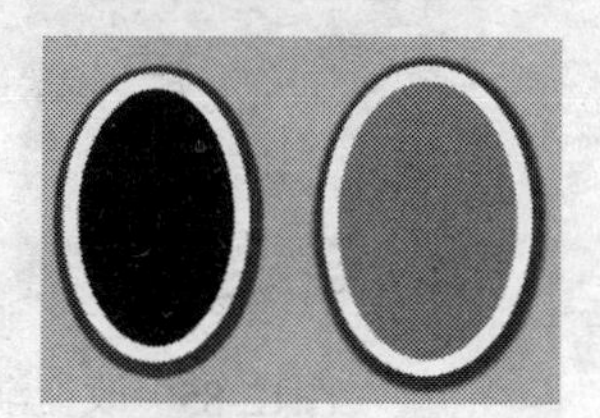

图12-81 改变颜色

（5）也可以使用这种方法把字幕中的文字设置为自己需要的颜色，如图12-82所示。

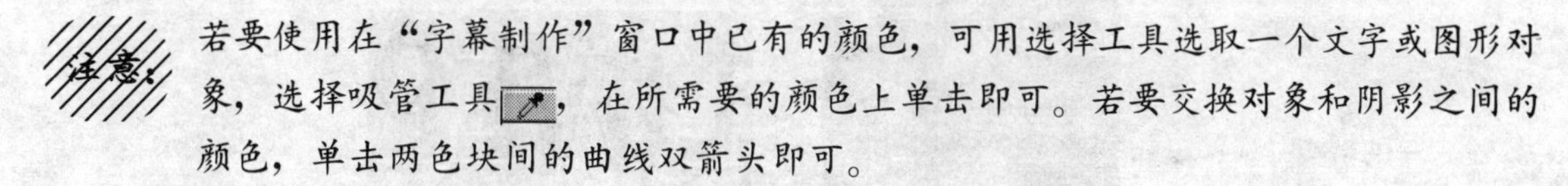

注意：若要使用在“字幕制作”窗口中已有的颜色，可用选择工具选取一个文字或图形对象，选择吸管工具，在所需要的颜色上单击即可。若要交换对象和阴影之间的颜色，单击两色块间的曲线双箭头即可。

2. 设置渐变颜色

还可以为字幕元素设置渐变色，操作步骤如下。

（1）输入文本后，确定文本处于选择状态，或者使用选择工具选取文本或者图形。

（2）展开“字幕制作”窗口右侧“属性”栏中“Fill”部分，单击“Fill Type”右侧的“Solid（实色）”按钮，在弹出的菜单中选择“Linear Gradient（线形渐变）”，如图12-83所示。

图12-82 给文字对象设置颜色

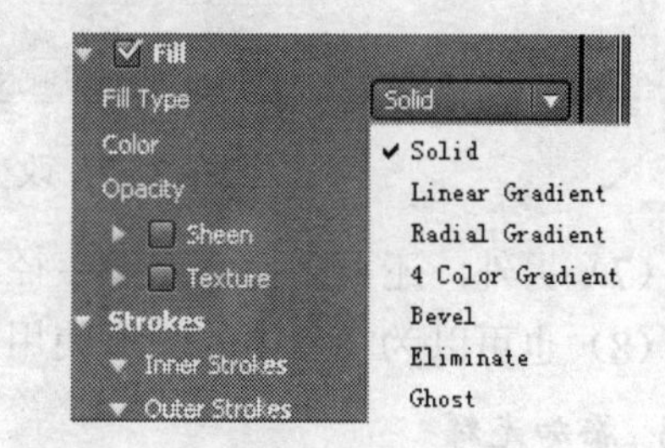

图12-83 选择菜单命令

（3）在“Color”右侧的颜色框中，单击颜色框左侧，在打开的“Color Picker”对话框中选择一种颜色，比如红色，单击“OK”按钮。这样左侧就改变成了红色。同时“字幕制作”窗口中的上半部分也改变成了红色，如图12-84所示。

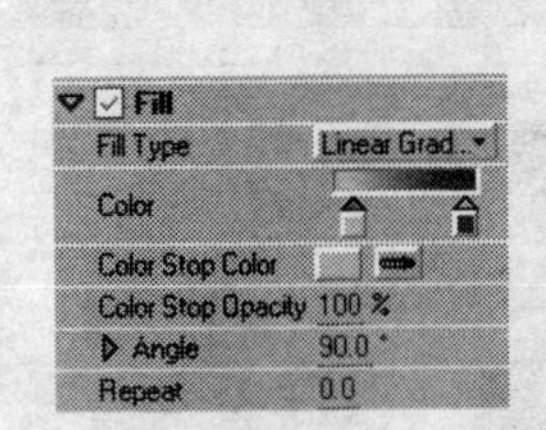

图12-84　颜色发生渐变

也可以通过分别双击按钮打开“Color Picker”对话框来设置渐变色。

（4）通过拖动颜色框下面的两个颜色块可以设置渐变的程度，如图12-85所示。

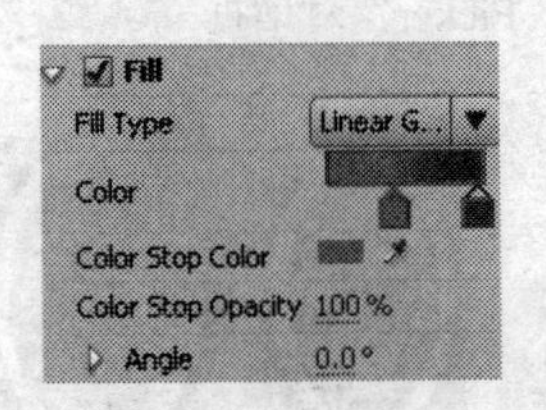

图12-85　改变渐变颜色（右侧图）

（5）通过设置“Angle（角度）”的数值，可以改变渐变色的角度，如图12-86所示。

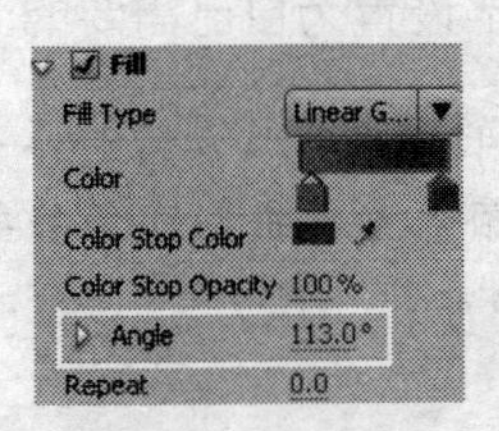

图12-86　改变渐变的角度（右侧图）

（6）通过设置“Repeat（重复）”的数值，可以改变渐变的重复次数，如图12-87所示。

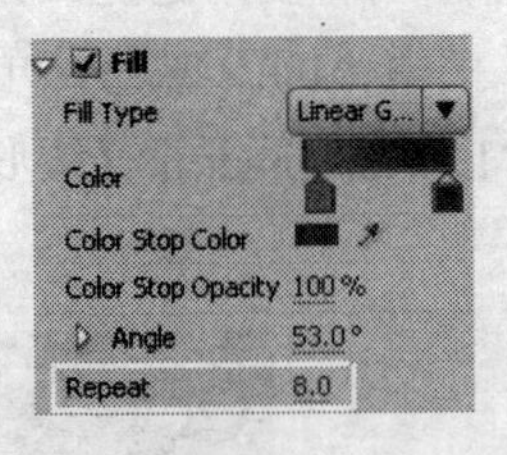

图12-87　改变渐变的重复次数（右侧图）

（7）另外，还可以使颜色发生径向渐变，或者其他方式的渐变。

（8）也可以为字幕中的图形使用颜色渐变，如图12-88所示。

3. 添加光辉

还可以为字幕中的元素设置光辉，操作步骤如下。

（1）输入文本或者绘制图形后，确定文本处于选择状态。

（2）展开“字幕制作”窗口右侧“属性”栏中“Fill”部分，选中“Sheen（光辉）”项，并通过单击“Sheen”左侧的小三角形按钮展开“光辉”控制选项，如图12-89所示。

图12-88 为图形设置渐变色

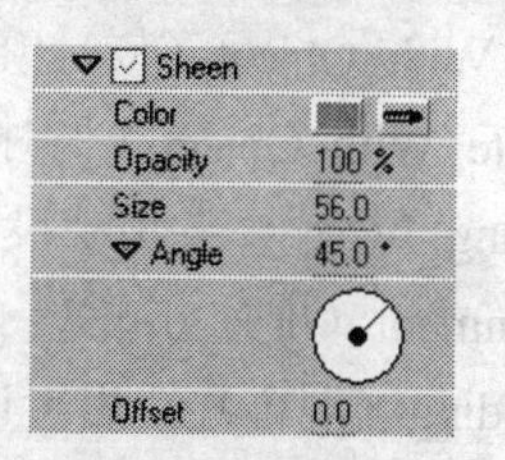

图12-89 控制选项

- Color（颜色）：用于设置光辉的颜色，单击颜色样本按钮可打开“颜色选择器”窗口，用于选择颜色。
- Opacity（不透明度）：用于设置光辉的不透明度。
- Size（大小）：用于设置光辉的尺寸。
- Angle（角度）：用于设置光辉的角度或者方向。
- Offset（偏移）：用于设置光辉的偏离位置。

（3）在如图12-90所示（右图）的效果中，是把颜色设置为黄色，其他参数如图12-90所示（左图）。

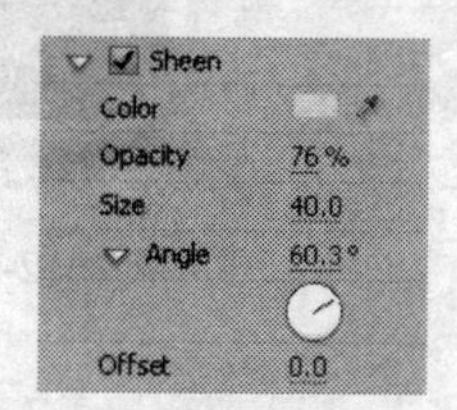

图12-90 光辉效果

4. 设置纹理

还可以为字幕中的元素设置填充纹理，操作步骤如下。

（1）输入文本或者绘制图形后，确定文本处于选择状态。

（2）展开“字幕制作”窗口右侧“属性”栏中“Fill”部分，选中“Texture（纹理）”项，并通过单击“Texture”左侧的小三角形按钮展开“纹理”控制选项，如图12-91所示。

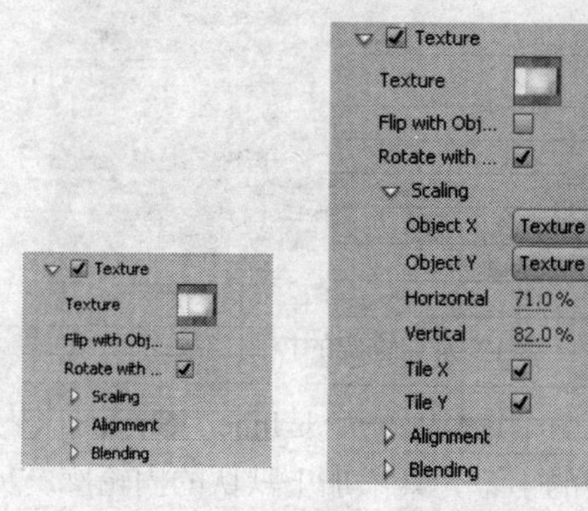

图12-91 控制选项

- Texture（纹理）：用于设置纹理的图案，单击右侧的图案框，将打开“Choose a Texture Image（选择纹理图案）”对话框，如图12-92所示，它用于选择图案。选择一个图案，单击“打开”按钮即可。

- Flip With Object（与对象一起翻转）：选中该项后，将与字幕元素一起翻转。
- Rotate With Object（与对象一起旋转）：选中该项后，将与字幕元素一起旋转。
- Scaling（缩放）：用于设置纹理的大小。
- Alignment（排列方式）：用于设置纹理的排列方式。
- Blending（混合）：用于设置纹理与字幕元素的混合。

（3）如图12-93所示（右图）中，是一种纹理填充方式的效果。

图12-92 “Choose a Texture Image”对话框

图12-93 纹理填充效果

5. 为对象设置轮廓

在Premiere中，可以为字幕中的元素设置内轮廓或者外轮廓，也可以同时为字幕元素添加内轮廓和外轮廓，而且也可以为轮廓设置各种属性。也有人把轮廓称之为笔触。操作步骤如下。

（1）输入文本或者绘制图形后，确定文本或者图形处于选择状态。

（2）展开“字幕制作”窗口右侧“属性”栏中“Strokes（轮廓）”部分，如图12-94所示。

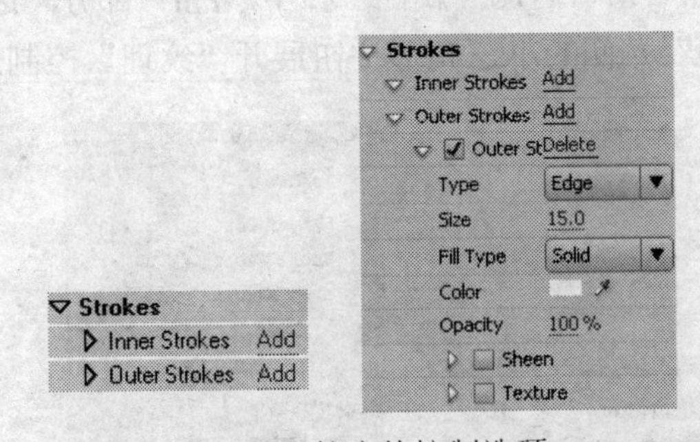

图12-94 轮廓的控制选项

（3）在图中可以看到，有两个选项，一个是Inner Strokes（内轮廓），单击它右侧的“Add（添加）”项即可为选中的字幕元素添加上默认的内轮廓。另外一个是Outer Strokes（外轮廓），单击它右侧的“Add（添加）”即可为选中的字幕元素添加上默认的外轮廓，如图12-95所示。

（4）单击“Inner Strokes”或者“Outer Strokes”左侧的小三角形按钮，可以展开它们的控制选项，如图12-96所示。

图12-95　外轮廓和内轮廓

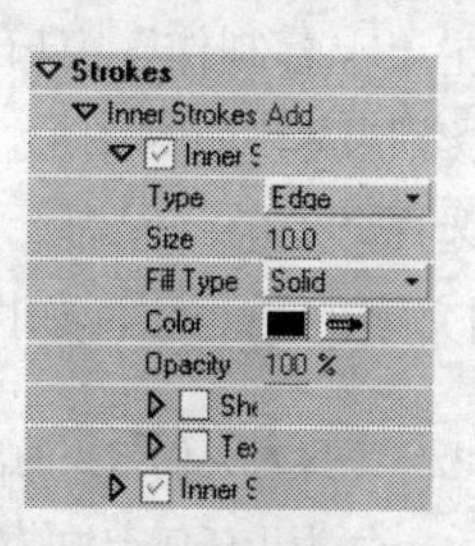

图12-96　内轮廓的控制选项

- Type（类型）：用于设置轮廓的边缘类型。
- Size（大小）：用于设置轮廓的尺寸。
- Fill Type（填充类型）：用于设置轮廓的填充类型，比如可以设置为渐变颜色。
- Color（颜色）：用于设置轮廓的颜色。
- Opacity（不透明度）：用于设置轮廓的不透明度。
- Sheen（光辉）：用于设置轮廓的光辉效果。
- Texture（纹理）：用于设置轮廓的纹理效果。

（5）如图12-97所示（右图），就是一种轮廓效果。

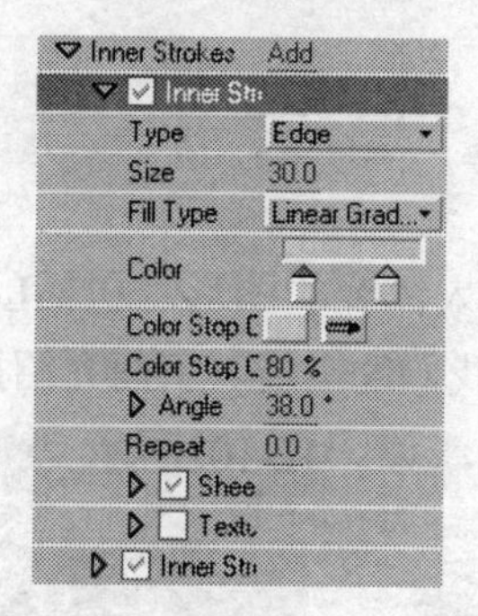

图12-97　轮廓效果（右图）

提示：也可以为轮廓设置光辉效果和阴影效果。下面就是为轮廓添加阴影后的效果，勾选并设置阴影选项即可，如图12-98所示。

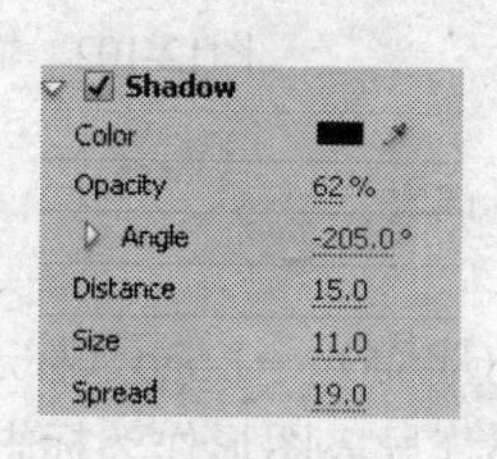

图12-98　轮廓的阴影效果（右图）

6. 设置文本与图形的位置及层级

在默认设置下，文字与图形对象按照创建的顺序从下层到上层依次显示在“字幕制作”窗口中。不过，可以根据需要进行调整。比如可使图形显示在“字幕制作”窗口的中间，或者文字的上方或下方。下面介绍改变对象位置和排列顺序的操作步骤。

（1）在“字幕制作”窗口中输入一些文字，并绘制一个实心的白色椭圆，如图12-99所示。也可以绘制成其他的图形。

（2）选择“Title（字幕）→Arrange（排列）→Send to Back（发送到后面）”命令，将椭圆移到文字的后一层，如图12-100所示。

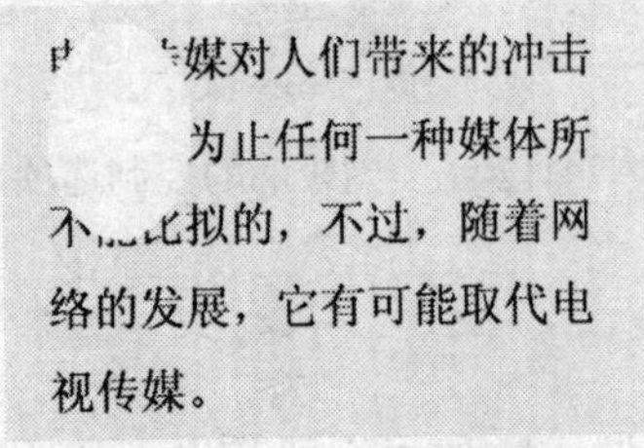

图12-99　文字和白色的椭圆

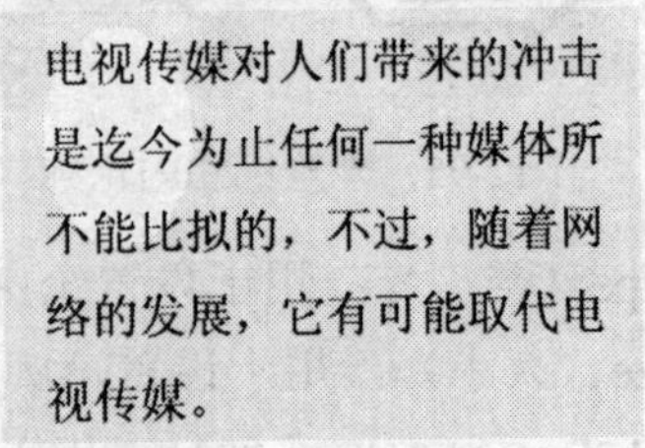

图12-100　移动椭圆到后一层

（3）选择“Title→Position（位置）→Horizontal Center（水平居中）”命令，效果如图12-101所示。

（4）还可以尝试使用“Title→Position（位置）→Vertical Center（垂直居中）”命令和“Title→Position（位置）→Lower Third（下方三分之一）”命令来调整椭圆标志的位置。

（5）按Delete键删除椭圆物体。

（6）按Ctrl+S快捷键可保存字幕文件。

7. 插入Logo和图形

在Premiere的“字幕制作”窗口中，可以插入需要的图形，包括Logo和其他的图形，插入图形后，还可以对它们进行一定的编辑来满足我们的需要。下面介绍插入图形的操作步骤。

（1）在“字幕制作”窗口中输入一些文字，如图12-102所示。

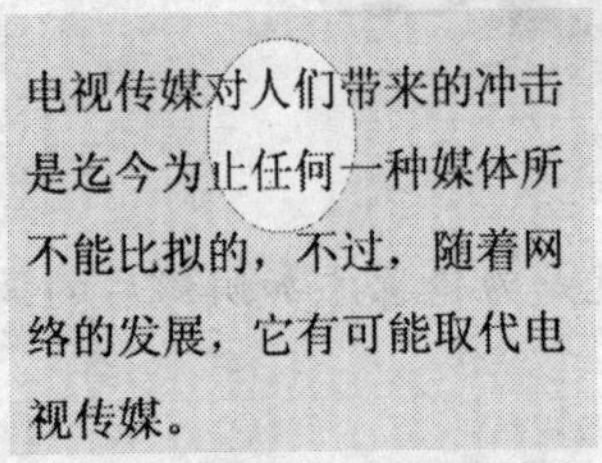

图12-101　水平居中椭圆

图12-102　输入的文字

提示：为了好看一些，在这里对文字做了一些调整。

（2）如果需要插入图形，那么选择“Title（字幕）→Logo（标志）→Insert Logo（插入标志）”命令，打开“Import Image as Logo（导入图形作为标志）”对话框，如图12-103所示。

（3）选择需要的图形，单击“打开”按钮即可把图形导入到“字幕制作”窗口中。

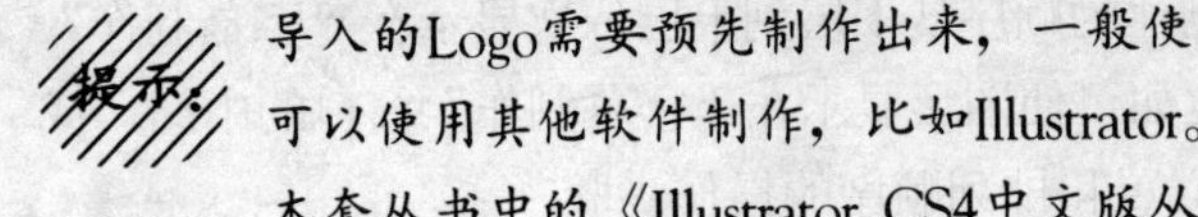

提示：导入的Logo需要预先制作出来，一般使用Premiere即可制作。如果要求很复杂，也可以使用其他软件制作，比如Illustrator。如果读者想学习Illustrator，那么可以参看本套丛书中的《Illustrator CS4中文版从入门到精通》一书。

（4）如果选择的图片尺寸过大，那么图形将布满“字幕制作”窗口，可以使用选择工具调整图片的大小、位置等属性，如图12-104所示。

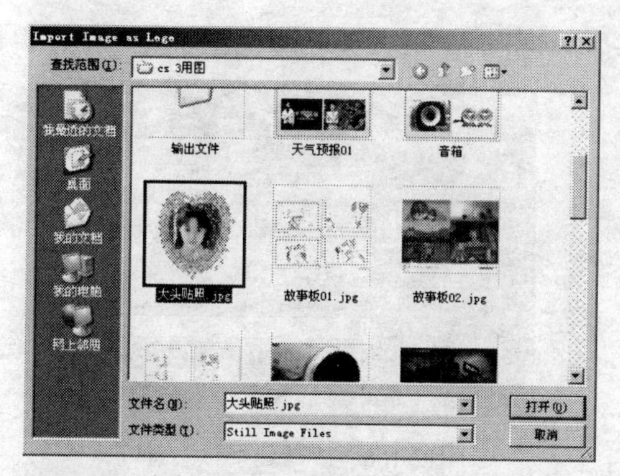

图12-103 “Import Image as Logo”对话框

图12-104 调整图形的大小和位置

提示：如果要删除插入的图形，那么选中图形，并按Delete（删除）键即可。

（5）如果需要在文本中间插入logo图形，那么输入文本，并使用文本工具在需要插入图形的位置单击，如图12-105所示。

（6）选择“Title（字幕）→Logo（标志）→Insert Logo intoText（在文本中插入标志）”命令，打开“Import Image as Logo”对话框，选择需要的图形，并单击“打开”按钮即可，Logo效果如图12-106所示。

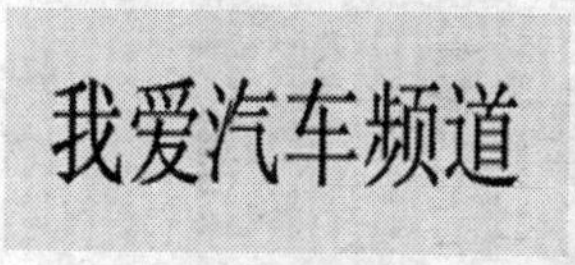

我爱汽车频道

图12-105 输入的文本

我爱汽车频道

图12-106 插入的Logo效果

（7）插入的图形会自动调整大小。如果要删除插入的图形，那么使用文本工具在插入的图形右侧位置单击，并按键盘上的Back Space键即可。

12.8 制作滚屏字幕

在“Title（字幕）”窗口中，可以创建垂直滚动（Roll）与水平滚动（Crawl）的两种文字，通常也叫做滚屏字幕。字幕中文字移动的速度，将取决于字幕片断在“时间标尺”面板中的长度。下面介绍创建滚动文字的步骤。

（1）新建一个项目，并在“Project（项目）”窗口中打开背景素材文件，可以是静止图片，也可以是动画文件。将素材拖动到“Timeline”面板中，为了便于读者的浏览，在这里使用的是实色图片，如图12-107所示。

在“Timeline”面板中字幕的长度决定字幕滚动的速度，字幕越长，字幕滚动的速度越慢。

（2）选择“Title（字幕）→New Title（新建字幕）→Defaul Roll（默认垂直滚屏）”命令，打开“New Title（新建字幕）”对话框，如图12-108所示。在该对话框中可以设置视频的大小、时基和名称等。

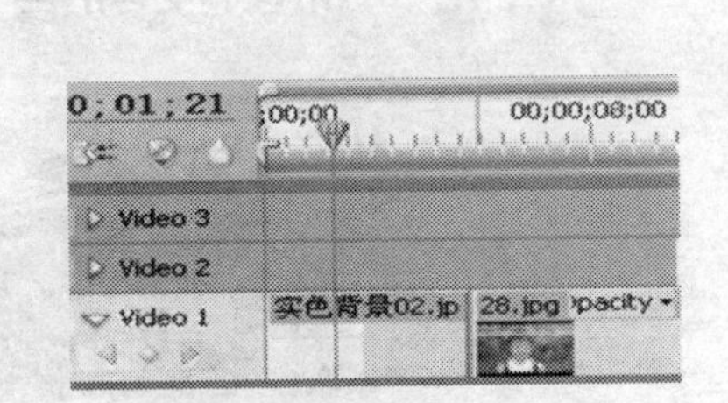

图12-107 在“Timeline”面板中放置素材

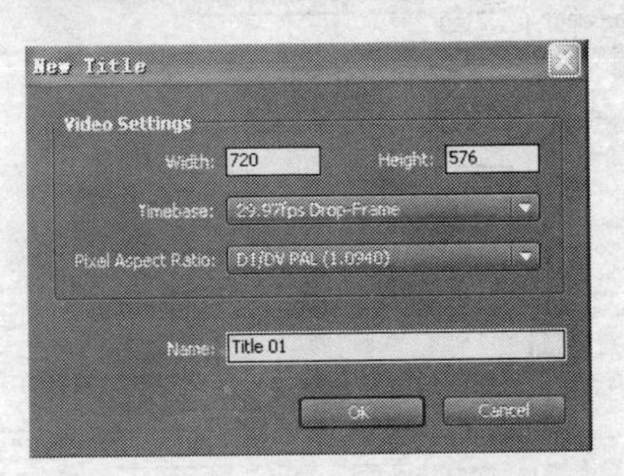

图12-108 “新建字幕”窗口

提示：如果要创建水平滚动的字幕，那么选择“Title（字幕）→New Title（新建字幕）→Default Crawl（默认水平滚屏）”命令。

（3）在“Name（名称）”栏中输入新的名称，单击“OK”按钮，打开“字幕”窗口，如图12-109所示。

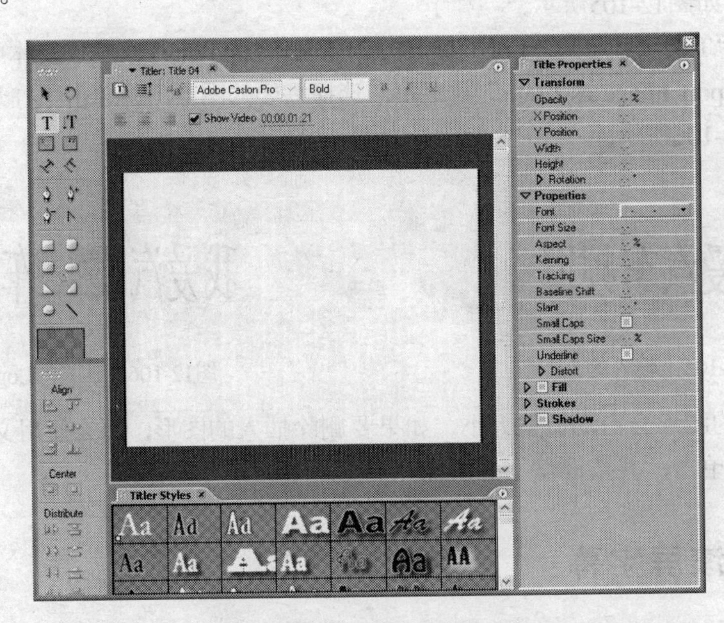

图12-109 “字幕”窗口

（4）使用文本工具输入文字，可以根据需要设置带有效果的文本，如图12-110所示。

（5）选择“Title→Roll/Crawl Options”命令，或者单击 OK 按钮，将打开“Roll/Crawl Options”对话框，并设置下列选项，如图12-111所示。

下面，简单地介绍该对话框中的几个选项。

- Start Off Screen：设置滚屏开始进入到视图中。
- End Off Screen：设置滚屏开始离开视图。

导演 玛丽

主演 爱丽丝

约克

制片 马克

摄像 斯蒂文

合成 李斯

音效 林肯

图12-110 输入的文字

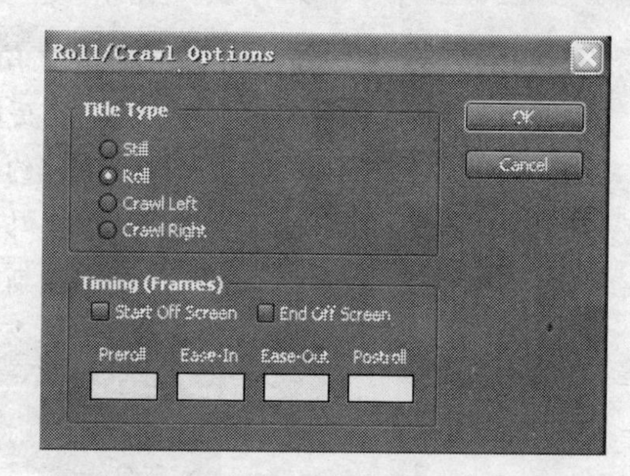

图12-111 “Roll/Crawl Options”窗口

- Preroll：设置滚屏开始之前的帧数。
- Postroll：设置滚屏结束之后的帧数。
- Crawl Left：设置水平滚屏的移动方向向左。
- Crawl Right：设置水平滚屏的移动方向向右。
- Ease-In：用于设置滚屏进入到正常速度播放之前的帧数。
- Ease-Out：用于设置滚屏以正常速度播放完成之后的帧数。

（6）单击“OK”按钮。拖动“Title”窗口左侧的滑动条，可以预演滚屏字幕效果。

（7）按Ctrl+S键保存字幕文件。把创建的字幕从“Project”窗口中拖动到“Timeline”面板中，如图12-112所示。

图12-112 将创建的字幕拖动到“Timeline”面板中

（8）单击“Program”窗口底部的“播放”按钮即可查看创建的字幕效果，如图12-113所示。

（9）如果感觉不合适，那么进行调整，最后保存即可。使用在这里介绍的方法，还可以制作水平滚动的字幕效果。

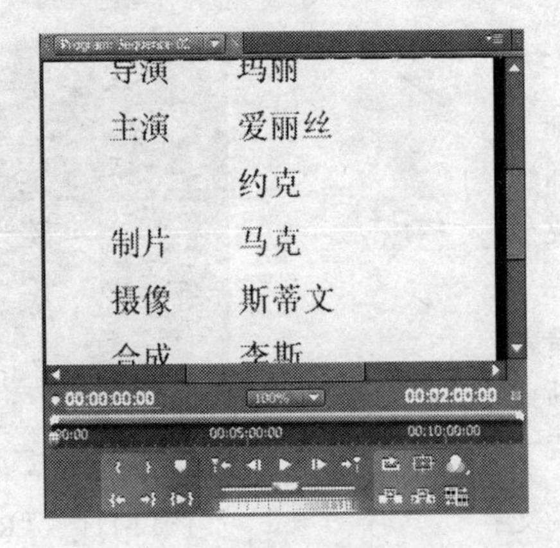

图12-113 创建的字幕效果

12.9 实例：生日字幕

在本例中，将使用软件自带的字幕模板来创建一种字幕效果。使用字幕模板创建字幕既方便快捷，又能够创建出专业水准的字幕效果。本例为一幅图片添加字幕，效果如图12-114所示。

图12-114 使用模板创建字幕的效果

图12-115 设置项目的名称和路径

（1）启动Premiere，新建一个项目。设置项目的名称和保存路径，其他使用默认设置，如图12-115所示。单击两次 OK 按钮，进入到系统默认的工作界面。

（2）执行“File（文件）→Import...（导入）”命令，打开“Import”对话框。选择剪辑素材，单击 打开(O) 按钮，将这个素材导入到“Project（项目）”窗口中，如图12-116所示。

（3）在“Project”窗口中将剪辑拖到“Timeline（时间标尺）”面板中的Video 1视频轨道上。此时在“Program”窗口中会显示剪辑的画面效果，如图12-117所示。

（4）调整剪辑画面的大小。在“Timeline”面板中选择“生日蛋糕.jpg”剪辑，并在“Effect Controls（效果控制）”面板中展开“Motion（运动）”选项。取消勾选“Uniform Scale（统一比例）”框，并分别设置“Scale

Height（高度）”和“Scale Width（宽度）”的值，如图12-118所示。

图12-116　“Import”对话框和“Project”窗口

图12-117　拖入的剪辑和显示的剪辑画面

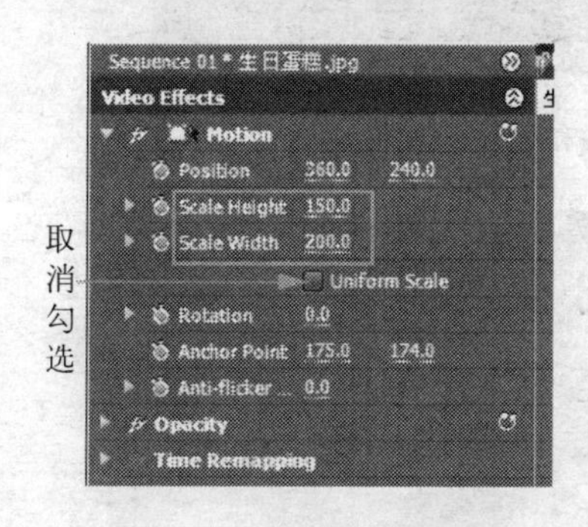

图12-118　调整剪辑画面的大小及效果

（5）创建字幕。执行“Title（字幕）→New Title（新建字幕）→Based on Tamplate（基于模板）”命令，打开“New Title（新建字幕）”对话框，如图12-119所示。

（6）在“New Title（新建字幕）”对话框中依次展开“Title Designer Presets（字幕设计预置）”、“General（常规）”和“Retro（制动）”选项，选择“Retro－Wide－Low3”选项。在右侧的区域中会显示模板样式。如图12-120所示。

（7）单击 OK 按钮，打开“字幕编辑器”窗口。选择的字幕模板显示在“字幕编辑器”窗口中，如图12-121所示。

（8）选择“文本”工具T，拖动鼠标左键将字幕模板中的主标题内容全部选中，并输入需要的文本，替换原来的主标题内容。再使用“选择”工具调整文本的大小和位置，如图12-122所示。

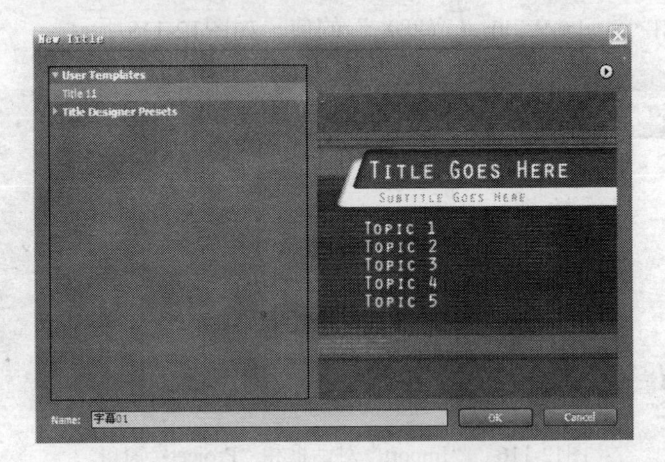

图12-119 “New Title”对话框

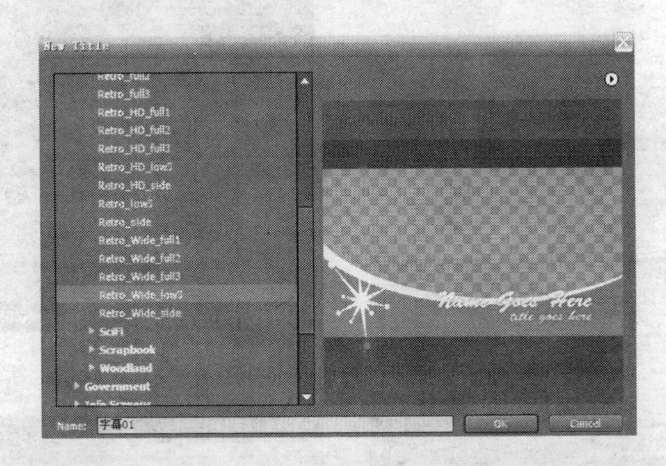

图12-120 选择的选项和显示的模板样式

图12-121 “字幕编辑器”窗口和输入的文本

（9）改变颜色。确定输入的主标题文本处于选择状态，单击右侧的颜色框，将文本的颜色设置为红色，如图12-123所示。

图12-122　输入的文本

图12-123　设置文本的颜色

（10）选择副标题，使用同样的方法设置副标题的文本内容，并设置文本的颜色，如图12-124所示。

图12-124　设置副标题的内容和颜色

（11）创建完字幕后关闭“字幕编辑器”窗口，系统会自动将创建的字幕剪辑保存到“Project”窗口中，如图12-125所示。

图12-125 保存的字幕剪辑

（12）在“Project”窗口中将字幕剪辑拖到“Timeline”面板中的Video 2视频轨道上并与Video 1视频轨道上的剪辑对齐。字幕显示在“Program”窗口中，如图12-126所示。

图12-126 拖入的字幕剪辑和显示的字幕效果

（13）如果对字幕效果不满意，可以在“Project”窗口中双击“字幕01”剪辑，打开“字幕编辑器”窗口进行编辑。至满意后保存场景文件即可。

第13章　使 用 音 频

好的影视节目离不开好的背景音乐，良好的音乐和声音效果可以给影像作品带来很大的的感染力。音频效果是用Premiere编辑节目不可缺少的。一般的节目都是视频和音频的合成，传统的节目在后期编辑时，根据剧情都要配上声音效果，叫做混合音频，生成的节目电影带叫做双带。胶片上有特定的声音轨道存储声音，当电影带在放映机上播放时，视频和声音同步播放。

在本章主要介绍下列内容：

★关于音频效果

★编辑音频

★使用“Audio Mixer”窗口编辑音频

★使用音频过渡效果

13.1　关于音频效果

在Premiere中可以很方便地编辑音频效果。它提供了一些很好的声音处理方法，例如声音的摇移（Pan），声音的渐变等。本章主要介绍Premiere处理音频的方法。通过与视频的处理方法比较，可以进一步了解使用Premiere制作节目的方法。

13.1.1　Premiere对音频效果的处理方式

首先介绍一下Premiere中使用的音频素材到底有哪些效果。展开“Timeline”面板中的音频轨道，它将分成2个通道，即左、右声道（L和R通道），如图13-1所示。如果一个音频的声音使用单声道，则Premiere可以改变这一个声道的效果。如果音频素材使用立体声道，Premiere可以在2个声道间实现音频特有的效果。例如摇移，将一个声道的声音转移到另一个声道，在实现声音环绕效果时就特别有用。更多音频轨道效果的合成处理（可支持99轨）控制使用Premiere中的Audio Mixer来控制是最方便不过的了。

图13-1 左声道（上）、右声道（下）

在音频轨道中导入音频文件的方法与导入视频文件的方法相同，也是使用“File（文件）→Import（导入）”命令打开“Import”对话框，选择需要的音频文件，在“Project”面板中打开，再从“Project”面板中将其拖动到“Timeline”面板中的音频轨道中即可。

另外，Premiere提供了处理音频的滤镜。音频滤镜和视频滤镜相似，Premiere将这些滤镜封装成插件提供给读者使用，选择不同的滤镜可以实现不同的音频效果。项目中使用的音频素材可能在文件形式上有所不同，但是一旦添加到项目中，Premiere将自动地把它转化成在音频设置框中设置的帧，所以可以像处理视频帧一样方便地处理它。

13.1.2 Premiere处理音频的顺序

在Premiere中处理音频有一定的顺序，添加音频效果时要考虑添加的次序。Premiere首先对任何应用的音频效果进行处理，紧接着是在“Timeline”面板的音频轨道中添加摇移或者增益来进行调整，它们是最后处理的效果。要对素材调整增益，可以选择“Clip（剪辑）→Audio Options（音频选项）→Audio Gains...（音频增益）”命令，打开“Audio Gains”对话框进行调节，如图13-2所示。音频素材最后的效果包含在预览的节目或输出的节目中。

图13-2 “Audio Gains”对话框

13.2 在“Timeline”面板中编辑音频

在Premiere中可以使用两种方式来编辑声音文件，一种是在“Timeline”面板中，另外一种是在音频混合器中编辑声音文件。下面先来介绍如何在“Timeline”面板中编辑声音文件。注意，在“Timeline”面板中编辑音频与编辑视频的方式基本类似，比如都可以使用剃刀工具进行切割。

13.2.1 编辑音频持续时间和速度

音频的持续时间就是指音频在入点、出点之间的素材持续时间，因此，对于音频持续时间的调整就是通过入点、出点的设置来进行的。改变整段音频持续时间还有其他的方法：可以在“Timeline”面板中用选择工具直接拖动音频的边缘，以改变音频轨迹上音频素材的长度。还可以选中“Timeline”面板的音频素材，右击，从弹出的快捷菜单中选择“Clip（剪辑）→Speed/Duration...（速度/持续时间）”命令，弹出“Clip Speed/Duration”对话框，如图13-

3所示。在其中可以设置音频素材的持续时间。

同样，在"Clip Speed/Duration（速度/持续时间）"对话框中可以对音频的速度进行调整。注意，改变音频的播放速度会影响音频播放的效果，音调会因速度提高而升高，因速度的降低而降低。同时播放速度变化了，播放的时间也会随着改变，但这种改变与通过单纯改变音频素材的入点和出点而改变持续时间不是一回事。

当把音频文件放置到"Timeline"面板的音频轨道中后，可以使用"Info"面板来查看音频文件的信息，比如音频文件的类型、持续时间和音频属性等，如图13-4所示。

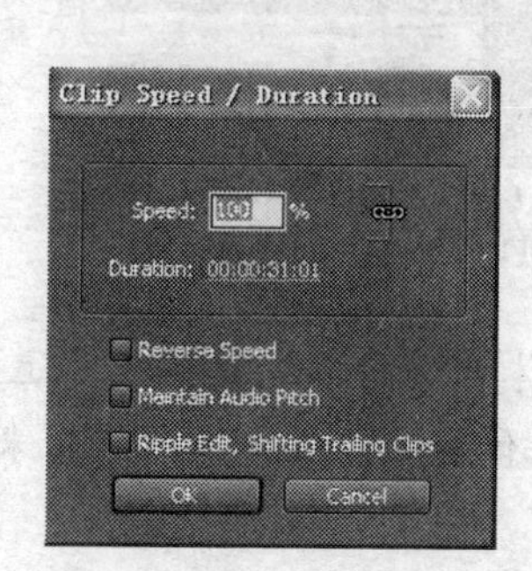

图13-3 "Clip Speed/Duration"对话框

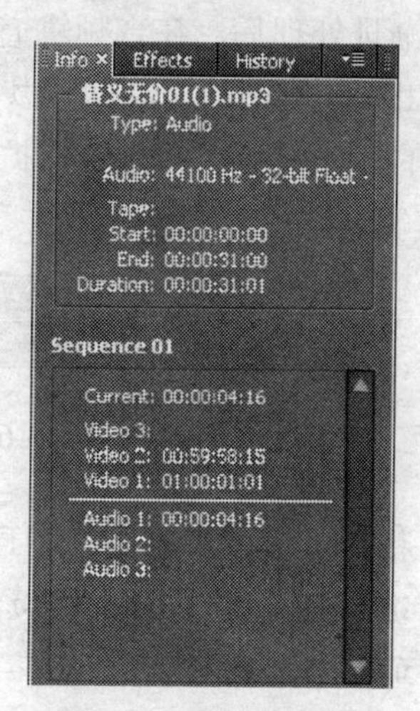

图13-4 音频文件信息

13.2.2 调整音频增益

音频素材的增益（Gain）指的是音频信号的声调高低。在节目中经常要处理声音的声调，特别是当同一个视频中同时出现几个音频素材时，就要平衡几个素材的增益。否则一个素材的音频信号或低或高，将影响浏览。可为一个音频剪辑设置整体的增益。尽管音频增益的调整在音量、摇摆/平衡和音频效果的调整之后，但它并不会删除这些设置。增益设置对于平衡几个剪辑的增益级别，或者调节一个剪辑中的太高或太低的音频信号是十分有用的。

同时，如果一个音频素材在数字化时，由于捕获的设置不当，也会常常造成增益过低，而用Premiere提高素材的增益，有可能增大素材的噪音甚至造成失真。要使输出效果达到最好，就应按照标准步骤进行操作，以确保每次数字化音频剪辑时有合适的增益级别。

在一个剪辑中整体调整增益的步骤一般如下：

（1）在"Timeline"面板中，使用Selection Tool（选择工具）选择一个音频剪辑，也可以选择多个音频剪辑进行编辑。此时音频剪辑颜色变暗，表示该剪辑已经被选中。

（2）选择"Clip（剪辑）→Audio Options（音频选项）→Audio Gain...（音频增益）"命令，弹出如图13-5所示的"Audio Gain（增益调节）"对话框。

（3）根据需要在窗口中改变增益值即可，改变数值时，把鼠标指针放到蓝色的0.0数值上，此时鼠标指针会改变形状，然后按住鼠标左键进行拖动即可。正值会放大剪辑的增益，负值则削弱剪辑的增益，使其声音更小。

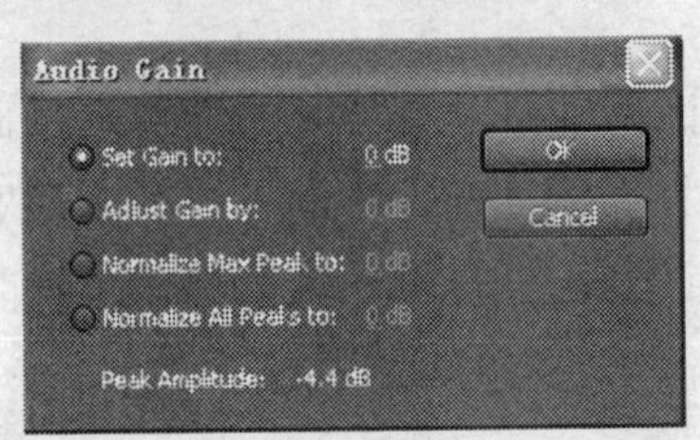

图13-5 “增益调节”对话框

（4）调整完成后，单击“OK”按钮，如果不满意，那么单击“Cancel（取消）”按钮。

13.2.3 使用淡化线调节音频

在前面提到过，Premiere可以将每一个音频素材当做一系列的帧来进行处理。所以当需要对增益精确到每个声音点时，就可以使用类似于处理视频素材渐进的方法来处理。Premiere可以轻易地对一个音频轨道进行简单的淡入渐进或者淡出渐进。

做了渐进处理后，在音频轨道中有一条黄色线，叫做控制柄。使用“Timeline”面板右侧的选择工具向上拖动控制柄可以使声音增大，向下拖动可以使声音变小。注意要单击音频轨道左边的三角形，将音频轨道扩展成左右通道。这样才能看到控制柄，如图13-6所示。

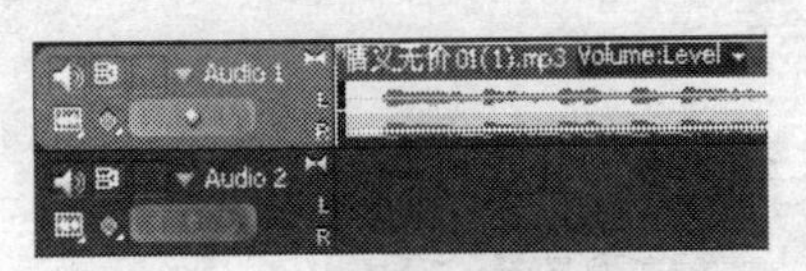

图13-6 选择三角形展开轨道（右图）

根据音频占用轨道的不同，可以分单声道、立体声道和环绕立体声声道（即5.1声道）。在“Timeline”面板中左边的L和R代表立体声的左右声道，它用来提供声音的摇移和均衡。

13.3 添加音频过渡

在Premiere中，可以在两个音频剪辑之间应用单入和单出过渡。音频单入和单出与视频过渡是相似的。在“效果”面板中有两种过渡效果，一种是Constant Gain（恒定增益），另外一种是 Constant Power（恒定功率），这两种类型都属于交叉渐进型的。使用Constant Gain可以在两个音频剪辑之间创建一种均速单入和单出的过渡效果，有时会使声音出现急速的转变。使用Constant Power可以在两个音频剪辑之间创建一种平滑而又逐渐的过渡效果，会使声音在第一个音频文件后逐渐单出，并快速地到达过渡的末端。

Constant Gain是Premiere默认的过渡类型。如果需要设置音频过渡的持续时间，那么选择“Edit（编辑）→Preferences（预置）→General（常规）”命令，打开“Preferences”对话框，如图13-7所示。在“Preferences”对话框中根据需要设置“Audio Transition Default Duration（音频过渡默认持续时间）”的数值即可，比如1.0秒。

13.3.1 添加交叉音频衰减效果

交叉音频衰减效果是声音从第一段剪辑开始逐渐减弱，然后从第二段音频开始逐渐升高的过程。下面介绍如何添加音频过渡效果。

（1）在“Timeline”面板中，展开音频轨道，并添加需要设置过渡的音频剪辑，如图13-8所示。

（2）需要添加两段音频剪辑，并使它们相邻，如图13-9所示。

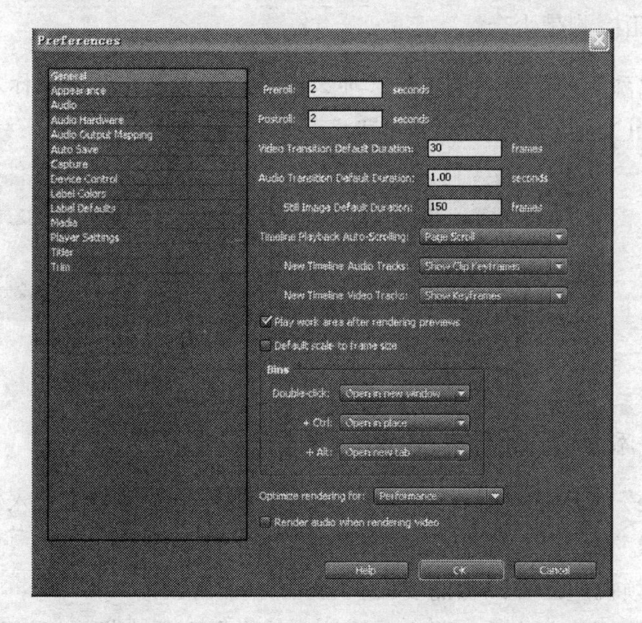

图13-7 “Preferences”对话框

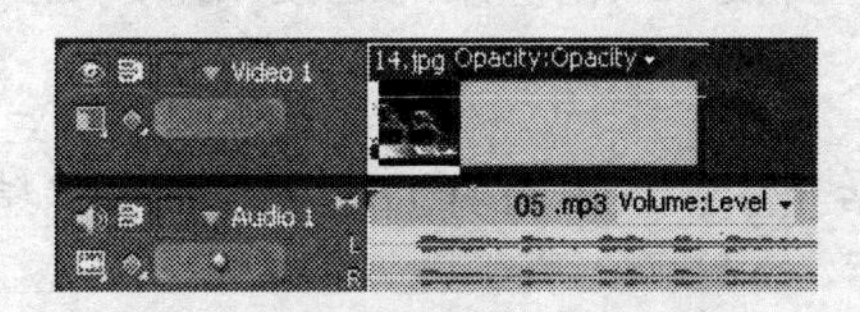

图13-8 添加音频

图13-9 使两段音频相邻

（3）如果要添加默认的过渡效果，那么把时间滑块移动到两段音频文件之间，执行“Sequence（剪辑序列）→ Apply Audio Transition（应用音频过渡）”命令即可。

（4）如果需要添加其他的过渡效果，那么在“Effects（效果）”面板中展开“Audio Transitions（音频过渡）”，如图13-10所示。把需要的效果拖到“Timeline”面板的两个剪辑之间的编辑点上即可。

（5）应用过渡效果后，会在第一段剪辑的末端或者第二段剪辑的前端显示出一个过渡标记，如图13-11所示。

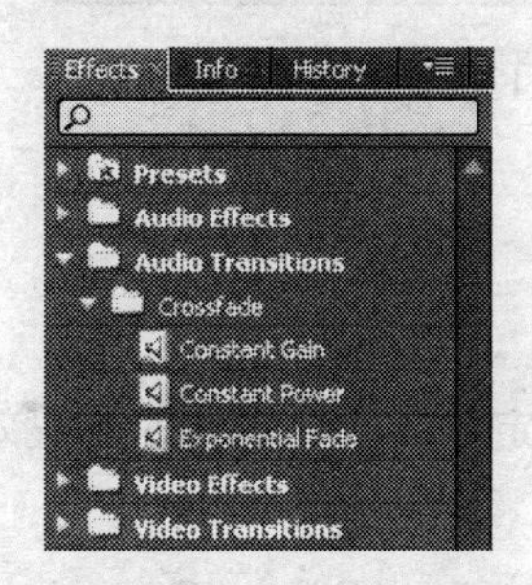

图13-10 音频效果

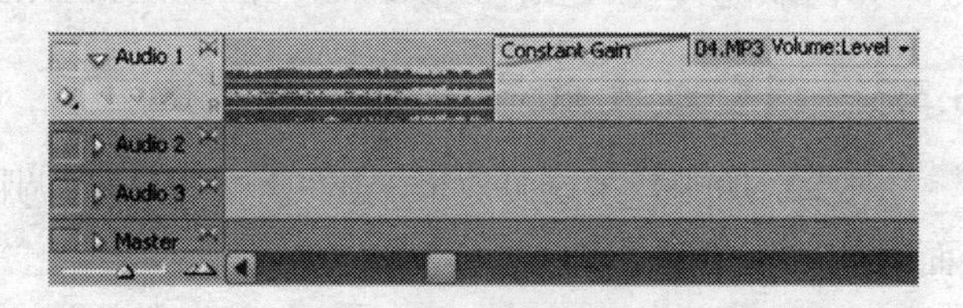

图13-11 过渡标记

通过拖动“Timeline”面板左下角的调节滑块使音频轨道放大后，才能看到Constant Gain字样。

（6）打开音箱检测是否合适。

如果要把添加的音频效果去掉，那么在添加的效果上单击鼠标右键，从打开的菜单中选择“Clear（清除）”项即可，如图13-12所示。

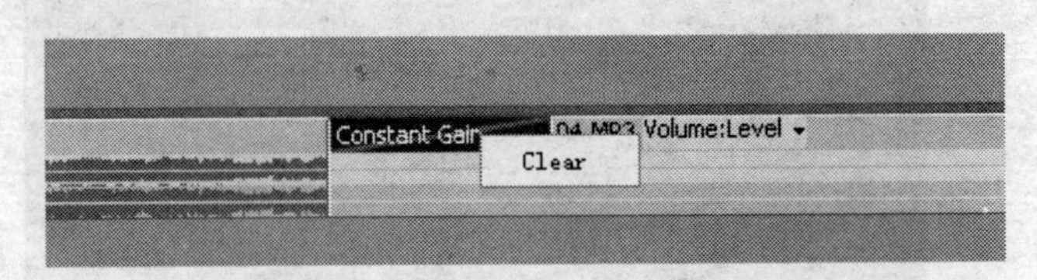

图13-12　打开的“Clear”命令

13.3.2　为音频添加单入或者单出效果

在“Timeline”面板的轨道中，还可以为音频剪辑单独地设置单入效果或者单出效果，下面介绍设置过程。

（1）展开音频轨道，并添加需要设置音频效果的文件。

（2）如果要添加单入效果，那么需要从“效果”面板中把音频过渡效果拖到音频剪辑的入点处。也可以在“Effects Controls（效果控制）”面板中双击应用的过渡效果，选择“Start at Cut（在切口开始）”命令，如图13-13所示。

提示：在下拉菜单中，Center at Cut表示“在切口居中”，End at Cut表示“在切口结束”，Start at Cut表示“自定义开始”。

（3）如果要添加单出效果，那么需要从“效果”面板中把音频过渡效果拖到音频剪辑的出点处。也可以在“Effects Controls”面板中双击应用的过渡效果，选择“End at Cut（在结束点切出）”命令。

（4）添加好后的效果会显示一个标记，如图13-14所示。

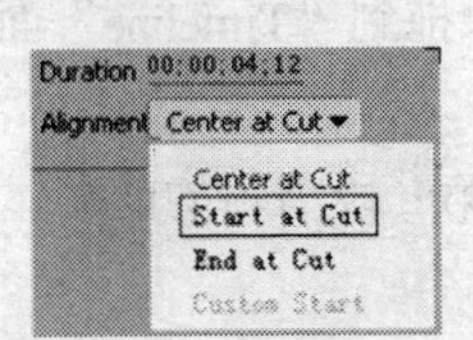

图13-13　选择命令

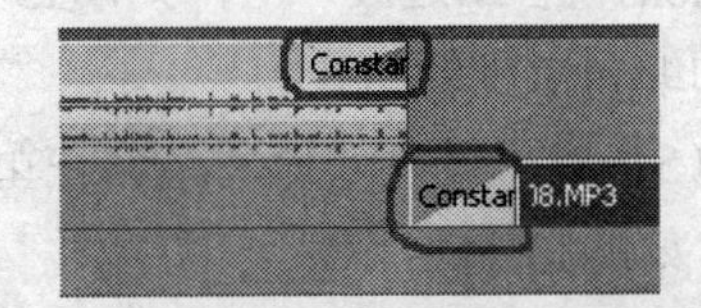

图13-14　显示的标记

（5）最后打开音箱，播放音频，检查是否合适。

13.3.3　调整过渡效果

对于添加的音频过渡效果，还可以对它进行调整，或者自定制成我们需要的过渡效果。下面介绍如何进行调整。

（1）在“Timeline”面板中，双击应用的音频过渡效果，打开“Effect Controls（效果控制）”面板，如图13-15所示。

（2）在“效果控制”面板中可以调整过渡的持续时间和类型等。

（3）调整完成后，进行检测，如果不合适，再进行调整，直到满意为止。

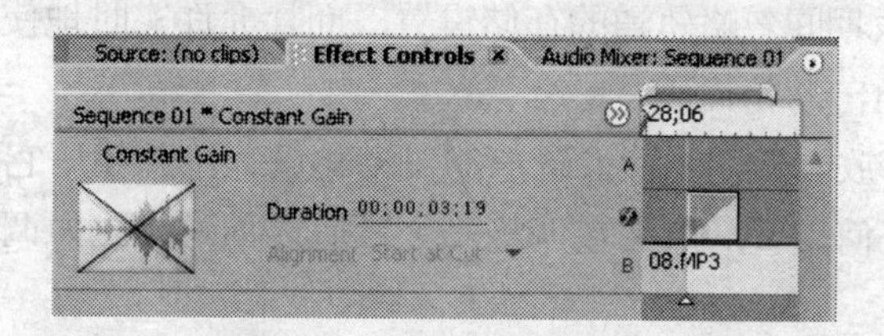

图13-15　"效果控制"面板

13.4　使用"Audio Mixer"窗口调节音频

"Audio Mixer"窗口如图13-16所示，它就像一个音频合成控制台，为每一条音轨都提供了一套控制。每条音轨也根据"Timeline"面板中的相应音频轨道进行编号。使用鼠标拖动每条轨道的音量淡化器可调整其音量。在使用"Audio Mixer"窗口调整音频时，Premiere同时在"Timeline"面板中音频剪辑的音量线上创建句柄，并且应用所做的改变。

也有人把"Audio Mixer"窗口称为"调音台"窗口。对于"Audio Mixer"窗口中各组成部分的功能介绍请参考第2章介绍的相关内容。

13.4.1　使用自动化功能在"Audio Mixer"窗口调整音量

使用"Audio Mixer"窗口的自动化功能，可在收听音频轨道的同时实时地对音频的音量进行摇移/均衡设置。一旦应用了这些调整，就可通过拖动"Timeline"面板中每个剪辑音量线上的控制柄来对所做的改变进行微调。

在"Audio Mixer"窗口中单击左边的扩展按钮，展开"混合器"窗口，如图13-17所示。在该窗口中有与"Timeline"面板中轨道对应的合成器轨道，例如Audio 1控制Track 1轨道。轨道出现在每条合成器轨道的顶端。

在"Automation Mode（自动模式）"菜单中，单击"Read"右侧的小三角形按钮，将打开一个下拉菜单，如图13-18所示。一共有5个选项，分别是Off（关闭）、Read（读）、Latch（锁住）、Touch（修饰）、Write（写）。

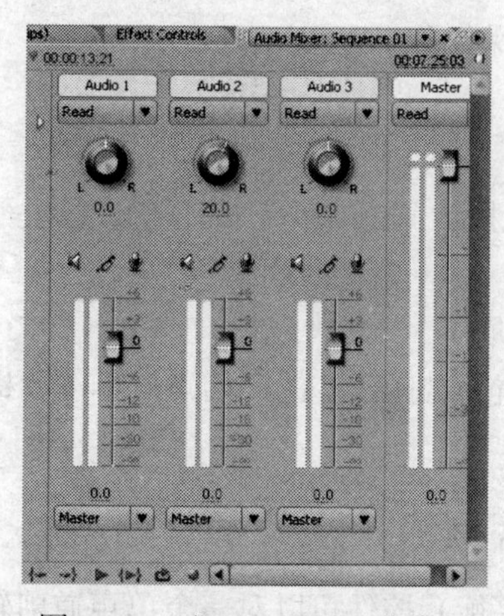

图13-16　"Audio Mixer"窗口

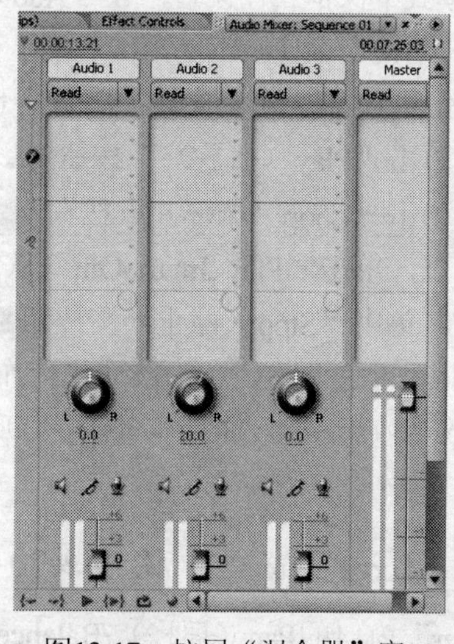

图13-17　扩展"混合器"窗口

图13-18　下拉菜单

- 选择Off将在播放期间忽略轨道的存储设置，而且允许实时地使用音频混合器控制，而不会影响存储的自动化设置。
- 选择Read可在播放音频期间读取轨道的自动化设置，并使用它们来控制该音频轨道。如果轨道没有任何设置，那么在调整一个轨道选项时，比如调整音量时，将影响所有的轨道内容。
- 选择Touch，可在拖动音量淡化工具和摇移/均衡控制的同时修改先前保存的音量等级和摇移/均衡数据。在释放了鼠标按钮后，控制将回到它们原来的位置。
- 选择Latch，可在拖动音量淡化工具和摇移/均衡控制的同时修改先前保存的音量等级和摇移/均衡数据，并随后保持这些控制设置不变。
- 选择Write，可基于音频轨道控制的当前位置来修改先前保存的音量等级和摇移/均衡数据。在录制期间，不必拖动控件就可自动写入系统所做的处理。如果想先进行预设置，并在整个录制过程中都保持这种特殊的控制设置，或者在开始播放后就立即写入自动处理过程，就应选择该选项。

在“Audio Mixer”窗口中单击“Record”按钮可开始录制。单击“Loop”按钮可循环播放节目，选择“Go to In Point”按钮或者“Go to Out Point”按钮可进入到入点处或者出点处。单击“Play In to Out”按钮可从入点播放到出点。单击“Stop”按钮停止录制。选择“Play”按钮可开始播放。

13.4.2 自动改变音轨属性

可以通过设置来自动地改变音轨的属性，下面简单地介绍一下怎样自动地改变音轨的属性。

（1）在“Audio Mixer”窗口中（也可以在“Timeline”面板中）把当前时间设置为开始记录自动改变的时间点。

“Audio Mixer”窗口中，可以在左上角设置当前时间。

（2）在“Audio Mixer”窗口的“Automation Mode（自动模式）”菜单中选择一种模式。

（3）为了在Write模式下保护属性设置，在“Audio Mixer”窗口中右击，并从打开的菜单中选择“Safe During Write”命令。

（4）在“Audio Mixer”窗口中，根据需要执行下列操作：

- 开始自动播放，单击“Play（播放）”按钮。
- 连续循环播放，单击“Loop（循环）”按钮。
- 从入点播放到出点，单击“Play In to Out（从入点播放到出点）”按钮。
- 停止自动化操作，单击“Stop（停止）”按钮。

（5）在播放音频期间可以调整任意的自动化操作选项。

（6）如果要预览改变效果，那么把当前时间重新设置为音频改变的开始点，单击“播放”按钮即可。

13.4.3 在“Audio Mixer”窗口中摇移或均衡音频

使用“Audio Mixer”窗口的Pan（摇移）/Balance（平衡）控件可以对一个单声道剪辑

进行摇移，或对一个立体声剪辑进行均衡。

在默认设置下，所有的音轨都输出到剪辑序列中的主音轨中。因为音频轨道包含不同数量的声道，它们取决于单声道、立体声道和5.1环绕立体声道，所以有必要控制在输出音轨时所包含的声道。

使用Panning（摇移）可以把音频文件从一个声道移动到另外一个声道中，还可以使用摇移把一个音频声道放到一个多声道轨道中。使用Balancing（均衡）可以把多声道音频轨道的声道在另外一个多声道轨道的声道中重新分布。

在“Audio Mixer”窗口中提供了用于摇移或者均衡的控制，如图13-19所示。这是一个旋钮，通过旋转这个旋钮可以在左右输出声道之间摇移或者均衡音频。

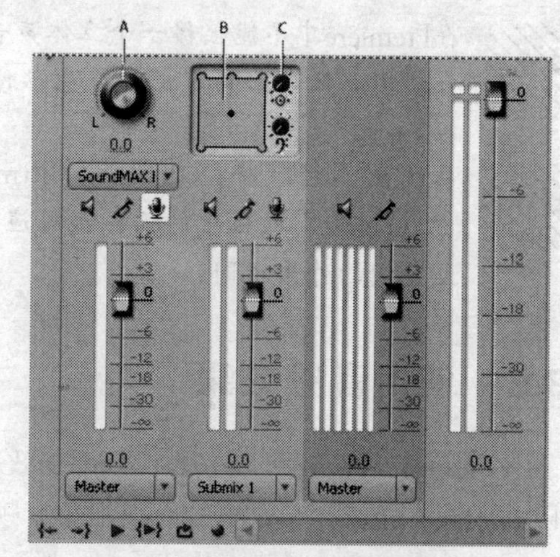

A. 立体声摇移或者均衡旋钮

B. 5.1环绕立体声摇移或者均衡控制

C. 中间百分比

图13-19 摇移或者均衡控制

主音轨不包含摇移或者均衡控制，因为它从不用于其他音轨。但是，如果把一个音频剪辑作为一个轨道用于其他音频剪辑时，可以对整个音频剪辑进行摇移或者均衡调节。另外，可以在音频混合器中修改平移设置。当然还可以在“Timeline”面板中设置音轨的平移选项。

1. 为立体声音轨设置摇移或者均衡

在“Audio Mixer”窗口中可以通过两种方式设置音轨的摇移或者均衡。

- 把鼠标指针移动到平移旋钮上，按住鼠标键进行拖动使旋钮旋转。
- 单击旋钮下面的数值，如图13-20所示。输入一个新数值，并按Enter键。

2. 为5.1环绕立体声音轨设置摇移或者均衡

（1）在“Audio Mixer”窗口的控制框中单击并拖动控制球，把它放置在左边、右边或者中间的声道上，如图13-21所示。

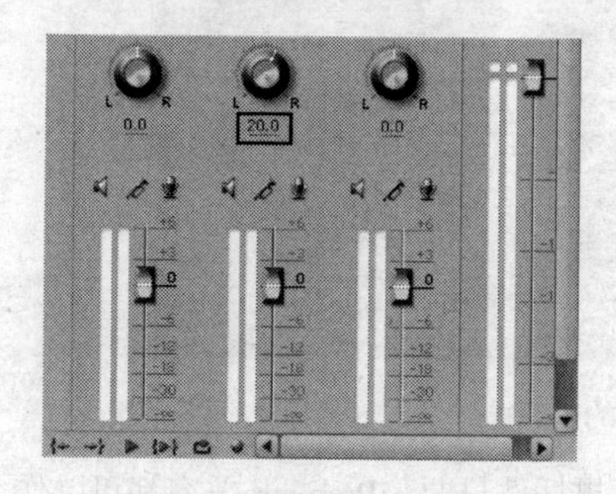

图13-20 输入新的数值

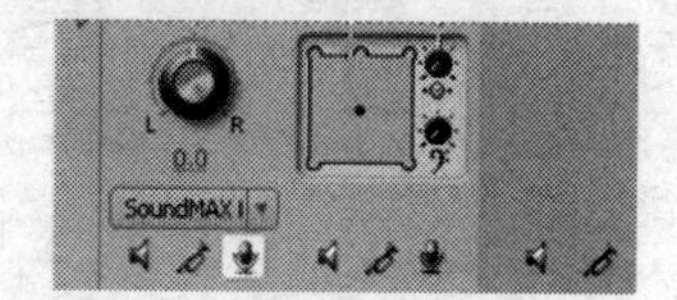

图13-21 5.1环绕立体声平移和均衡控制

（2）通过滑动中间百分比旋钮调整中间声道的百分比数。

（3）如果需要可以滑动低音谱号 𝄢 上面的旋钮来调整低音喇叭声道的效果。

在Premiere中不能摇移一个立体声音频剪辑，因为2个声道都已经包括了音频信息。在使用立体声音频剪辑时，摇移控件调整的是剪辑内立体声声道的均衡度。

与音量调整一样，也能在“Timeline”面板中对音频剪辑进行摇移或均衡。“Timeline”面板中的摇移线对应于“Audio Mixer”窗口中的摇移/均衡控件，并且它们的作用相同。

13.5 使用音频效果

在Premiere中，还可以像为视频添加效果那样，为音频添加各种各样的音频效果。注意在以前的版本中，音频效果一般被称为音频滤镜。

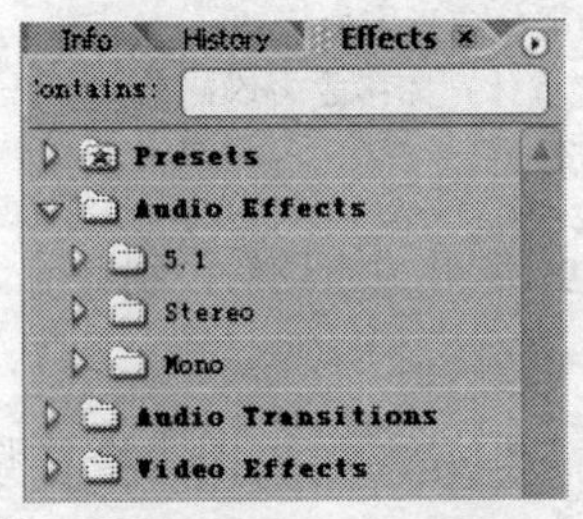

图13-22　3组音频效果

下面介绍Premiere中可用的音频效果。Premiere包括很多的音频效果，许多音频效果都是由硬件提供的。音频效果位于“Effects（效果）”面板中，如图13-22所示。共分3个特效组，分别是：5.1（5.1声道）、Stereo（立体声）和Mono（单声道）。

通过单击小三角形按钮，可以展开音频效果组中的效果类型，如图13-23所示。一些音频效果用来提供或者纠正音频的特征，例如Bass（低音）、Compressor/Expander（压缩/展开）、Equalize（均衡）、High Pass（高通滤波）、Low Pass（低通滤波）、Bandpass（带通滤波）、Notch/Hum（凹槽/嘈杂）和Parametric Equalization（参量均衡）音频效果。其他的音频效果用来添加声音的深度声调或者其他特殊的效果。如Auto Pan（自动摇移）、Chorus（合唱）、Multi.Effect（多重效果）、Multitap Delay（多重延迟）和Reverb（混向）音频效果。改变每一个音频效果的设置都能达到改变原始素材音频效果的目的。

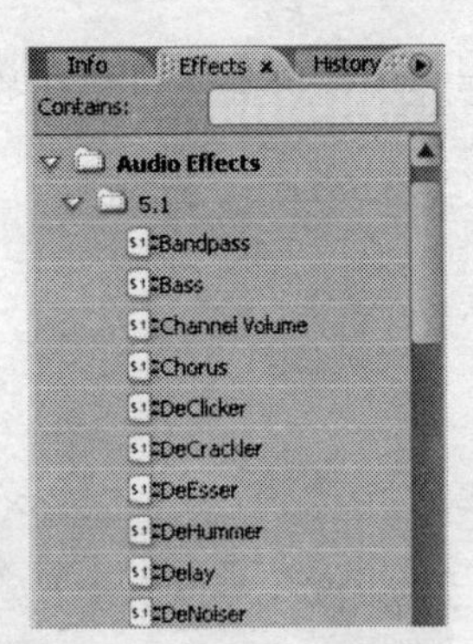

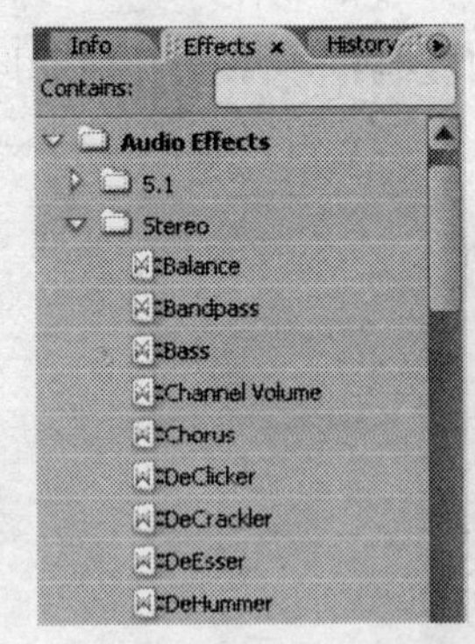

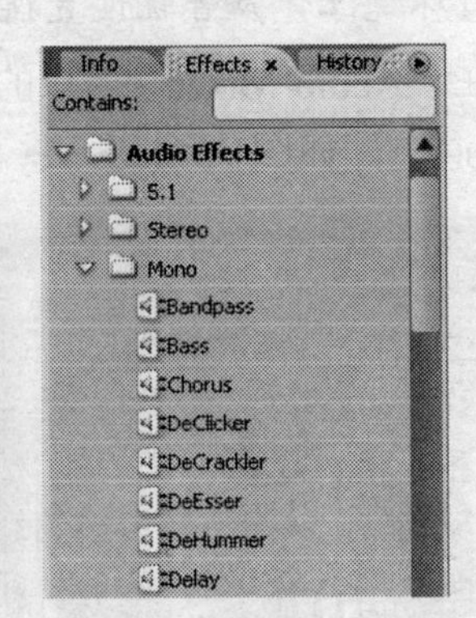

图13-23　音频效果的类型

Premiere默认有几十种音频效果（其他的音频效果插件只要与Premiere兼容都可以作为软件包存储在文件夹中，不要的音频效果可以直接从音频效果插件文件夹中删除），这些音频效果在Premiere中被分为3类，分别是5.1环绕立体声、立体声和单声道，并被分装在3个不同的文件夹中。在下面的内容中将分类对它们做简单的介绍。

使用音频效果的方法很简单，和使用视频效果一样，只要直接将需要的音频效果用鼠标拖动到要添加音频效果的音频素材上，在“Effect Controls”面板中便会出现这一音频效果，然后可以将其扩展开直接调整。

另外，也可以在“Audio Mixer”窗口中应用音频效果。如果“Effects and Sends”部分没有显示出来，那么单击“Audio Mixer”窗口左侧的小三角形按钮展开“Effects and Sends”部分，如图13-24所示。

如果想删除应用的效果，那么在“Audio Mixer”窗口中的效果选择下拉菜单中，选择“None”项即可，如图13-25所示。

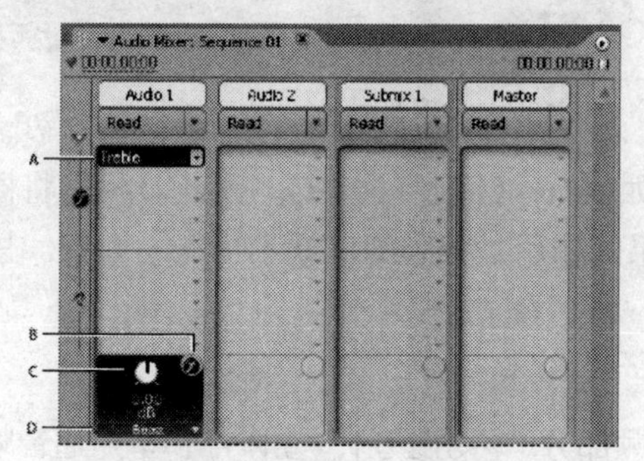

A. 应用效果名称及下拉菜单
B. 效果迂回 C. “控制”旋钮
D. 效果属性下拉菜单

图13-24 展开“Effects and Sends”部分

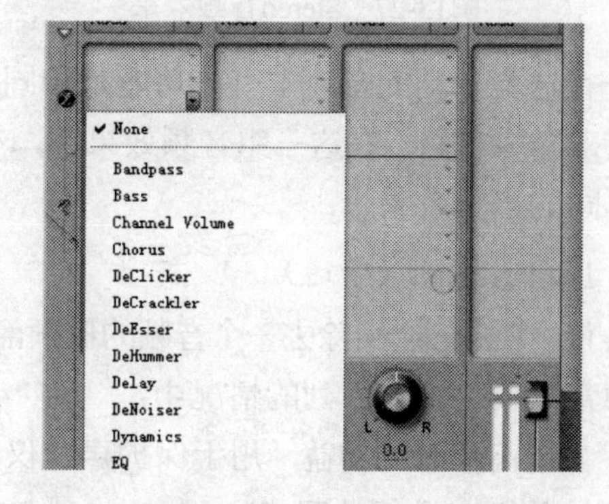

图13-25 选择“None”命令

在“Effects and Sends”部分包含有效果选择下拉菜单，可以应用5个音轨效果。Premiere将按列出顺序处理这些效果，因此改变音效顺序会导致音效的最终改变。在“Audio Mixer”窗口中应用的效果也可以在“Timeline”面板中进行查看和编辑。

在本章后面的内容中，将介绍各种音效的特点及功能。

在“Mono（单声道）”文件夹中，包含有25种音频效果，比上一版本的Premiere多了6种，如图13-26所示。

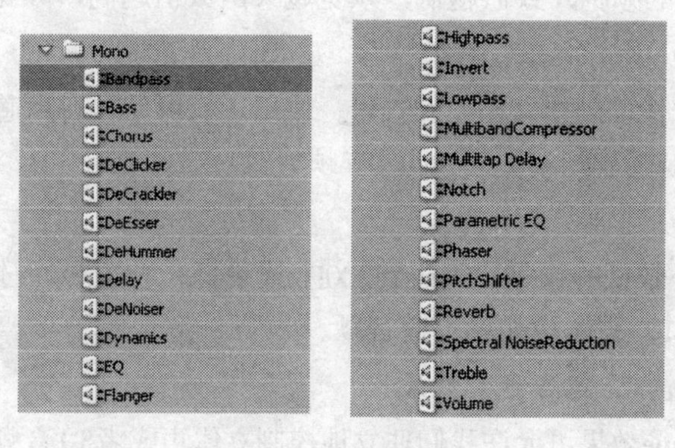

图13-26 Mono音频效果

在“Stereo（立体声）”文件夹中，包含有30种音频效果，比上一版本的Premiere也多了6种，如图13-27所示。

在“5.1（环绕立体声）”文件夹中，包含有25种音频效果，比上一版本的Premiere多了5种，如图13-28所示。

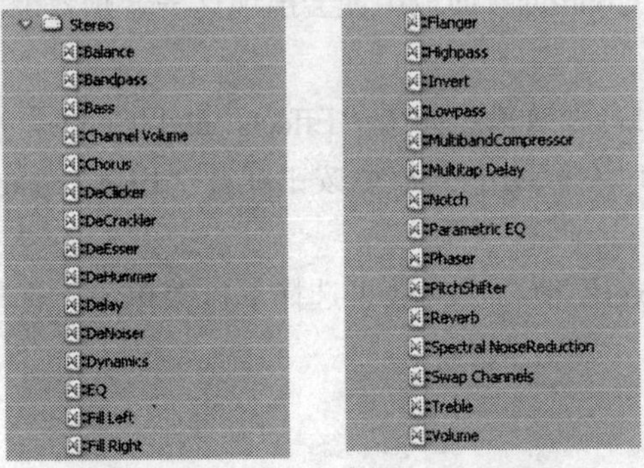

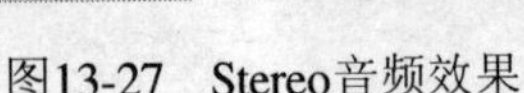
图13-27 Stereo音频效果

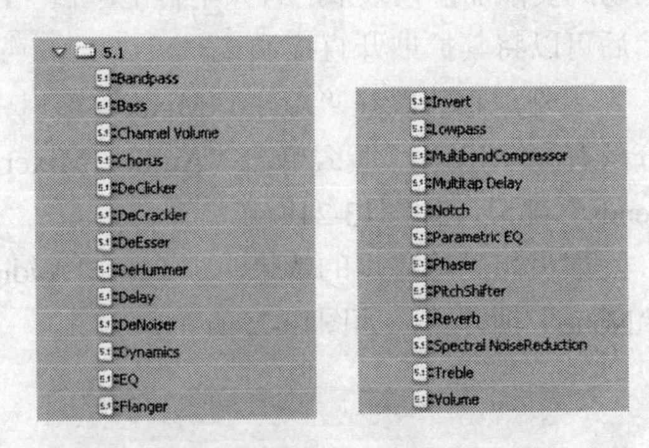

图13-28 5.1环绕立体声音频效果

在这些种类的音效中有些功能是相同的，比如Delay（延迟）和EQ。因此，我们将根据类型来介绍它们。在这三组音频效果中，有些效果的作用是相同的，就不再一一介绍，只介绍不同的音频效果。

1. Bandpass（带通）

使用Bandpass可除去一个音频的低频部分和高频部分，可用于5.1、立体声和单声道音频。这种音频效果用在下列的情况中：

- 提高声音的增益，用于保护声音仪器，因为使用它可以避免仪器对允许频率范围以外的频率进行处理。
- 创建特殊效果，将一个合适的频率传递给需要特殊频率的仪器。例如，把一个低频音频效果分离成一定频率的声音提供给次低音音频效果。

它在“Effect Controls”面板中有两个选项，如图13-29所示。

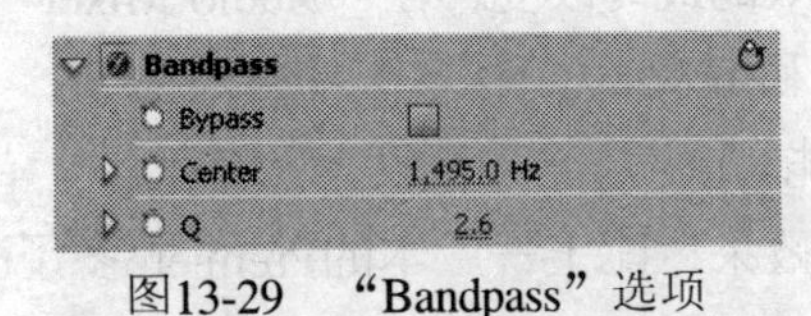

图13-29 “Bandpass”选项

- Center（中间）：在指定范围的中间部位设置频率。
- Q：设置要保留的频宽。数值越低，频宽越大；数值越高，频宽越小。

2. Balance（平衡）

使用这种音效可允许控制左右声道的音量。使用正值可增加右声道的比例，使用负值可增加左声道的比例。这种音效只用于立体声音频剪辑。

3. Bass（低音）

用于增加或者减小较低的频率，可达到200Hz或更低。它主要通过增加分贝数来增加低频。这种音效可用于5.1、立体声和单声道音频。

4. Channel Volume（声道音量）效果

使用Channel Volume效果可允许我们独立地控制立体声或者5.1音频剪辑中的每个声道。每个声道的音量单位是分贝。

5. DeEsser效果

使用DeEsser效果可去除“嘶嘶”声及其他高频“sss”类型的声音，一般这种声音是音乐家或者歌手在发字母“s”和“t”时会产生。这种音效可用于5.1、立体声和单声道音频。这种音效有两种音效控制选项，如图13-30所示。

- Gain（增益）：用于设置“sss”音的减小量。在旋钮上显示的是减小量，单位是分贝。
- Gender（性别）：分为Male（男性）和Female（女性），用于设置音乐家或者歌手的性别。这些选项用于帮助调整因性别不同而产生的不同音调或者音质。

6. DeHummer效果

用于从音频中删除不需要的50Hz的嗡嗡声。这种音效可用于5.1、立体声和单声道音频。它有3种音效控制选项，如图13-31所示。

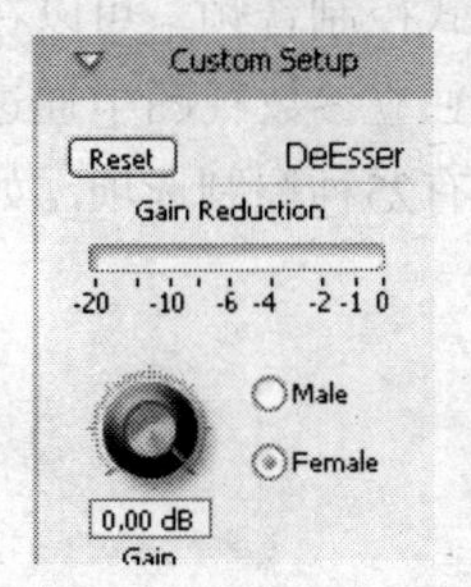

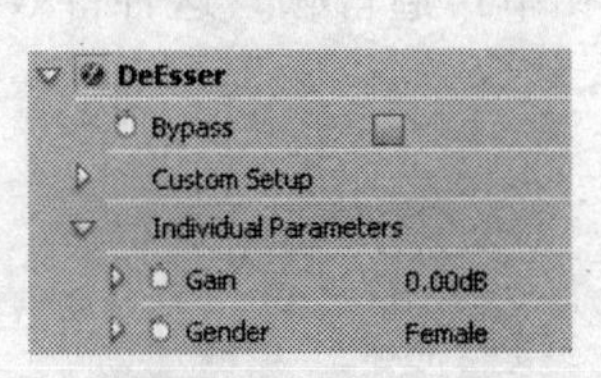

图13-30 两种音效控制选项

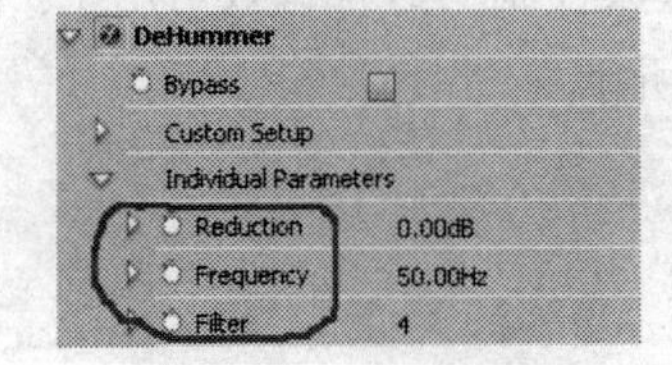

图13-31 音效控制选项

- Reduction（减小量）：用于设置减小嗡嗡声的数量。
- Frequency（频率）：用于设置嗡嗡声的中间频率。在欧洲和日本一般是50Hz，在美国和加拿大是60Hz。
- Filter（滤镜）：用于设置去除嗡嗡声的滤镜数量。注意也有人把滤镜称为滤波。嗡嗡声不仅包含有基本的50Hz或者60Hz频率，也包含成倍数增加频率的合声，比如100/110Hz或者120/160Hz。

7. Delay（延迟）效果

用于在音频播放后为它添加回声效果。这种音效可用于5.1、立体声和单声道音频。这种音效有3种音效控制选项，如图13-32所示。

- Delay（延迟）：指定在回声播放前的时间。最大值是2秒。
- Feedback（回馈）：指定延迟信号的百分比，用于创建多重延迟回声。
- Mix（混合）：指定回声的数量。

8. DeNoiser效果

使用该音频效果可自动探测磁带噪音并将其删除。使用这种效果可以去除模拟记录中的噪音。这种音效可用于5.1、立体声和单声道音频。这种音效有3种音效控制选项，如图13-33所示。

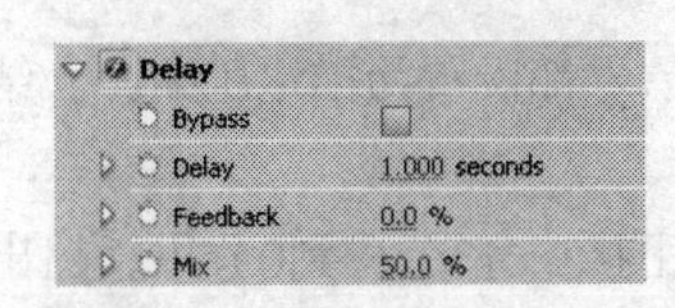

图13-32 音效控制选项

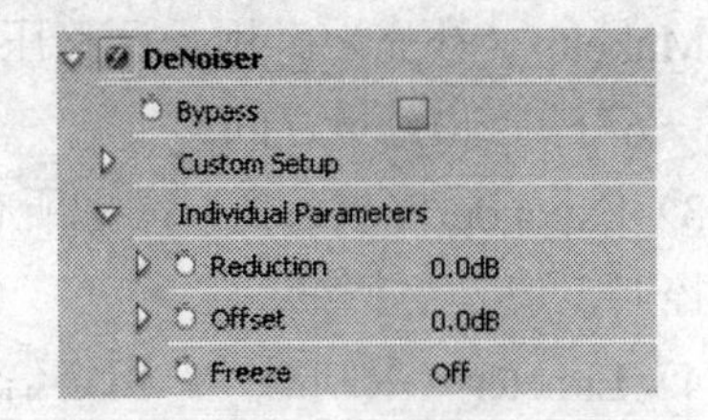

图13-33 音效控制选项

- Reduction（减小量）：设置减小噪音的数量，范围是－20dB到0dB。

- Offset（偏移）：用于在自动探测噪音面（noise floor）值和定义值之间设置偏移值，范围在－10和+10之间。当自动降噪不是很有效时，使用偏移值可使我们进行更多的控制。
- Freeze（冻结）：使用当前值阻碍噪音面计算。使用该控制项可以定位音频剪辑中的噪音。

9. Dynamics（动态）效果

该音频效果提供了一组附加控制，可单独或者与其他控制以组合方式控制音频。可以在“效果控制”面板的自定义设置视图中使用图表来控制音频，也可以在独立参数视图中通过调整参数来控制。这种音效可用于5.1、立体声和单声道音频。这种音效有25种控制选项，如图13-34所示。

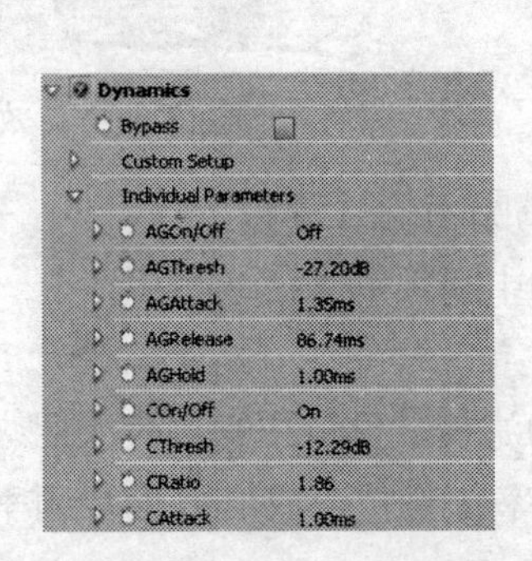

图13-34　音效控制选项

（1）AutoGate（自动波门）：当音量低于设置的阈值时，用于切断信号。可去除在记录中不需要的背景信号。它有以下几个主要控制项：

- Threshold（阈值）：用于设置引入信号的音量，范围是－60分贝到0分贝。如果信号音量低于该值，那么波门关闭，使引入的声音减弱。
- Attack（开始处理）：当信号音量超过阈值之后，用于设置波门打开的时间。
- Realease（释放）：当音量超过阈值之后，用于设置波门保持关闭的时间。
- Hold（保持）：当音量超过阈值之后，用于设置波门保持打开的时间。

（2）Compressor（压缩器）：平衡动态范围，用于创建一致的音量。

- Auto（自动）：用于根据引入的信号评估释放时间。
- Ratio（比例）：用于设置压缩的比例，最大可压缩至8:1。
- Makeup（补充）：用于调整压缩器的输出音量来弥补压缩导致的增益丢失，一般在－6分贝到0分贝之间。

（3）Expander（放大器）：把所有低于指定阈值的信号都设置为指定压缩比。结果类似于波门控制，但是更精细。

（4）Limeter（限制器）：指定信号的最大音量，范围在－12分贝到0分贝。超出该阈值的所有信号都被缩减到指定音量。

（5）SoftClip（软剪辑）：它的功能类似于限制器，但是不使用硬限制，而是通过为一些信号添加峰边来更好地在混合中控制它们。

10. EQ（补偿音频）效果

该音频效果就像一个参数均衡器，它使用多个波段来控制频率、波宽和音量。它含有中波段、高波段和低波段控制，就像滤镜一样。这种音效可用于5.1、立体声和单声道音频。这种音效有4种主要类型的控制选项，如图13-35所示。

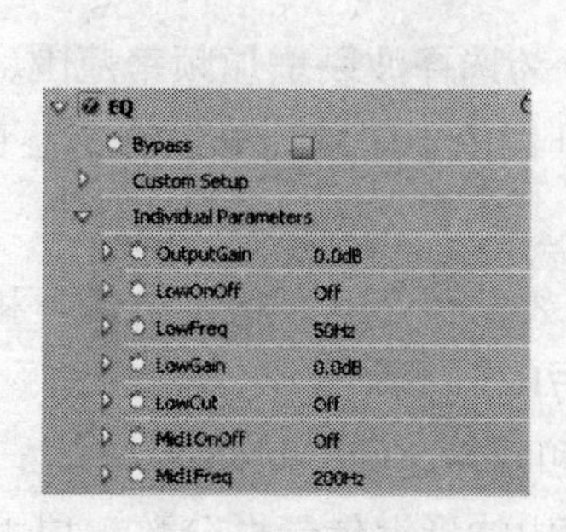

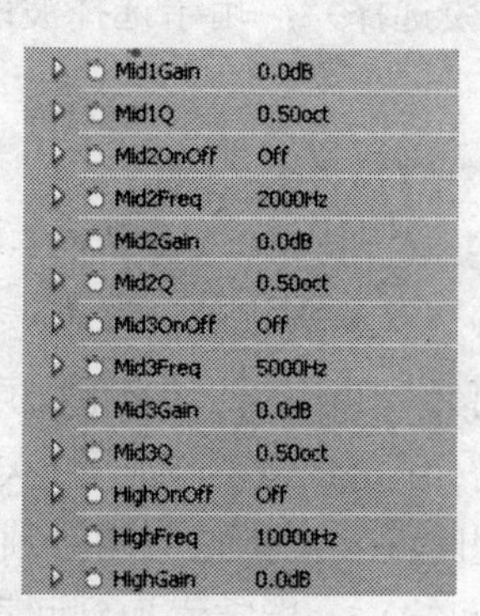

图13-35 音效控制选项

主要有以下4类：

- Frequency（频率）类：用于设置增加或者减小波段的数量，范围在20Hz到2000Hz之间，比如：LowFreq和High Freq。
- Gain（增益）类：用于设置增加或者减小波段的数量，范围在－20Hz到20Hz之间，比如：LowGain和HighGain。
- Q（均衡）类：用于设置每个滤镜波段的宽度，范围在0.05到5.0八度音阶之间，比如：Mid1Q和Mid2Q。
- Output（输出）类：设置用于补偿EQ输出的频宽增减的增益数量，比如：OutputGain。

11. Fill Left，Fill Right（填充左声道和填充右声道音频效果）

Fill Left音频效果复制音频片段的左声道信息，并把它放置在右声道中取代原剪辑的右声道信息。Fill Right音频效果复制音频片段的右声道信息，并把它放置在左声道中取代原剪辑的左声道信息。该音频效果只应用于立体声音频片段。

12. Flanger（排除）效果

这是新增加的一种音频效果，这种音频效果与原始音频信号大致相同。使用它可以创建一种稍微带有延迟，而且相位稍有变化的音频效果。

13. Highpass（高通道），Lowpass（低通道）效果

Highpass音频效果用于删除低于指定Cutoff（终止）频率的频率。Lowpass效果用于删除高于指定Cutoff（终止）频率的频率。这种音效可用于5.1、立体声和单声道音频。

14. Invert（转换）效果

该音频效果用于转换所有声道的相位。可用于5.1、立体声和单声道音频。

图13-36 多波段压缩器控制选项

15. MultibandCompressor（多波段压缩器）效果

该音频效果是一种三波段压缩器，每个波段都带有多个

控制。当需要创建更柔和的声音压缩器时，可使用这种效果。该音频效果可用于5.1、立体声和单声道音频，它有多种控制选项，经常使用的有5种，如图13-36所示。

- Solo（独奏）：只播放激活的波段。
- Makeup（补偿）：使用分贝调整音量。
- BandSelect（波段选择）：用于选择波段，在控制图表中，单击需要的波段即可选中它。
- Crossover Frequency（交叉频率）：用于为选择波段增加频率范围。
- Output（输出）：用于设置输出增益来补偿由于压缩而导致的增益衰减。

16. Multitap Delay（多抽头延迟）效果

使用该音频效果可为音频剪辑增加4重回声效果。可用于5.1、立体声和单声道音频，它有多种控制选项，经常使用的有4种，如图13-37所示。

- Delay1~4（延迟时间）：指定原始音频和回声之间的时间。
- Feedback1~4（回馈）：指定添加到回声中的延迟信号百分数，用于创建多重延迟回声。
- Level1~4（音量）：用于控制每个回声的音量。
- Mix（混合）：用于设置延迟回声和非延迟回声的数量。

17. Notch（清除）效果

该音频效果用于去除靠近指定中间频率的频率。可用于5.1、立体声和单声道音频，它有2种控制选项，如图13-38所示。

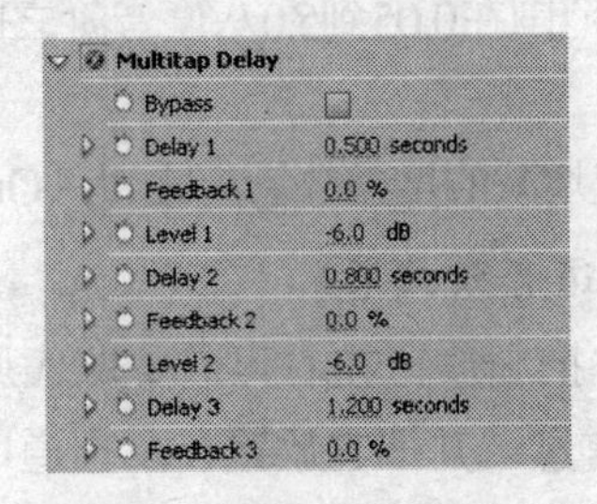

图13-37 “多抽头延迟”控制选项

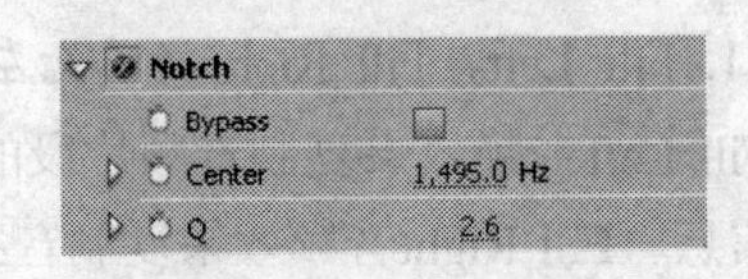

图13-38 “清除”控制选项

- Center（中间频率）：用于指定被删除的频率。
- Q（均衡）：用于设置被影响的频率范围。设置的值越低，波段越窄；设置的值越高，波段越宽。

18. Parametric EQ（参数补偿）效果

该音频效果用于增加或者减小靠近指定中间频率的频率。该音频可用于5.1、立体声和单声道音频，它有3种控制选项，如图13-39所示。

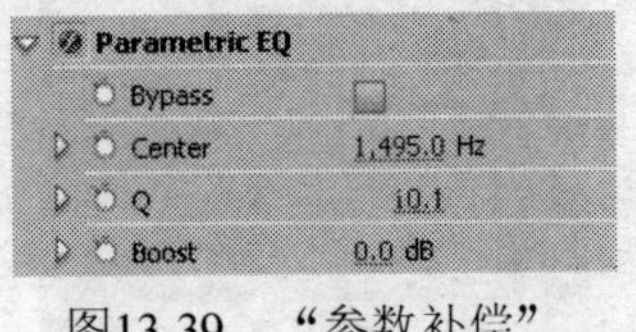

图13-39 “参数补偿”控制选项

- Center（中间频率）：用于设置指定中间范围内的频率。
- Q（均衡）：用于设置被影响的频率范围。设置的值越低，波段越短；设置的值越高，波段越宽。

· Boost（推进）：用于指定增加或者减小频率范围的数量，范围在－20分贝到20分贝之间。

19. PitchShifter（定调转换器）效果

该音频效果用于调整引入信号的声调。使用它可影响高音部分。该音频可用于5.1、立体声和单声道音频，它有3种控制选项，如图13-40所示。

· Pitch（定调）：用于设置半音的改变，可调整的范围是－12到12。
· Fine Tune（微调）：用于调整半音。
· Formant Preserve（保留共振峰）：用于保持音频剪辑中的共振峰不受影响。

20. Reverb（回响）效果

使用它可以为音频剪辑添加环境氛围和热情效果，它可以模拟观众在室内的喝彩回响声。可用于5.1、立体声和单声道音频，它有7种控制选项，如图13-41所示。

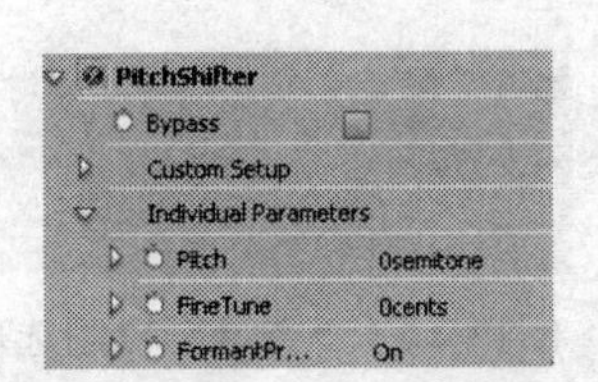

图13-40 “定调转换器”控制选项

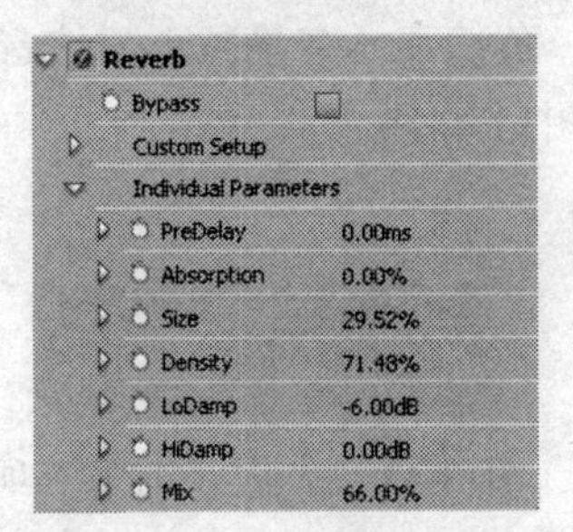

图13-41 “回响”控制选项

· PreDelay（预延迟）：设置信号和回响之间的时间。
· Absorption（吸收）：用于设置声音被吸收的百分比。
· Size（大小）：设置房屋的大小，使用的是百分数。
· Density（密度）：设置回响尾随的密度。Size的值决定Density的范围。
· LoDamp（低频阻尼）：设置低频（以分贝为单位）的阻尼数量。可防止回响引起的隆隆声或者琐碎的声音。
· HiDamp（高频阻尼）：设置高频（以分贝为单位）的阻尼数量。使用低的设置值可使回响声听起来更柔和。
· Mix（混合）：控制回响的数量。

21. Spectral Noise Reduction（光谱噪波降低）效果

该效果使用3个清除过滤器组从音频信号中清除一些带有扰乱性的音调，可以消除原始磁带或者录音带中的噪音。它有以下5种控制选项，如图13-42所示。

· Freq（1~3）：用于消除每个清除过滤器的中间频率。
· Reduction（1~3）：用于设置输入的增益级别。
· FilterOnOff（1~3）：用于激活对应的过滤器组。
· MaxLevel（1~3）：用于控制从原始音频信号中去除的噪波数量。

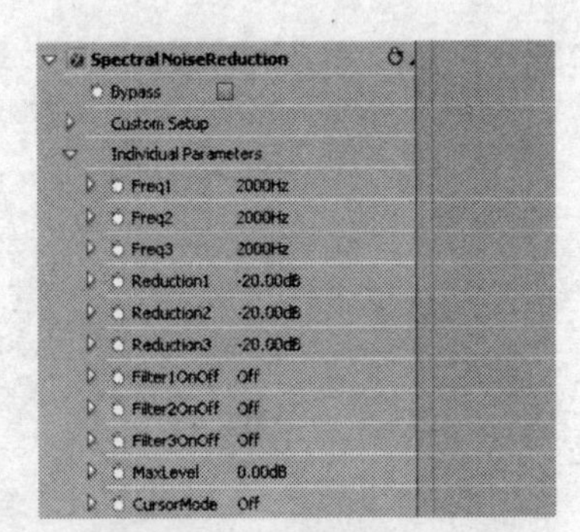

图13-42 “光谱噪波降低”控制选项

· CursorMode：通过光标激活和调整过滤器的频率。

22. Swap Channels（交换通道）效果

该效果用于切换左右声道信息的位置，仅用于立体声音频片段。

23. Treble（高音）效果

使用该效果可使我们增加或者减小更高的频率，4000Hz或者更高。可用于5.1、立体声和单声道音频，它有一种控制选项，如图13-43所示。

· Boost（推进）效果：用于设置增加或者减小高频的数量，以分贝为单位。

24. Volume（音量）效果

如果需要在其他标准效果之前渲染Volume效果，那么可使用Volume效果替换Fixed Volume效果。使用Volume效果可以为音频剪辑创建一个封套，这样可以更方便地增加音量，而不会出现剪切现象。当信号频率超出硬件可接受的动态范围时就会出现剪切现象。正值表示音量增加，负值表示音量减小。该音频效果可用于5.1、立体声和单声道音频，它有1种控制选项，如图13-44所示。

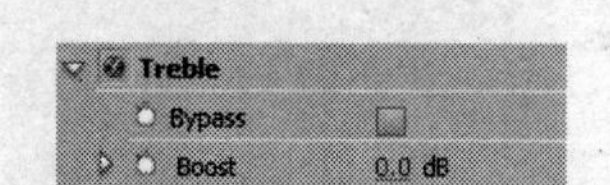

图13-43 “高音”控制选项

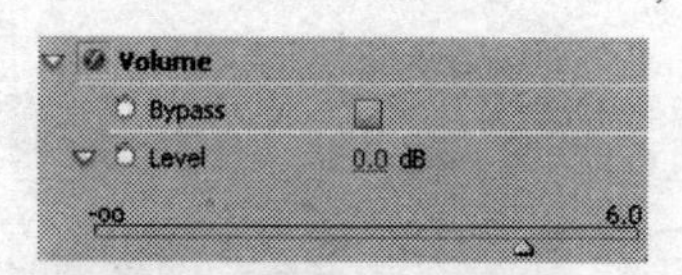

图13-44 “音量”控制选项

· Level（音量）：用于调节音频的大小。

注意：建议读者多阅读一些比较专业的关于音频处理方面的书籍，以便提高自己处理音频的能力。

第14章　输　　出

当在Premiere中编辑好视频节目之后，如果对制作的效果满意或者作品已符合标准，那么就可以进行输出了。在输出时，要根据特定的要求和目的进行输出，比如可以直接输出到录像带、硬盘、CD-ROM，甚至可以直接输出到Internet上。根据输出的目的，还可以对作品进行一定的压缩，并输出为多种文件格式，比如单帧影像、影像序列或者filmstrip等，还可以进行批处理。在这一章的内容中，将系统地介绍一下与输出相关的知识。

在本章中主要介绍下列内容：

★输出类型

★视频压缩

★输出设置

★制作DVD

14.1　输出概述

在Premiere中编辑好视频节目之后，只是完成了在电脑中素材的组织和剪辑，此时还不能将它进行随意地移动，也不能利用其他媒体播放器进行播放，因此，还没有完成整个项目，或者说还没有使它成为完整的作品。必须根据需要把它渲染输出为特定的媒体文件之后，才能在其他媒体播放器上进行播放。当然这些工作还需要使用Premiere来完成，它具有强大的输出功能，而且可以把编辑好的文件输出为多种格式和形式的媒体文件。

通常，进行输出的目的有两个，一个是输出为最终的媒体文件进行发布，另外一个目的是做进一步的编辑，比如在After Effects或者其他合成软件中进行编辑或者合成。

14.2　输出类型

在Premiere中编辑好视频节目之后，如果对制作的效果满意，就可以根据特定的要求和目的进行输出了。那么能够把视频输出为哪些类型呢？在Premiere中可以把剪辑序列输出为下列文件类型：

- 录像带
- CD、DVD光盘文件或者DVD文件、蓝光光盘文件
- 电影文件
- 成序列的静止图片文件
- 单帧图片
- iPods和蜂窝电话
- 音频文件

还可以输出为介绍项目的数据文件和在其他编辑程序中使用的文件。主要包括下列两种类型：

- Edit Decision List（EDL）文件。
- Advanced Authoring Format（AAF）文件。

也就是说可以直接将视频节目输出到录像带，或者输出为各种视频、音频、静止图片文件格式。在Premiere中，需要使用“File（文件）→ Export（输出）”子命令进行输出，选择该命令后会打开下列子菜单，如图14-1所示。

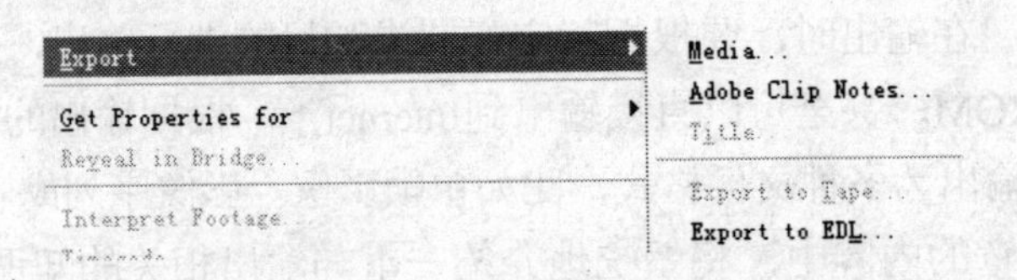

图14-1 “子菜单”命令

1. 可以输出的视频格式包括：

- Microsoft AVI
- H.264（3GP，MP4）
- Uncompressed Microsoft AVI
- MPEG1-（MPEG-1-VCD）
- MPEG2- Blu-ray
- MPEG2- SVCD
- Real Media（RMVB）
- Windows Media Video（WMV）
- Microsoft DV AVI
- H.264 Blu-ray（M4v）
- Animated GIF
- MPEG2-（MPEG-2-VCD）
- MPEG2- DVD
- MPEG-4
- QuickTime（MOV）
- P2 Movie

提示：MPEG 2 Blu-ray就是所谓的蓝色光盘，它的容量比较大，可以容纳27GB的内容。

2. 可以输出的音频格式包括：

- Adobe Flash Video（FLV）
- Dolby Digital/AC3
- MPG
- WMA
- QuickTime
- Windows Media Audio（WAM）
- AIFF-C for 5.1（Mac OS）
- Microsoft AVI and DV AVI
- PCM
- Real Media
- Windows Waveform（WAV）

3. 可以输出的静止图像格式包括：

- GIF（只Windows）
- BMP（只Windows）
- TIFF

4. 序列格式包括：

- Filmstrip（FLM）
- Targa序列
- Windows Bitmap序列
- GIF序列
- TIFF序列

14.3 视频文件格式

可以把编辑好的影片以多种视频文件格式进行输出，这样，就可以更加有效地使用、传送和发布数字化视频和音频文件，比如那些标准分辨率的视频文件格式和DV编码文件等。在现代社会生活中，我们应该熟悉这些视频文件格式的规格及要求以便在项目中更好地使用它们。

14.3.1 高清晰度视频格式（HD）

高清晰度视频格式指的是比标准清晰度（SD）高的视频格式，比如HTSC和PAL。高清晰度视频格式的清晰度一般是1280×720或者是1920×1080，画面宽高比是16：9。为了简便起见，人们把高清晰度视频格式简称为HD视频格式，HD是High Definition（高清晰度）两个英文单词的简称。

HD视频格式包括各种交织视频和非交织视频类型的视频格式。通常，高分辨率格式指的是使用较高帧频的交织视频，因为非交织视频需要更高的数据速率才能获得高的分辨率。

HD视频格式还包括其他几个方面的因素，比如垂直分辨率、扫描模式、帧频和场频。比如1080i60指的是交织扫描值为60、交织场值为1920×1080/秒，而720p30指的是逐行扫描值为60、非交织帧值为1920×1080/秒。在这两种情况下，它们的帧频基本上都是30帧/秒。

在Adobe视频编辑程序，比如Premiere、After Effects、Audition和Encore DVD等中都预置了一些使用HD视频格式的设置，比较常见的高清晰度格式有：HVCPRO HD、HDCAM、HDV、H.264、Uncompressed HD、WM9 HDTV。

14.3.2 Web格式

通俗地讲，Web格式是一种用于在因特网上传输视频和音频文件的格式，通过这种格式，观众可以直接在因特网上收看节目内容。因为观众使用的软件和硬件都不同，它们支持的数据带宽也不同，因此，人们开发了很多的编解码器以便可以看到各种数据带宽的视频和音频内容。在Premiere中也包含了用于Web格式的预置，一般包含下列两种类型。

逐步可下载视频：这种电影文件在没有下载完之前就可以进行播放。电影播放器软件可以计算需要下载完整部电影的时间，就可以根据下载情况不间断地播放电影。

流视频：流媒体也是通过网络进行传送的，但是不用把它下载到计算机的硬盘中。它与传统的广播形式基本相同，不过它的质量需要受到网络带宽或者调制解调器的影响。当在Web上传送流视频时，如果确定了观众使用的宽带网，比如ADSL，那么可以设置更高的位速率（bit rate）。

14.4 视频压缩和数据速率

编辑数字视频包括存储、移动和计算大量的文件数据。对于许多个人计算机而言，特别是旧型号的计算机，它们不能够处理高速率的数据（1秒钟内处理的视频信息的数值），而且这些没有压缩（未经过处理的）的数字视频文件的数据速度和文件尺寸较大，占用的空间也比较大。比如，在NTSC制式下，视频的播放速度是每秒播放30帧，而未压缩的数据速度是每秒30MB，几分钟就会消耗1GB的空间。但是可以通过压缩文件数据来将数字视频的数据速率降低到一个计算机系统可以处理的范围之内，同时也可以更有效地进行存储、传送和播放。

1. 关于压缩

压缩是很有必要的。当输出和渲染视频文件时，要确定文件播放的设备及带宽，从而需要选用合适的解压缩器，也就是编解码器。这样才能够使它在特定的播放器上正常地播放。

可以使用的编解码器类型很多，但没有一种编解码器能适合于所有的播放情况。比如用于卡通动画的编解码器不适合于直接从大自然或以真人表演摄制的视频。在压缩电影文件时，可以通过调整来获得在计算机、视频播放设备、Web及DVD机上播放的最好质量。根据使用的编解码器，可以通过删除一些干扰压缩的因素来减小压缩文件的尺寸。

另外，使用的编解码器必须适合于所有的观众，比如，如果使用的是一个采集卡上的硬件编解码器，那么观众也需要安装有相同的采集卡或者类似的软件编解码器，否则就不能播放制作的视频节目。

2. 压缩关键帧

压缩关键帧不同于那些用于控制轨道或者剪辑属性的关键帧。在按指定时间输出电影时，压缩关键帧会被自动地设置。在压缩期间，它们被存储为完整的帧。压缩关键帧之间的帧被称为中间帧或者补偿帧。通过压缩关键帧可以极大地减小文件的尺寸。关键帧越少，中间帧也就越多，文件就越少，但是这样会降低画面和运动的质量。反之，关键帧越多，文件就越大，画面和运动的质量就越高。

3. 数据速度

有些视频编解码器可以设置数据速度，在播放期间，数据速度控制着在每秒钟处理的视频信息的数量。一般都会把数据速度设置为最大值，因为数据速度会根据每帧的视觉内容而发生改变。

如果想使编码视频的质量最高，那么要把数据速度设置得和可支持的目标传送媒体的速度一样大。如果是拨号上网的Web上播放的流媒体，那么要把数据速度设置得低于20kilobits/秒。如果是DVD文件，那么要把数据速度设置得高于7megabits/秒。

14.5 输出设置

在Premiere中，如果没有外部插件或者外部设备，能够输出的视频音频格式以及其他的媒体格式有十几种。在最终的节目输出中，可以分为两大类的输出，一类用于广播电视播出，另一类用于计算机的数码格式中。因此在Premiere中，最终的输出分成了两种截然不同的压缩方式，硬件压缩和软件压缩。对于广播电视节目来说，通常是硬件压缩的，而对于计算机上的媒体，一般采用软件压缩的方式。而且最终的效果与计算机本身的视频卡有着非常重要的关系。

当进行输出时，还需要了解各种输出设置，以便准确地进行输出。在下面的内容中，将以电影的输出为例介绍一下它的设置选项 。其他类型的输出设置选项基本上都与之相同。

1. 电影输出的总体设置简介

如果要把剪辑序列输出为电影，那么选择“File（文件）→ Export（输出）→Media（媒体）”命令，打开“Export Settings（输出设置）”对话框，如图14-2所示。

图14-2 “Export Settings”对话框

在该对话框中可以设置需要的所有输出选项，比如Format（文件格式）、Preset（预置）、Comments（注释）等。另外，还可以设置关于视频和音频的更多选项。单击“Format”右侧的按钮即可打开一个下拉列表，从中可以选择需要的文件格式，如图14-3所示。

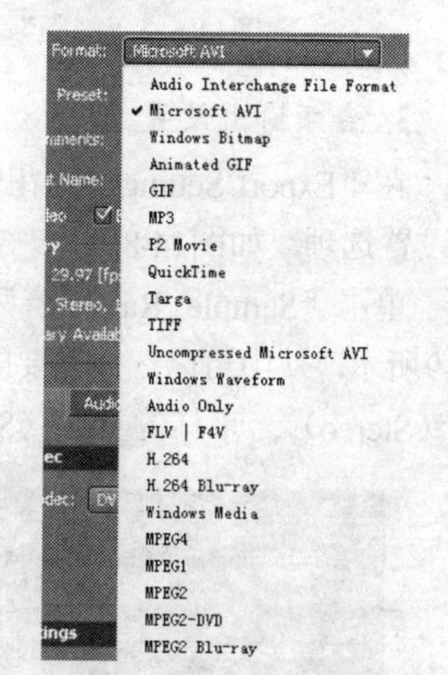

图14-3 文件格式列表

在“Export Settings”对话框中一般选择Microsoft AVI文件格式。使用该格式可以输出高清晰度的电影文件。

单击“Preset（预置）”右侧的下拉按钮，则打开一个预置列表，如图14-4所示。可以根据需要选择要输出的类型。

如果勾选“Export Video（输出视频）”项，那么可以输出视频轨道，如果取消选择该项，那么将不会输出视频轨道。如果勾选“Export Audio（输出音频）”项，可以输出音频轨道，如果取消选择该项，那么将不会输出音频轨道。

另外，还可以在“Summary（概述）”栏中看到更多的相关信息，比如帧大小等，如图14-5所示。可以根据这些信息来进行判断设置是否符合要求。

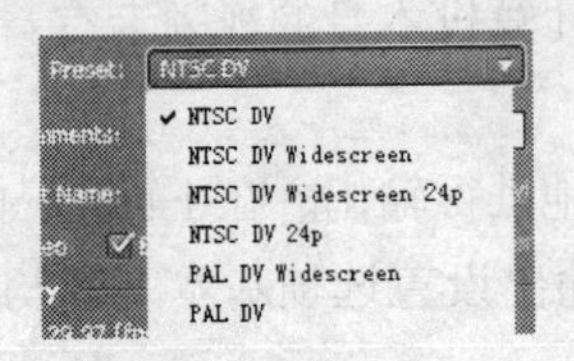

图14-4 预置下拉列表

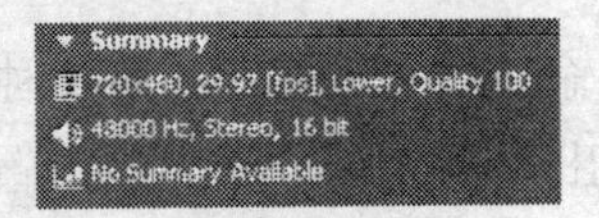

图14-5 概述信息

2. 视频输出设置

在“Export Settings（输出设置）”对话框中单击“Video”选项卡，即可看到视频输出的设置选项，如图14-6所示。在这里可以设置输出视频的参数。

单击“Video Codec（视频编解码器）”右侧的下拉按钮，则打开一个下拉列表，如图14-7所示。从中可以选择需要的编解码类型，还可以设置视频质量以及帧大小等。

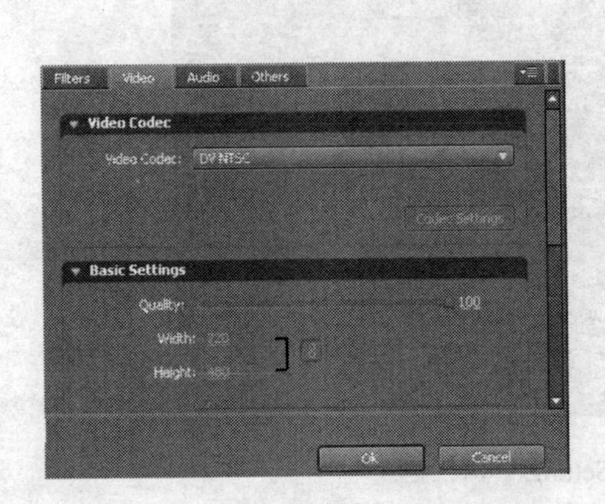

图14-6 “视频”选项卡

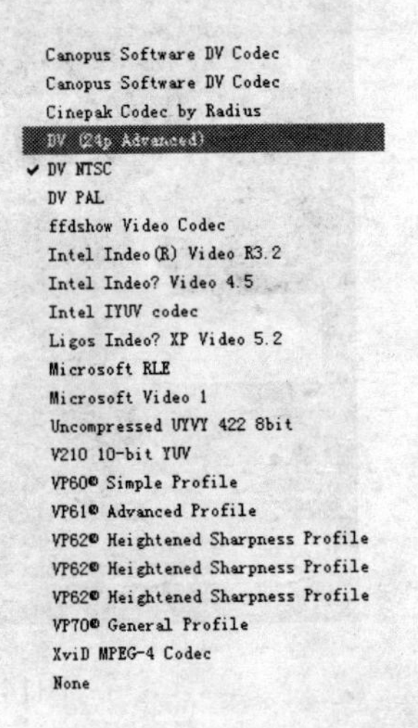

图14-7 打开的下拉列表

3. 音频输出设置

在“Export Settings（输出设置）”对话框中单击“Audio”选项卡，即可看到音频输出的设置选项，如图14-8所示。在这里可以设置输出音频的选项。

单击“Sample Rate（音频采样速率）”右侧的下拉按钮，则打开一个下拉列表，如图14-9所示，从中可以选择需要的音频采样数据，还可以设置采样单声道（Mono）还是立体声道（Stereo）、采样的类型（Sample Type）和音频交织（Audio Interleave）等。

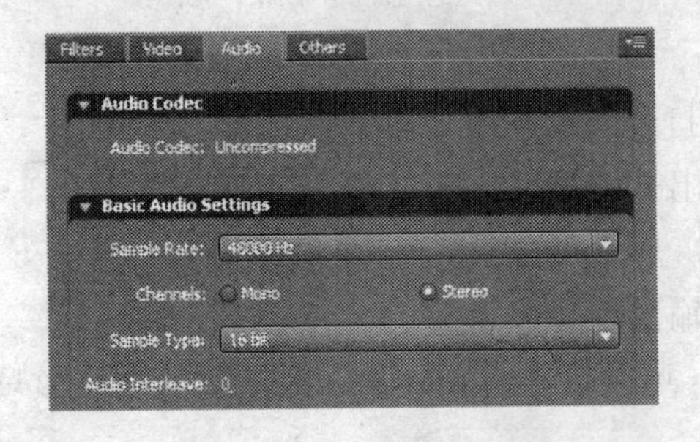

图14-8 “音频”选项卡

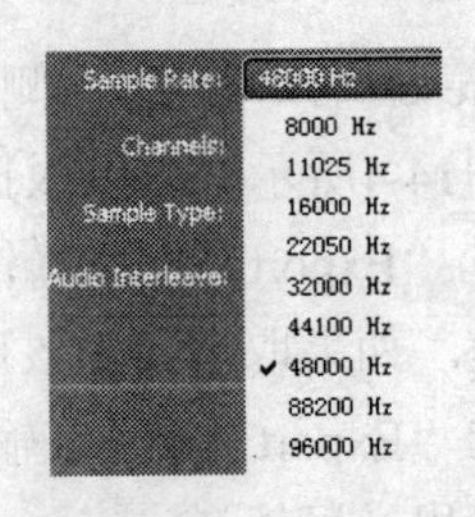

图14-9 打开的“音频采样速率”下拉列表

下面简单地介绍一下其中的几个选项：

- Sample Rate（采集速度）：如果选择高的数值，那么输出文件的音频质量也较好。如果选择低的数值，那么可以减少压缩的时间，而且占用的硬盘空间也较少。一般CD的输出数值是44100Hz。可以从打开的下拉菜单中选择需要的采集速度。
- Sample Type（采集类型）：如果选择一个较高的数值，那么输出文件的音频质量也较好，如果选择低的数值，那么可以减少压缩的时间，而且占用的硬盘空间也较少。一般CD的输出设置是16-bit。可以从打开的下拉菜单中选择需要的采集类型。
- Channels（声道）：用于设置输出使用的声道类型，在其下拉菜单中有两种声道，分别是Mono（单声道）和Stereo（立体声）。
- Interleave（交织）：设置在输出音频帧之间所插入音频信息的频率。在设置该项之前，最好检查一下捕捉卡的说明文件。比如，数值为1frame表示在播放时该帧的延迟将被调入到内存中，以便在播放下一帧时它也可以被播放。如果音频在播放时中断，那么计算机会处理交织。它的数值越大，Premiere存储的音频段就越多，但是需要的内存也越大。可以从打开的下拉菜单中选择需要的交织类型。

14.6 输出到录像带

还可以将编辑好的视频节目直接输出到录像带中。如果计算机连接了磁带机或者摄像机，那么也可以使用Premiere控制它们。视频的质量取决于在“Project Settings（项目设置）”窗口中选择或者设置的编辑模式。

当从“Timeline”面板中进行输出时，Premiere将使用“Project Settings”窗口中的设置。许多视频捕捉卡都包括与Premiere兼容的插件软件及其所提供的相应的菜单命令。因此，如果看到的选项与这里提到的不同的话，那么可参看捕捉卡或者插件说明文件。

如果在输出时，要从“Timeline”面板中播放视频节目，那么要确定使用的压缩设置能够保留最高的捕捉质量，而且不丢帧。

当把DV视频节目记录到DV磁带上时，一定要使用IEEE 1394连接。如果打算将DV音频和视频以模拟格式输出，那么需要一台设备，使之能够将DV音频和视频输出成模拟格式。大多数DV摄像机和所有的DV磁带录像机都具有这种转换能力。有些DV摄像机需要先将视频节目录制到DV带，再转换成模拟视频文件。

在输出到录像带时，要在视频节目的开始部分和结束部分设置一部分额外的时间，可在“Timeline”中的开始和结束部分添加一个黑色或者彩色的遮罩。如果使用后期制作设备复制录像带，那么要在视频节目的开始部分添加至少30秒的视频和音频补充部分。

使用标准的“Export（输出）”命令可以把一个剪辑序列连接到DVD刻录机刻录成DVD。使用这种方法创建的DVD可以直接在DVD播放机中进行播放。

14.6.1 录制DV带

下面介绍如何把剪辑序列录制到DV带上。

（1）开始录制之前，首先要确定将DV设备连接到计算机上，一定要使用IEEE 1394。依据所使用的设备，可以使用4针插头或者6针插头的连接线。

（2）打开DV录像机，并设置为VTR（VCR）模式。

（3）启动Premiere并打开一个项目。

（4）选择“Sequence（序列）→Sequence Settings（序列设置）”命令，打开“Sequence Settings”对话框，如图14-10所示。

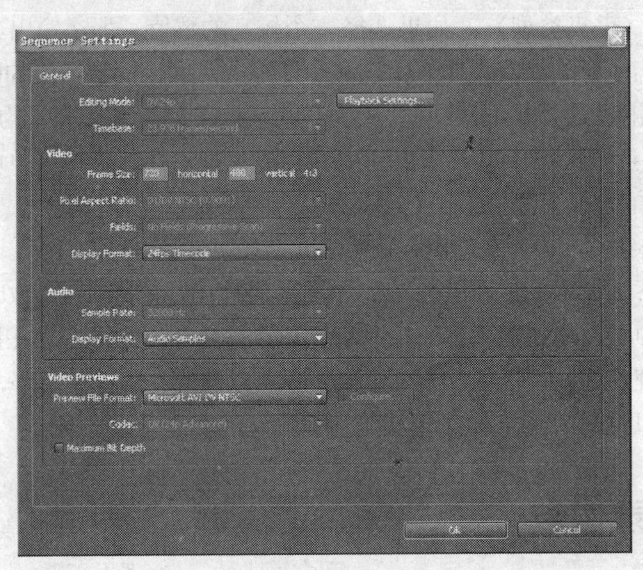

图14-10 “Sequence Settings”对话框

（5）单击“Playback Settings（播放设置）”按钮，打开“Playback Settings（播放设置）”对话框，如图14-11所示。

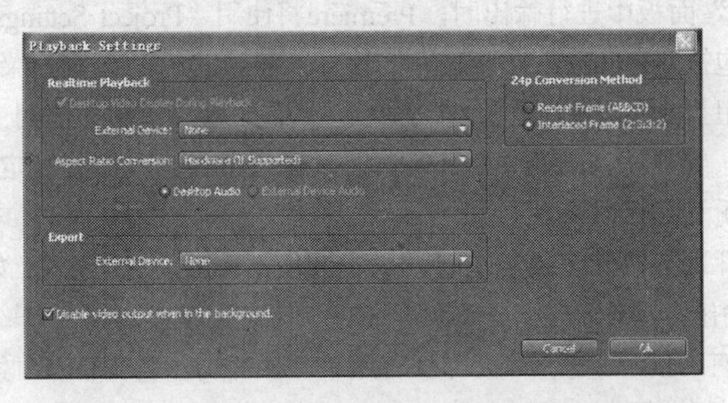

图14-11 “Playback Settings”对话框

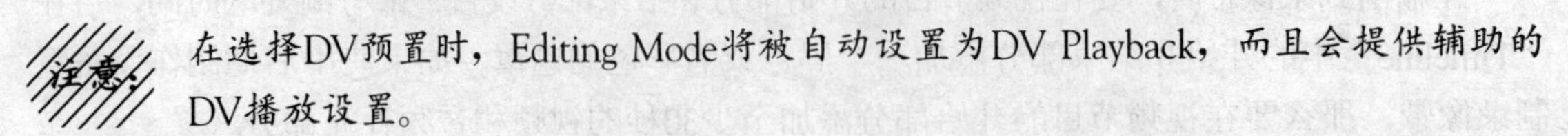

注意：在选择DV预置时，Editing Mode将被自动设置为DV Playback，而且会提供辅助的DV播放设置。

（6）如果Editing Mode（编辑模式）被设置为DV Playback，那么根据需要设置下列选项。

- DV 29.997i（720×480）：用于设置NTSC DV，它使用的时基是29.97fps，而且使用的是交织场。
- DV 25i（720×576）：用于设置PAL DV，它使用的时基是25fps，而且使用的是交织场。

- DV 23.976i：用于设置DV 24P（24逐行）或者24PA（24高级逐行），它使用的时基是23.976fps，而且使用的是交织场。

（7）单击“OK”按钮关闭“Playback Settings”对话框。

14.6.2 使用外部设备控制将Timeline中的剪辑录制到录像带

可以直接使用外部设备控制将Timeline中的剪辑序列录制到录像带。下面介绍操作过程。

（1）确定视频录制设备是打开的，而且放置好录像带，并找到开始录制的位置。

（2）在Premiere的“Timeline”面板中激活需要输出的剪辑序列，选择“File（文件）→Export（输出）→ Export to Tape（输出到磁带）”命令。

只有连接了外部录制设备之后，“Export to Tape”命令才是可用的。

（3）为了使Premiere能够控制外部设备，选择“Activate Recording Deck”项，并设置下列选项。

- 如果要设置开始录制的帧，那么选择“Assemble at Timecode（在时基组装）”项，并键入开始输出的切入点。如果不选择该项，那么录制将从当前位置开始。
- 如果想使设备的时间码和录制时间同步，那么选择“Delay Movie Start（延迟电影开始）”项，并键入需要使电影延迟四分之一帧的数字，以便使之和DV设备录制的开始时间同步。有些DV设备需要的延迟时间是DV设备接到开始录制命令和电影在计算机上开始播放时之间的一个时间值。

（4）在Options部分选择下列选项：

- Abort After Dropped Frames（丢帧后退出）：选中该项后，如果指定数量的帧不能成功地输出，那么自动结束输出过程。
- Report Dropped Frames（报告丢帧）：选中该项后，如果丢帧，那么将生成一个文本报告。
- Render Audio Before Export（在输出之前渲染音频）：选中该项后，防止在输出期间因丢帧而造成音频出现异常。

（5）根据需要设置好选项后，单击“Record（录制）”按钮即可。

14.6.3 不使用设备控制将Timeline中的剪辑录制到录像带

还可以不使用设备控制来输出视频到录像带中，下面介绍如何进行录制。

（1）连接计算机和设备之后，激活需要输出的剪辑序列。

（2）确定可以在摄像机或者录制设备上预览视频节目。如果不能，那么检查一下前面所设置的步骤是否有误。

（3）确定视频录制设备是打开的，而且放置好录像带，录像带提示录制的开始点。

（4）将当前时间指示器放置到Timeline中剪辑序列的开始位置。

（5）在设备上按“Record”按钮。

（6）单击“Program”窗口下面的“Play（播放）”按钮。

（7）当节目完成后，按“Program”窗口下面的“Stop（停止）”按钮即可。

14.7 输出静帧序列

还可以根据需要将一个剪辑序列或者一个视频节目输出为一幅静止图像，每帧都是一个单独的静止图像文件。这对于将一个剪辑添加到一个动画或者三维应用程序中是非常有用的。在输出时，Premiere将自动为每个图像文件标记序数。

14.7.1 输出动画GIF

GIF动画最适合于实色的运动图像，而且帧的尺寸比较小，比如可用做动画公司的徽标。这种动画非常实用，因为它可以在任何的Web浏览器上播放，而不需要什么插件，但是在GIF动画中不能包含有音频。输出GIF动画的方式和输出其他文件的方式相同，但是一定要确定在文件类型列表中选择的是Animated GIF。

下面介绍如何输出GIF动画。

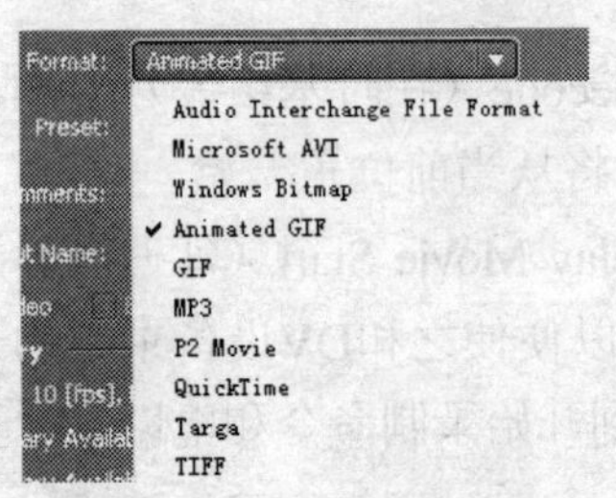

图14-12 设置文件格式

（1）选择需要输出的剪辑，选择“File → Export（导出）→ Media（媒体）”命令，打开“Export Settings（输出设置）”对话框。

（2）从“Export Settings”对话框右侧的“Format”下拉列表中选择“Animated GIF”或者“GIF”项，如图14-22所示。通常，其他选项使用默认设置即可。

（3）单击“OK”按钮。当然，也可以根据需要设置其他的选项。

14.7.2 输出静止图像序列

静止图像具有下列作用。

- 可以使用电影记录器把静止图像转换为电影。
- 在高端视频系统中使用。
- 出版或者创建故事板。
- 在其他图形编辑程序中使用。

在输出静止图像序列时，要为它们单独创建一个文件夹，Premiere将自动为每个图像文件标记序数。下面介绍如何进行输出。

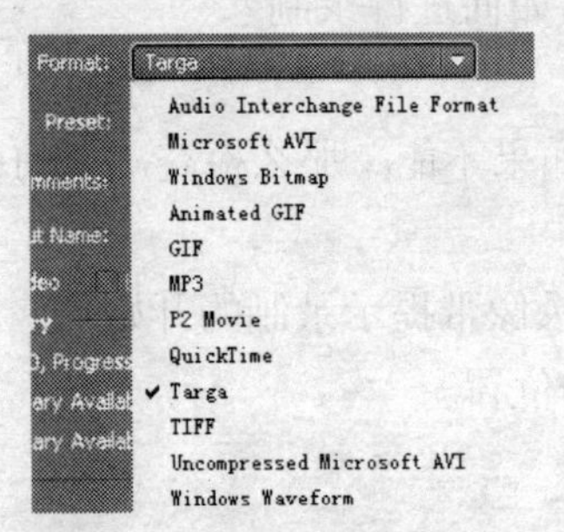

图14-13 选择静止图像序列格式

（1）在“Timeline”面板中选择剪辑或者剪辑序列，选择“File→Export→Media”命令，打开“Export Settings”对话框。

（2）从“Export Settings”对话框右侧的“Format”下拉列表中选择合适的静止图像序列格式，如Targa、GIF或者TIFF，如图14-13所示。

（3）通常，其他选项保持默认设置，单击“OK”按钮，即可输出静止图像序列。

14.8　输出剪辑注释PDF文件

使用剪辑注释可以向审核人员或者检查人员提交注释或者提出问题。当渲染完带有剪辑注释的电影后，会生成一个包含有PDF文件的电影副本，在该文件中包含有我们做的注释。这种电影文件可以是Windows Media格式，也可以是QuickTime格式。在Premiere中的序列标记和After Effects中的合成时间标记都可以被作为注释。

下面介绍输出剪辑注释PDF文件的操作过程。

（1）在“Timeline”面板或者“Program”窗口中选择需要输出的剪辑序列或者剪辑。

（2）选择“File（文件）→Export（输出）→Adobe Clip Notes（剪辑注释）”命令，打开“Export Settings”对话框，如图14-14所示。在该对话框中设置要添加的剪辑注释。

图14-14　打开的“Export Settings”对话框

（3）根据需要设置“Format（格式）”选项以及其他的选项，比如“Preset（预置）”选项等。

（4）单击“Clip Notes（剪辑注释）”选项卡，打开设置剪辑注释的选项，如图14-15所示。

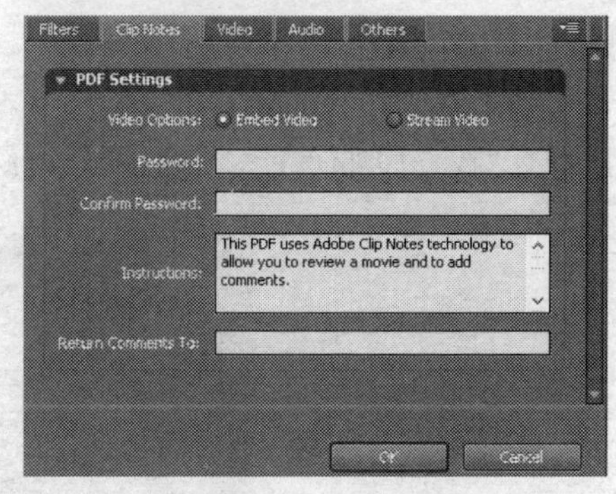

图14-15　“Clip Notes（剪辑注释）”选项卡

下面介绍该对话框中的一些选项。

- Embed Video：选中该项则把渲染的序列嵌入到PDF文件中，通常以电子邮件形式发送给审查人员。
- Stream Video：选中该项则把渲染的序列发送到FTP服务器，同时在FTP中包含一个和电影的链接。

（5）根据需要设置下列选项：

- Password（密码）：用于设置PDF文件的密码，审查人员需要输入该密码后才能打开该文件。
- Confirm Password（确认密码）：用于确认设置的密码是否正确。
- Instructions（指示）：用于向审查人员添加特定的说明。
- Return Comments To（返回注释）：用于通过电子邮件向审查人员发送注释。

（6）如果在第3步中选中的是“Stream Video（流视频）”项，会展开对应的选项，如图14-16所示。这里主要多了一个URL选项，它用于设置相关信息的位置。

（7）设置好上述选项之后，单击“Export Settings”对话框中的“OK”按钮即可。下图是在Adobe Reader中显示的剪辑注释，效果如图14-17所示。

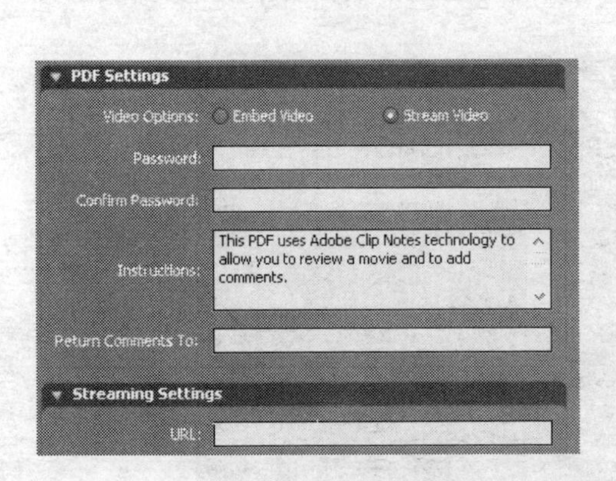

图14-16　展开的新选项

图14-17　显示出的剪辑注释

14.9　实例：制作MP3

有时可能会遇到这样的情况，手头有一个MV或者MTV的盘，但是我们不想看视频，想把它们转换成MP3格式，并复制到MP3中来享受音乐给我们带来的快乐。实际上，使用Premiere就可以将视频直接转换成MP3音频。下面简单地介绍一下转换过程，目的是通过这个实例来向读者介绍输出文件的一般过程。

（1）启动Premiere，并将视频导入，放置到“Timeline”面板中，如图14-18所示。读者可以自己找一段带有音频的视频进行练习。

图14-18　在“Timeline”面板中放置的文件

（2）浏览素材，并根据需要进行编辑。

（3）在“Timeline”面板中的素材上，单击鼠标右键，并从打开的菜单栏中选择“Unlink（断开链接）”命令，这样可以取消视频轨道和音频轨道的链接。

（4）在“Audio”轨道中选择音频剪辑，选择“File→Export（导出）→Midea（媒体）”命令，打开“Export Settings”对话框，如图14-19所示。

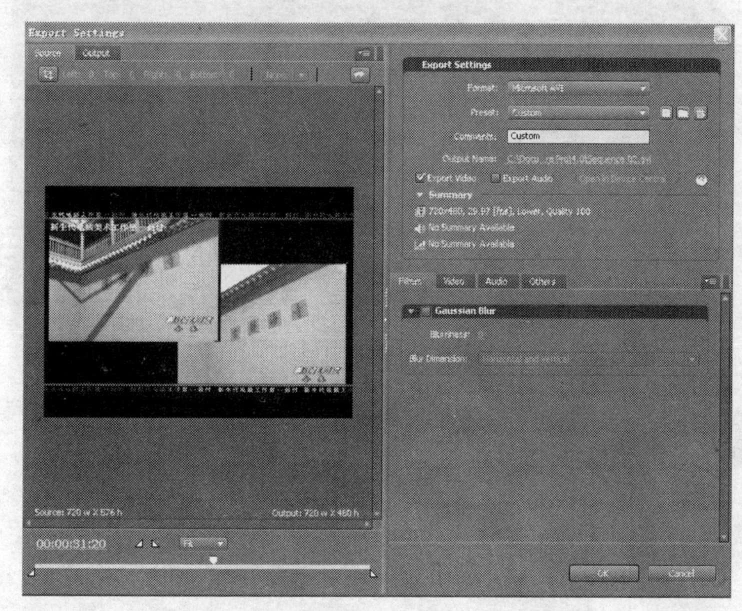

图14-19　“Export Settings”对话框

（5）单击“Format（格式）”右侧的下拉按钮，从打开的下拉列表中选择MP3，这样就将输出格式设置为了MP3格式，如图14-20所示。

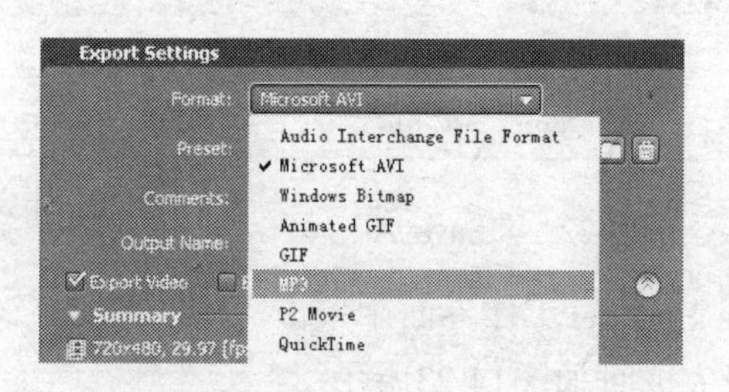

图14-20　设置输出文件的格式

（6）在“Export Settings”对话框底部，单击“OK”按钮，关闭该对话框。此时会打开“Adobe Media Encoder”应用程序，如图14-21所示。这是一种编码器应用程序，如果还没有在自己的电脑上安装该应用程序，那么需要安装上。

视频的输出也是使用该应用程序进行编码的，而且操作过程也基本相同。

在默认设置下，渲染输出的文件位于C盘的“我的文档”文件夹中。如果想另存到别的地方，那么在Adobe Media Encoder工作界面中单击“Output File（输出文件）”下面的输出路径，打开“Save As（另存为）”对话框进行设置即可，如图14-22所示。

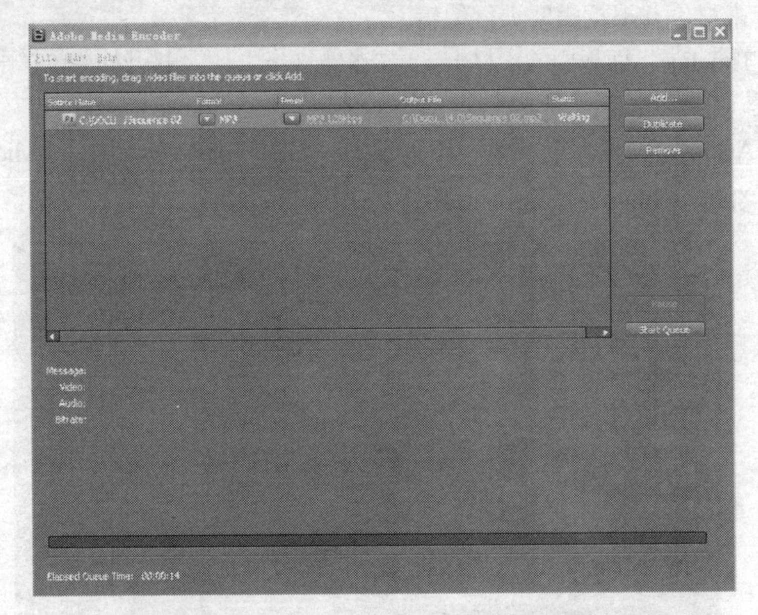

图14-21　Adobe Media Encoder工作界面

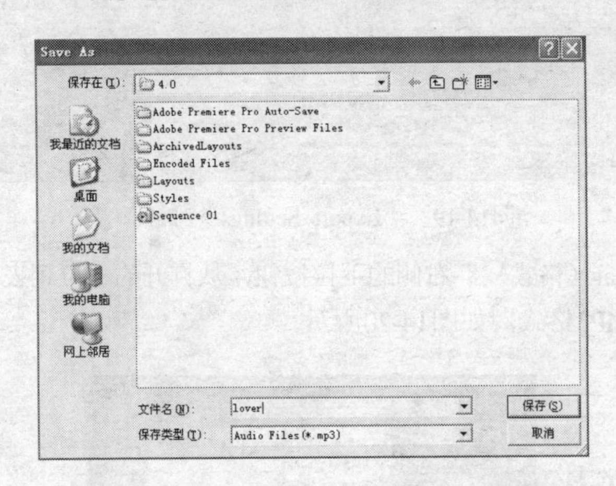

图14-22　“Save As（另存为）”对话框

（7）在Adobe Media Encoder工作界面中单击“Start Queue（启动渲染）”按钮，这样就开始进行渲染了。渲染完成时如图14-23所示。

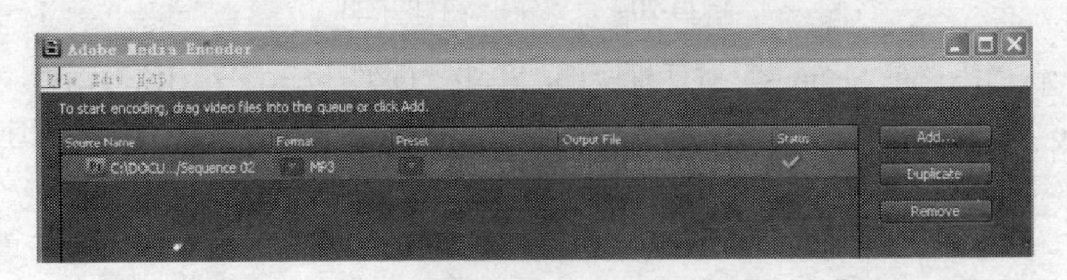

图14-23　渲染工作

（8）这样，就可以使用MP3播放器或者其他相关的播放器播放制作的MP3文件了，比如Windows Media Player，如图14-24所示。

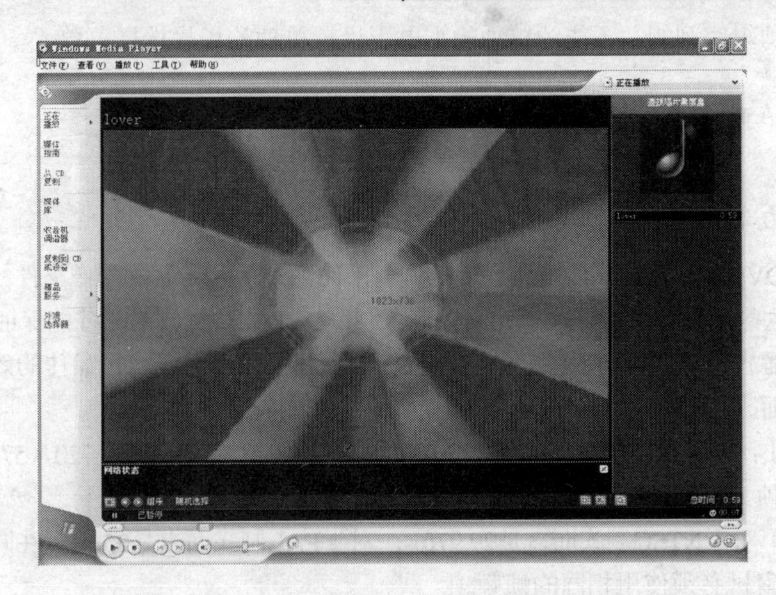

图14-24　使用Windows Media Player播放MP3文件

14.10　制作DVD

在编辑完影片或者DV之后，可以把它们输出为CD、VCD、DVD或者蓝光光盘（Blu-ray）格式，转到其他的相应软件中即可把它们刻录成对应的光盘，比如Adobe Encore DVD。另外，还可以输出带有控制菜单或者不带有控制菜单的DVD。在Premiere中提供了几种可用的DVD菜单模板，也可以自行定制模板来创建DVD。

如果使用Adobe Encore DVD来创建DVD，那么可以把编辑好的剪辑序列输出为AVI或者MPEG-2格式的文件。而且可以使输出的剪辑包含有剪辑标记，Adobe Encore DVD能够识别这些标记。

14.10.1　DVD的类型

在Premiere中，可以创建自动播放的DVD，也就是不带有菜单的DVD；也可以创建基于菜单的DVD，这些菜单为观众提供了导航选项，可便于观众选择。

在Premiere中可以创建3种类型的DVD，分别是：自动播放的DVD，基于菜单的带有场景选择子菜单的DVD和基于菜单的带有电影选项的DVD。下面主要介绍两种类型。

1. 自动播放的DVD

这种DVD不带有菜单选项，插入到DVD播放器中即可播放。适用于短片或者在一种循环播放模式下持续播放的电影。但是也可以在这种DVD中插入标记以便允许观众可以使用DVD遥控器上的“前进”和“后退”键来选择播放DVD的内容。

2. 基于控制菜单的DVD

这种DVD会显示一个场景子菜单，适用于比较长的电影，可以从DVD的开头播放到最后。在主菜单中，观众可以选择DVD的播放内容，也可以使用子菜单选择要播放的内容。

在创建这种DVD时，每个电影都会对应主菜单中的选项。也可以使它包含有场景标记，这样可以为观众提供一个场景选择子菜单以便于选择要观看的内容。但是这种场景选择菜单是控制整个剪辑序列的，不能为单独的小电影设置单独的场景选择菜单。

提示：现在新兴的蓝光光盘也分为这两种类型。

14.10.2 为制作DVD准备素材

在制作DVD项目之前需要准备必要的素材，比如捕捉和录制的影像文件、声音文件等。但是在准备这些文件时一定要注意使素材符合制作DVD的规格，这样才能保证制作出的DVD能够在多种播放器中进行播放。一般要注意帧大小和帧频，为了获得最佳的效果，还要注意以下几个方面。

- 帧大小：对于NTSC制式而言是720×480，对于PAL制式而言是720×576。如果使用不同的帧大小，那么Premiere会自动地缩放它。
- 帧频：对于NTSC制式而言是29.97fps，对于PAL制式而言是25fps。在同一个项目中的所有素材必须使用相同的帧频。
- 屏幕宽高比：4∶3或者16∶9（宽屏）。
- 音频位深：16 bit。
- 压缩比：48 kHz。

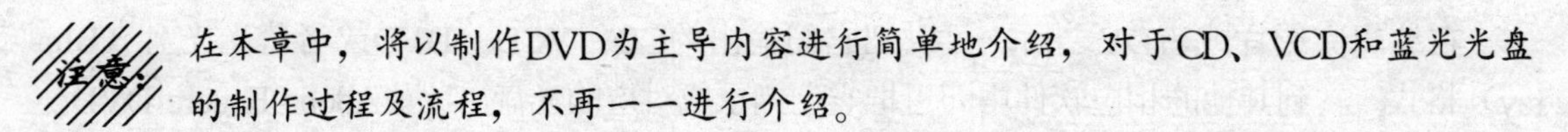

注意：在本章中，将以制作DVD为主导内容进行简单地介绍，对于CD、VCD和蓝光光盘的制作过程及流程，不再一一进行介绍。

14.10.3 选择光盘的文件格式

创建不同的光盘或者不同类型的光盘需要选择合适的文件格式，一般在“Export Settings”（输出设置）对话框中设置文件格式时选择“File（文件）→Export（导出）→Media（媒体）”即可打开“输出设置”对话框。在这里只介绍一下当前比较流行的两种光盘的文件格式：一种是DVD，另外一种是蓝光光盘，这两种光盘都有单层和双层之分。对于单层和双层的DVD而言，需要选择MPEG2-DVD或者H.264格式。对于单层和双层的蓝光光盘而言，需要选择MEPG2 Blu-ray格式或者H.264 Blu-ray格式。对于这些文件格式，可以在“Export Settings”对话框的“Fomat（格式）”菜单中进行选择，如图14-25所示。

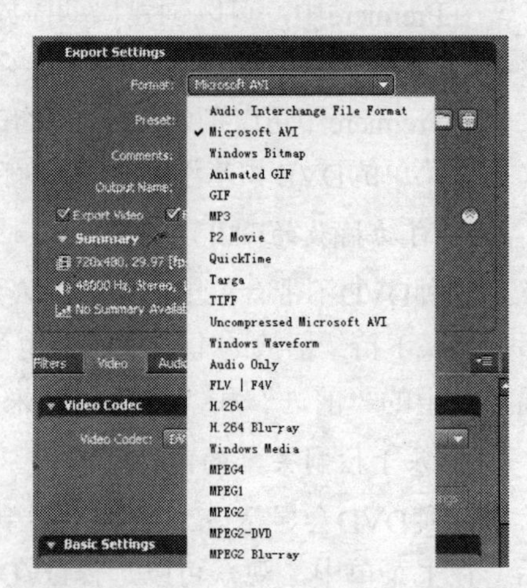

图14-25 “Export Settings”对话框的“文件格式”菜单

在以前的版本中，对于CD、VCD或者SVCD（超级VCD）而言，也需要选择对应的文件格式。比如对于VCD而言，需要选择MPEG4格式。我们也可以把它们导入到其他相关的软件中进行转换。

14.10.4 创建DVD的工作流程

可以把在Premiere中的整个剪辑序列烧制成DVD，也可以把项目中的每一个剪辑序列烧制成单独的DVD。在烧制DVD之前，需要做一些准备工作。烧制DVD的流程图如图14-26所示。

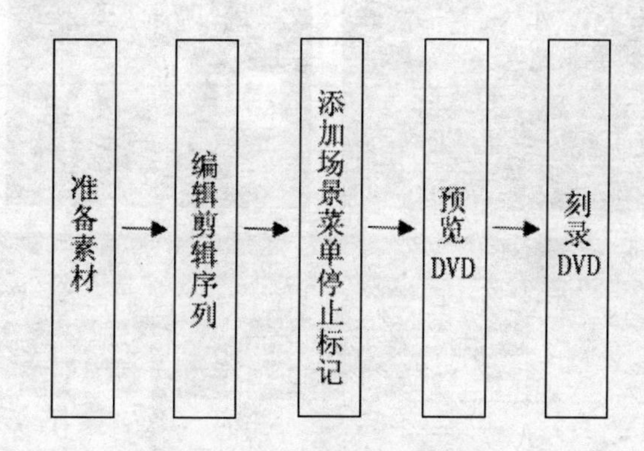

图14-26 烧制DVD的工作流程

提示：在刻录DVD时，一般会遵循这个流程，但是根据实际情况可以跳过某些步骤。比如创建自动播放的DVD或者蓝光光盘，就不需要添加场景菜单或者停止标记。

编辑剪辑的过程在前面的内容中已经介绍过，这里不再赘述。下面把后面的一些操作步骤简要地介绍一下。

1. 添加场景、菜单和停止标记

Premiere会根据在剪辑序列中设置的DVD标记自动创建DVD标记。

DVD标记不同于剪辑序列标记，但是在“Timeline”面板中设置它们的方式是相同的。如果创建的是自动播放的DVD，那么也可以为DVD添加场景标记以便使观众能够使用播放器的遥控器来选择要播放的内容。

2. 预览DVD

设置好菜单后，可以在“Preview DVD”窗口中预览DVD菜单的外观并检查菜单的功能是否正常。

3. 刻录DVD

检查完成后，如果计算机上连接有可以刻录DVD的工具，那么就可以装入DVD光盘进行刻录了。也可以把它们保存到计算机的硬盘上，注意要单独建立一个文件夹在计算机上播放。还可以把它们保存成DVD ISO影像在以后使用其他的DVD烧制软件进行刻录。

14.10.5 DVD标记

DVD标记是观众用于观看DVD内容的控制标记，可以使用播放器的遥控器进行控制，如图14-27所示。如果使用遥控器选择“播放”，那么电影就会开始播放。如果选择“主菜单”那么会出现更多的控制选项。

图14-27 DVD的控制菜单

DVD标记根据功能，一般分为主菜单标记、场景标记和停止标记，如图14-28所示。下面依次介绍一下这3种标记。

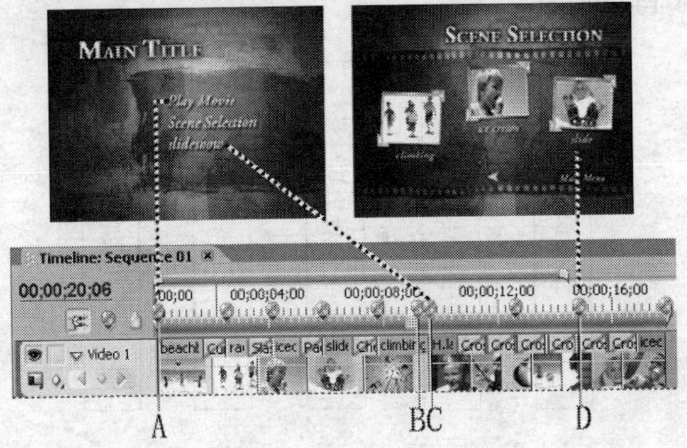

A. DVD开始位置 B. 停止标记 C. 主菜单标记 D. 场景标记

图14-28 各种场景菜单标记

1. 主菜单标记

使用主菜单标记可以把整个视频分成多个单独的电影，主菜单上的按钮将被链接到主菜单标记上。可以在剪辑序列中放置主菜单标记来指示每个电影的开始位置，也可以放置停止标记来指示每个电影的结束位置。添加到主菜单中的按钮与每个主菜单标记相对应，标记名称栏中的文本会成为该按钮的文本。如果主菜单没有包含足够的主菜单标记按钮，那么Premiere将复制该主菜单并添加一个“前进（Next）”按钮，如图14-29所示。如果在电影中没有主菜单标记，那么在该主菜单中也不会显示电影按钮。

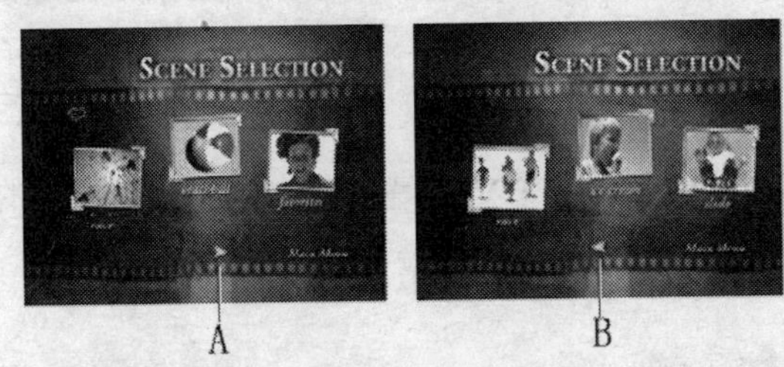

A. “前进（Next）”按钮引导复制菜单 B. 使用“上一段”按钮返回到主菜单

图14-29 复制菜单

关于如何添加主菜单标记，请参阅后面的内容。

2. 场景标记

使用场景标记（没有停止标记）可以使电影从头播放至尾，如图14-30所示。而且可以把场景标记放置在任一位置，观众也可以选择不同的部分进行观看。场景按钮链接到场景标记，并依次显示在场景子菜单上，但是不会和电影组合在一起。如果在剪辑序列中没有设置场景标记，那么Premiere将省略场景按钮和场景子菜单。

3. 手动添加场景或者主菜单标记

手动添加标记时，可以随时为它们命名。下面介绍如何添加场景标记，这两种标记的添加方法是相同的。在有些模板上，菜单按钮包含有视频的徽标图像。在默认设置下，徽标图像显示的是在该标记位置处的可见帧。但是可以在“Encore Chapter Marker”对话框中改变徽标所显示的图像。

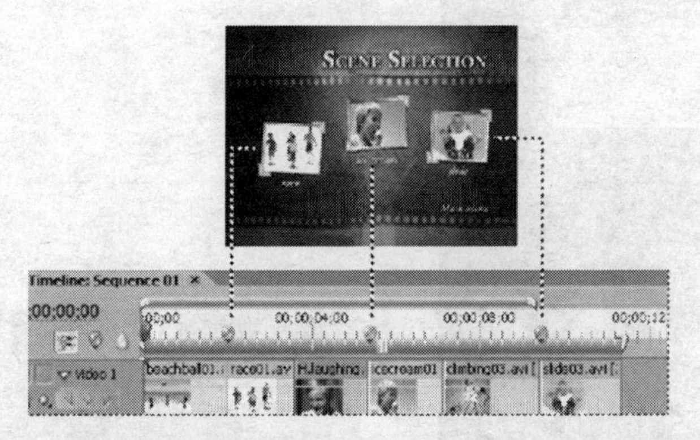

图14-30 场景标记被直接映射到场景子菜单的按钮上

（1）在“Timeline”面板中，把当前时间指示器移动到需要设置标记的位置处，如图14-31所示。

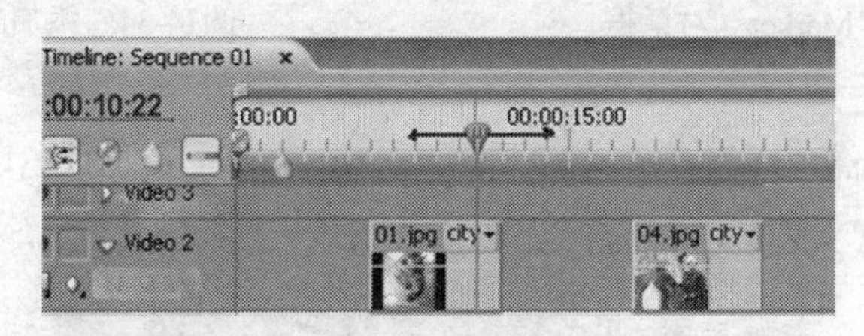

图14-31 移动当前时间指示器

注意：在每个主菜单模板中的“播放”按钮会自动到链接到开始点，因此不必设置标记，除非你需要把它在场景菜单中列出来。

（2）单击“Set Encore Chapter Marker（设置编码章节标记）”按钮，即可在“Timeline”面板中创建出章节标记，如图14-32所示。

图14-32 创建的章节标记

（3）通过双击创建的章节标记，可以打开“Marker（编码章节标记）”对话框，如图14-33所示。使用该对话框可以编辑创建的标记。

（4）为标记输入名称。要注意名称不要太长，需要和菜单相匹配，而且不能与其他按钮叠加。

（5）设置好名称之后，单击“OK”按钮即可在“Timeline”面板中添加上该标记，如图14-34所示。注意，主菜单标记是绿色的，场景标记是蓝色的。

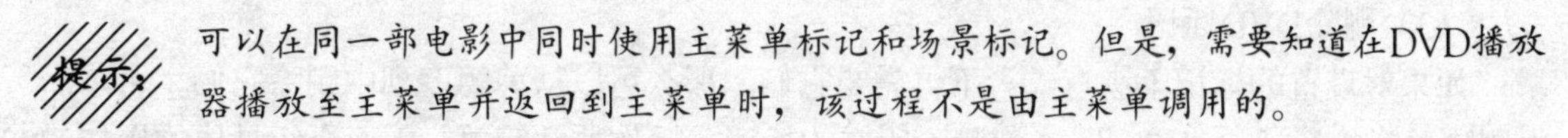

提示：可以在同一部电影中同时使用主菜单标记和场景标记。但是，需要知道在DVD播放器播放至主菜单并返回到主菜单时，该过程不是由主菜单调用的。

4. 移动、编辑和删除标记

在Premiere中，有时还需要移动标记、编辑标记和删除标记，下面就介绍如何进行这些操作。

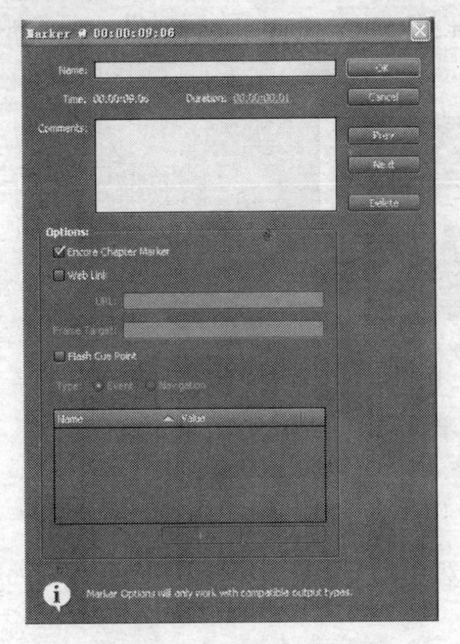

图14-33 “Marker”对话框

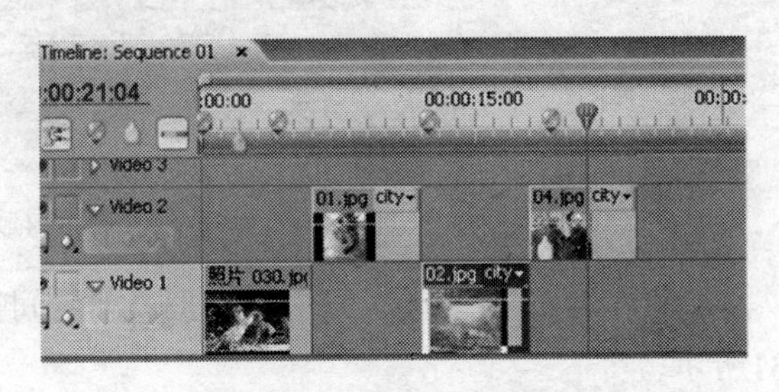

图14-34 添加的编码章节标记

（1）移动标记

在需要移动标记时，只需要在“Timeline”面板中把设置的DVD标记拖到需要的位置即可，就像我们移动一件东西那样简单，如图14-35所示。

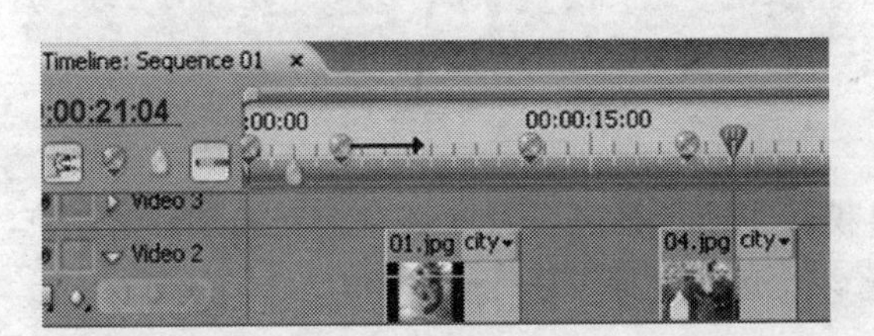

图14-35 移动DVD标记

（2）编辑标记

在放置好DVD标记之后，可以改变它的名称、类型（场景、主菜单或者停止标记等），以及在徽标按钮上显示的徽标图像。标记名称将成为主菜单或者场景子菜单中的按钮名称。下面介绍操作步骤。

提示：在选择模板后，也可以重命名按钮和直接在DVD “Layout”面板中的菜单上改变徽标图像。

①在“Timeline”面板中双击需要编辑的DVD标记。

②在“Marker（编码章节标记）”对话框中编辑选择的标记，单击“OK”按钮即可。

（3）删除DVD标记

如果对设置的标记不满意或者不再需要它们，那么可以从剪辑序列中删除它们。可以一次删除单个的标记，也可以一次性删除所有的标记。操作非常简单，下面介绍具体的操作过程。

注意：如果已经选用了DVD模板，在删除DVD标记时，也会删除与该标记相关连的按钮。

①在“Timeline”面板中，把时间滑块移动到需要编辑的DVD标记上。为了精确起见，可以把时间标尺放大。

②选择“Marker（标记）→Clear Sequence Marker（清除序列标记）→All Marker（清除所有标记）”命令即可。

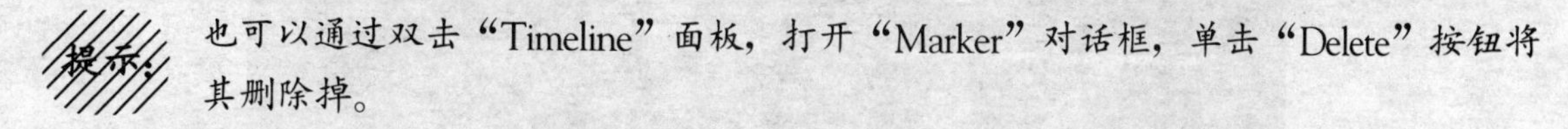

提示：也可以通过双击“Timeline”面板，打开“Marker”对话框，单击“Delete”按钮将其删除掉。

③如果需要清除所有的DVD标记，那么确定“Timeline”面板处于激活状态，把当前时间指示器移动到标记上，选择“Marker→（标记）Clear Sequence Marker（清除编码章节标记）→All Marker（清除所有的标记）”命令即可。

14.10.6 制作自动播放的DVD

在Premiere中可以把指定的剪辑序列输出为自动播放的DVD。要注意的是在开始输出之前需要确定在计算机上安装了Adobe Encore CS4。

Adobe Encore是Adobe公司开发的另外一款专门制作DVD的软件，读者可以在Internet上下载安装。当前最新的版本是Adobe Encore CS4。图14-36是Adobe Encore CS4的工作界面。

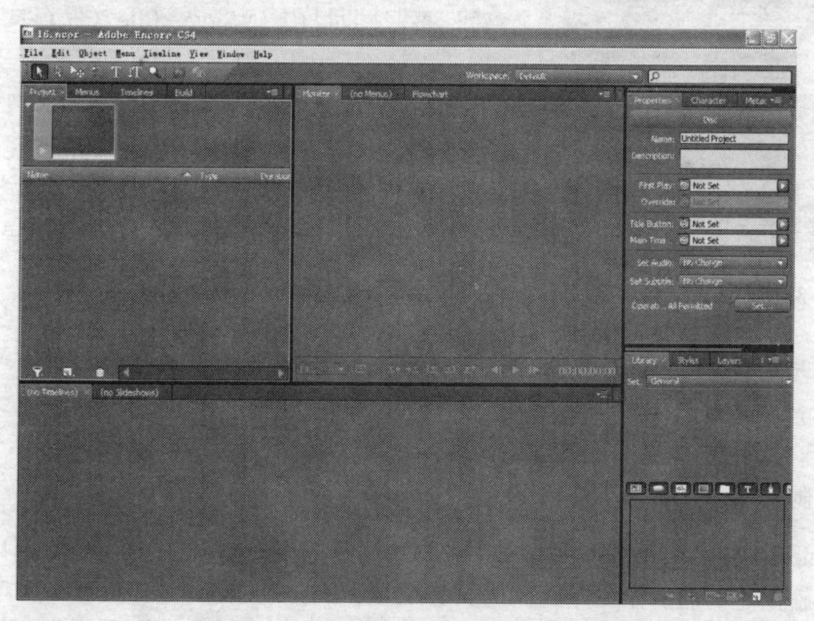

图14-36 Adobe Encore CS4的工作界面

（1）在Premiere的“Timeline”面板中指定或者选择需要输出的剪辑序列。

（2）通过单击“Set Encore Chapter Marker（设置编码章节标记）”按钮，打开“Marker（编码章节标记）”对话框设置编码标记。

（3）选择“File（文件）→Export（输出）→Media（媒体）”命令，打开“Export Settings（输出设置）”对话框，如图14-37所示。

图14-37　“Export Settings”对话框

（4）在“Export Settings”对话框中，把“Format（格式）”设置为MPEG-DVD或者H.264，然后设置其他需要的选项。

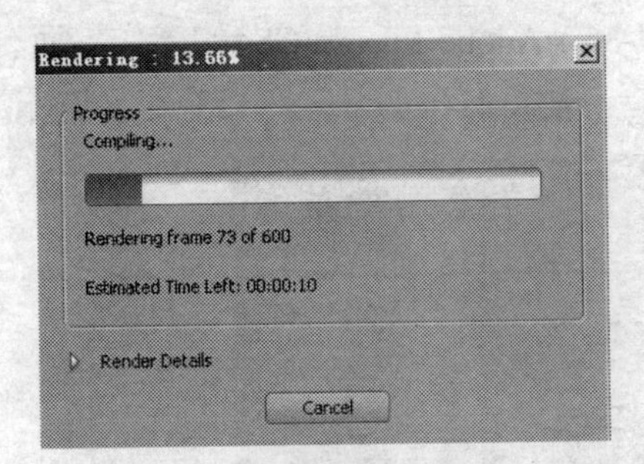

图14-38　“渲染”对话框

（5）单击“OK”按钮，关闭“Export Settings”对话框，同时打开“Save File（保存文件）”对话框，在该窗口中设置好保存的文件名称及路径。

（6）在“Save File（保存文件）”对话框中单击“Save（保存）”按钮后，打开“Rendering（渲染）”对话框开始渲染，如图14-38所示。

（7）最后进行刻录即可。通常导入到Adobe Encore CS4中进行调整和刻录。

提示：蓝光光盘的制作过程与DVD光盘的制作过程相同，只是选择的文件格式不同，其制作过程不再赘述。

14.10.7　制作基于菜单的DVD

在Premiere中可以把指定的剪辑序列输出为能够使用控制菜单控制播放的DVD。要注意的是在开始输出之前需要先在计算机上安装Adobe Encore CS4。在Encore中预置有多种菜单模板，使用这些模板可以制作基于菜单的DVD。在这些模板中都包含有主菜单和场景选择子菜单，而且模板会自动链接菜单按钮和在“Timeline”面板中设置的DVD标记。

在模板中，主菜单一般包含两个按钮：一个用于播放电影，另外一个用于显示场景选择子菜单。在部分模板中还包含有附加的按钮用于执行其他的播放操作。场景选择子菜单中的按钮一般包含有一个识别标签和一个场景中的徽标图像，该徽标图像属于视频中的一幅静止图片，如图14-39所示。

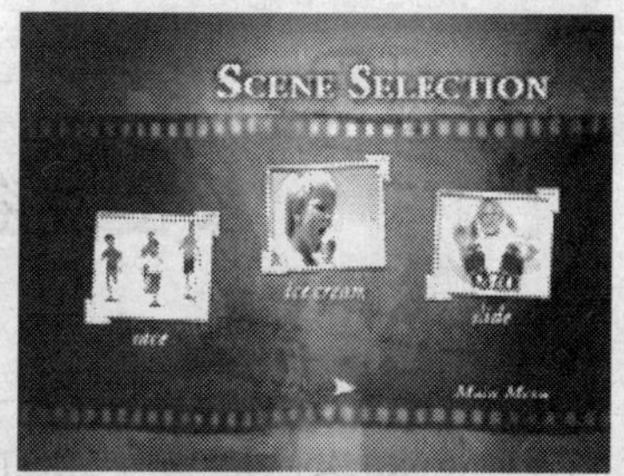

图14-39 主菜单（左），场景选择菜单（右）

对于这些模板，可以通过改变它们的字体、颜色、背景和布局等来把它改变成我们需要的外观和风格。但需要注意的是改变的模板只应用于当前的剪辑序列。注意，不能把改变的模板保存起来重新使用。

下面介绍制作带有控制菜单的DVD的操作过程。

（1）在Premiere的“Timeline”面板中指定或者选择已经编辑好的、需要输出的剪辑序列。

（2）通过单击“Timeline”面板中的“Set Encore Chapter Marker（设置编码章节标记）”按钮，打开“Marker（编码章节标记）”对话框设置编码标记。

（3）选择“File（文件）→Export（输出）→Media（媒体）”命令，打开“Export Settings”对话框。

（4）根据需要设置好所有的选项。

（5）渲染输出，并进行保存。

（6）通常选择导入到Adobe Encore CS4中进行调整和刻录。